从零学习PLC编程与接线

杨锐 编著

化学工业出版社

·北京·

内 容 简 介

本书基于西门子S7-200 SMART PLC，采用全彩图解+视频讲解的形式，对PLC的编程及接线相关知识进行了系统的介绍，主要内容包括：PLC的硬件组成及编程基础，编程软件快速应用，数据类型、数据存储区与地址格式，位逻辑指令，功能指令，20个经典入门编程案例，模拟量和PID控制，子程序、中断程序及其应用，编码器和高速计数器，PLC通信等。

书中用彩色电气原理图与实物接线图对照讲解，高清大图，一目了然；图中标注关键知识点，让读图更轻松；重点难点章节还配备教学视频，手机扫码观看，便于读者快速理解并掌握所学。

本书内容源于实际，又应用于实际，不仅有必备的理论知识，更有丰富的实践操作案例，非常适合电工初学者、PLC初学者、初级自动化工程师等自学使用，也可用作职业院校及培训机构相关专业的教材及参考书。

图书在版编目（CIP）数据

从零学习 PLC 编程与接线 / 杨锐编著. —北京：化学工业出版社，2022.8

ISBN 978-7-122-41398-7

Ⅰ. ①从… Ⅱ. ①杨… Ⅲ. ① PLC 技术 – 程序设计 Ⅳ. ①TM571.61

中国版本图书馆 CIP 数据核字（2022）第 078923 号

责任编辑：耍利娜　　文字编辑：林　丹　吴开亮
责任校对：田睿涵　　装帧设计：水长流文化

出版发行：化学工业出版社（北京市东城区青年湖南街 13 号　邮政编码 100011）
印　　装：北京宝隆世纪印刷有限公司
787mm×1092mm　1/16　印张 19　字数 372 千字　2023 年 5 月北京第 1 版第 1 次印刷

购书咨询：010-64518888　　售后服务：010-64518899
网　　址：http://www.cip.com.cn
凡购买本书，如有缺损质量问题，本社销售中心负责调换。

定　　价：99.00 元

前言

随着科学技术的发展，工业生产已进入电气自动化时代。PLC（Programmable Logical Controller，可编程逻辑控制器）控制是当今工业自动控制的主流，在机械、汽车、电力、石油、化工、建筑等领域，到处都能看见PLC的应用。如果你是一名电工或者从事自动化工作的人员，那么你一定要会用PLC，否则将难以迈入自动控制的大门。

《从零学习PLC编程与接线》是笔者在总结现场操作经验和教学实践的基础上编写而成的。本书以西门子S7-200 SMART PLC为例，详细讲解了PLC编程与接线的相关知识，主要具有如下特色。

1. 内容系统，实用性强

本书循序渐进地介绍了PLC的硬件组成、编程基础、编程软件、数据类型、数据存储区与地址格式、位逻辑指令、功能指令、模拟量和PID控制、子程序和中断程序、编码器、高速计数器、PLC通信等。同时，选取了大量经典编程案例加以讲解，每个案例均包含详细的案例要求、I/O分配、实物接线、程序编写、程序解释，方便初学者快速掌握并学以致用。

2. 全彩图解，一目了然

本书采用全彩印刷，示意图、电气原理图、实物接线图、软件界面图、PLC 程序图等多种类型高清彩图结合，辅以简明扼要的文字说明，使读图更轻松。

3. 视频教学，高效快捷

书中重要章节及知识点配有视频讲解，手机扫描对应的二维码，即可随时随地边看边学，从而更快、更好地理解所学，大幅提高学习效率。

本书在编写过程中，笔者查阅了大量文献资料，并与现场使用和维护 PLC 设备的工作人员进行了充分的交流，对书中涉及的案例进行了实验证明。但由于水平有限，且受硬件条件制约，书中不足之处在所难免，敬请广大读者批评指正。

编著者

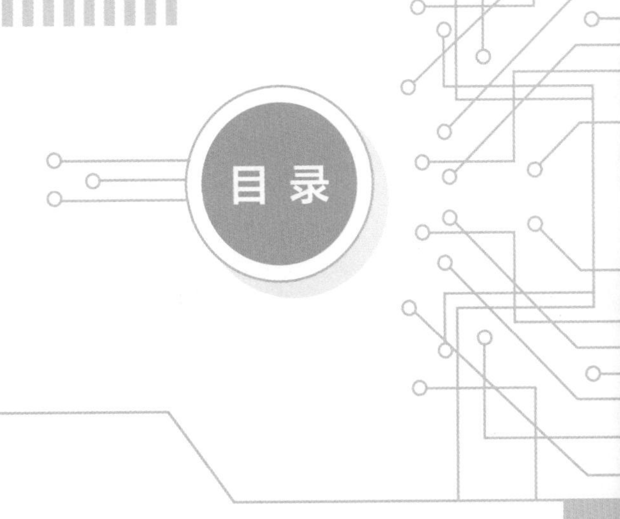

第1章 西门子S7-200 SMART PLC硬件组成与编程基础

第2章 STEP 7-Micro/WIN SMART编程软件快速应用

第3章 PLC的数据类型、数据存储区与地址格式

第7章 S7-200 SMART PLC模拟量和PID控制程序设计

第8章 子程序、中断程序及其应用

第9章 编码器和高速计数器

第10章 西门子S7-200 SMART PLC的通信

第1章 西门子S7-200 SMART PLC硬件组成与编程基础

1.1 S7-200 SMART PLC概述与控制系统硬件组成

1.1.1 S7-200 SMART PLC概述

S7-200 SMART PLC是西门子公司针对小型自动化市场客户要求而设计研发的一款高性价比PLC，是国内广泛使用的S7-200 PLC的更新换代产品，它继承了S7-200 PLC的优点，同时又有很多S7-200 PLC无法比拟的优点。

（1）机型丰富，选择更多

该产品可以提供不同类型、I/O点数丰富的CPU模块。产品配置灵活，在满足不同需要的同时，又可以最大限度地控制成本，是小型自动化系统的理想选择。

（2）选件扩展，配置灵活

新颖的信号板设计可扩展通信端口、数字量通道、模拟量通道。在不额外占用电控柜空间的前提下，信号板扩展能更加贴合用户的实际配置，提升产品的利用率，同时降低用户的扩展成本。

（3）以太互动，便捷经济

CPU模块本身集成了以太网接口，用1根以太网线，便可以实现程序的下载和监控，省去了购买专用编程电缆的费用，经济便捷；同时，强大的以太网功能，可以实现与其他CPU模块、触摸屏和计算机的通信和组网。

（4）软件友好，编程高效

STEP 7-Micro/WIN SMART编程软件融入了新颖的带状菜单和移动式窗口设计，先进的程序结构和强大的向导功能，使编程效率更高。

（5）运动控制功能强大

CPU模块本体最多集成3路高速脉冲输出，频率高达100kHz，支持PWM/PTO输出方式及多种运动模式，可自由设置运动包络，配备方便易用的向导设置功能，可快速实现设备调速、定位等。

（6）完美整合，无缝集成

S7-200 SMART PLC、Smart Line系列触摸屏和SINAMICS V20变频器完美结合，可以满足用户人机互动、控制和驱动的全方位需要。

1.1.2 S7-200 SMART PLC硬件系统组成

S7-200 SMART PLC控制系统硬件由CPU模块、数字量扩展模块、信号板、模拟量扩展模块、热电阻或热电偶扩展模块和相关设备组成。S7-200 SMART PLC CPU模块、信号板及扩展模块如图1-1所示。

图1-1　S7-200 SMART PLC CPU模块、信号板及扩展模块

（1）CPU模块

CPU模块又称基本模块和主机，它由CPU单元、存储器单元、输入输出接口单元及电源组成。CPU模块（这里说的CPU模块指的是S7-200 SMART PLC基本模块的型号，而不是中央微处理器CPU的型号）是一个完整的控制系统，它可以单独完成一定的控制任务，主要功能是采集输入信号、执行程序、发出输出信号和驱动外部负载。CPU模块有经济型和标准型两种。经济型CPU模块有两种，分别为CPU CR40和CPU CR60，价格便宜，但不具有扩展能力；标准型CPU模块有8种，分别为CPU SR20、CPU ST20、CPU SR30、CPU ST30、CPU SR40、CPU ST40、CPU SR60和CPU ST60，具有扩展能力。

CPU模块技术参数如表1-1所示。

表1-1　CPU模块技术参数

特征	CPU SR20/ST20	CPU SR30/ST30	CPU SR40/ST40	CPU SR60/ST60
外形尺寸/mm×mm×mm	90×100×81	110×100×81	125×100×81	175×100×81
程序存储器/KB	12	18	21	30
数据存储器/KB	8	12	16	20
本机数字量I/O	12入/8出	18入/12出	21入/16出	36入/24出
数字量I/O映像区	256位入/256位出	256位入/256位出	256位入/256位出	256位入/256位出
模拟映像	56字入/56字出	56字入/56字出	56字入/56字出	56字入/56字出
高速计数器个数	4路	4路	4路	4路
单相高速计数器个数	4路 200kHz	4路 200kHz	4路 200kHz	4路 200kHz
正交相位	2路 100kHz	2路 100kHz	2路 100kHz	2路 100kHz

续表

特征	CPU SR20/ST20	CPU SR30/ST30	CPU SR40/ST40	CPU SR60/ST60
高速脉冲输出	2路100kHz（仅限DC输出）	3路100kHz（仅限DC输出）	3路100kHz（仅限DC输出）	3路20kHz（仅限DC输出）
DC 24V电源CPU输入电流/最大负载	430mA/160mA	365mA/624mA	300mA/680mA	300mA/220mA
AC 240V电源CPU输入电流/最大负载	120mA/60mA	52mA/72mA	150mA/190mA	300mA/710mA

（2）数字量扩展模块

当CPU模块数字量I/O点数不能满足控制系统的需要时，用户可根据实际的需要对数字量I/O点数进行扩展。数字量扩展模块不能单独使用，需要通过自带的连接器插在CPU模块上。数字量扩展模块通常有3类，分别为数字量输入模块、数字量输出模块和数字量输入/输出混合模块。详细说明如表1-2所示。

表1-2 数字量模块技术参数

模块型号	详细参数	订货号
EM DE08	数字量输入模块，DC 8×24V输入	6ES7 288-2DE08-0AA0
EM DE16	数字量输入模块，DC 18×24V输入	6ES7 288-2DE16-0AA0
EM DR08	数字量输出模块，8×继电器输出	6ES7 288-2DR08-0AA0
EM DT08	数字量输出模块，DC 8×24V输出	6ES7 288-2DT08-0AA0
EM DR16	数字量输入/输出混合模块，DC 8×24V输入/8×继电器输出	6ES7 288-2DR16-0AA0
EM DR32	数字量输入/输出混合模块，DC 16×24V输入/16×继电器输出	6ES7 288-2DR32-0AA0
EM DT16	数字量输入/输出混合模块，DC 8×24V输入/DC 8×24V输出	6ES7 288-2DT16-0AA0
EM DT32	数字量输入/输出混合模块，DC 16×24V输入/DC 16×24V输出	6ES7 288-2DT32-0AA0

（3）信号板

S7-200 SMART PLC有3种信号板，分别为数字量信号板、模拟量输入/输出信号板和RS-485/RS-232信号板。详细说明如表1-3所示。

表1-3 信号板技术参数

模块型号	详细参数	订货号
数字量信号板SB DT04	DC 2×24V输入/DC 2×24V输出	6ES7 288-5DT04-0AA0
模拟量输出信号板SB AQ01	1×12位模拟量输出	6ES7 288-5AQ01-0AA0
电池信号板SB BA01	支持CR1025纽扣电池，保持时钟约1年	6ES7 288-5BA01-0AA0
RS-485/RS-232信号板SB CM01	通信信号板RS-485/RS-232	6ES7 288-5CM01-0AA0
模拟量输入信号板SB AE01	1×12位模拟量输入	6ES7 288-5AE01-0AA0

（4）模拟量扩展模块

模拟量扩展模块为主机提供了模拟量输入/输出功能，适用于复杂控制场合。它通过自带连接器与主机相连，并且可以直接连接变送器和执行器。模拟量扩展模块通常可以分为3类，分别为模拟量输入模块、模拟量输出模块和模拟量输入/输出混合模块。

4路模拟量输入模块型号为EM AE04，量程有4种，分别为－10～10V、－5～5V、－2.5～2.5V和0～20mA。其中电压型的分辨率为11位＋符号位，满量程输入对应的数字量范围为－27648～27648，输入阻抗≥9MΩ；电流型的分辨率为11位，满量程输入对应的数字量范围为0～27648，输入阻抗为250Ω。

2路模拟量输出模块型号为EM AQ02，量程有2种，分别为－10～10V和0～20mA。其中电压型的分辨率为10位＋符号位，满量程输入对应的数字量范围为－27648～27648；电流型的分辨率为10位，满量程输入对应的数字量范围为0～27648。4路模拟量输入/2路模拟量输出模块型号为EM AM06，实际上就是模拟量输入模块EM AE04与模拟量输出模块EM AQ02的叠加，故不再赘述。

（5）热电阻或热电偶扩展模块

热电阻或热电偶扩展模块是模拟量扩展模块的特殊形式，可直接连接热电阻和热电偶测量温度。热电阻或热电偶扩展模块可以支持多种热电阻和热电偶。热电阻扩展模块型号为EM AR02，温度测量分辨率为0.1℃/0.1℉，电阻测量精度为15位＋符号位；热电偶扩展模块型号为EM AT04，温度测量分辨率和电阻测量精度与热电阻相同。

（6）相关设备

相关设备是为了充分和方便地利用系统硬件和软件资源而开发和使用的一些设备，主要有编程设备、人机操作界面等。

① 编程设备主要用来进行用户程序的编制、存储和管理等，并将用户程序送入PLC中，在调试过程中，进行监控和故障检测。S7-200 SMART PLC的编程软件为STEP 7-Micro/WIN SMART。

② 人机操作界面主要指专用操作员界面。常见的如触摸面板、文本显示器等，用户可以通过该设备轻松地完成各种调整和控制任务。

1.2 S7-200 SMART PLC外部结构及外部接线

1.2.1 S7-200 SMART PLC的外部结构

S7-200 SMART PLC的外部结构如图1-2所示，其CPU单元、存储器单元、输入/输出单元及电源集中封装在同一塑料机壳内。当系统需要扩展时，可选用需要的扩展模块与主机连接。

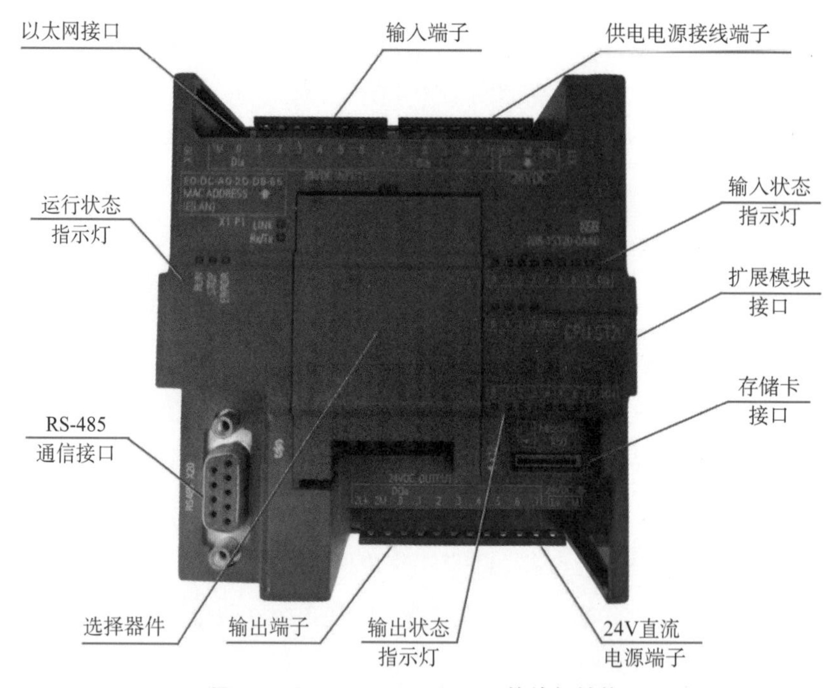

图1-2 S7-200 SMART PLC的外部结构

① **输入端子** 输入端子是外部输入信号与PLC连接的接线端子，在顶部端盖下面。此外，顶部端盖下面还有输入公共端子和PLC工作电源接线端子。

② **输出端子** 输出端子是外部负载与PLC连接的接线端子，在底部端盖下面。此外，底部端盖下面还有输出公共端子和24V直流电源端子，24V直流电源为传感器和光电开关等提供能量。

③ **输入状态指示灯（LED）** 输入状态指示灯用于显示是否有输入控制信号接入PLC。当指示灯亮时，表示有输入控制信号接入PLC；当指示灯不亮时，表示没有输入控制信号接入PLC。

④ **输出状态指示灯（LED）** 输出状态指示灯用于显示是否有输出信号驱动执行设备。当指示灯亮时，表示有输出信号驱动外部设备；当指示灯不亮时，表示没有输出信号驱动外部设备。

⑤ **运行状态指示灯** 运行状态指示灯有RUN、STOP、ERROR 3个，其中RUN、STOP指示灯用于显示当前工作方式。当RUN指示灯亮时，表示运行状态；当STOP指示灯亮时，表示停止状态；当ERROR指示灯亮时，表示系统故障，PLC停止工作。

⑥ **存储卡接口** 该接口用于插入Micro SD卡，可以下载程序和PLC固件版本更新。

⑦ **扩展模块接口** 用于连接扩展模块，采用插针式连接，使模块连接更加紧密。

⑧ **选择器件** 可以选择信号板或通信板，实现精确化配置的同时，又可以节省控制柜的安装空间。

⑨ **RS-485通信接口** 可以实现PLC与计算机之间、PLC与PLC之间、PLC与其他设备之间的通信。

⑩ **以太网接口** 用于程序下载和设备组态。程序下载时，只需要1条以太网线即可，无须购买专用的程序下载线。

1.2.2 S7-200 SMART PLC的外部接线

外部接线设计也是PLC控制系统设计的重要组成部分之一。由于CPU模块、输出类型和外部电源供电方式的不同，PLC外部接线也不尽相同。鉴于PLC的外部接线与输入、输出点数等诸多因素有关，这里给出了S7-200 SMART PLC标准型和经济型两大类端子排布情况，如表1-4所示。

表1-4 S7-200 SMART PLC的I/O点数及相关参数

CPU模块型号	输入输出点数	电源供电方式	公共端	输入类型	输出类型
CPU ST20	12输入 8输出	20.4～28.8V DC电源	输入端I0.0～I1.3共用1M。输出端Q0.0～Q0.7共用2L+，2M	24V DC输入	晶体管输出
CPU SR20	12输入 8输出	85～264V AC电源	输入端I0.0～I1.3共用1M。输出端Q0.0～Q0.3共用1L；Q0.4～Q0.7共用2L	24V DC输入	继电器输出
CPU ST30	18输入 12输出	20.4～28.8V DC电源	输入端I0.0～I2.1共用1M。输出端Q0.0～Q0.7共用2L+，2M；Q1.0～Q1.3共用3L+，3M	24V DC输入	晶体管输出
CPU SR30	18输入 12输出	85～264V AC电源	输入端I0.0～I2.1共用1M。输出端Q0.0～Q0.3共用1L；Q0.4～Q0.7共用2L；Q1.0～Q1.3共用3L	24V DC输入	继电器输出
CPU ST40	24输入 16输出	20.4～28.8V DC电源	输入端I0.0～I2.7共用1M。输出端Q0.0～Q0.7共用2L+，2M；Q1.0～Q1.7共用3L+，3M	24V DC输入	晶体管输出
CPU SR40	24输入 16输出	85～264V AC电源	输入端I0.0～I2.7共用1M。输出端Q0.0～Q0.3共用1L；Q0.4～Q0.7共用2L；Q1.0～Q1.3共用3L；Q1.4～Q1.7共用4L	24V DC输入	继电器输出
CPU ST60	36输入 24输出	20.4～28.8V DC电源	输入端I0.0～I4.3共用1M。输出端Q0.0～Q0.7共用2L+，2M；Q1.0～Q1.7共用3L+，3M；Q2.0～Q2.7共用4L+，4M	24V DC输入	晶体管输出
CPU SR60	36输入 24输出	85～264V AC电源	输入端I0.0～I4.3共用1M。输出端Q0.0～Q0.7共用2L+，2M；Q1.0～Q1.7共用3L+，3M；Q2.0～Q2.7共用4L+，4M	24V DC输入	继电器输出

注：最后两种为经济型，其余为标准型。

1.3 CPU SR20和CPU ST20电气接线

本节仅给出CPU SR20和CPU ST20的接线情况，其余类型的接线，读者可自行查阅相关资料。鉴于形式相似，这里不再赘述。

1.3.1 输入/输出端的接线方式

（1）输入端的接线方式

S7-200 SMART PLC的数字量（开关量）输入采用24V直流电压输入，由于内部输入电路使用了双向发光管的光电耦合器，所以外部可采用两种接线方式，如图1-3所示。接线时可任意选择一种方式，实际接线时多采用如图1-3（a）所示的漏型输入接线方式。

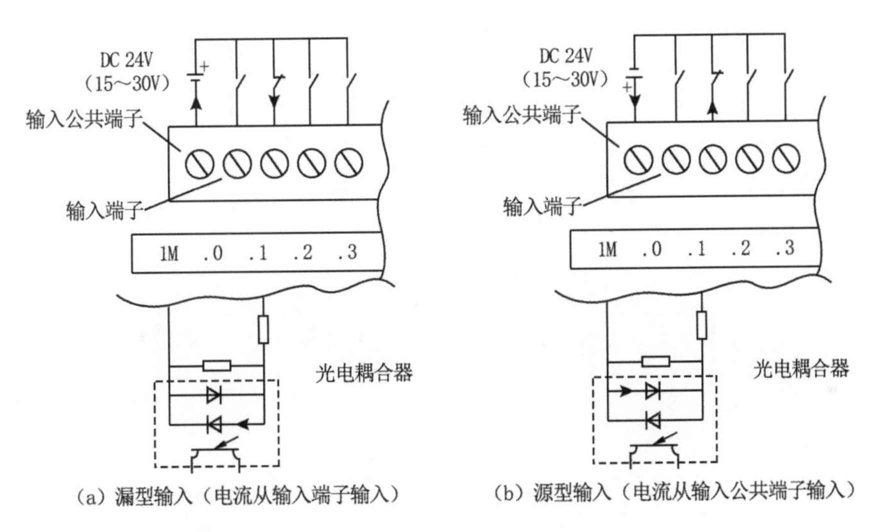

（a）漏型输入（电流从输入端子输入）　（b）源型输入（电流从输入公共端子输入）

图1-3 PLC输入端的两种接线方式

（2）输出端的接线方式

S7-200 SMART PLC的数字量（或称开关量）输出有两种类型：继电器输出型和晶体管输出型。对于继电器输出型PLC，外部负载电源可以是交流电源（5~250V），也可以是直流电源（5~30V）；对于晶体管输出型PLC，外部负载电源必须是直流电源（20.4~28.8V），由于晶体管有极性，故电源正极必须接到输出公共端（1L+端，内部接到晶体管的漏极）。S7-200 SMART PLC的两种类型数字量输出端的接线方式如图1-4所示。

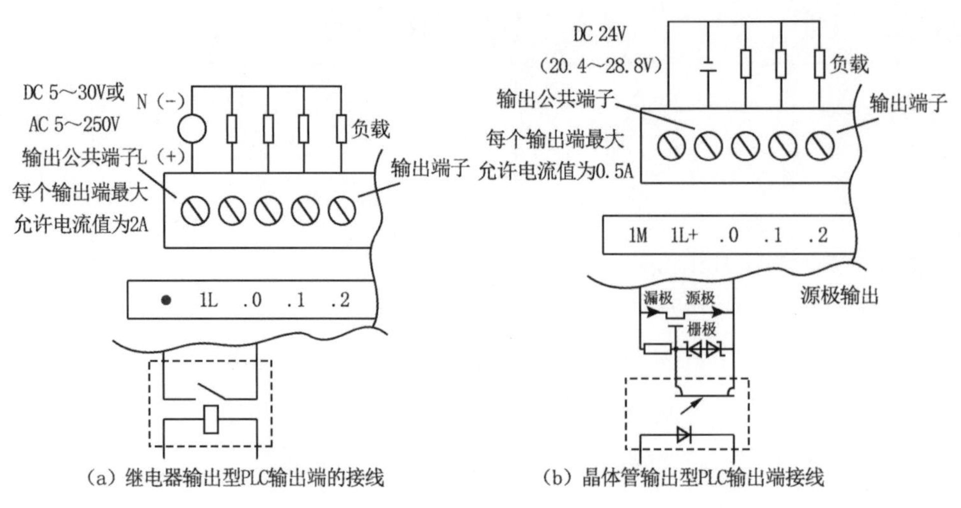

图1-4 ST-200 SMART PLC的两种类型数字量输出端的接线方式

1.3.2 CPU SR20的接线（继电器型）

CPU SR20继电器型的接线如图1-5所示。

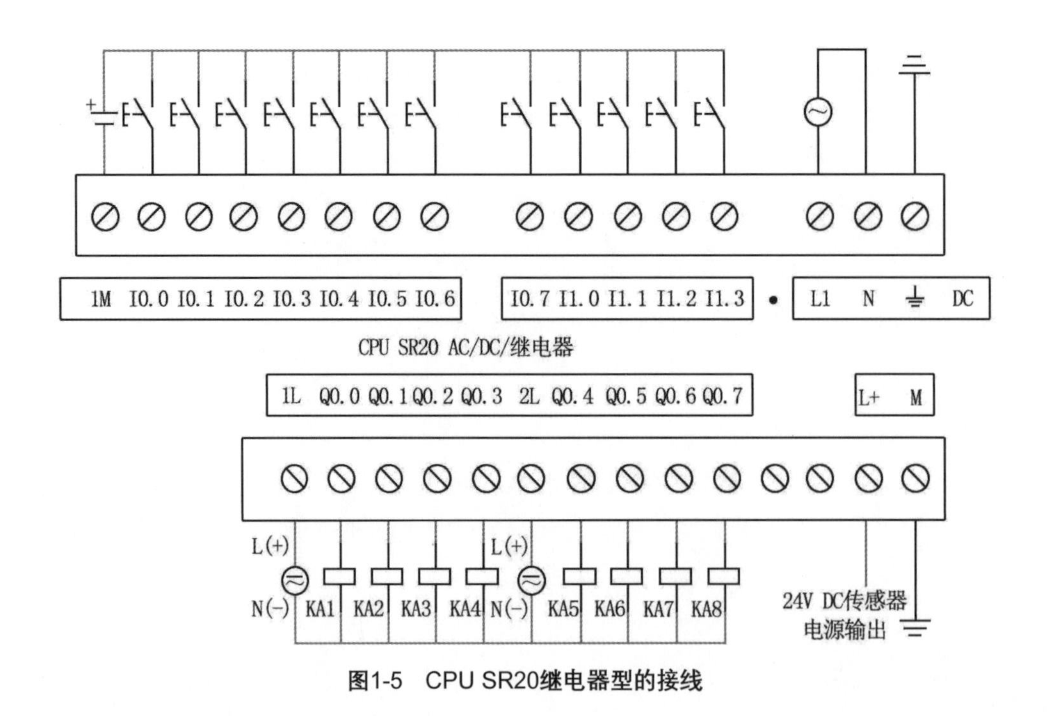

图1-5 CPU SR20继电器型的接线

① **电源端子** CPU SR20中L1、N端子接交流电源，电压允许范围为85～264V。

L＋、M为PLC向外输出24V/300mA直流电源，L＋为电源正，M为电源负，该电源可作为输入端电源使用，也可作为传感器供电电源。

② **输入端子** CPU SR20共有12点输入，端子编号采用八进制。输入端子I0.0～I1.3，公共端为1M。

③ **输出端子** CPU SR20共有8点输出，端子编号也采用八进制。输出端子共分2组：Q0.0～Q0.3为第一组，公共端为1L；Q0.4～Q0.7为第二组，公共端为2L。根据负载性质的不同，输出回路电源支持交流和直流。

1.3.3 CPU ST20的接线（晶体管型）

CPU ST20晶体管型的接线如图1-6所示。

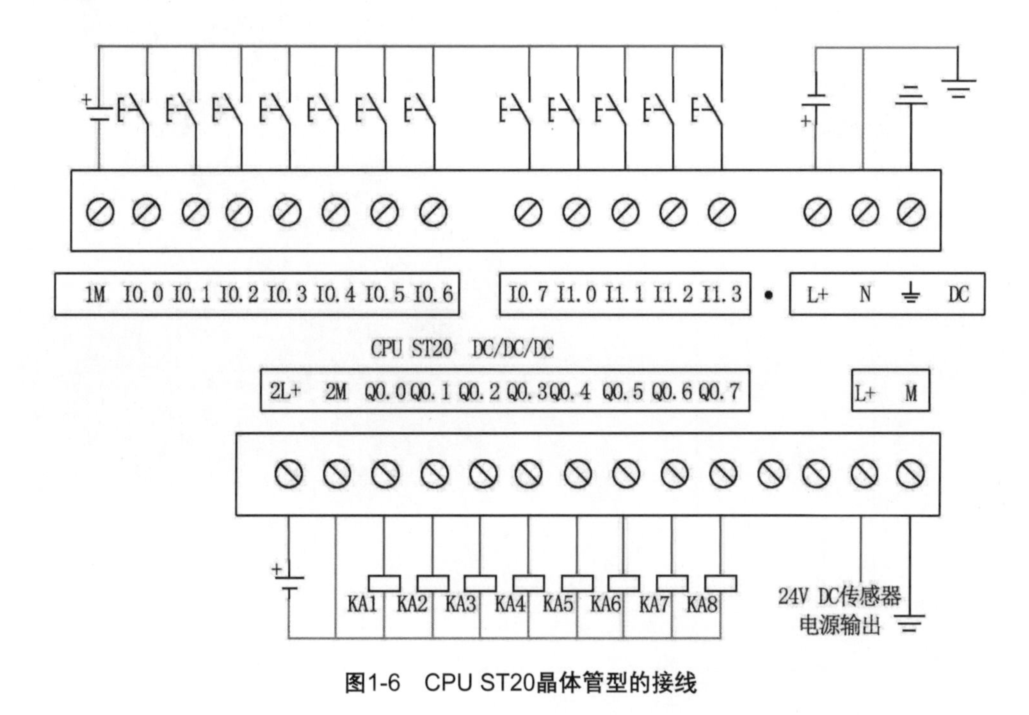

图1-6 CPU ST20晶体管型的接线

① **电源端子** CPU ST20中右上方L＋、N端子接直流电源24V。右下方L＋、M为PLC向外输出24V/300mA直流电源，L＋为电源正，M为电源负，该电源可作为输入端电源使用，也可作为传感器供电电源。

② **输入端子** CPU ST20共有12点输入，端子编号采用八进制。输入端子I0.0～I1.3，公共端为1M。

③ **输出端子** CPU ST20共有8点输出，端子编号也采用八进制。输出端子共分1组。输出回路电源只支持直流。

1.4 S7-200 SMART PLC实物接线

1.4.1 CPU ST20 DC/DC/DC电源接线（晶体管型）

CPU ST20 DC/DC/DC电源接线如图1-7所示。

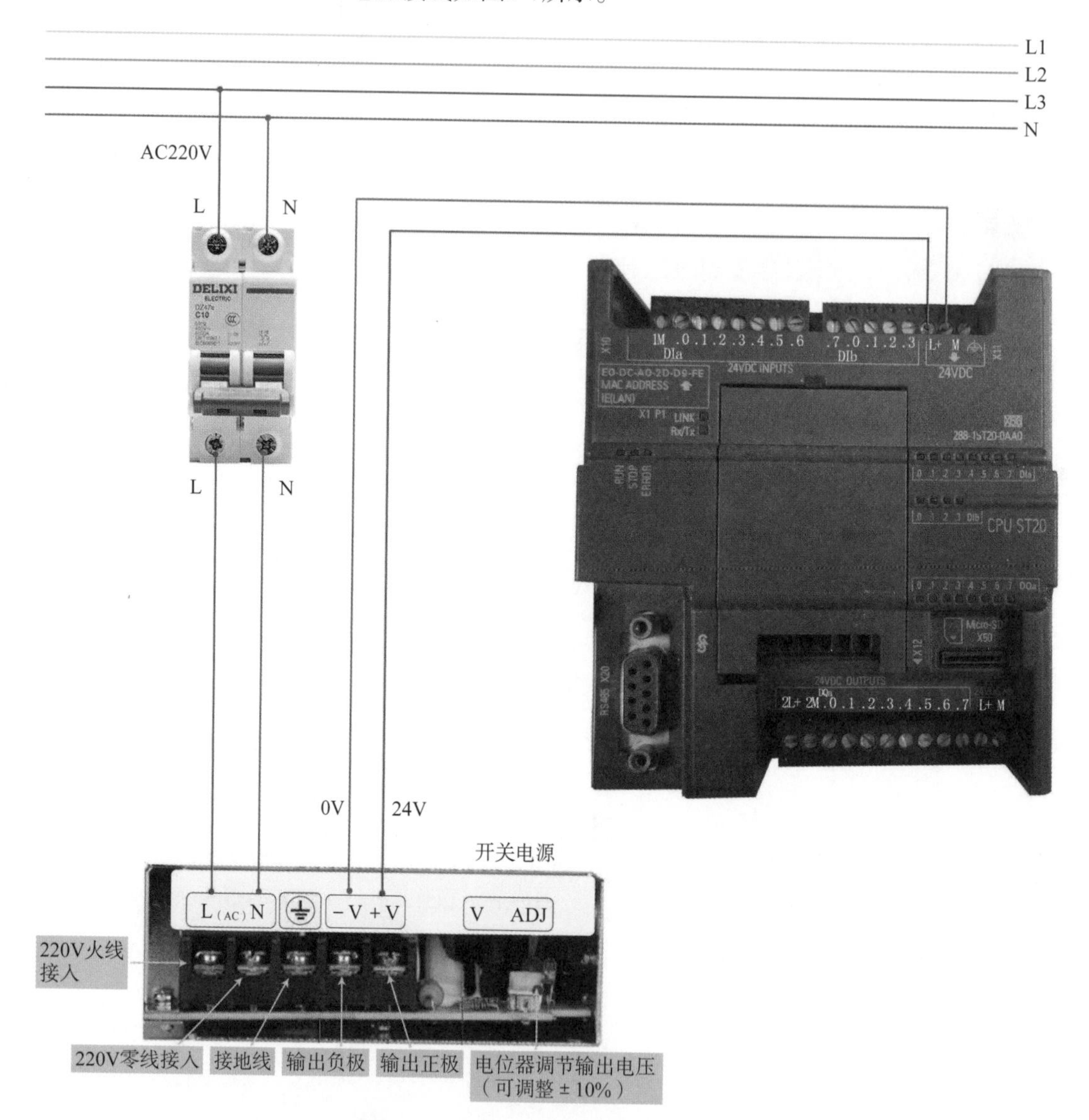

图1-7 CPU ST20 DC/DC/DC电源接线

开关电源 L接火线，N接零线。通过开关电源把AC 220V转换为DC 24V。+V为24V，−V为0V。

电源接线 S7−200 SMART PLC电源接线柱L+接开关电源+V（24V）端，接线柱M接开关电源−V（0V）端。

1.4.2 CPU SR20 AC/DC/RLY电源接线（继电器型）

CPU SR20 AC/DC/RLY电源接线如图1-8所示。

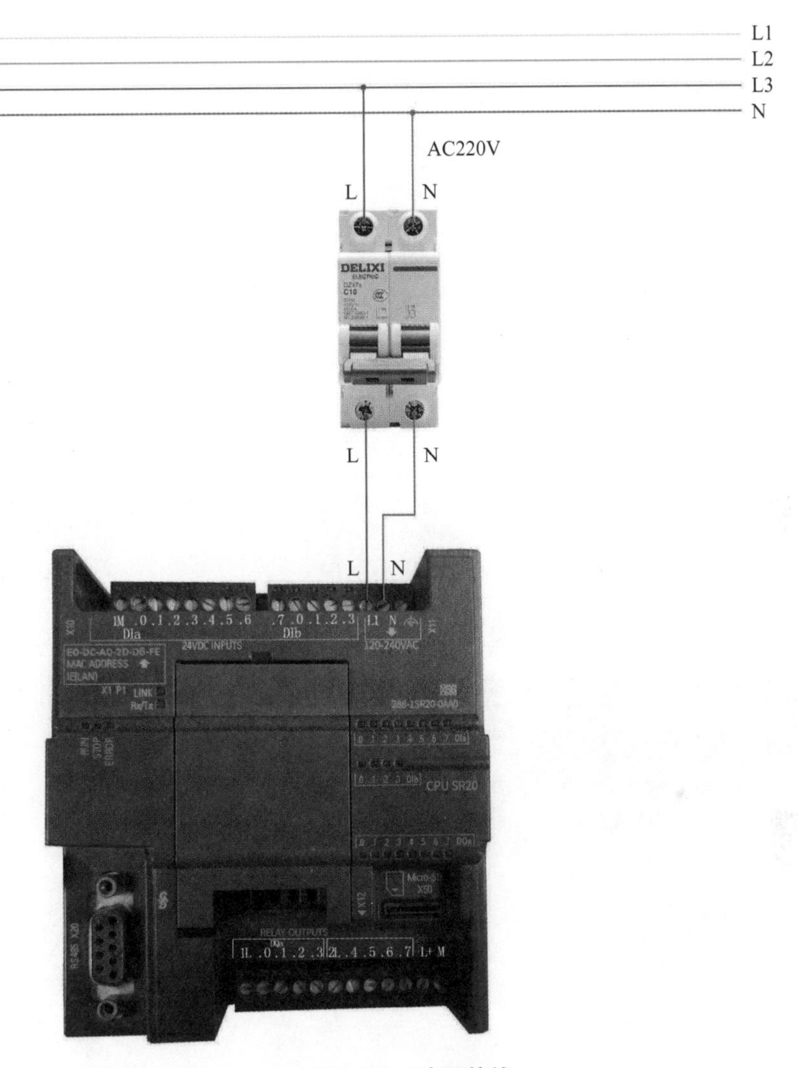

图1-8　CPU SR20 AC/DC/RLY电源接线

电源接线　S7－200 SMART PLC电源接线柱L1接断路器的出线端的火线L，S7－200 SMART PLC电源接线柱N接断路器的出线端的零线N。断路器的进线端分别接一根火线和零线，L1、L2、L3为火线，N为零线。

1.4.3 CPU ST20 DC/DC/DC输入接线（晶体管型）

CPU ST20 DC/DC/DC输入接线如图1-9所示。

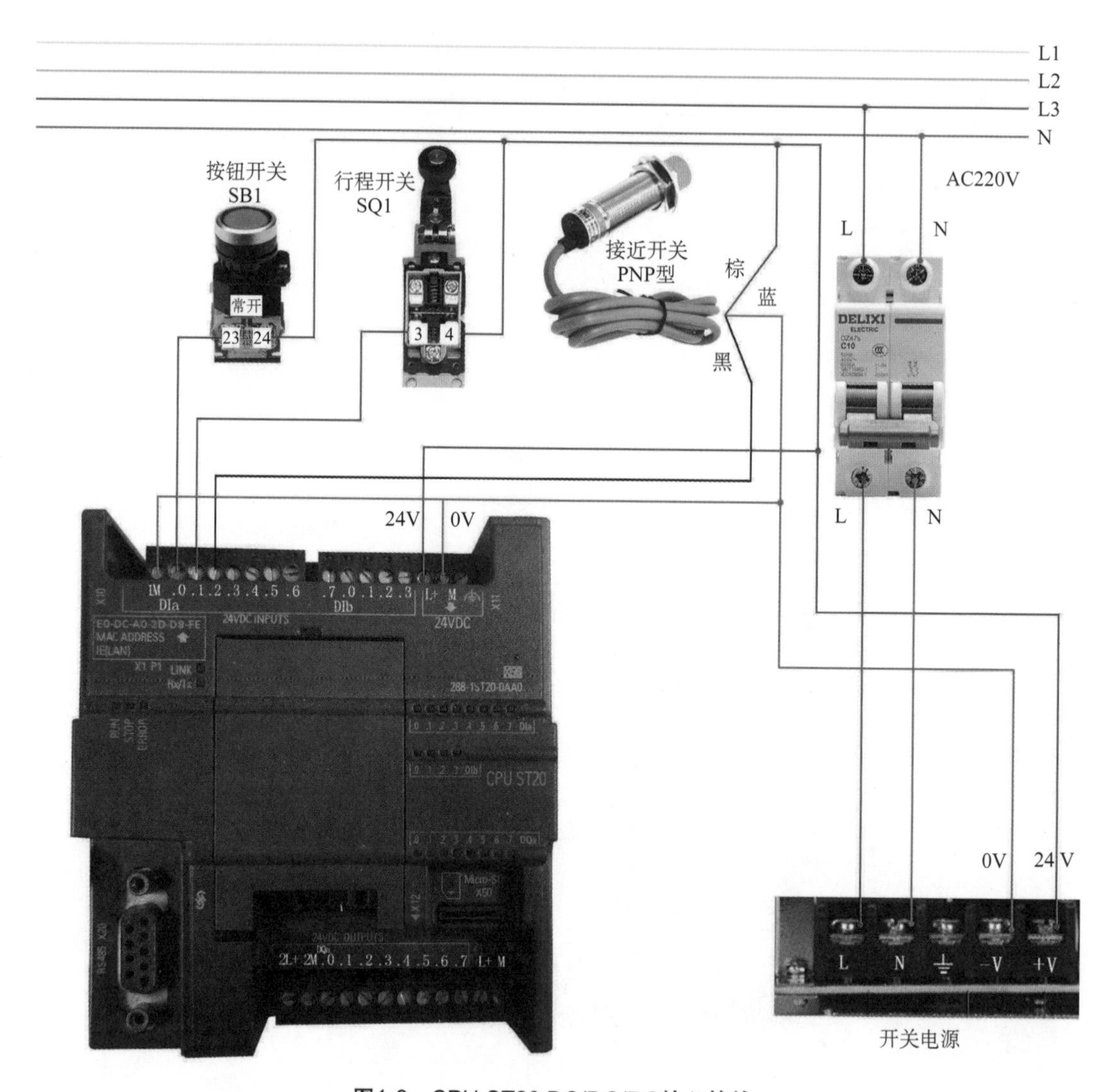

图1-9　CPU ST20 DC/DC/DC输入接线

电源接线　S7－200 SMART PLC电源接线柱L＋接开关电源＋V（24 V）端，接线柱M接开关电源－V（0V）端。

输入接线　S7－200 SMART PLC的输入公共端1M短接到开关电源的－V端。按钮开关SB1常开触点24接24V，23接输入端子I0.0；行程开关SQ1常开触点4接24V，3接输入端子I0.1；PNP型接近开关的棕色电源线接24V，蓝色线接0V，黑色信号线接输入端子I0.2。

1.4.4 CPU SR20 AC/DC/RLY输入接线（继电器型）

CPU SR20 AC/DC/RLY输入接线如图1-10所示。

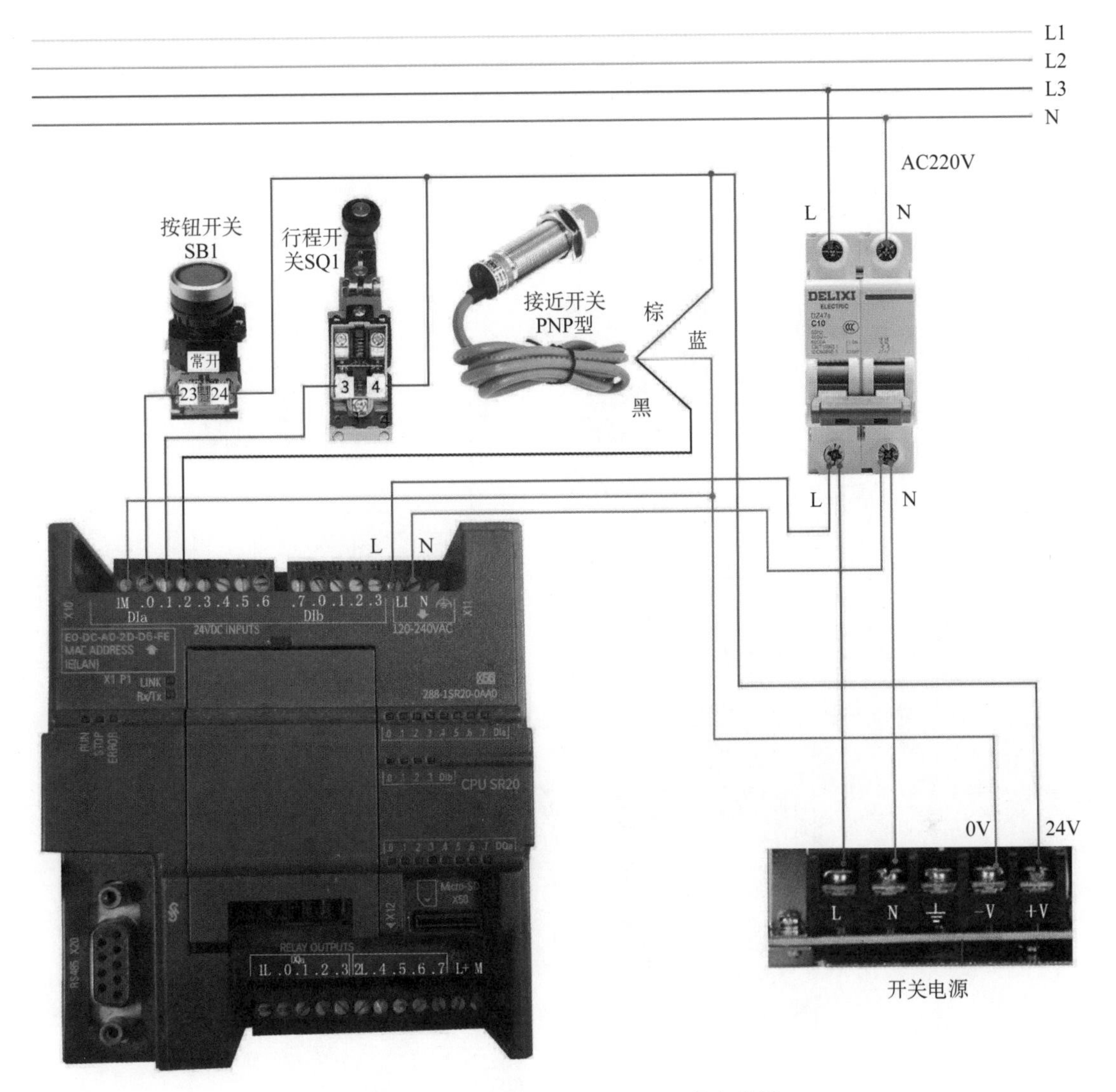

图1-10　CPU SR20 AC/DC/RLY输入接线

电源接线　S7－200 SMART PLC电源接线柱L1接断路器的出线端的火线L，接线柱N接断路器的出线端的零线N。断路器的进线端分别接一根火线和零线。

输入接线　S7－200 SMART PLC的输入公共端1M短接到开关电源的－V。按钮开关SB1常开触点24接开关电源＋V（24V），23接输入端子I0.0；行程开关SQ1常开触点4接开关电源＋V（24V），3接输入端子I0.1；PNP型接近开关的棕色电源线接开关电源＋V（24V），蓝色线接－V（0V），黑色信号线接输入端子I0.2。

1.4.5 CPU ST20 DC/DC/DC输出接线（晶体管型）

CPU ST20 DC/DC/DC输出接线如图1-11所示。

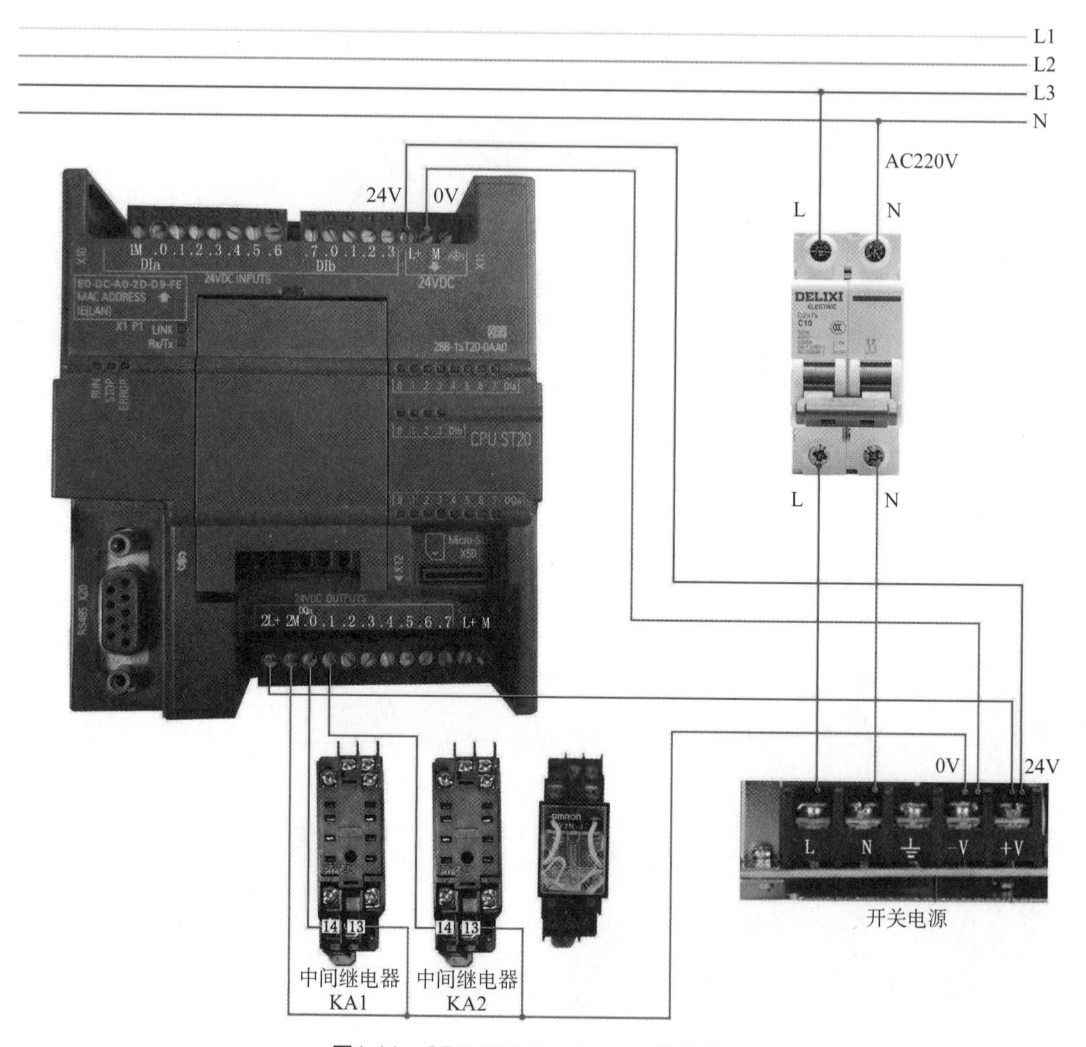

图1-11　CPU ST20 DC/DC/DC输出接线

电源接线　S7－200 SMART PLC电源接线柱L＋接开关电源＋V，接线柱M接开关电源－V。

输出接线　S7－200 SMART PLC的2L＋接＋V，2M接－V。中间继电器KA1线圈的14端子接PLC的输出端子Q0.0，中间继电器KA1线圈的13端子接2M端（0V）。中间继电器KA2线圈的14端子接PLC的输出端子Q0.1，中间继电器KA2线圈的13端子接2M端（0V）。

1.4.6 CPU SR20 AC/DC/RLY输出接线（继电器型）

CPU SR20 AC/DC/RLY输出接线如图1-12所示。

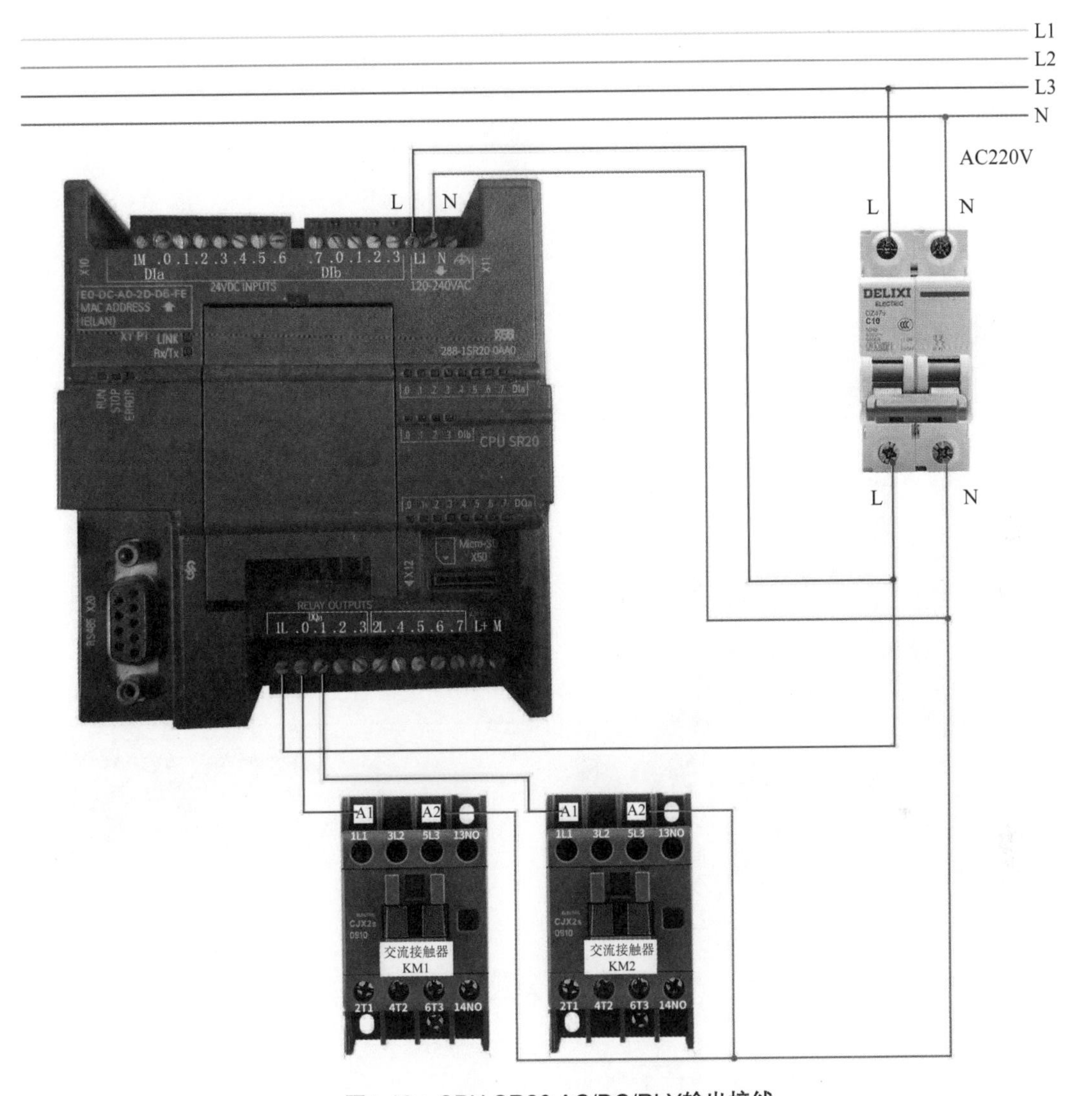

图1-12　CPU SR20 AC/DC/RLY输出接线

电源接线　S7－200 SMART PLC电源接线柱L1接断路器的出线端的火线L，接线柱N接断路器的出线端的零线N。断路器的进线端分别接一根火线和零线。

输出接线　S7－200 SMART PLC的输出公共端1L接断路器的出线端的火线L。交流接触器KM1线圈端子A1接PLC的输出端子Q0.0，交流接触器KM1端子A2接断路器的出线端的零线N。交流接触器KM2线圈端子A1接PLC的输出端子Q0.1，交流接触器KM2端子A2接断路器的出线端的零线N。

1.4.7 CPU ST20 DC/DC/DC输入和输出接线

CPU ST20 DC/DC/DC输入和输出接线如图1-13所示。

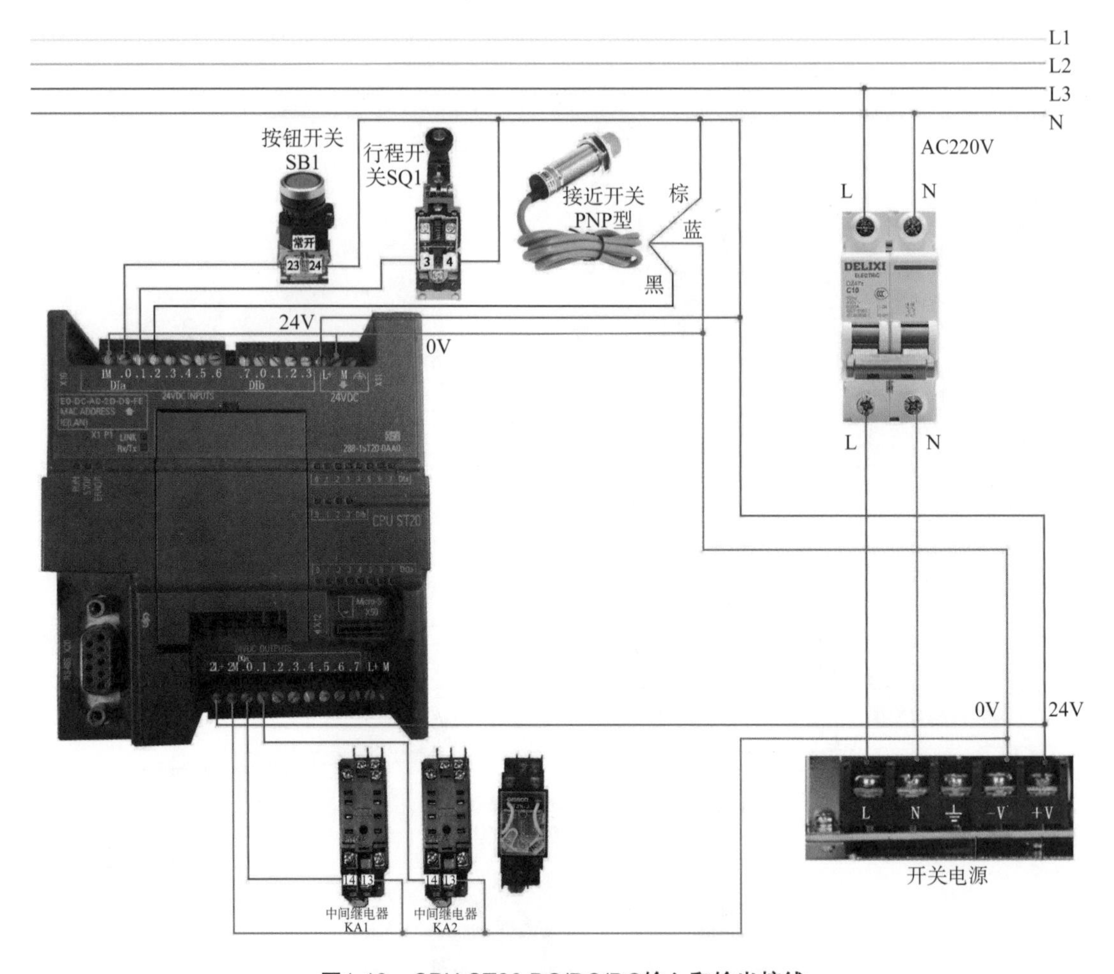

图1-13 CPU ST20 DC/DC/DC输入和输出接线

电源接线 S7－200 SMART PLC电源接线柱L＋接开关电源＋V，接线柱M接开关电源－V。

输入接线 S7－200 SMART PLC的输入公共端1M接0V。按钮开关SB1常开触点24接24V，23接输入端子I0.0；行程开关SQ1常开触点4接24V，3接输入端子I0.1；PNP型接近开关的棕色电源线接24V，蓝色线接0V，黑色信号线接输入端子I0.2。

输出接线 S7－200 SMART PLC的输出公共端2M短接到电源M端，输出公共端2L＋短接到PLC电源L＋端。中间继电器KA1线圈的14端子接PLC的输出端子Q0.0，中间继电器KA1线圈的13端子接M端（0V）。中间继电器KA2线圈的14端子接PLC的输出端子Q0.1，中间继电器KA2线圈的13端子接M端（0V）。

1.4.8 CPU SR20 AC/DC/RLY输入和输出接线

CPU SR20 AC/DC/RLY输入和输出接线如图1-14所示。

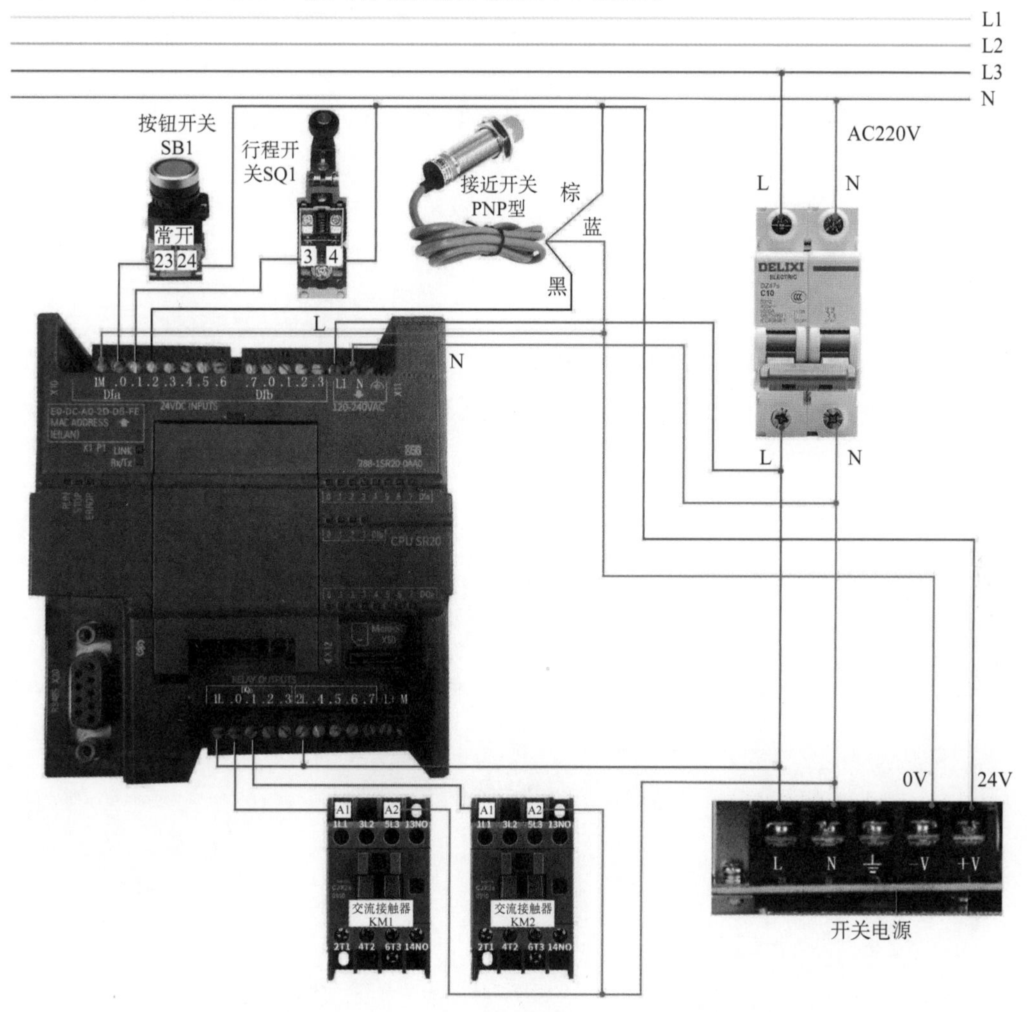

图1-14　CPU SR20 AC/DC/RLY 输入和输出接线

电源接线　S7－200 SMART PLC电源接线柱L1接断路器的出线端的火线L，接线柱N接断路器的出线端的零线N。断路器的进线端分别接一根火线和零线。

输入接线　S7－200 SMART PLC的输入公共端1M短接到开关电源的－V。按钮开关SB1常开触点24接24V，23接输入端子I0.0；行程开关SQ1常开触点4接24V，3接输入端子I0.1；PNP型接近开关的棕色电源线接24V，蓝色线接0V，黑色信号线接输入端子I0.2。

输出接线　S7－200 SMART PLC的输出公共端1L短接到PLC电源L。交流接触器KM1线圈端子A1接PLC的输出端子Q0.0，交流接触器KM1端子A2接断路器的出线端的零线N。交流接触器KM2线圈端子A1接PLC的输出端子Q0.1，交流接触器KM2端子A2接断路器的出线端的零线N。

1.5 S7-200 SMART PLC电源需求与计算

（1）电源需求与计算概述

S7-200 SMART PLC CPU模块有内部电源，为CPU模块、扩展模块和信号板正常工作供电。当有扩展模块时，CPU模块通过总线为扩展模块提供DC 5V电源，因此，要求所有扩展模块消耗的DC 5V不得超出CPU模块本身的供电能力。

每个CPU模块都有1个DC 24V电源（L+、M），它可以为本机和扩展模块的输入点和输出回路继电器线圈提供DC 24V电源，因此，要求所有输入点和输出回路继电器线圈耗电不得超出CPU模块本身DC 24V电源的供电能力。

基于以上两点考虑，在设计PLC控制系统时，有必要对S7-200 SMART PLC电源需求进行计算。计算的理论依据是CPU供电能力表格和扩展模块电流消耗表格，如表1-5、表1-6所示。

表1-5 CPU供电能力

CPU型号	电流供应	
	5V DC/mA	24V DC（传感器电源）/mA
CPU SR20	740	300
CPU ST20	740	300
CPU SR30	740	300
CPU ST30	740	300
CPU SR40	740	300
CPU ST40	740	300
CPU SR60	740	300
CPU ST60	740	300

表1-6 扩展模块的耗电情况

模块类型	型号	电流供应	
		5V DC/mA	24V DC（传感器电源）
数字量扩展模块	EM DE08	105	8×4mA
	EM DT08	120	—
	EM DR08	120	8×11mA

续表

模块类型	型号	电流供应	
		5V DC/mA	24V DC（传感器电源）
数字量扩展模块	EM DT16	145	输入：8×4mA；输出：—
	EM DR16	145	输入：8×4mA；输出：8×11mA
	EM DT32	185	输入：16×4mA；输出：—
	EM DR32	185	输入：16×4mA；输出：16×11mA
模拟量扩展模块	EM AE04	80	40mA（无负载）
	EM AQ02	80	50mA（无负载）
	EM AM06	80	60mA（无负载）
热电阻扩展模块	EM AR02	80	40mA
信号板	SB AQ01	15	40mA（无负载）
	SB DT04	50	2×4mA
	SB RS-485/RS-232	50	不适用

（2）电源需求与计算举例

某系统有CPU SR20模块1台，2个数字量输出模块EM DR08和EM SR08，3个数字量输入模块EM DE08，1个模拟量输入模块EM AE04，试计算电流消耗，看是否能用传感器电源24V DC供电。

解：计算过程如表1-7所示。

表1-7 某系统扩展模块耗电计算

CPU型号	电流供应		
	5V DC/mA	24V DC（传感器电源）/mA	备注
CPU SR20	740	300	
减去			
EM DR08	120	88	8×11mA
EM SR08	120	88	8×11mA
EM DE08	105	32	8×4mA
EM DE08	105	32	8×4mA
EM DE08	105	32	8×4mA

续表

CPU型号	电流供应		
	5V DC/mA	24V DC（传感器电源）/mA	备注
EM AE04	80	40	
电流差额	105.00	－12.00	

经计算（具体见表1-7），5V DC电流差额＝105mA＞0mA，24V DC电流差额＝－12mA＜0mA，5V CPU模块提供的电量够用，24V CPU模块提供的电量不足，因此，这种情况下，24V供电需外接直流电源，实际工程中干脆由外接24V直流电源供电，就不用CPU模块上的传感器电源（24V DC）了，以免出现扩展模块不能正常工作的情况。

第2章 STEP 7-Micro/WIN SMART 编程软件快速应用

STEP 7-Micro/WIN SMART是西门子公司专门为S7-200 SMART PLC设计的编程软件，其功能强大，可在Windows XP SP3和Windows 7操作系统上运行，支持梯形图、语句表、功能块图3种语言，可进行程序的编辑、监控、调试和组态。其安装文件还不足300MB。在沿用STEP 7-Micro/WIN优秀编程理念的同时，更多的人性化设计，使编程更容易上手，项目开发更加高效。

本章以STEP 7-Micro/WIN SMART V2.0编程软件为例，对相关知识进行讲解。

2.1 STEP 7-Micro/WIN SMART 编程软件的界面

STEP 7-Micro/WIN SMART编程软件的界面如图2-1所示，主要包括快速访问工具栏、导航栏、项目树、菜单栏、程序编辑器、窗口选项卡和状态栏。

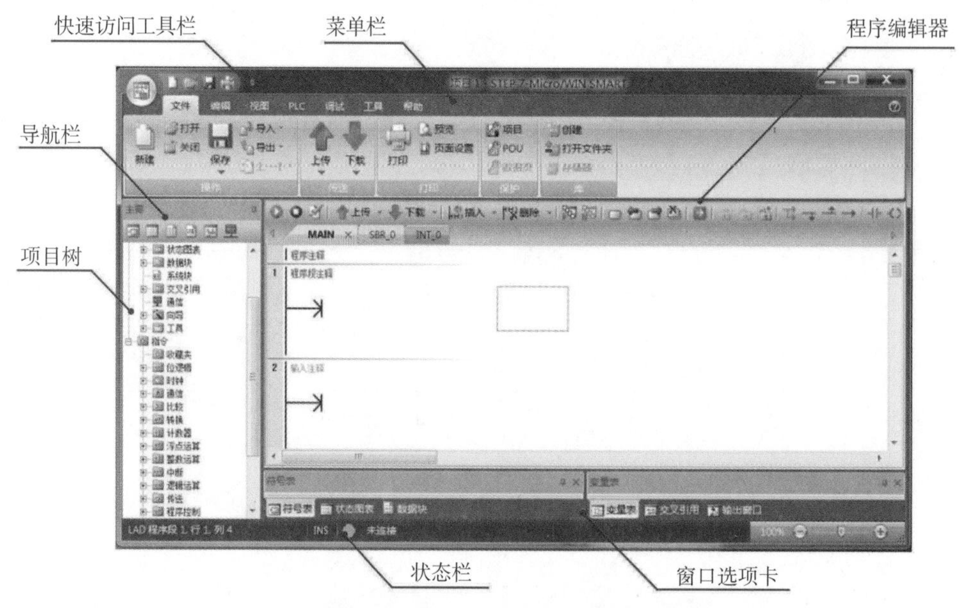

图2-1 STEP 7-Micro/WIN SMART编程软件的界面

（1）快速访问工具栏

快速访问工具栏位于菜单栏的上方，如图2-2所示。单击“快速访问文件”按钮，可以简捷快速地访问“文件”菜单下的大部分功能和最近文档。单击“快速访问文件”按钮，出现的下拉菜单如图2-3所示。快速访问工具栏上的其余按钮分别为新建、打开、保存和打印等。

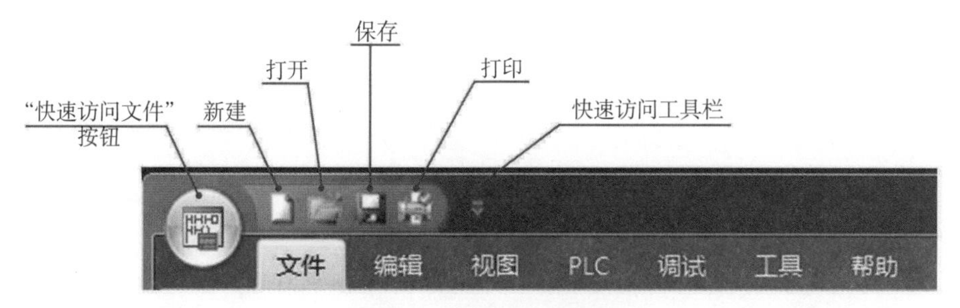

图2-2 快速访问工具栏

图2-3 快速访问工具栏的下拉菜单

此外，单击▾按钮还可以自定义快速访问工具栏。

（2）导航栏

导航栏位于项目树的上方，导航栏上有符号表、状态图表、数据块、系统块、交叉引用和通信几个按钮，如图2-4所示。单击相应按钮，可以直接打开项目树中的对应选项。

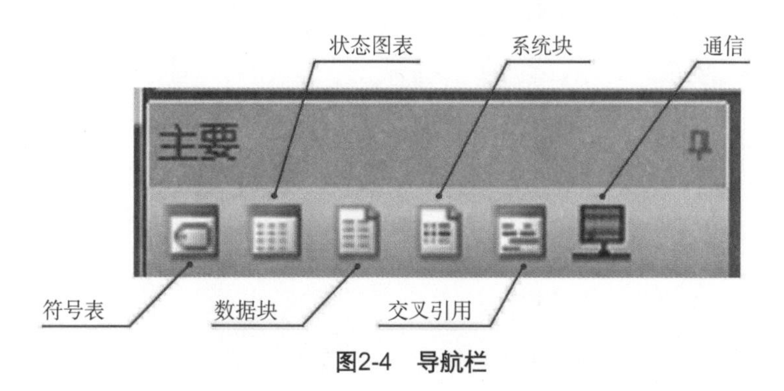

图2-4 导航栏

（3）项目树

项目树位于导航栏的下方，如图2-5所示。项目树有两大功能：组织编辑项目和提供相应的指令。

① 组织编辑项目

a. 双击“系统块”或“”图标，可以硬件进行组态。

b. 单击“程序块”文件夹前的按钮，“程序块”文件夹会展开。使用鼠标右键单击可以插入子程序或中断程序。

c. 单击“符号表”文件夹前的“”按钮，“符号表”文件夹会展开。使用鼠标右键单击可以插入新的符号表。

d. 单击“状态图表”文件夹前的“”按钮，“状态图表”文件夹会展开。使用鼠标右键单击可以插入新的状态表。

e. 单击“向导”文件夹前的“”按钮，“向导”文件夹会展开，操作者可以选择相应的向导。常用的向导有运动向导、PID向导和高速计数器向导。

② 提供相应的指令　单击相应指令文件夹前的按钮，相应的指令文件夹会展开，操作者双击或拖曳相应的指令，相应的指令会出现在程序编辑器的相应位置。此外，项目树右上角有一个小钉，当小钉为竖放“”状态时，项目树位置会固定；当小钉为横放“”状态时，项目树会自动隐藏。当小钉隐藏时，会扩大程序编辑器的区域。

图2-5　项目树

（4）菜单栏

菜单栏包括文件、编辑、视图、PLC、调试、工具和帮助7个菜单项，如图2-6所示。

图2-6　菜单项展开

（5）程序编辑器

程序编辑器是编写和编辑程序的区域，如图2-7所示。程序编辑器主要包括工具栏、POU选择器、POU注释、程序段注释等。其中，工具栏详解如图2-8所示。POU选择器用于主程序、子程序和中断程序之间的切换。

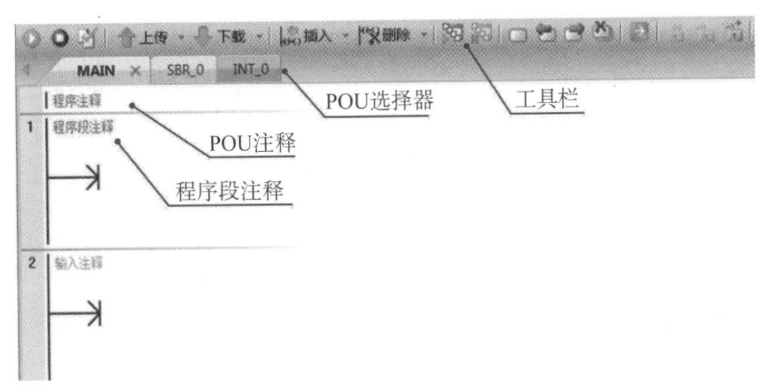

图2-7　程序编辑器

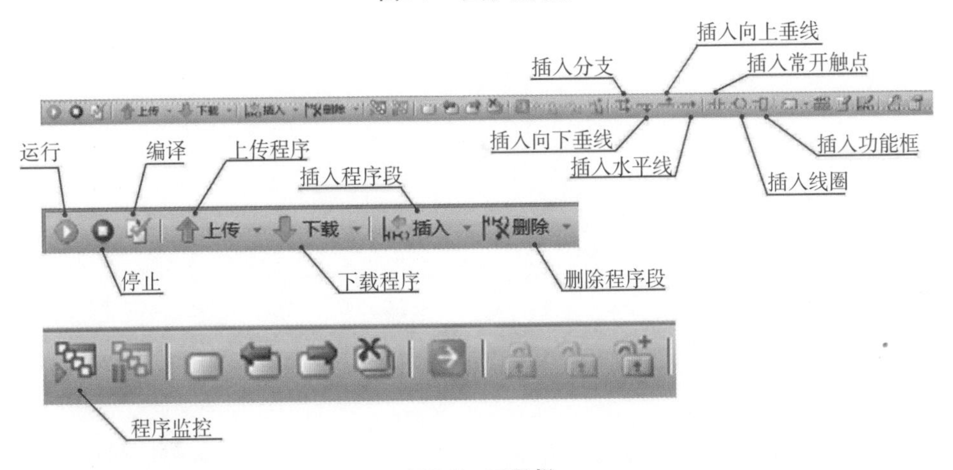

图2-8　工具栏

（6）窗口选项卡

窗口选项卡可以实现变量表窗口、符号表窗口、状态表窗口、数据块窗口和输出窗口的切换。

（7）状态栏

状态栏位于主窗口底部，提供软件中执行的操作信息。

2.2 项目创建与硬件组态

2.2.1 创建与打开项目

（1）创建项目

创建项目常用2种方法。

① 单击菜单栏中的“文件→新建”命令，如图2-9所示。

② 单击“快速访问文件”按钮，执行“新建”命令，如图2-10所示。

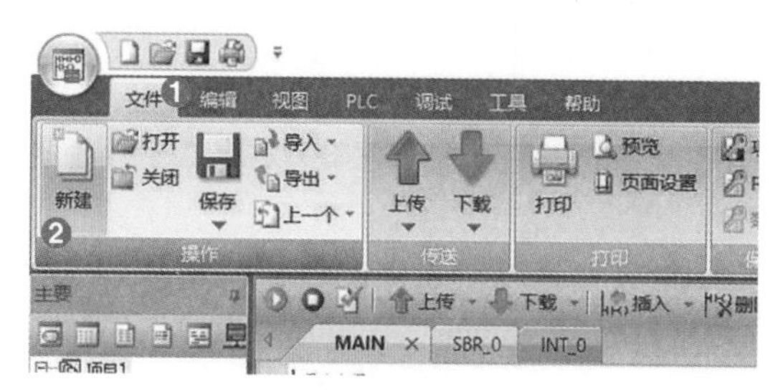

图2-9　新建工程方法（1）

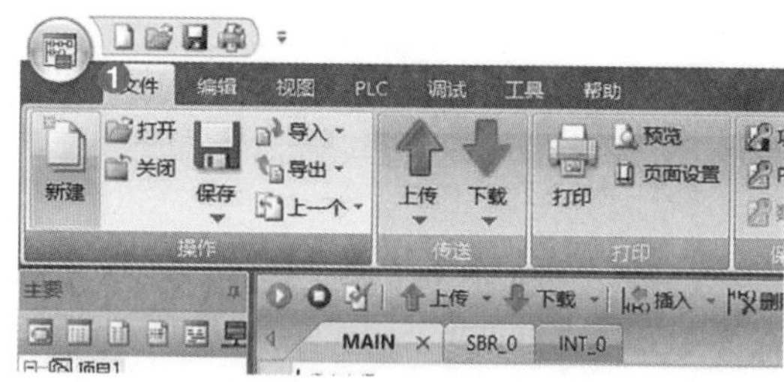

图2-10　新建工程方法（2）

（2）打开项目

打开项目常用的也有2种方法。

① 单击菜单栏中的“文件→打开”命令，如图2-11所示。

② 单击“快速访问文件”按钮，单击“打开”命令，如图2-12所示。

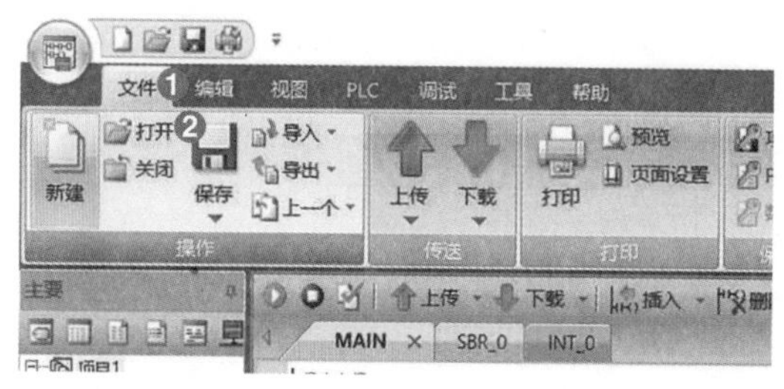

图2-11　打开工程项目方法（1）

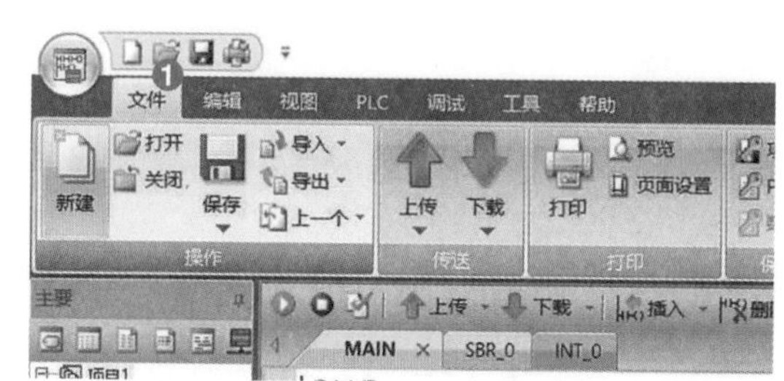

图2-12　打开工程项目方法（2）

2.2.2 硬件组态

硬件组态的目的是生成一个与实际硬件系统完全相同的系统。硬件组态包括CPU型号、扩展模块和信号板的添加以及它们相关参数的设置。

（1）硬件配置

硬件配置前，首先打开系统块。打开系统块有2种方法。

① 单击项目树中的“系统块”图标，如图2-13所示。

② 双击导航栏中的“系统块”按钮，如图2-14所示。

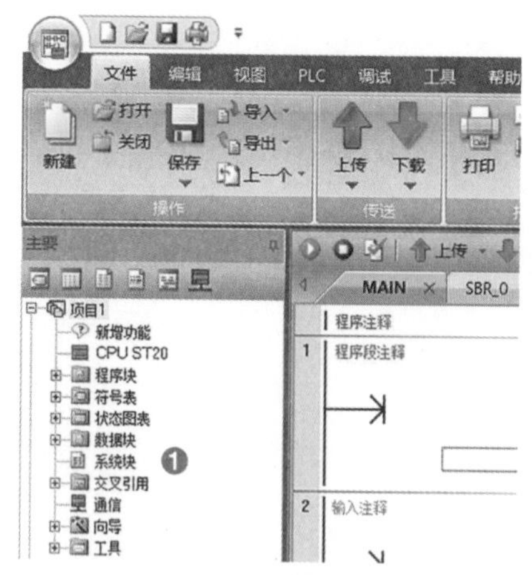

图2-13　打开系统块（1）

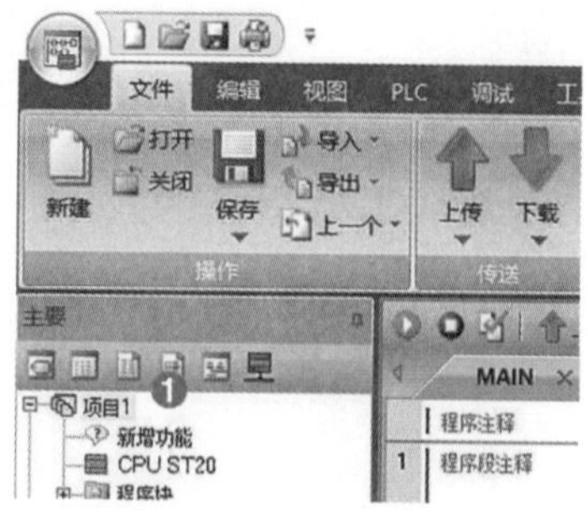

图2-14　打开系统块（2）

“系统块”打开的界面如图2-15所示。

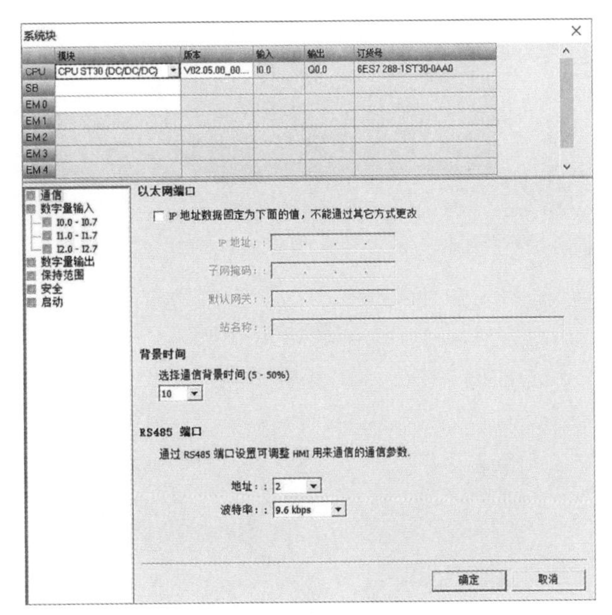

图2-15　“系统块”打开的界面

a. 系统块表格的第1行是CPU型号的设置。在第1行的第1列处，可以单击▼图标，选择与实际硬件匹配的CPU型号；在第1行的第3列处，显示的是CPU输入点的起始地址；在第1行的第4列处，显示的是CPU输出点的起始地址；两个起始地址均为自动生成，不能更改；在第1行的第5列处，是订货号，选型时由用户自行输入，如图2-16所示。

系统块

	模块	版本	输入	输出	订货号
CPU	CPU ST20 (DC/DC/DC)	V02.03.01_00...	I0.0	Q0.0	6ES7 288-1ST20-0AA0
SB	❶		❷	❸	❹
EM 0					

图2-16　CPU型号设置

b. 系统块表格的第2行是信号板的设置。在第2行的第1列处，可以单击▼图标，选择与实际信号板匹配的类型；信号板有数字量扩展信号板、模拟量扩展信号板、电池信号板和通信信号板，如图2-17所示。

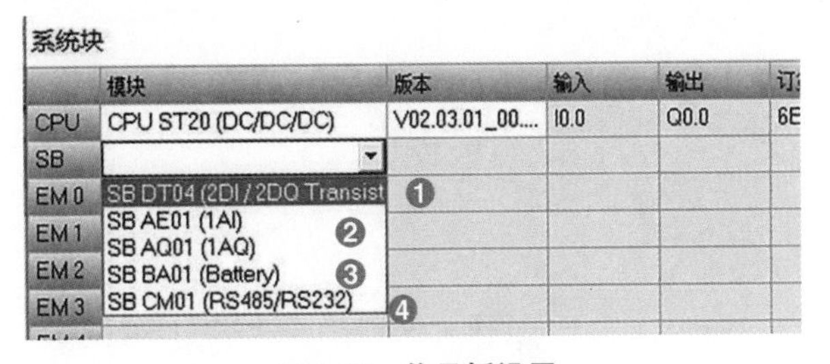

图2-17　信号板设置

c. 系统块表格的第3～8行可以设置扩展模块。扩展模块包括数字量扩展模块、模拟量扩展模块、热电阻扩展模块和热电偶扩展模块，如图2-18所示。

系统块

	模块	版本	输入	输出	订货号
CPU	CPU ST20 (DC/DC/DC)	V02.03.01_00...	I0.0	Q0.0	6ES7 288-1ST20-0AA0
SB					
EM 0	▼				
EM 1	❶				
EM 2					
EM 3					
EM 4					

图2-18　扩展模块设置

d. 案例。某系统硬件选择了CPU ST30、1块模拟量输出信号板、1块4点模拟量输入模块和1块8点数字量输入模块，请在软件中做好组态，并说明所占的地址。

解：硬件组态结果如图2-19所示。

系统块

	模块	版本	输入	输出	订货号
CPU	CPU ST30 (DC/DC/DC) ❶	V02.05.00_00...	I0.0	Q0.0	6ES7 288-1ST30-0AA0
SB	SB AQ01 (1AQ) ❷			AQW12	6ES7 288-5AQ01-0AA0
EM 0	EM AE04 (4AI) ❸		AIW16		6ES7 288-3AE04-0AA0
EM 1	EM DE08 (8DI) ❹		I12.0		6ES7 288-2DE08-0AA0
EM 2					
EM 3					

图2-19　硬件组态结果

（2）组态模块的详细说明

a. CPU ST30的输入点起始地址为I0.0，占IB0和IB1两个字节，还有I2.0、I2.1两点（注意不是整个IB2字节），当鼠标指针在CPU型号这行时，按图2-20所示方法确定实际的输入点。

b. CPU ST30的输出点起始地址为Q0.0，占QB0一个字节，还有Q1.0～Q1.3四点，确定方法如图2-21所示。

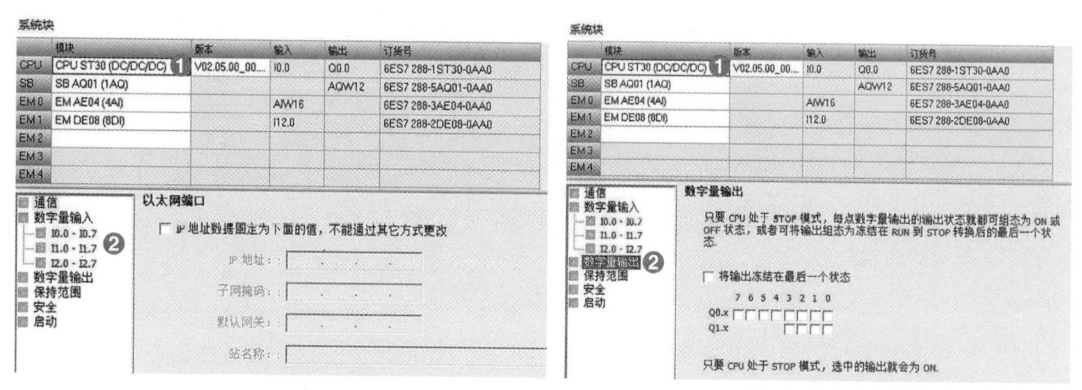

图2-20　实际输入量确定　　**图2-21　CPU实际输出量确定**

c. SB AQ01（1AQ）只有1个模拟量输出点，模拟量输出起始地址为AQW12，如图2-22所示。

d. EM AE04（4AI）的模拟量输入点起始地址为AIW16，模拟量输入模块共有4路通道，此后地址为AIW18、AIW20、AIW22，如图2-23所示。

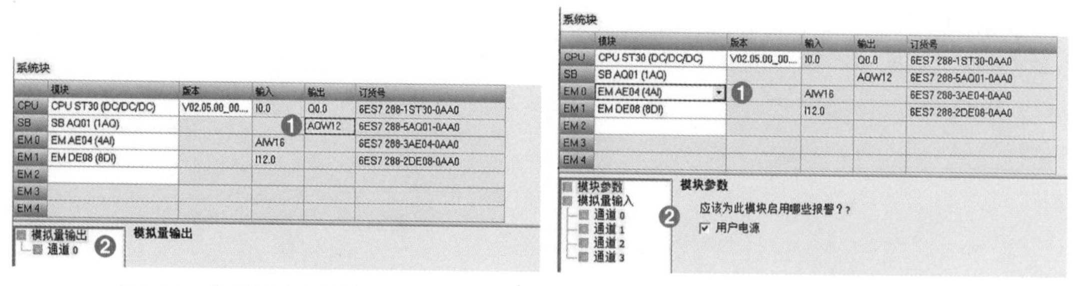

图2-22　信号板实际输出量地址　　**图2-23　模拟量输出地址**

e. EM DE08（8DI）的数字量输入点起始地址为I12.0，占IB12一个字节，如图2-24所示。

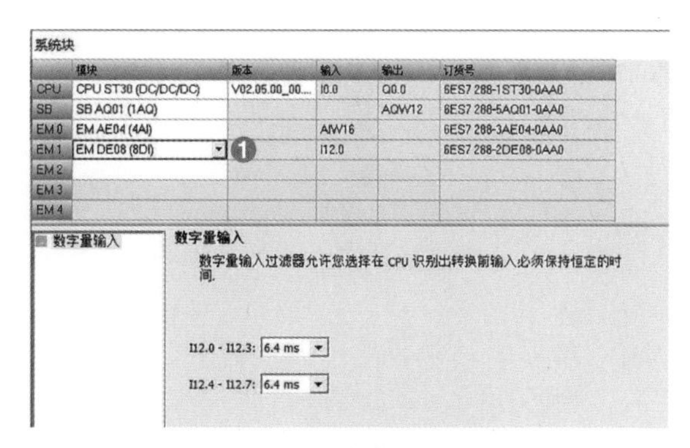

图2-24　数字量输出地址

（3）相关参数设置

① 组态数字量输入。

a. 设置滤波时间。S7-200 SMART PLC允许为数字量输入点设置1个延时输入滤波器，通过设置延时时间，可以减小因触点抖动等因素造成的干扰，具体设置如图2-25所示。

b. 脉冲捕捉设置。S7-200 SMART PLC为数字量输入点提供脉冲捕捉功能，脉冲捕捉可以捕捉到比扫描周期还短的脉冲，具体设置如图2-26所示，勾选“脉冲捕捉”复选框即可。

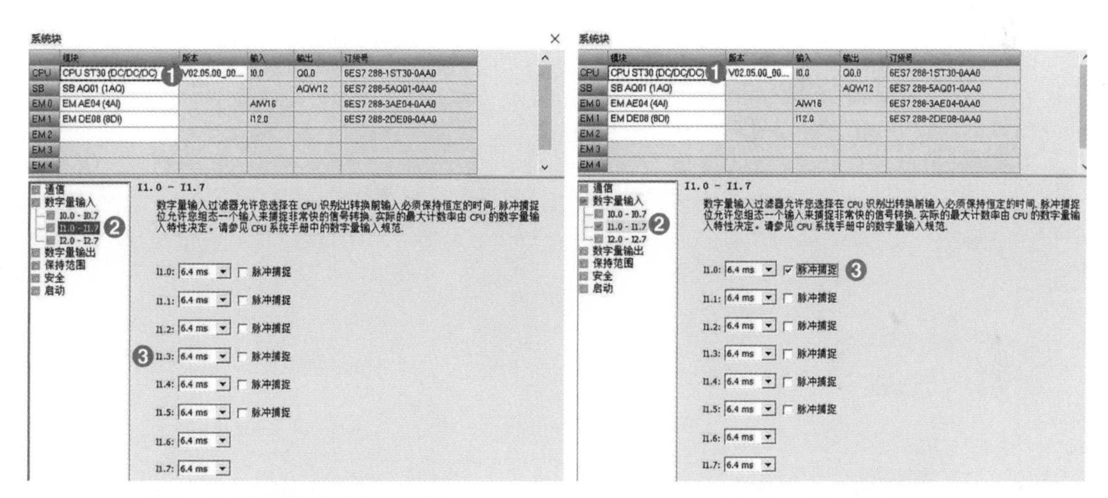

图2-25　设置延时输入滤波器　　　　图2-26　输入脉冲捕捉

② 组态数字量输出。

a. 将输出冻结在最后一个状态。具体设置如图2-27所示。

“将输出冻结在最后一个状态”的理解：若Q0.1最后1个状态是1，那么当CPU由RUN转为STOP时，Q0.1的状态仍为1。

b. 强制输出设置。具体设置如图2-28所示。

③ 组态模拟量输入。了解西门子S7-200 SMART PLC的读者都知道，模拟量模块的类型和范围均由拨码开关来设置，而S7-200 SMART PLC模拟量模块的类型和范围由软件来设置。

先选中模拟量输入模块，再选中要设置的通道，模拟量的类型有电压和电流两类，电

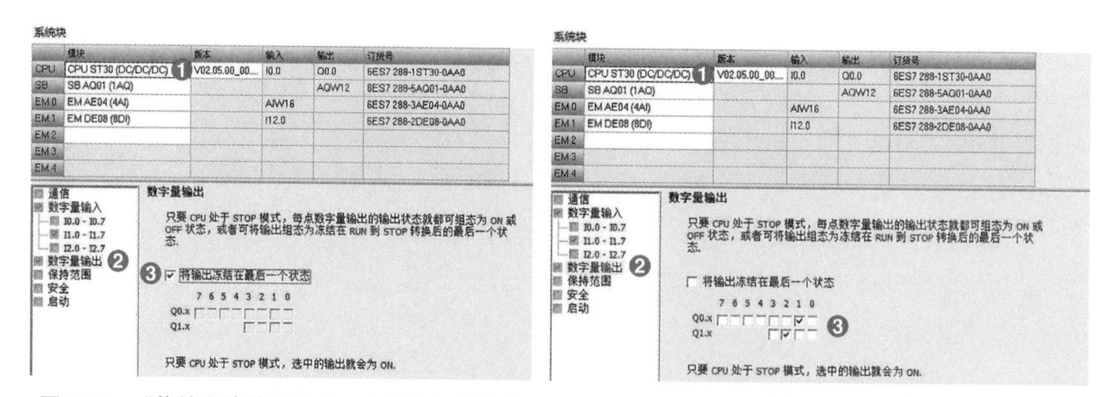

图2-27 “将输出冻结在最后一个状态”的设置　　图2-28 强制输出设置

压范围有±2.5V、±5V、±10V 3种，电流范围只有0～20mA 1种。

值得注意的是：通道0和通道1的类型相同，通道2和通道3的类型相同，具体设置如图2-29所示。

④ 组态模拟量输出。先选中模拟量输出模块，再选中要设置的通道，模拟量的类型有电压和电流两类，电压范围只有－10～10V 1种；电流范围只有0～20mA 1种。

组态模拟量输出如图2-30所示。

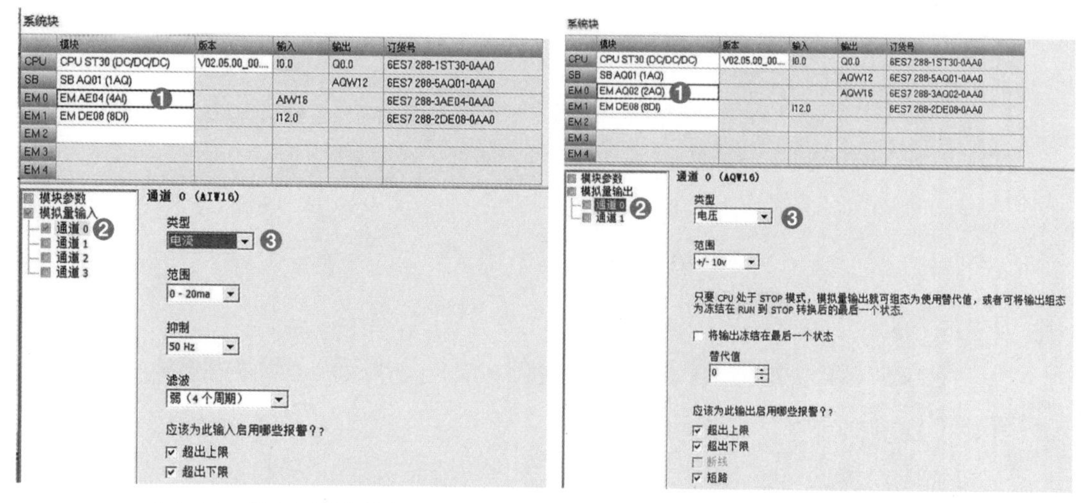

图2-29 组态模拟量输入　　图2-30 组态模拟量输出

（4）启动模式组态

打开“系统块”对话框，在选中CPU时，单击“启动”命令，操作者可以对CPU的启动模式进行选择。CPU的启动模式有STOP、RUN和LAST 3种，操作者可以根据自己的需要进行选择，具体操作如图2-31所示。

（5）设置断电数据保持

S7-200 SMART CPU提供了多种参数和选项设置以适应具体应用，这些参数和选项在

“系统块”对话框内设置。系统块必须下载到CPU中才起作用。有的初学者修改程序后往往不会忘记重新下载程序，但在软件中更改参数后却忘记了重新下载，这是不对的。

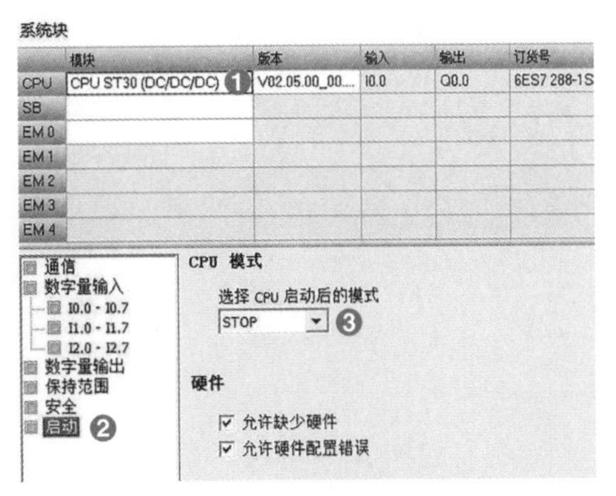

图2-31　启动模式设置

单击工具浏览条的“视图”中的“组件”图标，在下拉框中选择“系统块”，在数据保持范围对话框中设置各项参数，如图2-32所示。

① CPU的内置超级电容，在断电时间不太长时，可以为数据和时钟的保持提供电源缓冲。

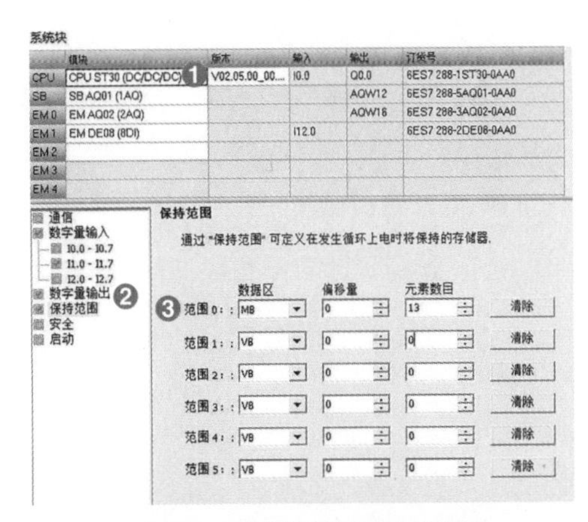

图2-32　数据保持范围对话框

② CPU上可以附加电池卡，与内置电容配合，长期为时钟和数据保持提供电源。

③ 在数据块中定义不需要更改的数据，下载到CPU内可以永久保存。

④ 用户编程使用相应的特殊寄存器功能，将数据写入EEPROM永久保存。

如果将MB0～MB13共14字节范围中的存储单元设置为“保持”，则CPU在断电时会自动将其内容写入EEPROM的相应区域中，在重新上电后，用EEPROM的内容覆盖这些存储区。如果将其他数据区的范围设置为“不保持”，CPU会在重新上电后将EEPROM中的数值复制到相应的地址。如果将数据区的范围设置为“保持”，一旦内置超级电容（＋电池卡）未能成功保持数据，则会将EEPROM的内容覆盖相应的数据区；反之，则不覆盖。

如果关断CPU的电源再上电，观察到V存储区相应的单元内还保存有正确的数据，则可说明数据已经成功地写入CPU的EEPROM。

2.3 程序编译、传送与调试

2.3.1 程序编译

（1）程序输入

生成新项目后，系统会自动打开主程序MAIN（OB1），操作者先将光标定位在程序编辑器中要放元件的位置，然后就可以进行程序输入了。

程序输入常用的方法有2种，具体如下。

①用程序编辑器中的工具栏进行输入。可选择常开、常闭、线圈及分支连接，根据实际编程的需要，必须将相应元件赋予相应的地址，如I0.2、I0.3、Q0.0等，如图2-33所示。

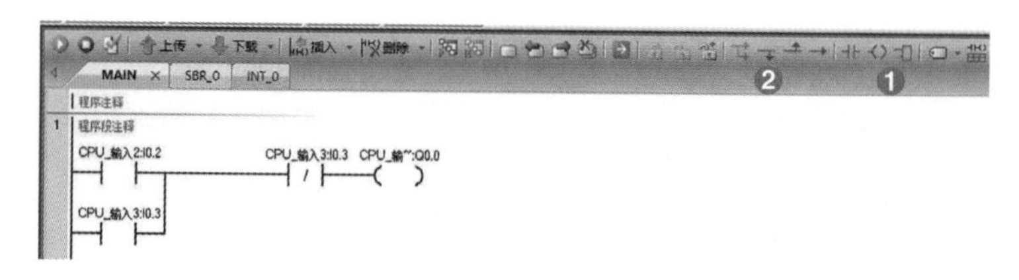

图2-33　给相应元件赋予相应的地址

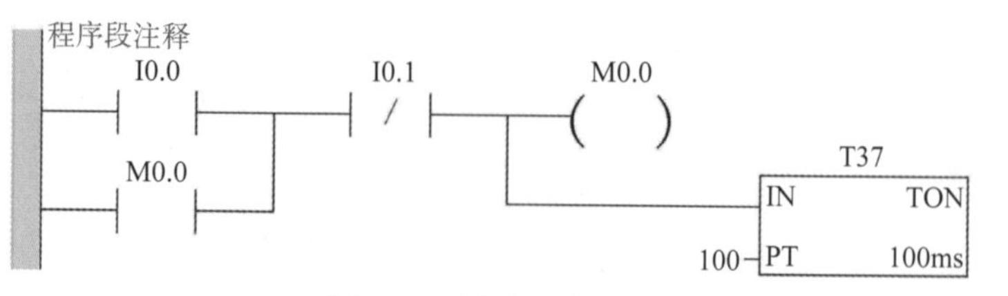

图2-34　梯形图输入程序

② 用键盘上的快捷键输入。快捷键包括：触点快捷键F4；线圈快捷键F6；功能块快捷键F9；分支快捷键“Ctrl + ↓”；向上垂线快捷键“Ctrl + ↑”；水平线快捷键“Ctrl + →”。输入完元件后，根据实际编程的需要，必须将相应元件赋予相应的地址。

③ 案例。将如图2-34所示梯形图程序，输入STEP 7-Micro/WIN SMART编程软件中。

（2）程序编译

在程序下载前，为了避免程序出错，最好进行程序编译。

程序编译的方法：单击程序编辑器工具栏上的“编译”按钮，输入程序就可编译了。如果语法有错误，将会在输出窗口中显示错误的个数、错误的原因和错误的位置，如图2-35所示。双击某一条错误，将会打开出错的程序块，用光标指出出错的位置，待错误改正后，方可下载程序。

需要指出，程序如果未编译，下载前软件会自动编译，编译结果会显示在输出窗口。

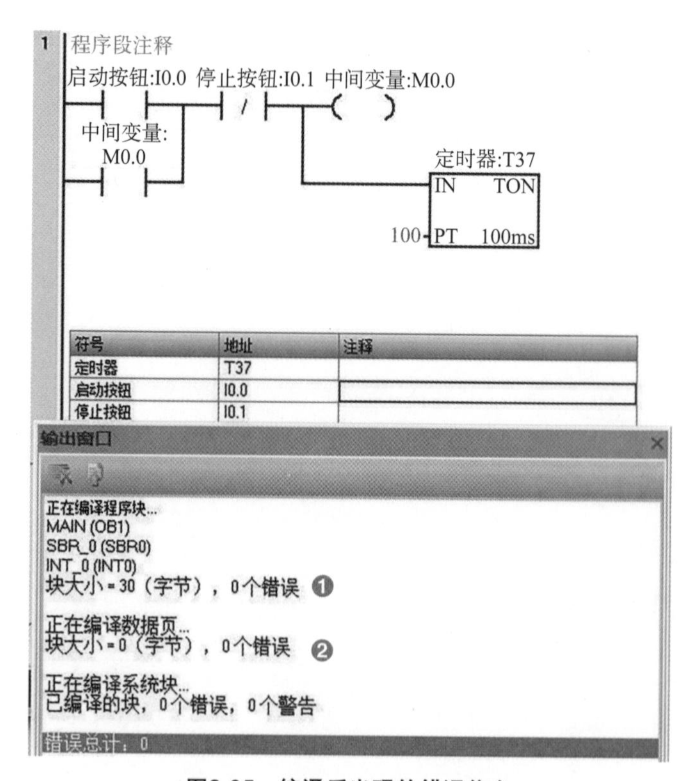

图2-35　编译后出现的错误信息

2.3.2 程序下载

在下载程序之前，必须先保障S7-200 SMART PLC的CPU和计算机之间能正常通信。设备能实现正常通信的前提如下。

① 设备之间进行了物理连接。若单台S7-200 SMART PLC与计算机之间连接，只需要1条普通的以太网线；若多个S7-200 SMART PLC与计算机之间连接，还需要交换机。

② 设备进行了正确的通信设置。

（1）通信设置

① CPU的IP地址设置。双击项目树或导航栏中的“通信”图标，打开“通信”对话框，如图2-36所示。单击“网络接口卡”后边的按钮，会出现下拉菜单，选择计算机的网卡；之后单击左下角“查找”按钮，CPU的地址会被搜索出来，S7-200 SMART PLC默认地址为“192.168.2.1”；单击“闪烁指示灯”按钮，硬件中的STOP、RUN和ERROR指示灯会同时闪烁，再按一下，闪烁停止，这样做的目的是当有多个CPU时，便于找到你所选择的那个CPU，如图2-36所示。

单击“编辑”按钮，可以改变IP地址；若“系统块”中组态了“IP地址数据固定为下面的值，不能通过其它方式更改”（图2-37），单击“设置”按钮，会出现错误信息，则证明这里IP地址不能改变。

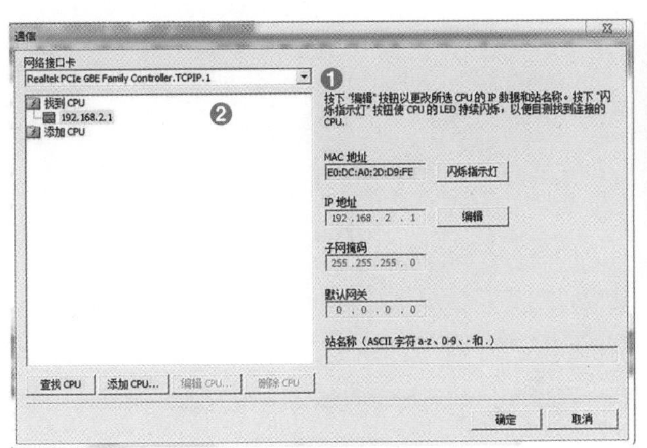

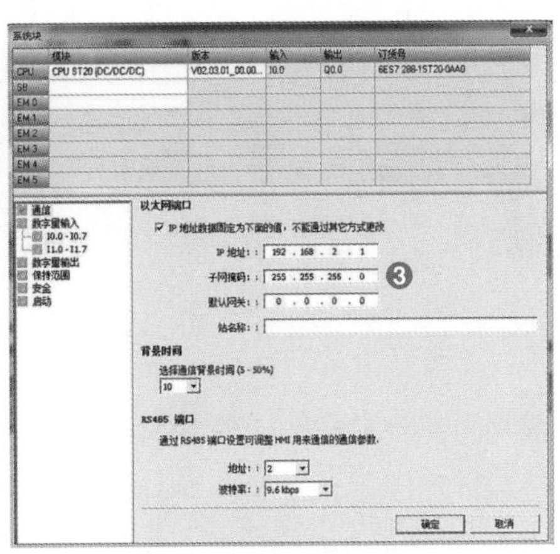

图2-36 CPU的IP地址设置

图2-37 系统块的IP地址设置

最后，单击“确定”按钮，CPU所有通信信息设置完毕。

② 计算机网卡的IP地址设置。打开计算机的控制面板，双击“网络连接”图标，其对话框会打开，按如图2-38设置IP地址即可。这里的IP地址设置为“192.168.2.11”，子网掩码默认为“255.255.255.0”，网关无须设置。

最后单击“确定”按钮，计算机网卡的IP地址设置完毕。

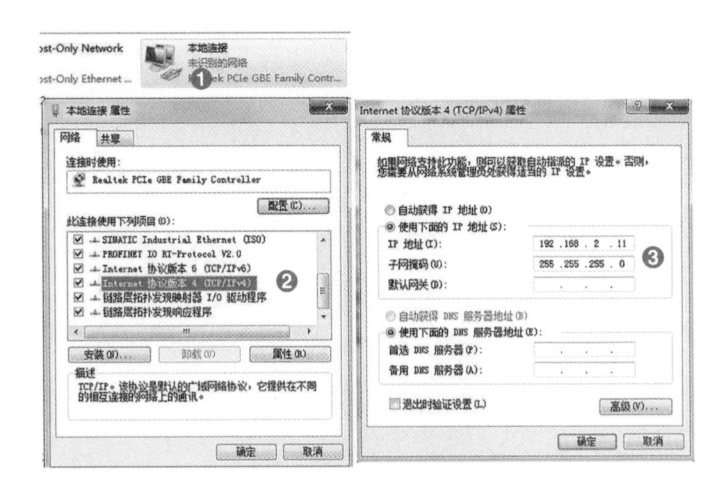

图2-38 计算机网卡的IP地址设置

通过以上两方面的设置，S7-200 SMART PLC与计算机之间就能通信了，能通信的标准是软件状态栏上的绿色指示灯不停地闪烁。

（2）程序下载

单击程序编辑器中工具栏上的“下载”按钮，会弹出“下载”对话框，如图2-39所示。用户可以在“块”的多选框中选择是否下载程序块、数据块和系统块，如选择则在其前面打勾；可以用“选项”框选择下载前从RUN切换到STOP模式、下载后从STOP模式切换到RUN模式是否提示，下载成功后是否自动关闭对话框。

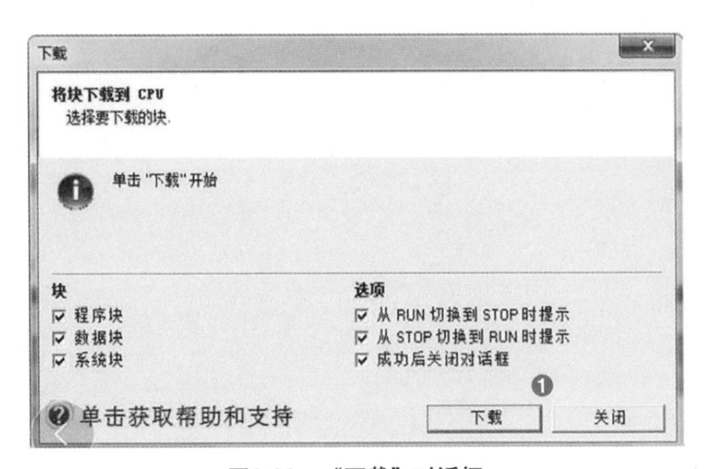

图2-39 “下载”对话框

（3）运行与停止模式

要运行下载到PLC中的程序，单击工具栏中的“运行”按钮；如需停止运行，单击工具栏中的“停止”按钮，如图2-40所示。

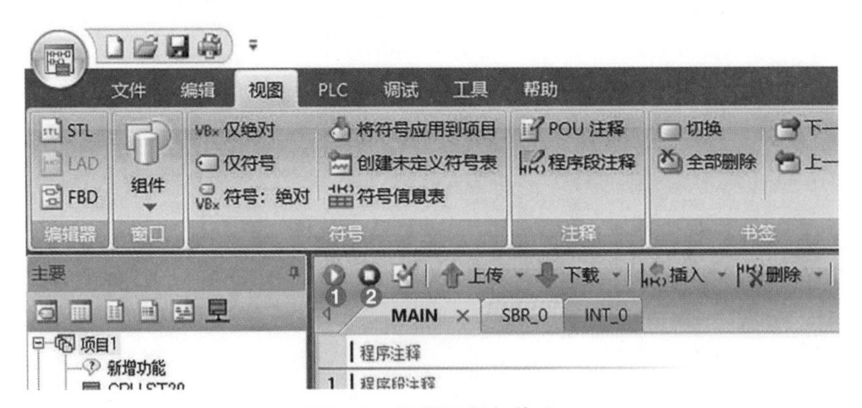

图2-40 远程运行与停止

2.3.3 程序监控

首先，打开要进行监控的程序，单击工具栏上的“程序监控”按钮，开始对程序进行监控。CPU中存在的程序与打开的程序可能不同，会出现“时间戳不匹配”对话框，如图2-41所示，单击“比较”按钮，确定CPU中的程序与打开的程序是否相同，如果相同，对话框会显示“已通过”提示信息，单击“继续”按钮，开始监控，如图2-41所示。

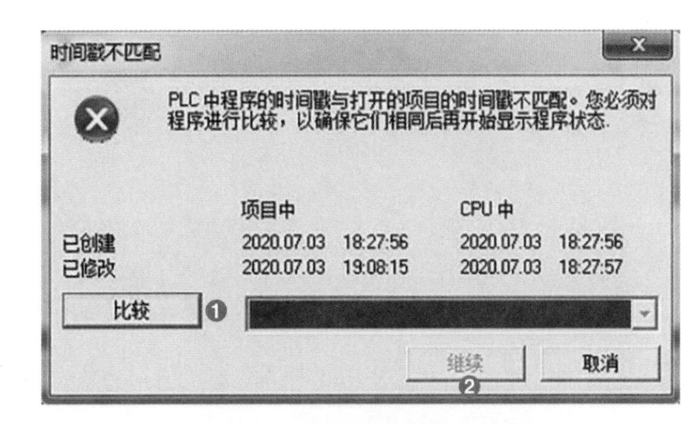

图2-41 “时间戳不匹配”对话框

在监控状态下，接通的触点、线圈和功能块均会显示深蓝色，表示有能流流过；如无能流流过，则显示灰色。

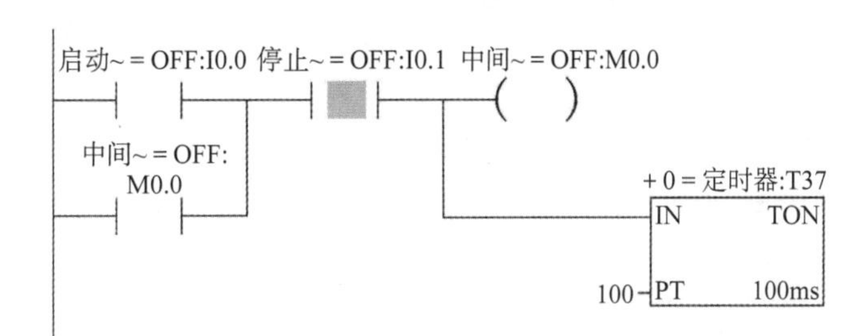

图2-42 监控状态（一）

案例：对图2-42这段程序进行监控调试。

解析：打开要进行监控的程序，单击工具栏上的“程序监控”按钮，开始对程序进行监控，此时仅有左母线和I0.1触点监控显示深蓝色，其余元件无变化，如图2-42所示。

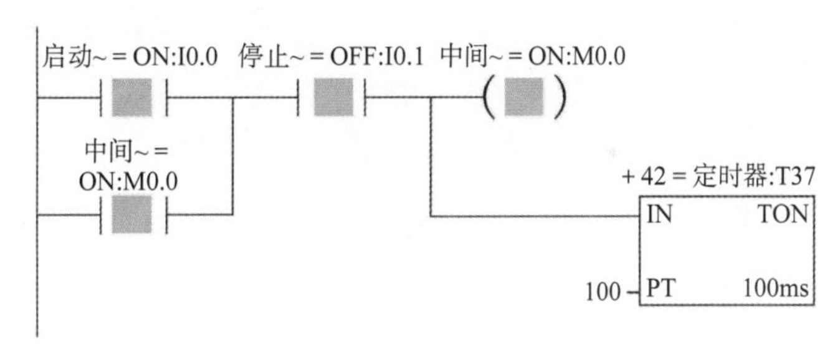

图2-43 监控状态（二）

闭合I0.0，M0.0线圈得电并自锁，定时器T37也得电，因此，所有元件均有能流流过，故此监控均显深蓝色，如图2-43所示。

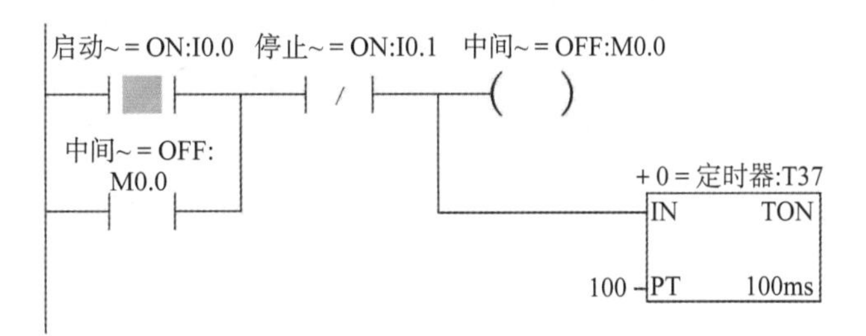

图2-44 监控状态（三）

断开I0.1，M0.0和定时器T37均失电，因此，除I0.0外（I0.0为常动），其余元件均无变化，如图2-44所示。

2.3.4 程序调试

程序调试是工程中的一个重要步骤，因为初步编写完成的程序不一定正确，有时虽然逻辑正确，但需要修改参数，因此程序调试十分重要。STEP 7-Micro/WIN SMART提供了丰富的程序调试工具供用户使用，下面分别介绍。

（1）状态图表

使用状态表可以监控数据，各种参数（如CPU的I/O开关状态、模拟量的当前数值等）都在状态图表中显示。此外，配合“强制”功能还能将相关数据写入CPU，改变参数的状态，例如可以改变I/O开关状态。单击工具浏览条的“查看”视图中的“状态图表”图标，弹出“状态图表”窗口。单击菜单栏中的“调试”→“状态图表”命令也可以打开“状态图表”窗口，在其中可以设置相关参数。单击工具栏中的“状态图表”按钮，可以监控数据，如图2-45所示。

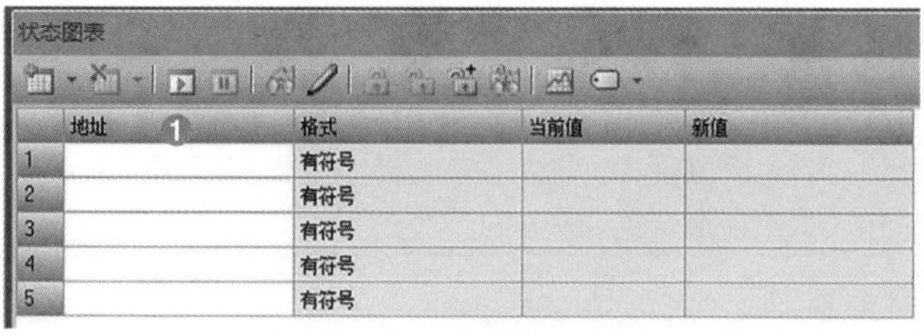

状态图表

	地址	格式	当前值	新值
1		有符号		
2		有符号		
3		有符号		
4		有符号		
5		有符号		

图2-45 “状态图表”窗口

（2）强制

S7-200 SMART PLC提供了强制功能，以方便调试工作，在现场不具备某些外部条件的情况下模拟工艺状态。用户可以对数字量（DI/DO）和模拟量（AI/AO）进行强制。强制时，运行状态指示灯变成黄色，取消强制后指示灯变成绿色。如果在没有实际的I/O连线时，可以利用强制功能调试程序。先打开“状态图表”窗口并使其处于监控状态，在“新值”数值框中写入要强制的数据，然后单击工具栏中的“强制”按钮，此时，被强制的变量数值上有一个标志，如图2-46所示。

状态图表

	地址	格式	当前值	新值
1	I0.2	位	2#1	
2	I0.3	位	2#0	
3	Q0.2	位	2#0	
4		有符号		
5		有符号		
6		有符号		
7		有符号		

图2-46 “强制”数值

单击工具栏中的“取消全部强制”按钮可以取消全部的强制。

（3）写入数据

S7-200 SMART PLC提供了数据写入功能，以方便调试工作。例如，在“状态图表”窗口中输入Q0.2的新值“0”，如图2-47所示，单击工具栏上的“写入”按钮，或者单击菜单栏中的“调试”→“写入”命令即可更新数据。

利用“写入”功能可以同时输入几个数据。“写入”的作用类似于“强制”的作用。但两者是有区别的：强制功能的优先级别要高于“写入”，“写入”的数据可能改变参数状态，但当与逻辑运算的结果抵触时，写入的数值也可能不起作用。

状态图表

	地址	格式	当前值	新值
1	I0.2	位	2#1	
2	I0.3	位	2#0	
3	Q0.2	位	2#1	2#0
4		有符号		
5		有符号		
6		有符号		
7		有符号		

图2-47　“写入”数据

（4）趋势图

前面提到的状态图表可以监控数据，趋势图同样可以监控数据，只不过使用状态图表监控数据时的结果是以表格的形式表示的，而使用趋势图时则以曲线的形式表达。利用后者能够更加直观地观察数字量信号变化的逻辑时序或者模拟量的变化趋势。单击调试工具栏上的“趋势视图”按钮，可以在状态图表和趋势图形式之间切换，趋势图如图2-48所示。交叉引用表对应的程序如图2-49所示。

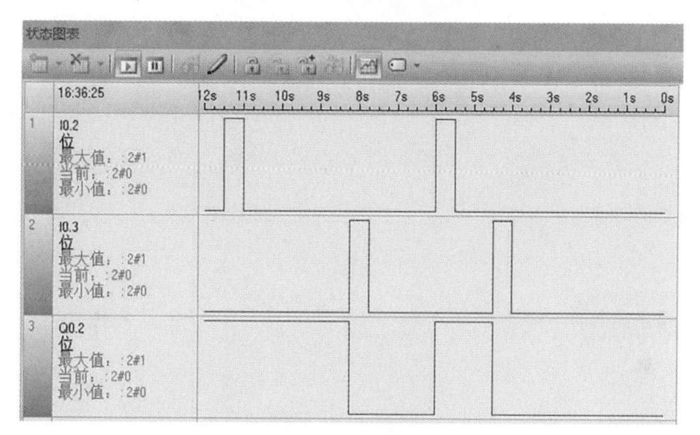

图2-48　趋势图

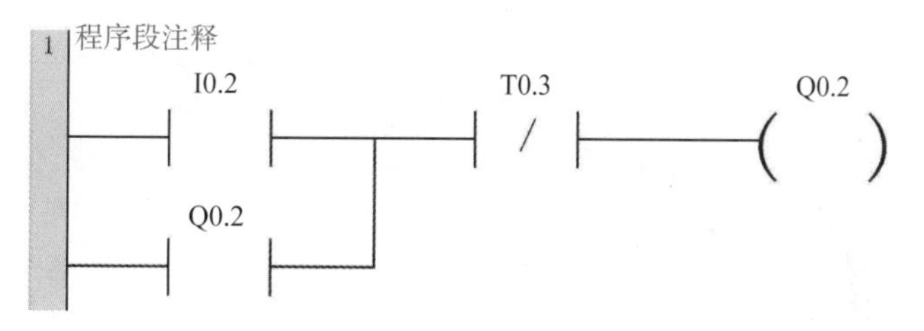

图2-49　交叉引用表对应的程序

（5）帮助菜单

STEP 7-Micro/WIN SMART软件虽然界面友好，比较容易使用，但遇到问题是难免的。STEP 7-Micro/WIN SMART软件提供了详尽的帮助。执行菜单栏中的“帮助”→“帮助”命令可以打开如图2-50所示的“帮助”窗口。其中有“目录”和“索引”选项卡。“目录”选项卡中显示的是STEP 7-Micro/WIN SMART软件的帮助主题，单击帮助主题可以查看详细内容。而在“索引”选项卡中，可以根据关键字查询帮助主题。

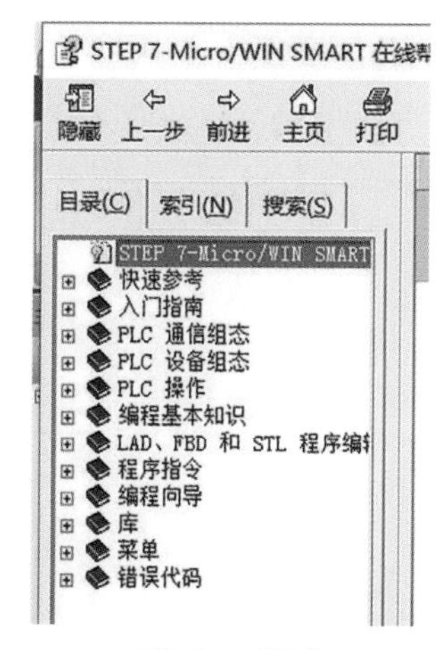

图2-50　帮助

2.4 编程语言与编程规范

利用PLC厂家提供的编程语言来编写用户程序是PLC在工业现场控制中最重要的环节之一。用户程序的设计主要面向的是企业电气技术人员，因此对于用户程序的编写语言来说，应采用面对控制过程和控制问题的“自然语言”。1994年5月，国际电工委员会（IEC）公布了IEC 61131-3编程语言（1993），该标准具体阐述、说明了PLC的句法、语义和5种编程语言——梯形图语言（Ladder Diagram，LD）、指令表（Instruction List，IL）、顺序功能图（Sequential Function Chart，SFC）、功能块图（Function Block Diagram，FBD）、结构文本（Structured Text，ST）。

在该标准中，梯形图（LD）和功能块图（FBD）为图形语言；指令表（IL）和结构文本（ST）为文字语言；顺序功能图（SFC）是一种结构块控制程序流程图。

2.4.1 梯形图

梯形图是PLC编程中使用最多的编程语言之一，它是在继电器控制电路的基础上演绎出来的，因此分析梯形图的方法和分析继电器控制电路的方法非常相似。对于熟悉继电器控制系统的电气技术人员来说，学习梯形图不用花费太多的时间。

（1）梯形图的基本编程要素

梯形图通常由触点、线圈和功能框3个基本编程要素构成。为了进一步了解梯形图，需要清楚以下几个基本概念。

① 能流。在梯形图中，为了分析各个元器件输入/输出关系而引入的一种假想的电流，称为能流。通常认为能流按从左到右的方向流动，能流不能倒流，这一流向与执行用户程序的逻辑运算关系一致，如图2-51所示。在图2-51中，在I0.0闭合的前提下，能流有两条路径：一条为触点I0.0、I0.1和线圈Q0.0构成的电路；另一条为触点Q0.0、I0.1和Q0.0构成的电路。

② 母线。梯形图中两侧垂直的公共线称为母线。通常左母线不可省，右母线可省，能流可以看成由左母线流向右母线，如图2-51所示。

③ 触点。触点表示逻辑输入条件。触点闭合表示有“能流”流过，触点断开表示无“能流”流过。常用的有常开触点和常闭触点2种，如图2-51所示。

④ 线圈。线圈表示逻辑输出结果。若有“能流”流过线圈，线圈吸合；否则，断开。

⑤ 功能框。功能框代表某种特定的指令。“能流”通过功能框时，则执行功能框的功能，功能框代表的功能有多种，如定时、计数、数据运算等，如图2-51所示。

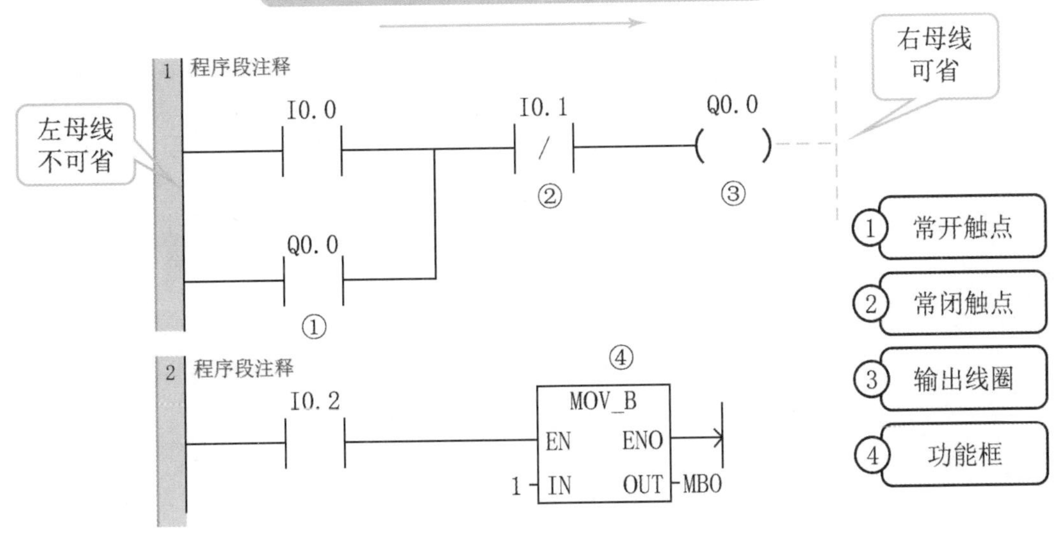

图2-51　PLC梯形图基础要素

（2）举例说明

以三相异步电动机的启保停电路为例进行说明，如图2-52所示。

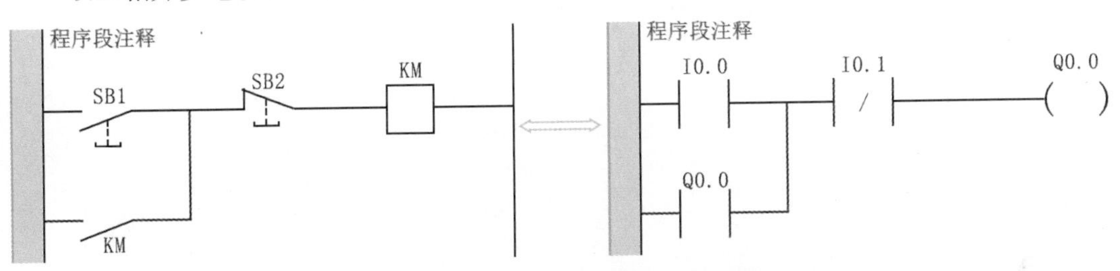

图2-52　三相异步电动机的启保停电路

通过对图2-52的分析不难发现，梯形图的电路和继电器的控制电路一一呼应，电路结构大致相同，控制功能相同，因此，对于梯形图的理解，完全可以仿照分析继电器控制电路的方法。两者元件之间的对应关系如表2-1所示。

表2-1　梯形图电路与继电器控制电路符号对照

梯形图电路			继电器电路	
元件	符号	常用地址	元件	符号
常开触点	—| |—	I、Q、M、T、C	按钮、接触器、时间继电器、中间继电器的常开触点	
常闭触点	—|/|—	I、Q、M、T、C	按钮、接触器、时间继电器、中间继电器的常闭触点	
线圈	—(　)—	Q、M	接触器、时间继电器的线圈	

（3）梯形图的特点

① 梯形图与继电器原理图相呼应，形象直观，易学易懂。

② 梯形图可以有多个网络，每个网络只写一条语言，在一个网络中可以有一个或多个梯级，如图2-53所示。

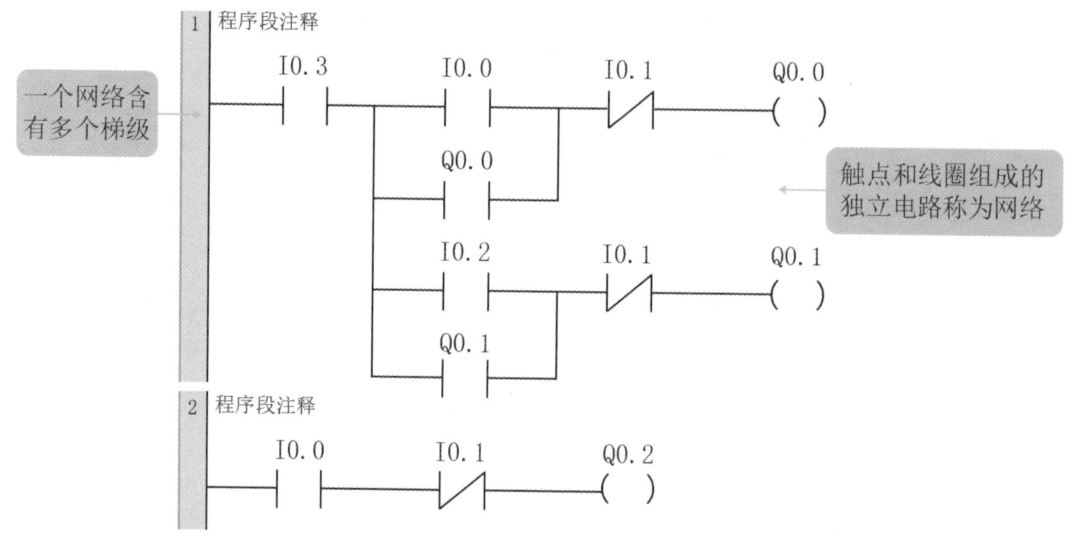

图2-53　梯形图特点验证

③ 在每个网络中，梯形图都起于左母线，经触点，终止于软继电器线圈或右母线，如图2-54所示。

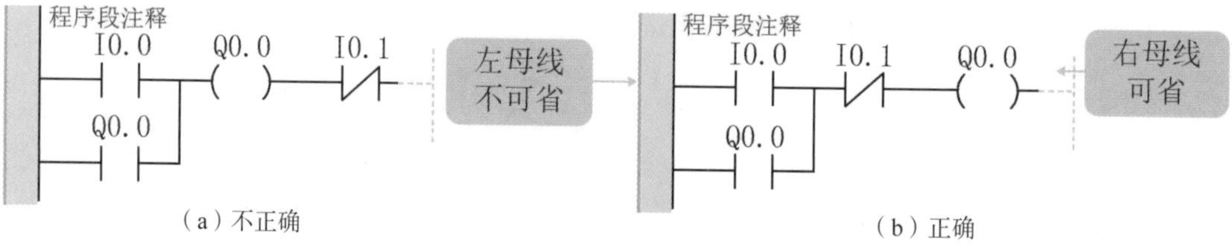

（a）不正确　（b）正确

图2-54　触点、线圈和母线排布情况

④ 线圈不能与左母线直接相连，如果线圈动作需要无条件执行，可借助未用过元件的常闭触点或特殊标志位存储器SM0.0的常开触点，使左母线与线圈隔开，如图2-55所示。

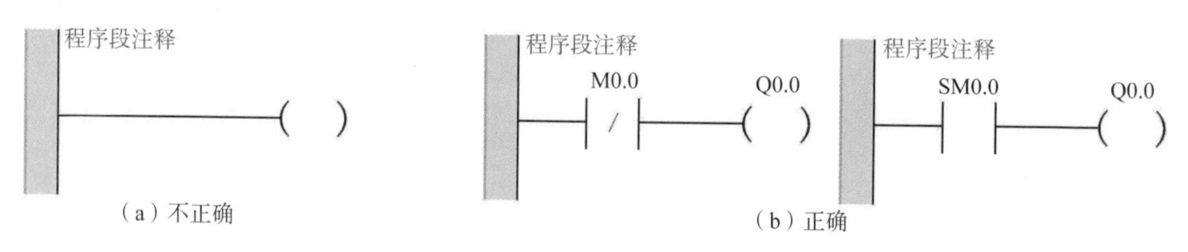

（a）不正确　（b）正确

图2-55　线圈与左母线直接相连的处理方案

⑤ 同一编号的输出线圈在同一程序中不能使用两次，否则会出现双线圈问题，双线圈输出很容易引起误动作，应尽量避免，如图2-56所示。

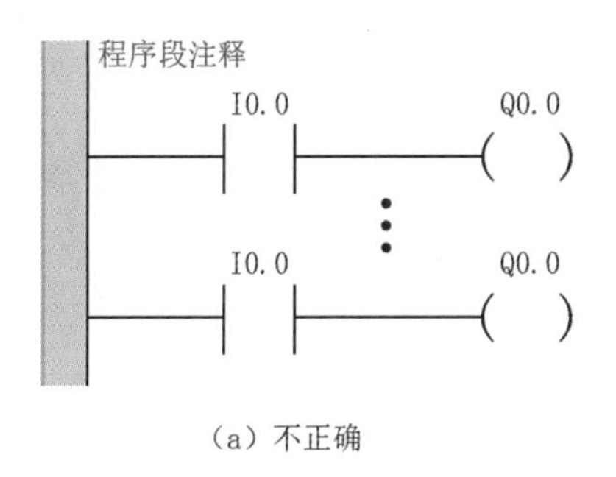

（a）不正确

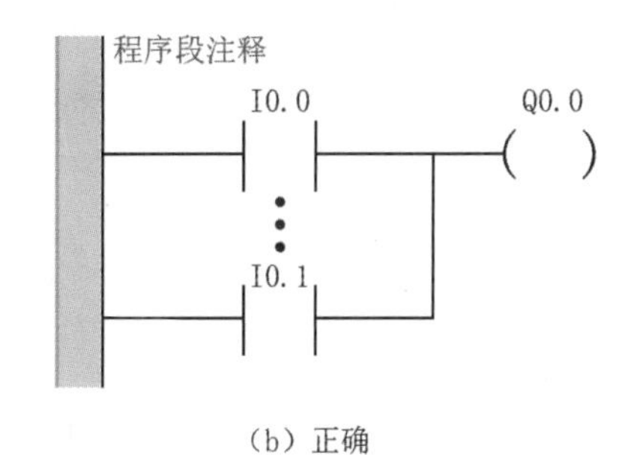

（b）正确

图2-56　双线圈问题的处理方案

⑥ 不同编号的线圈可以并联输出，如图2-57所示。

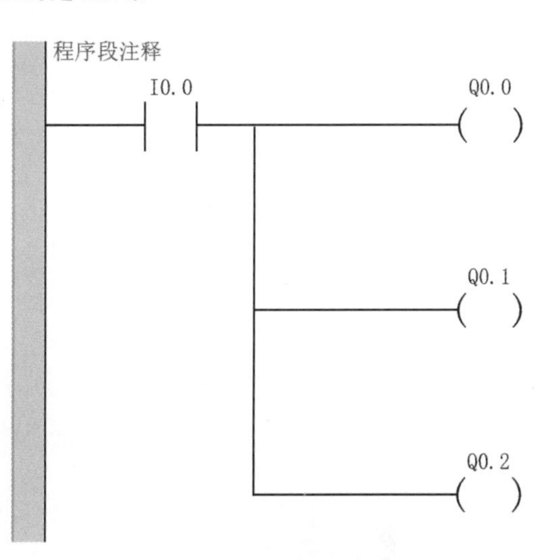

图2-57　并联输出问题

⑦ 能流不是实际的电流，而是为了方便对梯形图的理解假想出来的电流，能流方向为从左向右，不能倒流。

⑧ 在梯形图中每个编程元素都应按一定的规律加标字母和数字串，例如I0.0与Q0.1。

⑨ 梯形图中的触点线圈仅为软件上的触点和线圈，不是硬件意义上的触点和线圈。因此，在驱动控制设备时，需要接入实际的触点和线圈。

（4）常见的梯形图错误图形

在编辑梯形图时，虽然可以利用各种梯形符号组合成各种图形，但PLC处理图形程序的原则是由上而下、由左至右，因此在绘制时，要以左母线为起点，右母线为终点，从左向右逐个横向写入。一行写完，自上而下依次再写下一行。表2-2给出了常见的梯形图错误图形及错误原因。

表2-2　常见的梯形图错误图形及错误原因

常见的梯形图错误图形	错误原因
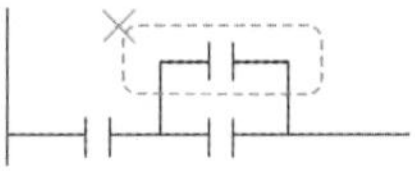	不可往上做OR运算

续表

常见的梯形图错误图形	错误原因
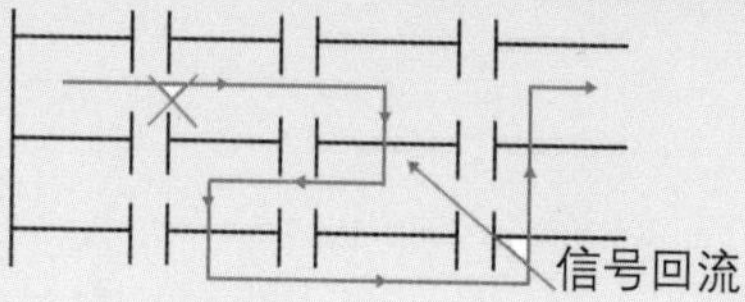 信号回流	输入起始至输出的信号回路有“回流”存在
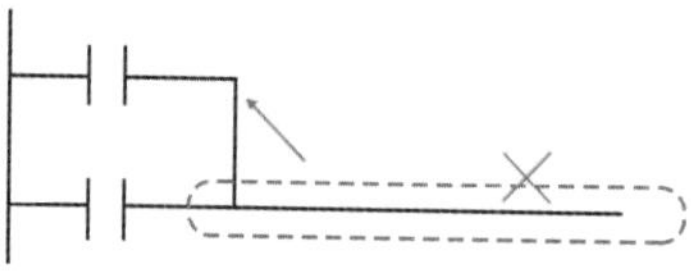	应该先由右上角输出
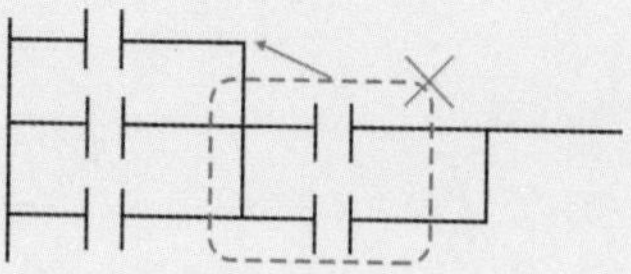	要做合并或编辑，应由左上往右下，虚线框处的区域块应往上移
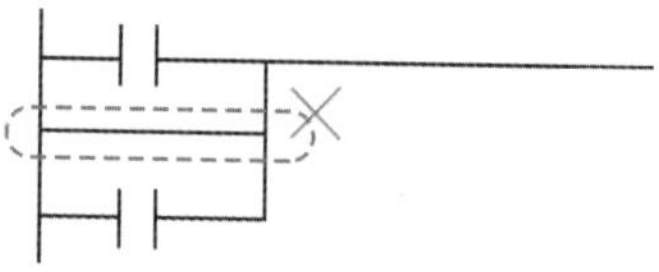	不可与空装置做并接运算
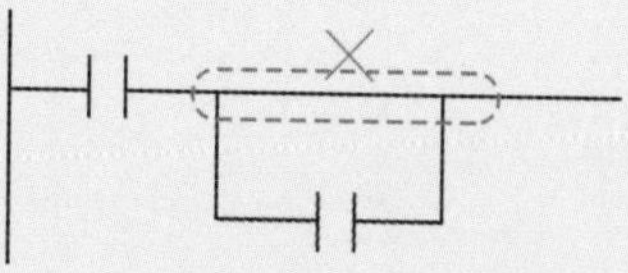	空装置也不可以与别的装置做运算
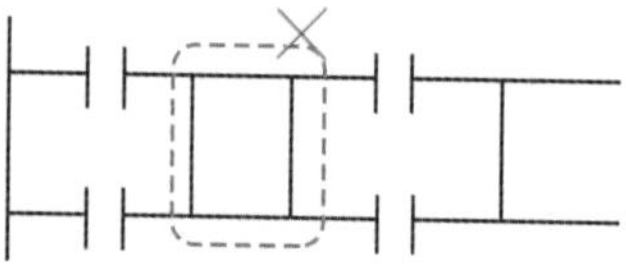	中间的区块没有装置
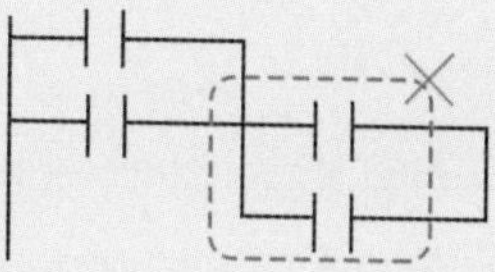	串联装置要与所串联的区块水平方向接齐
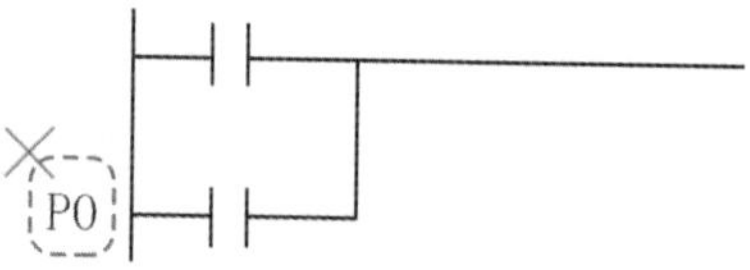 P0	label P0的位置要在完整网络的第一行
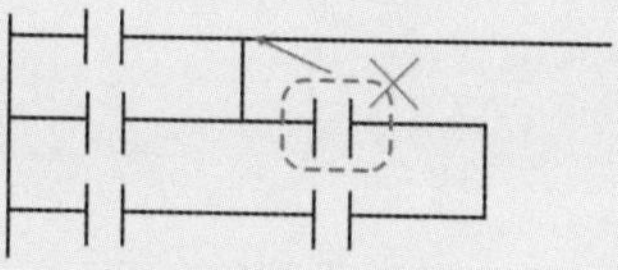	区块串联要与串并左边区块的最上段水平线接齐

（5）梯形图的书写规律

① 写输入时要左重右轻，上重下轻，如图2-58所示。

② 写输出时要上轻下重，如图2-59所示。

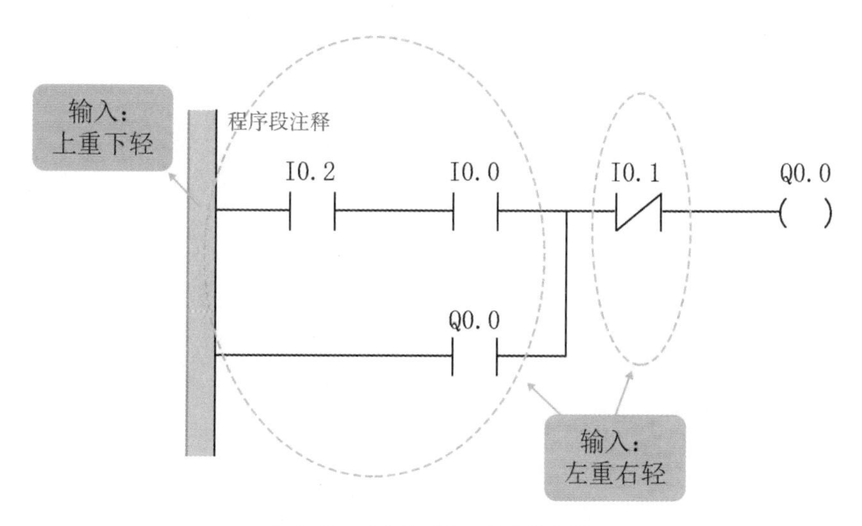

图2-58　梯形图输入的书写规律

图2-59　梯形图输出的书写规律

2.4.2 语句表

在S7系列的PLC中将指令表称为语句表（Statementlist，STL），语句表是一种类似于微机汇编语言的文本语言。

（1）语句表的构成

语句表由助记符（也称操作码）和操作数构成。其中助记符表示操作功能，操作数表示指定存储器的地址，语句表的操作数通常按位存取，如图2-60所示。

语句表=助记符+操作数　　操作数=区域标识符+字节地址+分隔号+位号

助记符	操作数
LD	I0.0
O	Q0.0
AN	I0.1
=	Q0.1

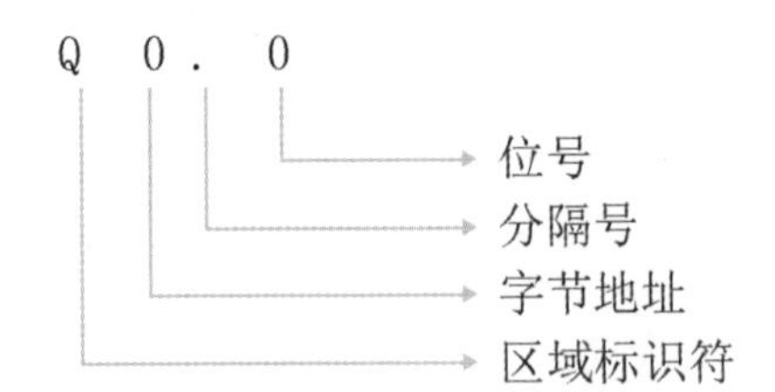

图2-60　语句表的构成

（2）语句表的特点

① 在语句表中，一个程序段由一条或多条语句构成。

② 在语句表中，几块独立的电路对应的语句可以放在一个网络中。

③ 语句表和梯形图可以相互转化，如图2-61所示。

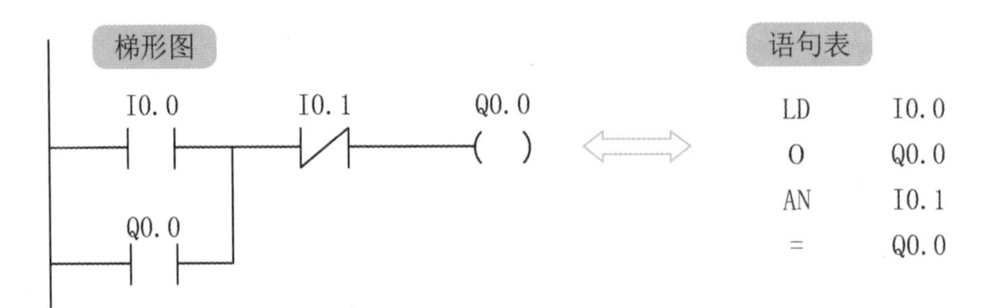

图2-61　梯形图和语句表转化

④ 语句表可供经验丰富的编程员使用，它可以实现梯形图所不能实现的功能。

2.4.3 顺序功能图

顺序功能图是一种图形语言，在5种国际标准语言中，顺序功能图被确定为首位编程语言，尤其是在S7-300/400 SMART PLC中更有较大的应用，其中S7Graph就是典型的顺序功能图语言。顺序功能图具有条理清晰、思路明确、直观易懂等优点，往往适用于开关量顺序控制程序的编写。顺序功能图主要由步、有向连接、转换条件和动作等要素组成，如图2-62所示。在编写顺序程序时，往往根据输出量的状态将一个完整的控制过程划分为若干个阶段，每个阶段就称为步，步与步之间有转换条件，且步与步之间有不同的动作。当上一步被执行时，满足转换条件后立即跳到下一步，同时上一步停止。在编写顺序控制程序时，往往先画出顺序功能图，然后再根据顺序功能图写出梯形图，经过这一过程后，程序的编写大为简化。

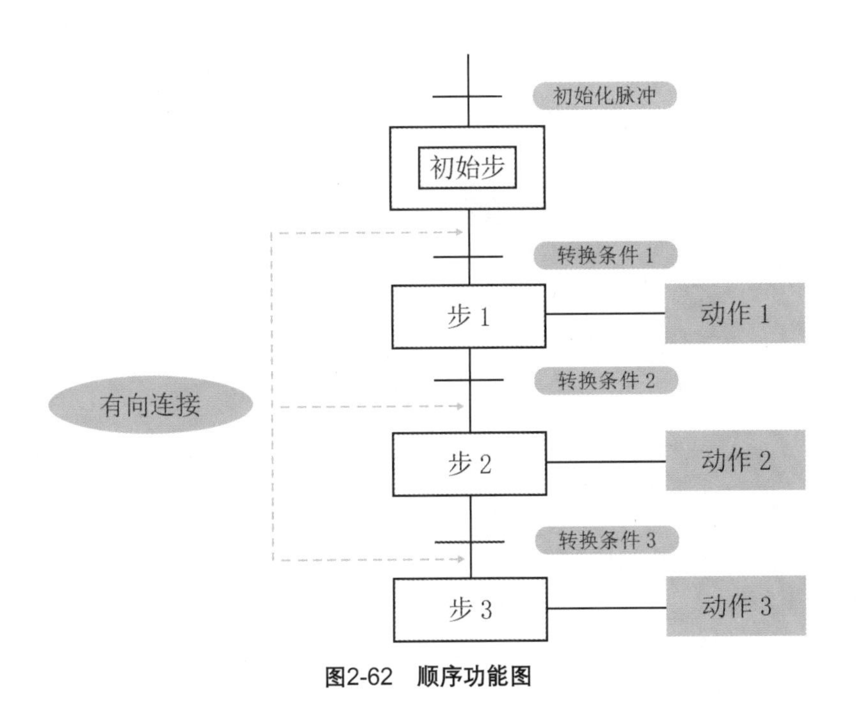

图2-62 顺序功能图

重点提示

① 顺序功能图的画法：根据输出量的状态将一个完整的控制过程划分为若干个步，步与步之间有转换条件，且步与步之间有不同的动作。

② 程序编制方法：先画顺序功能图，再根据顺序功能图编写梯形图程序。

2.4.4 功能块图

功能块图是一种类似于数字逻辑门电路的图形语言，它用类似于与门（AND）、或门（OR）的方框表示逻辑运算关系。如图2-63所示，方框左侧表示逻辑运算输入变量，方框右侧表示逻辑运算输出变量。若输入/输出端有小圆圈，则表示“非”运算，方框与方框之间用导线相连，信号从左向右流动。

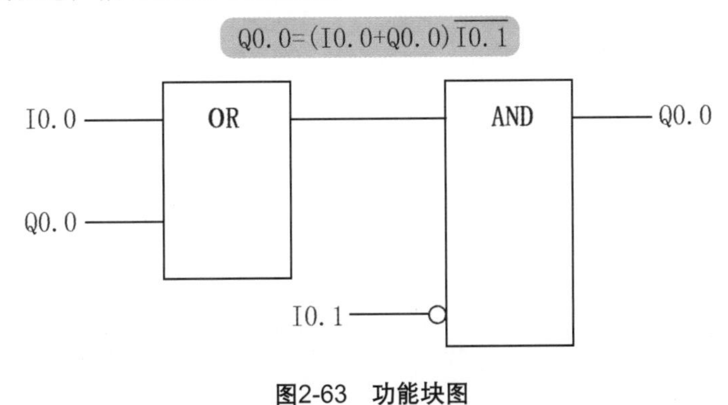

图2-63 功能块图

S7-200 SMART PLC中，梯形图、语句表和功能块图之间可以相互转化，如图2-64所示。需要指出的是，并不是所有的梯形图、语句表和功能块图都能相互转化。对于逻辑关系比较复杂的梯形图和语句表，就不能转化为功能块图。功能块图在国内应用较少，但对于逻辑比较明显的程序来说，用功能块图就非常简单、方便。功能块图适用于有数字电路基础的编程人员。

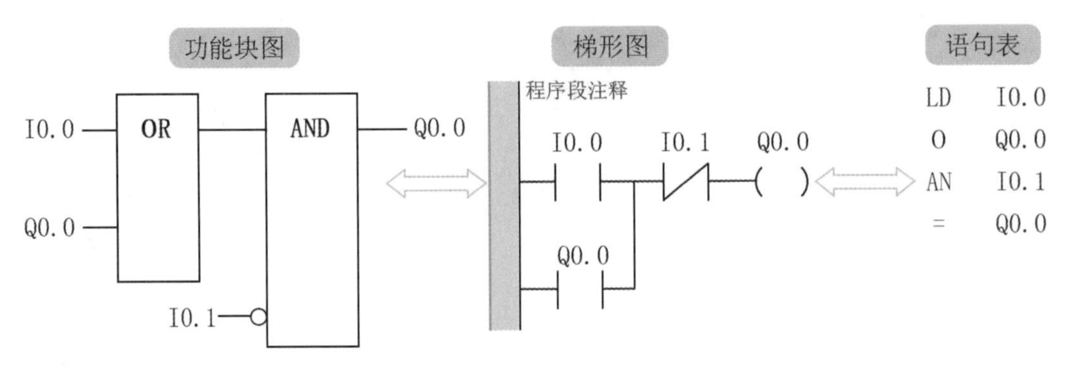

图2-64 梯形图、语句表和功能块图之间的相互转化

2.4.5 结构文本

结构文本是为IEC 61131-3标准创建的一种专用高级编程语言，与梯形图相比，它能实现复杂的数学运算，编写程序非常简洁和紧凑。通常用计算机的描述语句来描述系统中的各种变量之间的运算关系，完成所需的功能或操作。在大中型PLC中，常常采用结构文本设计语言来描述控制系统中各个变量的关系，同时也被集散控制系统的编程和组态所采用，该语句适用于习惯使用高级语言编程的人员。

第3章

PLC的数据类型、数据存储区与地址格式

3.1 数据格式及要求

数据格式：数据的长度和表示方式。

要求：指令与数据之间的格式一致时S7-200 SMART PLC才能正常工作。

① 用一位二进制数表示开关量。

② 一位二进制数有0（OFF）和1（ON）两种不同的取值，分别对应开关量（或数字量）的两种不同的状态。

③ 位数据的数据类型为布尔（BOOL）型。

④ 位地址由存储器标识符、字节地址和位号组成，如I3.4等。

⑤ 其他CPU存储区的地址格式：由存储器标识符和起始字节号（一般取偶字节）组成，如VB100、VW100、VD100等。

3.2 数据长度：字节（BYTE）、字（WORD）、双字（DOUBLEWORD）

① 字节（B）。从0号位开始的连续8位二进制数称为一个字节。

② 字（W）。相邻的两个字节组成一个字的长度。

③ 双字（DW）。相邻的四个字节或相邻的两个字组成一个双字的长度。

④ 字、双字长数据的存储特点。高位存低字节、低位存高字节。

数据长度如图3-1所示。

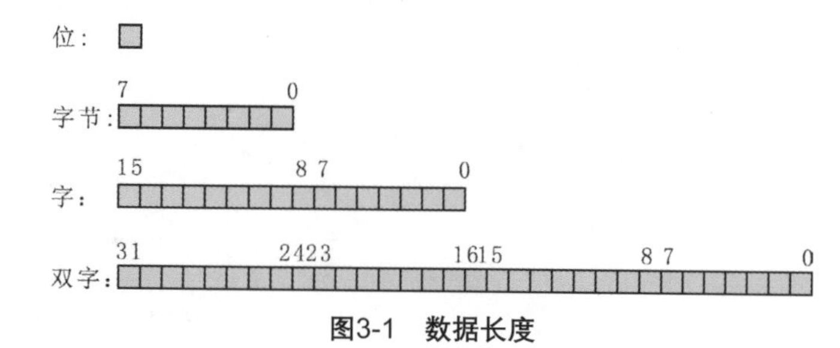

图3-1 数据长度

3.3 数据长度及数据范围

S7-200 SMART PLC寻址时，可以使用不同的数据长度。不同的数据长度表示的数值范围不同。在存储单元所存放的数据类型有字节、整数型、实数型和字符串型四种。数据长度和取值范围如表3-1所示。

表3-1　数据长度和取值范围

数据类型	数据长度		
	字节（8位值）	字（16位值）	双字（32位值）
无符号整数	0～255 0～FF	0～65535 0～FFFF	0～4294967295 0～FFFF FFFF
有符号整数	－128～＋127 80～7F	－32768～＋32767 8000～7FFF	－217483648～＋2147483647 8000 0000～7FFF FFFF
实数/浮点数			＋1.175495E－38～＋3.402823E＋38（正数） －1.175495E－38～－3.402823E＋38（负数）

3.4 S7-200 SMART PLC进制和转换

3.4.1 二进制数

① 数及数制。数用于表示一个量的具体大小。根据计数方式的不同，有十进制（D）、二进制（B）、十六进制（H）和八进制等不同的计数方式。

② 二进制数的表示。在S7-200 SMART PLC中用2#来表示二进制常数。例如“2# 1011 1010”。

③ 二进制数的大小。将二进制数的各位（从右往左第n位）乘以对应的位权（$\times 2^{n-1}$），并将结果累加求和可得其大小。

例如：2# 1011 1010 $= 1\times2^{8-1}+0\times2^{7-1}+1\times2^{6-1}+1\times2^{5-1}+1\times2^{4-1}+0\times2^{3-1}+1\times2^{2-1}+0\times2^{1-1}=186$。

3.4.2 十六进制数

① 十六进制数的引入。将二进制数从右往左每4位用一个十六进制数表示，可以实现对多位二进制数的快速准确的读写。

② 十六进制数的表示。在S7-200 SMART PLC中用16#来表示十六进制常数。例如“2# 1010 1110 1111 0111可转换为16# AEF7”。

③ 十六进制数的大小。将十六进制数的各位（从右往左第n位）乘以对应的位权（$\times 16^{n-1}$），并将结果累加求和可得其大小。

例如：16# 2F $=2\times16^{2-1}+15\times16^{1-1}=47$。

二进制、十进制、十六进制相互转换表格如表3-2所示。

表3-2 二进制、十进制、十六进制相互转换表格

二进制	十进制	十六进制
2# 0000	0	16# 0
2# 0001	1	16# 1
2# 0010	2	16# 2
2# 0011	3	16# 3
2# 0100	4	16# 4
2# 0101	5	16# 5
2# 0110	6	16# 6
2# 0111	7	16# 7
2# 1000	8	16# 8
2# 1001	9	16# 9
2# 1010	10	16# A
2# 1011	11	16# B
2# 1100	12	16# C
2# 1101	13	16# D
2# 1110	14	16# E
2# 1111	15	16# F

3.4.3 BCD码

① BCD码释义。BCD码就是用4位二进制数的组合来表示1位十进制数，即用二进制编码的十进制数（Binary Coded Decimal Number）缩写。例如，十进制数23的BCD码为2# 0010 0011或表示为16# 23，但其8421码为2# 0001 0111。

② BCD码的应用。BCD码常用于输入、输出设备。例如，拨码开关输入的是BCD码，送给七段显示器的数字也是BCD码。

BCD码与十进制、十六进制转换表格如表3-3所示。

表3-3　BCD码与十进制、十六进制转换表格

BCD码	十进制	十六进制
2# 0000	0	16# 0
2# 0001	1	16# 1
2# 0010	2	16# 2
2# 0011	3	16# 3
2# 0100	4	16# 4
2# 0101	5	16# 5
2# 0110	6	16# 6
2# 0111	7	16# 7
2# 1000	8	16# 8
2# 1001	9	16# 9

3.5 S7-200 SMART PLC 数据存储区及元件功能

S7-200 SMART PLC存储器有3个存储区，分别为程序区、系统区和数据区。

程序区用来存储用户程序，存储器为EEPROM。系统区用来存储PLC配置结构的参数，如PLC主机、扩展模块I/O配置和编制、PLC站地址等，存储器为EEPROM。数据区是用户程序执行过程中的内部工作区域。该区域用来存储工作数据和作为寄存器使用，存储器为EEPROM和RAM。

3.5.1 输入继电器（I）

输入继电器用来接收外部传感器或开关元件发来的信号，是专设的输入过程映像寄存器。它只能由外部信号驱动程序驱动。在每次扫描周期的开始，CPU总对物理输入进行采样，并将采样值写入输入过程映像寄存器中。输入继电器一般采用八进制编号，一个端子占用一个点。它可以按位、字节、字或双字来存取输入过程映像寄存器中的数据。

位：I〔字节地址〕.［位地址］。例如，I0.1。

字节、字或双字：I［长度］［起始字节地址］。例如，IB3 /IW4/ID0。

3.5.2 输出继电器（Q）

输出继电器是用来将PLC的输出信号传递给负载，是专设的输出过程映像寄存器。它只能用程序指令驱动。在每次扫描周期的结尾，CPU将输出映像寄存器中的数值复制到物理输出点上，并将采样值写入，以驱动负载。输出继电器一般采用八进制编号，一个端子占用一个点。它可以按位、字节、字或双字来存取输出过程映像寄存器中的数据。

位：Q〔字节地址〕.〔位地址〕。例如，Q0.2。

字节、字或双字：Q［长度］［起始字节地址］。例如，QB2 /QW6/QD4。

3.5.3 变量存储区（V）

用户可以用变量存储区存储程序执行过程中控制逻辑操作的中间结果，也可以用它来保存与工序或任务相关的其他数据。它可以按位、字节、字或双字来存取变量存储区中的数据。

位：V［字节地址］.［位地址］。例如，V10.2。

字节、字或双字：V［数据长度］［起始字节地址］。例如，VB100/VW200/VD300。

3.5.4 位存储区（M）

在逻辑运算中通常需要一些存储中间操作信息的元件，它们并不直接驱动外部负载，只起中间状态的暂存作用，类似于继电器接触系统中的中间继电器。在S7-200 SMART PLC 中，可以用位存储器作为控制继电器来存储中间操作状态和控制信息。一般以位为单位使用。

位存储区有4种寻址方式，即可以按位、字节、字或双字来存取位存储器中的数据。

位：M〔字节地址〕.〔位地址〕。例如，M0.3。

字节、字或双字：M［长度］［起始字节地址］。例如，MB4 /MW10 /MD4。

3.5.5 特殊标志位（SM）

有些内部标志位存储器具有特殊功能或用来存储系统的状态变量和有关控制参数及信息，这样的内部标志位存储器被称为特殊标志位存储器。它用于CPU与用户之间信息交换，其位地址有效范围为SM0.0～SM179.7，共有180个字节，其中SM0.0～SM29.7这30个字节为只读型区域，用户只能使用其触点特殊标志。

S7-200 SMART PLC特殊标志位如表3-4所示。

表3-4　S7-200 SMART PLC特殊标志位

符号名	地址	说明（0=关闭=低，1=打开=高）
Always On	SM0.0	始终打开
First Scan On	SM0.1	仅在首次扫描循环时打开
Retentive Lost	SM0.2	该位可用作错误存储器位或用作调用特殊启动顺序的机制
RUN Power Up	SM0.3	从通电条件进入RUN（运行）模式时，为一次扫描循环打开
Clock 60s	SM0.4	时钟脉冲打开30s，关闭30s，工作循环时间为1min
Clock 1s	SM0.5	时钟脉冲打开0.5s，关闭0.5s，工作循环时间为1s
Clock Scan	SM0.6	扫描循环时钟，一个循环时打开，下一个循环时关闭
Mode Switch	SM0.7	表示模式开关的当前位置：0终止；1运行

可读可写特殊标志位用于特殊控制功能，如用于自由口设置的SMB30/SMB130，用于定时中断时间设置的SMB34/SMB35，用于高速计数器设置的SMB36 ~ SMB62，用于脉冲输出和脉冲调制的SMB66 ~ SMB85。

3.5.6 定时器区（T）

在S7-200 SMART PLC中，定时器的作用相当于时间继电器，可用于时间增量的累计。其分辨率分为三种：1ms、10ms、100ms。

定时器有以下两种寻址形式。

① 当前值寻址。16位有符号整数，存储定时器所累计的时间。

② 定时器位寻址。根据当前值和预置值的比较结果置位或者复位。

两种寻址使用同样的格式：

T［定时器编号］。例如：T37。

3.5.7 计数器区（C）

在S7-200 SMART PLC的CPU中，计数器用于累计从输入端或内部元件送来的脉冲数。它有增计数器、减计数器及增/减计数器3种类型。由于计数器频率扫描周期的限制，当需要对高频信号计数时，用高频计数器（HSC）。

计数器有以下两种寻址形式。

① 当前值寻址。16位有符号整数，存储累计脉冲数。

② 计数器位寻址。根据当前值和预置值的比较结果置位或者复位。同定时器一样，两种寻址方式使用同样的格式。

格式：C［计数器编号］。例如，C0。

3.5.8 高速计数器（HC）

高速计数器用于对频率高于扫描周期的外界信号进行计数，高速计数器使用主机上的专用端子接收这些高速信号。高速计数器是对高速事件计数，它独立于CPU的扫描周期，其数据为32位有符号的高速计算器的当前值。

格式：HC［高速计数器号］。例如，HC1。

3.5.9 局部变量存储区（L）

局部变量存储器与变量存储器很类似，主要区别在于局部变量存储器是局部有效的，变量存储器则是全局有效。全局有效是指同一个存储器可以被任何程序（如主程序、中断程序或子程序）存取，局部有效是指存储器和特定的程序相关联。局部变量存储器常用来作为临时数据的存储器或者为子程序传递函数，可以按位、字节、字或双字来存取局部变量存储区中的数据。

位：L［字节地址］.［位地址］。例如，L0. 5。

字节、字或双字：L［长度］［起始字节地址］。例如，LB34/LW20/LD4。

3.5.10 模拟量输入（AI）

S7-200 SMART PLC将模拟量值（如温度或电压）转换成1个字长（16位）的数字量。可以用区域标识符（AI）、数据长度（W）及字节的起始地址来存取这些值。因为模拟输入量为1个字长，且从偶数位字节（如0、2、4）开始，所以必须用偶数位字节地址（如AIW16、AIW18、AIW20）来存取这些值。模拟量输入值为只读数据，模拟量转换的实际精度是12位。

格式：AIW［起始字节地址］。例如，AIW16。

3.5.11 模拟量输出（AQ）

S7-200 SMART PLC将1个字长（16位）数字值按比例转换为电流或电压。可以用区域标识符（AQ）、数据长度（W）及字节的起始地址来改变这些值。因为模拟输出量为1个字长，且从偶数位字节（如0、2、4）开始，所以必须用偶数位字节地址（如AQW16、AQW18、AQW20）来改变这些值。模拟量输出值为只写数据。模拟量转换的实际精度是12位。

格式：AQW［起始字节地址］。例如，AQW16。

3.6 数据区存储器的寻址方式

在S7-200 SMART PLC中，可以按位、字节、字和双字对存储单元进行寻址。寻址时，数据地址以代表存储区类型的字母开始，随后是表示数据长度的标记，然后是存储单元编号；对于按位寻址，还需要在分隔符后指定位编号。在表示数据长度时，分别用B、W、D字母作为字节、字和双字的标识符。

3.6.1 位寻址地址表示格式

位寻址是指按位对存储单元进行寻址，一个字节占有8个位。位寻址时，一般将该位看作是一个独立的软元件，像一个继电器，认为它有线圈及常开、常闭触点，当该位置1时，即线圈“得电”时，常开触点接通，常闭触点断开。由于取用这类元件的触点只是访问该位的“状态”，因此可以认为这些元件的触点有无数多对。位寻址一般用来表示“开关量”或“逻辑量”。例如，I1.5表示输入映像寄存器1号字节的5号位，如图3-2所示。

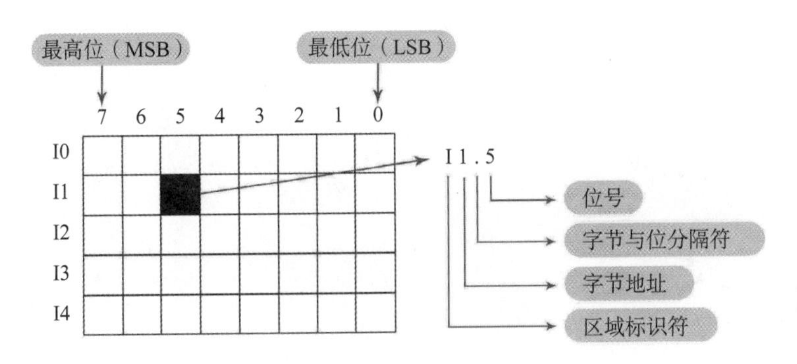

图3-2 位寻址地址表示格式

位寻址的格式：［区域标识符］［字节地址］.［位号］。

若要存取存储区的某一位，则必须指定地址，包括存储器标识符、字节地址和位号。

3.6.2 字节寻址地址表示格式

字节寻址地址表示格式如图3-3所示。例如，QB0。

字节寻址的格式：［区域标识符］［字节长度符］［字节号］。

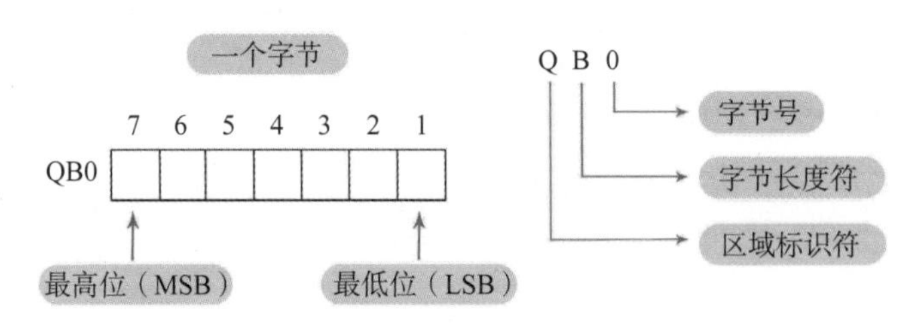

图3-3 字节寻址地址表示格式

3.6.3 字寻址地址表示格式

字寻址地址表示格式如图3-4所示。例如，VW100。

字寻址的格式：［区域标识符］［字长度符］［起始字节号］。

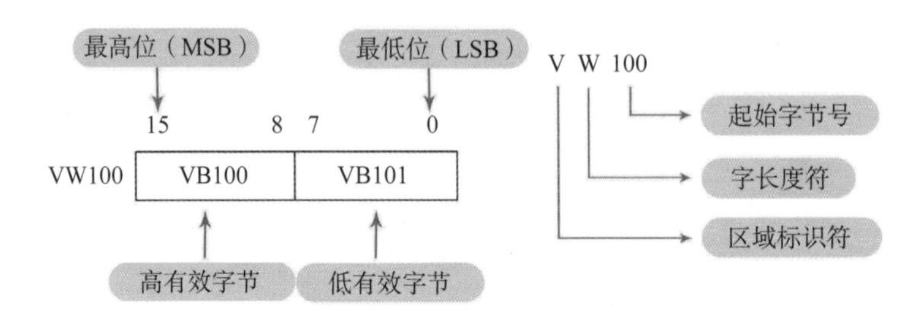

图3-4 字寻址地址表示格式

3.6.4 双字寻址地址表示格式

双字寻址地址表示格式如图3-5所示。例如，VD100。

双字寻址的格式：［区域标识符］［双字长度符］［起始字节号］。

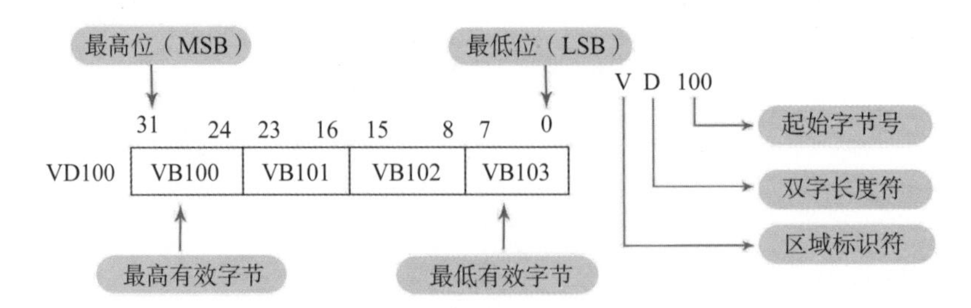

图3-5 双字寻址地址表示格式

3.7 S7-200 SMART PLC的寻址方式

在执行程序过程中，处理器根据指令中所给的地址信息来寻找操作数的存放地址的方式叫寻址方式。S7-200 SMART PLC的寻址方式有立即寻址、直接寻址和间接寻址，如图3-6所示。

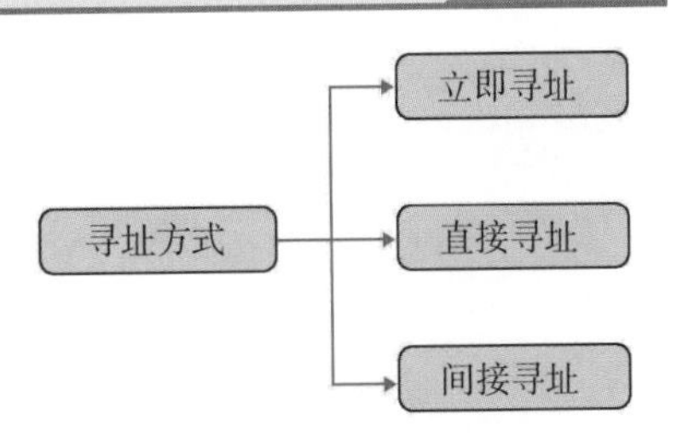

图3-6 寻址方式

3.7.1 立即寻址

立即数是指可以立即进行运算操作的数据，对立即数直接进行读写的操作寻址称为立即寻址，立即寻址可用于提供常数和设置初始值等。立即寻址的数据在指令中经常以常数的形式出现，常数可以为字节、字、双字等数据类型。CPU通常以二进制方式存储所有常数，指令中的常数也可按十进制、十六进制、ASCII等形式表示。二进制格式：在二进制数前加2#表示二进制格式，例如，2# 1010。十进制格式：直接用十进制数表示即可，例如，8866。十六进制格式：在十六进制数前加16#表示十六进制格式，例如，16# 2A6E。ASCII码格式：用单引号ASCII码文本表示，例如，'Hi'。需要指出，"#"为常数格式的说明符，若无"#"，则默认为十进制。重点提示：此段文字很短，但点明数值的格式，请读者加以重视，尤其是在功能指令中，对此应用很多。

3.7.2 直接寻址

直接寻址是指在指令中直接使用存储器或寄存器地址编号，直接到指定的区域读取或写入数据。直接寻址有位、字节、字和双字等寻址格式，例如，I1.5、QB0、VW100、VD100。需要说明的是，位寻址的存储区域有I、Q、M、SM、L、V、S；字节、字、双字寻址的存储区域有I、Q、M、SM、L、V、S、AI、AQ。

3.7.3 间接寻址

间接寻址是指数据存放在存储器或寄存器中，在指令中只出现所需数据所在单元的内存地址，即指令给出的是存放操作数地址的存储单元的地址，我们把存储单元地址的地址称为地址指针。在S7-200 SMART PLC中，只允许使用指针对I、Q、M、L、V、S、T（仅当前值）、C（仅当前值）存储区域进行间接寻址，而不能对独立位（bit）或模拟量进行间接寻址。

① 建立指针。间接寻址前，必须事先建立指针，指针为双字（即32位），存放的是另一个存储器的地址，指针只能为变量存储器（V）、局部存储器（L）或累加器（AC1、AC2、AC3）。建立指针时，要使用双字传送指令（MOVD）将数据所在单元的

内存地址传送到指针中，双字传送指令（MOVD）的输入操作数前需加“&”号，表示送入的是某一存储器的地址，而不是存储器中的内容。例如“MOVD &VB200，AC1”指令，表示将VB200的地址送入累加器AC1中，其中累加器AC1就是指针。

② 利用指针存取数据。在利用指针存取数据时，指令中的操作数前需加“*”号，表示该操作数作为指针例如“MOVW*AC1，AC0”指令，表示把AC1中的内容送入AC0中。间接寻址图示如图3-7所示。

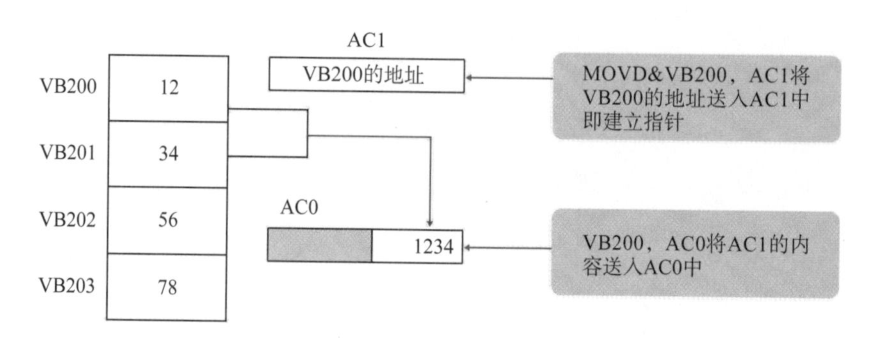

图3-7 间接寻址图示

③ 间接寻址举例。用累加器（AC1）作地址指针，将变量存储器VB200、VB201中的2个字节数据内容1234移入标志位寄存器MB0、MB1中，如图3-8所示。

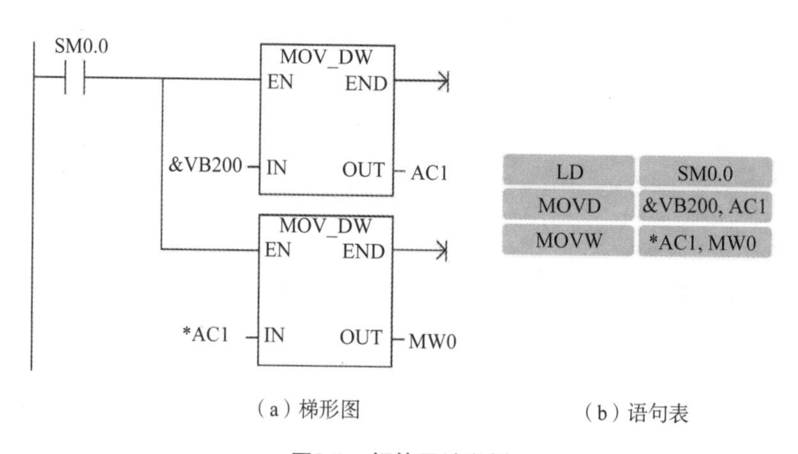

（a）梯形图　　（b）语句表

图3-8 间接寻址举例

④ 建立指针，用双字节移位指令MOVD将VB200的地址移入AC1中。

⑤ 用字移位指令MOVW将AC1中的地址VB200所存储的内容（VB200中的值为12，VB201中的值为34）移入MW0中。

第4章
STEP 7-Micro/WIN SMART位逻辑指令

4.1 位逻辑运算指令

位逻辑指令针对触点和线圈进行运算操作，触点及线圈指令是应用最多的指令。使用时要弄清指令的逻辑含义以及指令的梯形图表达形式，可大致分为常开触点指令、常闭触点指令、常开立即触点指令、常闭立即触点指令、上升沿触点指令、下降沿触点指令、线圈指令、取反指令、触发器指令和空操作指令等，位逻辑指令示例如图4-1所示。

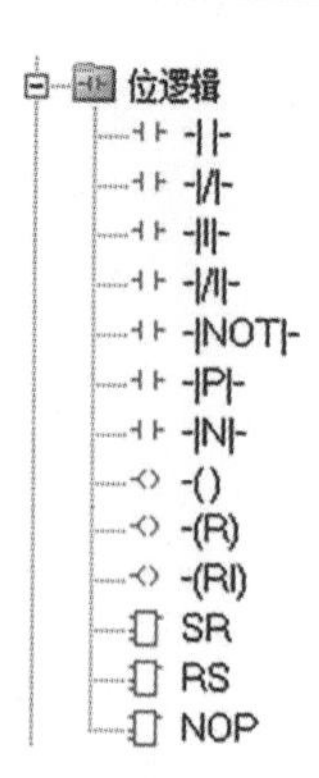

图4-1 位逻辑指令示例

4.1.1 常开、常闭指令

指令功能

常开触点：PLC中用于编程的虚拟常开触点类似于继电器电路中的常开触点，当外部有输入或线圈得电时，相应的常开触点就会闭合，触点使用次数无限制。快捷键为F4。

常闭触点：PLC中用于编程的虚拟常闭触点类似于继电器电路中的常闭触点，当外部有输入或线圈得电时，相应的常闭触点就会断开，触点使用次数无限制。快捷键为F4。

指令格式

常开、常闭指令被称为标准输入指令，其操作数为I、Q、V、M、SM、S、T、C、L等。常开、常闭指令的梯形图、功能说明、可用软元件如表4-1所示。

表4-1 常开、常闭指令的梯形图、功能说明、可用软元件

指令名称	梯形图	功能说明	可用软元件
常开触点	┤ ├	当位等于1时，通常常开触点为1 当位等于0时，通常常开触点为0	I、Q、V、M、SM、S、T、C、L
常闭触点	┤/├	当位等于0时，通常常闭触点为1 当位等于1时，通常常闭触点为0	I、Q、V、M、SM、S、T、C、L

指令说明

I0.0 Q0.0　　　I0.0 Q0.0

当I0.0等于1时，I0.0常开触点闭合，左母线的能流通过I0.0到Q0.0。

当I0.0等于0时，I0.0常闭触点闭合，左母线的能流通过I0.0到Q0.0。

4.1.2 输出线圈指令

指令功能

输出线圈：PLC中用于驱动线圈（虚拟线圈和物理线圈）得电的指令类似于继电器电路中的线圈。当前面的条件接通时，驱动线圈得电；当前面的条件断开时，驱动线圈失电，所以使用过程中要避免出现双线圈。线圈对应的常开和常闭触点的使用次数无限制。快捷键为F6。

指令格式

输出线圈指令梯形图、功能说明、可用软元件如表4-2所示。

表4-2 输出线圈指令梯形图、功能说明、可用软元件

指令名称	梯形图	功能说明	可用软元件
输出线圈	—( )	将运算结果输出到继电器	I、Q、V、M、SM、S、T、C、L

程序编写

以电动机的启动/停止的启保停电路为例，介绍输出线圈指令，如图4-2所示。

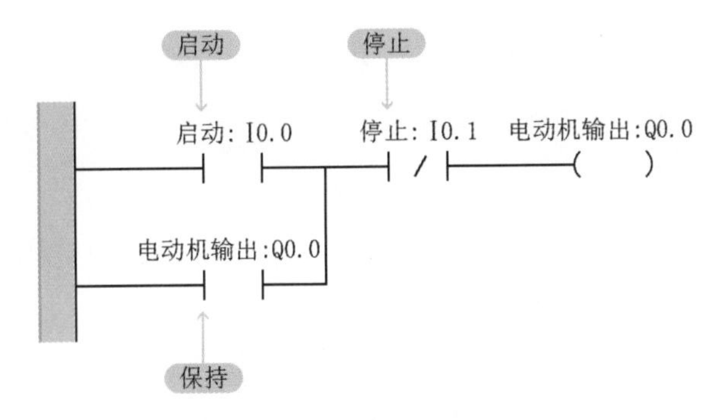

图4-2 输出线圈指令程序示例

程序解释 当I0.0接通时，Q0.0输出；当I0.1接通时，Q0.0断开。
Q0.0的常开触点自锁，构成保持。

4.1.3 取反指令

指令功能

取反指令将它左边电路的逻辑运算结果取反。逻辑运算结果为1，则变为0输出；如为0，则变为1输出。

指令格式

取反指令梯形图、功能说明、可用软元件如表4-3所示。

表4-3 取反指令梯形图、功能说明、可用软元件

指令名称	梯形图	功能说明	可用软元件
取反指令	┤NOT├	当使能位到达NOT（取反）触点时，即停止。当使能位未到达NOT（取反）触点时，则供给使能位	I、Q、V、M、SM、S、T、C、L

程序编写

取反指令程序示例如图4-3所示。

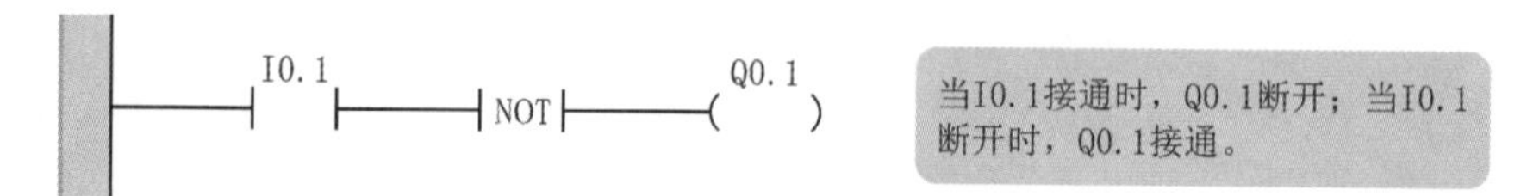

图4-3 取反指令程序示例

4.1.4 置位、复位线圈指令

指令功能

① 执行置位线圈指令时，若相关工作条件被满足，从指定的位地址开始的N个位地址都被置位（变为1），$N=1\sim255$。工作条件失去后，这些位仍保持置1。

② 复位需用复位线圈指令。执行复位线圈指令时，从指定的位地址开始的N个位地址都被复位（变为0），$N=1\sim255$。

指令格式

置位、复位线圈指令梯形图、功能说明、可用软元件如表4-4所示。

表4-4 置位、复位线圈指令梯形图、功能说明、可用软元件

指令名称	梯形图	功能说明	可用软元件
置位指令	bit -(S) N	把操作数（bit）从指定的地址开始的N个点都置1并保持	bit：通常为Q、M、V N：范围为1～255
复位指令	bit -(R) N	把操作数（bit）从指定的地址开始的N个点都复位清0并保持	

程序编写

置位、复位线圈指令梯形图与时序图如图4-4所示，按下I0.3，置位Q0.1并保持信号为1状态。按下I0.4，复位Q0.1并保持信号为0状态。

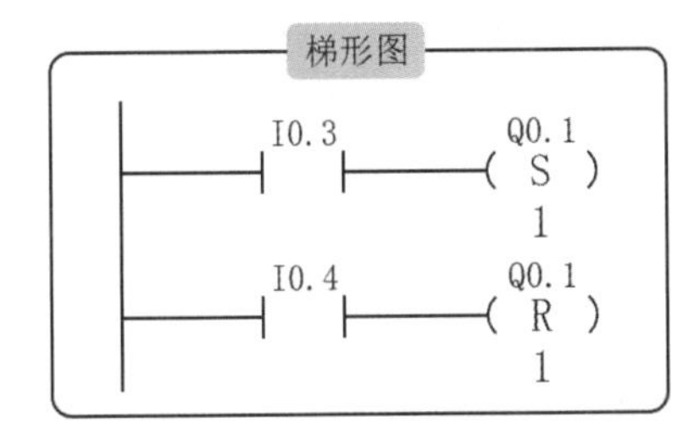

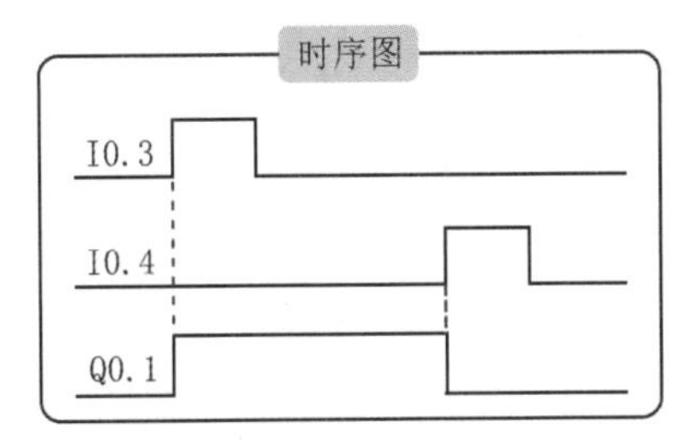

图4-4 置位、复位线圈指令梯形图与时序图

4.1.5 SR、RS触发器指令

RS触发器指令的功能是根据R、S端输入状态产生相应的输出，它分为置位优先SR触发器指令和复位优先RS触发器指令。

指令功能

置位优先触发器：当置位信号（S1）为真时，输出为真。

复位优先触发器：当复位信号（R1）为真时，输出为假。

指令格式

SR、RS触发器指令梯形图、功能说明、可用软元件如表4-5所示。

表4-5 SR、RS触发器指令梯形图、功能说明、可用软元件

指令名称	梯形图	功能说明	可用软元件
置位优先触发器	bit S1 OUT SR R	如果设置（S1）和复原（R）信号均为1，则输出（OUT）为1	I、Q、V、M、SM、S、T、C、L
复位优先触发器	bit S OUT RS R1	如果设置（S）和复原（R1）信号均为1，则输出（OUT）为0	

指令说明

SR和RS触发器指令真值表分别如表4-6和表4-7所示。

bit参数用于指定被置位或者复位的位变量。可选的输出反映位变量的信号状态。

表4-6　SR触发器指令真值表

指令	S1	R	OUT（bit）
置位优先指令（SR）	0	0	保持前一状态
	0	1	0
	1	0	1
	1	1	1

表4-7　RS触发器指令真值表

指令	S	R1	OUT（bit）
复位优先指令（RS）	0	0	保持前一状态
	0	1	0
	1	0	1
	1	1	0

程序编写

SR、RS触发器指令梯形图与时序图如图4-5所示。

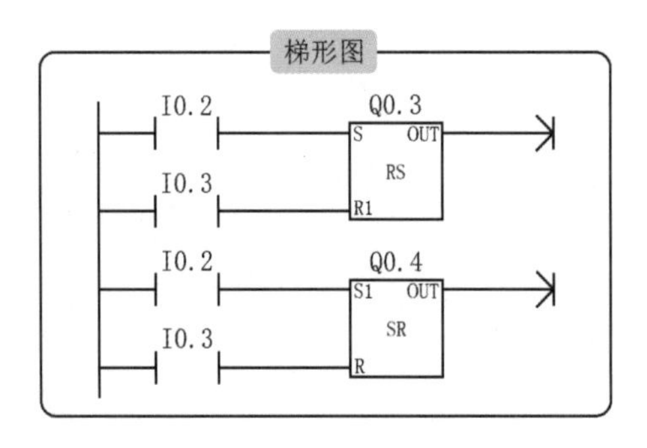

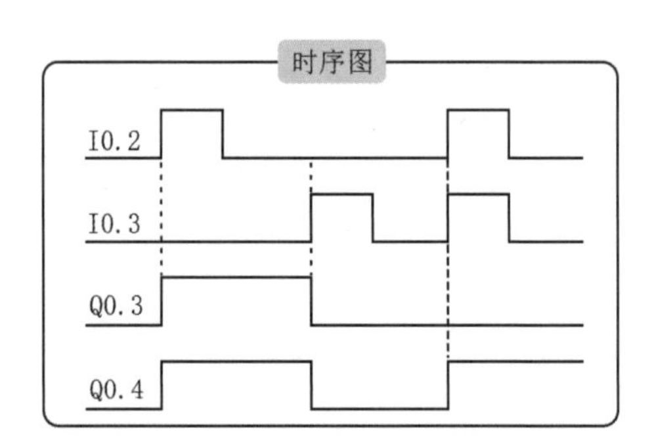

图4-5　SR、RS触发器指令梯形图与时序图

程序解释

① 按下I0.2，Q0.3和Q0.4置位。

② 按下I0.3，Q0.3和Q0.4复位。

③ 同时按下I0.2和I0.3，RS复位优先，则执行复位Q0.3，SR置位优先，执行置位Q0.4。

4.1.6 跳变指令上升沿、下降沿

指令格式

跳变指令上升沿、下降沿梯形图和功能说明如表4-8所示。

表4-8 跳变指令上升沿、下降沿梯形图和功能说明

指令名称	梯形图	功能说明
上升沿	┤P├	由OFF → ON的正跳变（上升沿），产生一个宽度为一个扫描周期的脉冲，驱动后面的输出线圈
下降沿	┤N├	由ON → OFF的负跳变（下降沿），产生一个宽度为一个扫描周期的脉冲，驱动后面的输出线圈

指令说明

上升沿、下降沿信号波形如图4-6所示。

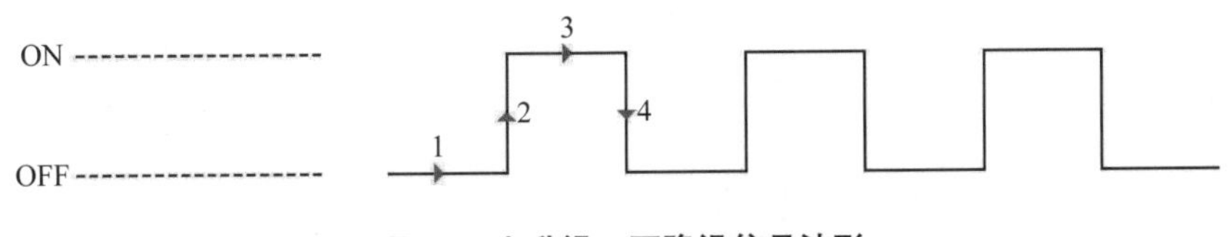

图4-6 上升沿、下降沿信号波形

如图4-6所示的I0.1的信号波形图，一个周期由四个过程组合而成。

过程1：断开状态。

过程2：接通的瞬间状态，即由断开到接通的瞬间，为脉冲上升沿（P）。

过程3：接通状态。

过程4：断开的瞬间状态，即由接通到断开的瞬间，为脉冲下降沿（N）。

程序编写

上升沿、下降沿程序示例如图4-7所示。

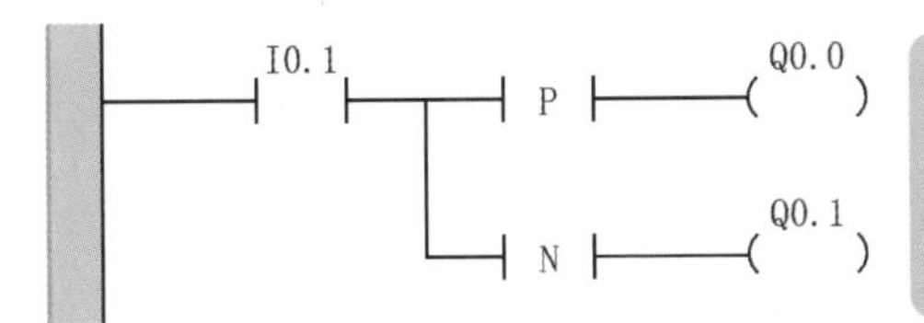

当按下I0.1（由0到1)时，产生上升沿P，Q0.0会接通一个扫描周期。
当松开I0.1（由1到0)时，产生下降沿N，Q0.1会接通一个扫描周期。

图4-7 上升沿、下降沿程序示例

4.1.7 空操作指令

指令功能

空操作指令的功能是让程序不执行任何操作。由于该指令执行时需要一定时间，故可延长程序执行周期。

指令格式

空操作指令梯形图和功能说明如表4-9所示。

表4-9 空操作指令梯形图和功能说明

指令名称	梯形图	功能说明
空操作	N NOP	空操作指令的功能是让程序不执行任何操作。N=0~255，执行一次NOP指令需要的时间约为0.22μs，执行N次NOP指令需要的时间约为0.22×Nμs

程序编写

空操作指令梯形图程序示例如图4-8所示。

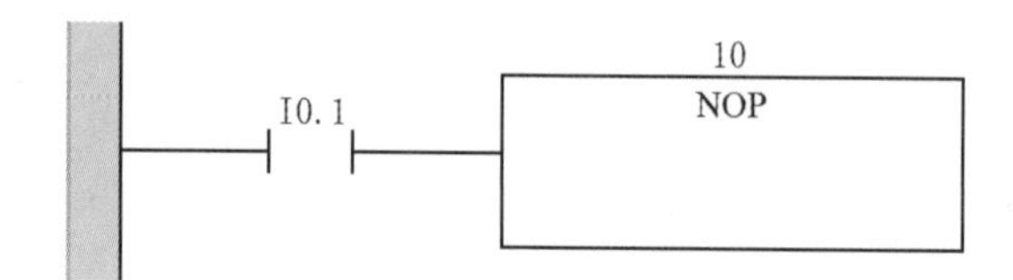

当I0.1接通时，执行空操作指令10次，延缓程序2.2μs再执行。

图4-8 空操作指令梯形图程序示例

4.1.8 位逻辑运算指令的使用练习

案例1：

按下SB1按钮，电动机M启动并自锁；按下SB2按钮，电动机M停止。

程序编写

电动机自锁电路梯形图如图4-9所示。

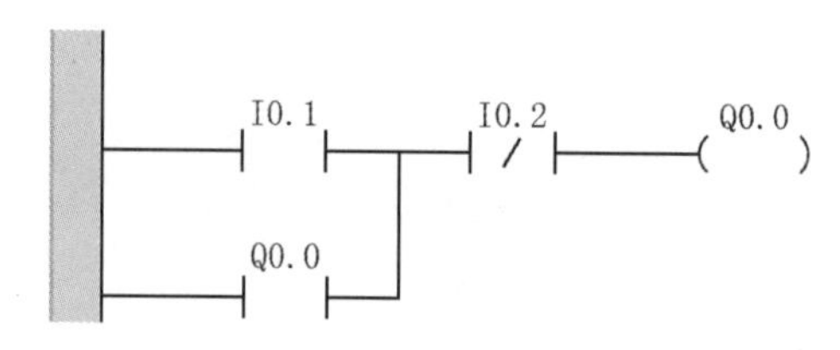

图4-9 电动机自锁电路梯形图

程序解释 ① 按下I0.1时，Q0.0输出。
② Q0.0输出，Q0.0常开触点导通，构成自锁。
③ 按下I0.2时，Q0.0断开。

案例2:

电动机M有两个启动和两个停止按钮。要求A、B两地控制，即在两个不同的地点都能控制电动机启动和停止。A地启动按钮接I0.0，停止按钮接I0.1。B地启动按钮接I0.2，停止按钮接I0.3。

程序编写

两地控制电路梯形图如图4-10所示。

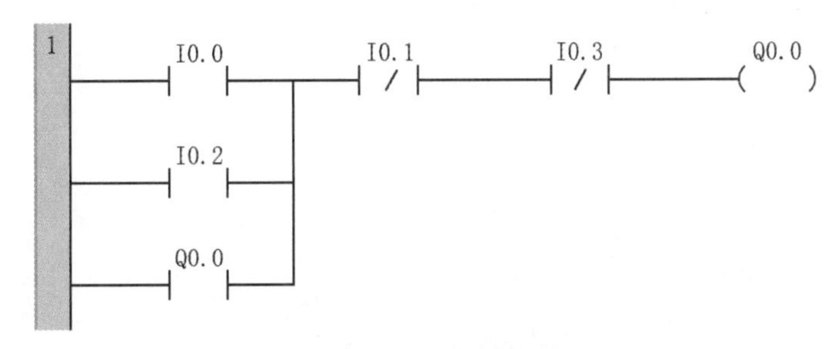

图4-10 两地控制电路梯形图（一）

程序解释 ① I0.0与I0.2并联，按下I0.0或者I0.2都可以导通，使Q0.0输出。
② Q0.0输出，Q0.0常开触点导通，构成自锁。
③ I0.1与I0.3串联，按下I0.1或者I0.3都可以断开，使Q0.0断开。

案例3:

电动机M要求两地控制，在两个不同的地点需同时按下SB1和SB3才能启动电动机，按下SB2和SB4都能使电动机停止。

接线：SB1接I0.0，SB2接I0.1，SB3接I0.2，SB4接I0.3。

程序编写

两地控制电路梯形图如图4-11所示。

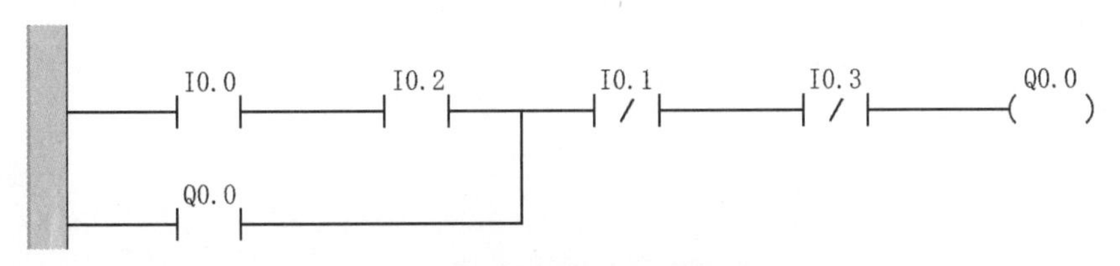

图4-11 两地控制电路梯形图（二）

程序解释 ① I0.0与I0.2串联，同时按下I0.0和I0.2才可以导通，使Q0.0输出。
② Q0.0输出，Q0.0常开触点导通，构成自锁。
③ I0.1与I0.3串联，按下I0.1或者I0.3都可以断开，使Q0.0断开。

案例 4:

电动机要求正反转互锁控制，电动机M正转由接触器KM1控制，反转由接触器KM2控制。SB1为正转启动按钮，SB2为反转启动按钮，SB3为停止按钮。

必须保证在任何情况下，正、反转接触器不能同时接通。电路采取将正、反转启动按钮SB1、SB2互锁及接触器KM1、KM2互锁的措施。

接线：SB1接I0.0，SB2接I0.1，SB3接I0.2，Q0.0控制KM1实现正转，Q0.1控制KM2实现反转。

程序编写

电动机正反转控制电路梯形图如图4-12所示。

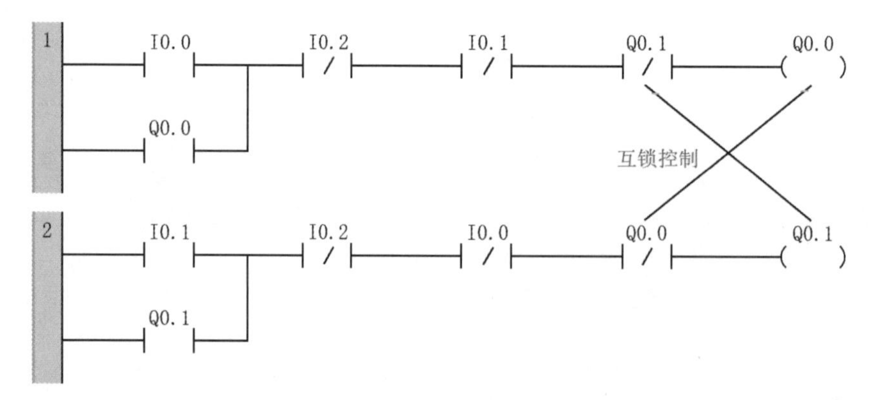

图4-12 电动机正反转控制电路梯形图

程序解释 ① 按下I0.0时，Q0.0输出。
② Q0.0输出，Q0.0常开触点导通，构成自锁。
③ Q0.0的常闭触点与Q0.1的常闭触点构成互锁。
④ 按下I0.0时，由于Q0.0输出，Q0.0常闭触点断开，无法使Q0.1输出。同理，先启动Q0.1，按下I0.1时，由于Q0.1输出，Q0.1常闭触点断开，无法使Q0.0输出。
⑤ 按下停止按钮I0.2以后，才可以正常启动Q0.1或Q0.0。

4.2 定时器指令

4.2.1 定时器概述

定时器的功能：累计PLC的时钟脉冲，当达到设定值时输出触点动作，类似于继电器电路中时间继电器的作用。

① 定时器指令用来规定定时器的功能，S7-200 SMART PLC的CPU提供了256个定时器（编号为T0～T255），共有三种类型：接通延时定时器（TON）、有记忆接通延时定时器（TONR）和断开延时定时器（TOF）。

② 定时器对时间间隔计数，时间间隔称为分辨率，又称时基。S7-200 SMART PLC定时器有三种分辨率：1ms、10ms和100ms。

指令格式

定时器指令图解如图4-13所示。

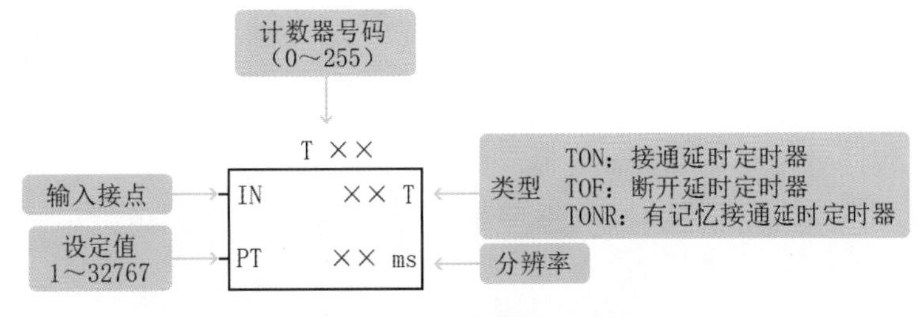

图4-13　定时器指令图解

定时器分类（定时器偏号）及特征如表4-10所示。

表4-10　定时器分类（定时器编号）及特征

定时器类型	分辨率 /ms	最长定时值 /s	定时器编号
TONR	1	32.767	T0，T64
	10	327.67	T1～T4，T65～T68
	100	3276.7	T5～T31，T69～T95
TON、TOF	1	32.767	T32，T96
	10	327.67	T33～T36，T97～T100
	100	3276.7	T37～T63，T101～T255

定时器的定时时间计算公式如下：

$$T = PT \times 分辨率$$

式中，PT，设定定时值，范围为1～32767；分辨率，选择定时器编号时，PLC按照定时器特征分配1ms、10ms、100ms中的一种分辨率。

例如，TON指令使用T37的定时器，设定值为10，则时间$T = 10 \times 100ms = 1000ms = 1s$。

定时器指令的数据类型及有效操作数如表4-11所示。

表4-11 定时器指令的数据类型及有效操作数

输入/输出	数据类型	有效操作数
T××	字（WORD）	常数（T0～T255）
IN	位（BOOL）	I、Q、V、M、SM、S、T、L、能流
PT	字（WORD）	IW、QW、VW、MW、SMW、T、C、LW、AC、AIW、常数

4.2.2 接通延时定时器指令（TON）

指令功能

接通延时定时器指令TON的主要功能是定时器得电后，延时一段时间（由设定值决定），其所对应的常开触点闭合或常闭触点断开动作；当定时器失电后，触点立即复位。

指令格式

接通延时定时器TON图解如图4-14所示，接通延时定时器指令的数据类型及有效操作数如表4-12所示。

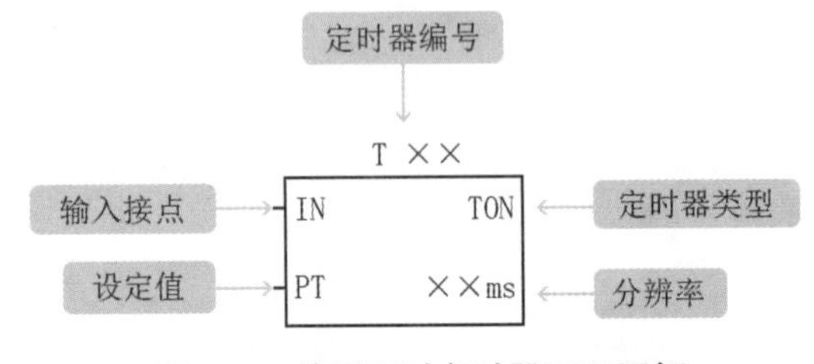

图4-14 接通延时定时器TON图解

表4-12 接通延时定时器指令的数据类型及有效操作数

输入/输出	数据类型	有效操作数
T××	字（WORD）	1ms：T32、T96 10ms：T33～T36、T97～T100 100ms：T37～T63、T101～T255
IN	位（BOOL）	I、Q、V、M、SM、S、T、L、能流
PT	字（WORD）	IW、QW、VW、MW、SMW、T、C、LW、AC、AIW、常数

指令说明

① 在输入参数“IN”的上升沿（从0变为1时）开始计时。

② 只要参数“IN”的值保持为1，定时器就持续计时。

③ 在定时过程中，若输入参数“IN”变为0，则定时器停止计时且当前值被清0。

④ 在当前值等于大于预设时间PT时，定时器标志位被置位（TRUE）。

⑤ 当定时器达到预设时间后，若IN仍然为1，则定时器会继续定时，直到达到最大值32767后停止计时。

程序编写

接通延时定时器梯形图与时序图如图4-15所示。

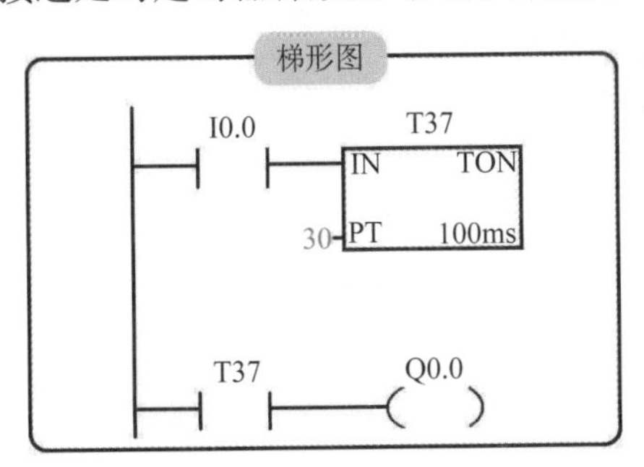

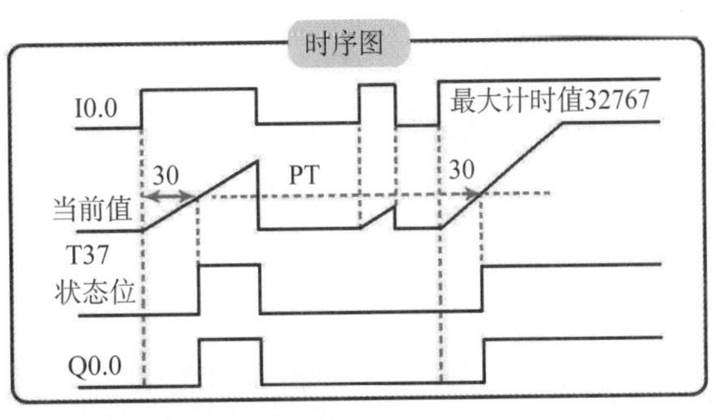

图4-15 接通延时定时器梯形图与时序图

程序解释

① 定时器编号为T37，预设值PT为30，定时器分辨率为100ms，可以计算定时时间为30×100ms＝3000ms＝3s

② 当I0.0接通时，使能端（IN）输入有效，定时器T37开始计时，当前值从0开始递增，当当前值大于等于预置值30时，定时器对应的常开触点T37闭合，驱动线圈Q0.0吸合。

③ 当I0.0断开时，使能端（IN）输出无效，T37复位清0，定时器常开触点T37断开，线圈Q0.0断开。

④ 若使能端输入一直有效，计时值到达预置值以后，当前值仍然增加，直至达到32767，在此期间，定时器T37输出状态仍为1，线圈Q0.0仍处于吸合状态。

4.2.3 有记忆接通延时定时器指令（TONR）

指令功能

有记忆接通延时定时器指令（TONR）在定时时间内未达到预设值前，断电后，可保留当前值，当再次得电后，从当前值的基础上继续定时，并可多间隔累加定时，当达到预设值时，其触点相应动作（常开触点闭合，常闭触点断开）。

指令格式

有记忆接通延时定时器TONR图解如图4-16所示，有记忆接通延时定时器指令的数据类型及有效操作数如表4-13所示。

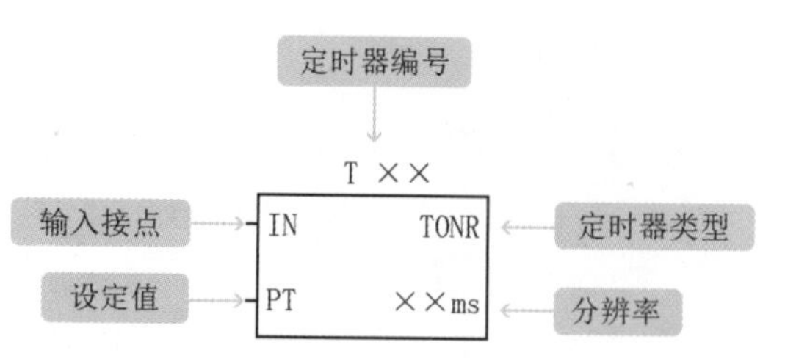

图4-16 有记忆接通延时定时器TONR图解

表4-13 有记忆接通延时定时器指令的数据类型及有效操作数

输入/输出	数据类型	有效操作数
T××	字（WORD）	1ms：T0、T64 10ms：T1～T4、T65～T68 100ms：T5～T31、T69～T95
IN	位（BOOL）	I、Q、V、M、SM、S、T、L、能流
PT	字（WORD）	IW、QW、VW、MW、SMW、T、C、LW、AC、AIW、常数

指令说明

① 在输入参数“IN”的上升沿（从0变为1时）开始计时。

② 只要参数“IN”的值保持为1，定时器就持续计时。

③ 在定时过程中，若输入参数“IN”变为0，则定时器停止计时且当前值被保持；当输入参数“IN”重新变为1时，定时器继续从上次保留时间值开始计时。

④ 在当前值等于大于预设时间PT时，定时器标志位被置位（TRUE）。

⑤ 当定时器达到预设时间后，若IN仍然为1，则定时器会继续定时，直到达到最大值32767后停止计时。

⑥ TONR指令的当前值要使用复位指令（R）才能清除。

程序编写

有记忆接通延时定时器指令梯形图与时序图如图4-17所示。

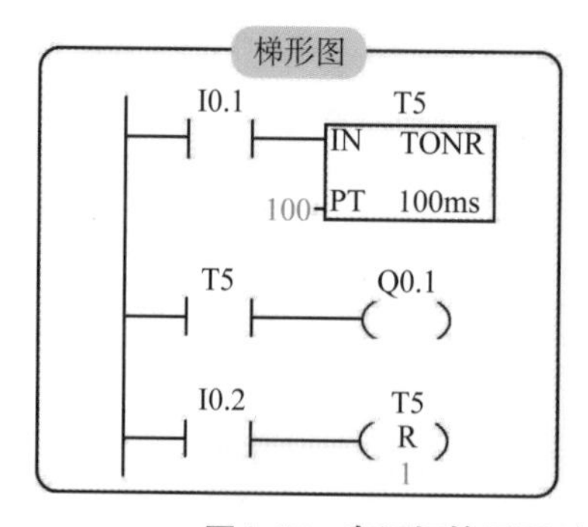

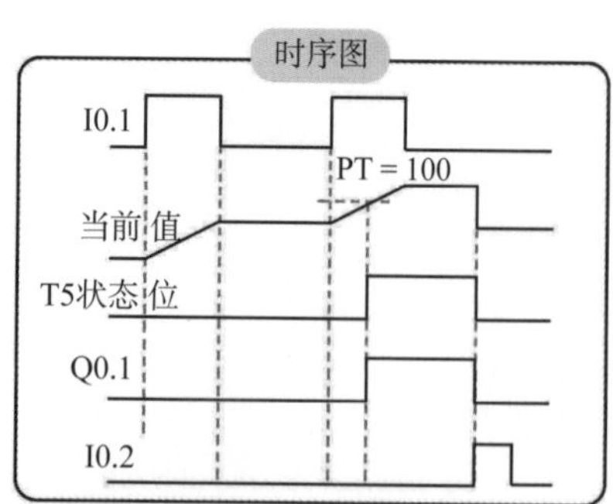

图4-17 有记忆接通延时定时器指令梯形图与时序图

程序解释

① 定时器编号为T5，预设值PT为100，定时分辨率为100ms，定时时间为100×100ms=10000ms=10s。

② 当I0.1接通时，使能输入（IN）有效，定时器开始计时。

③ 当I0.1断开时，使能输入无效，但当前值仍然保持并不复位。当使能输入再次有效时，当前值在原来的基础上开始递增，当当前值大于等于预置值时，定时器T5常开触点导通，线圈Q0.1有输出，此后当使能输入无效时，定时器T5状态位仍然为1。

④ 当I0.2闭合，线圈复位（T5）指令进行复位操作时，定时器T5状态位被清0，定时器T5常开触点断开，线圈Q0.1断电。

4.2.4 断开延时定时器指令（TOF）

指令功能

断开延时定时器指令（TOF）的主要功能是在得电后，其常开触点立即闭合或常闭触点立即断开动作；失电后，需延时一段时间（由设定值决定），对应的常开触点或常闭触点才执行复位动作。

指令格式

断开延时定时器TOF图解如图4-18所示，断开延时定时器指令的数据类型及有效操作数如表4-14所示。

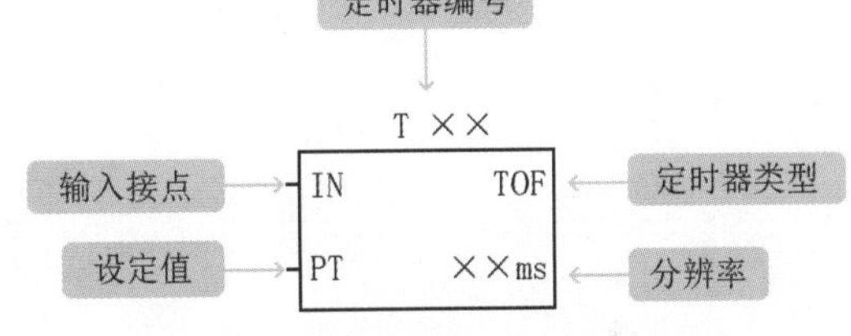

图4-18 断开延时定时器TOF图解

表4-14 断开延时定时器指令的数据类型及有效操作数

输入/输出	数据类型	有效操作数
T××	字（WORD）	1ms：T32、T96 10ms：T33～T36、T97～T100 100ms：T37～T63、T101～T255
IN	位（BOOL）	I、Q、V、M、SM、S、T、L、能流
PT	字（WORD）	IW、QW、VW、MW、SMW、T、C、LW、AC、AIW、常数

指令说明

① 当输入参数“IN”从0变为1时，定时器的标志位被置1，当前时间值被清0。

② 当输入参数“IN”从1变为0时，定时器开始计时。当到达预设的时间值后，定时器的标志位被置0。

③ 在计时过程中，若参数“IN”的值从0变为1，则定时器停止计时，定时器标志位保持为1（TRUE）。

程序编写

断开延时定时器指令梯形图与时序图如图4-19所示。

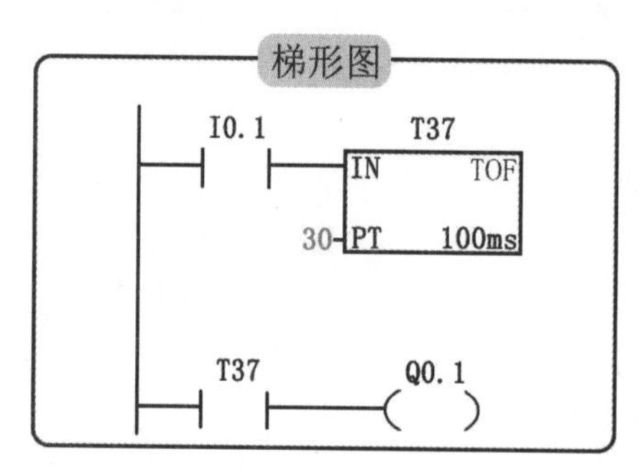

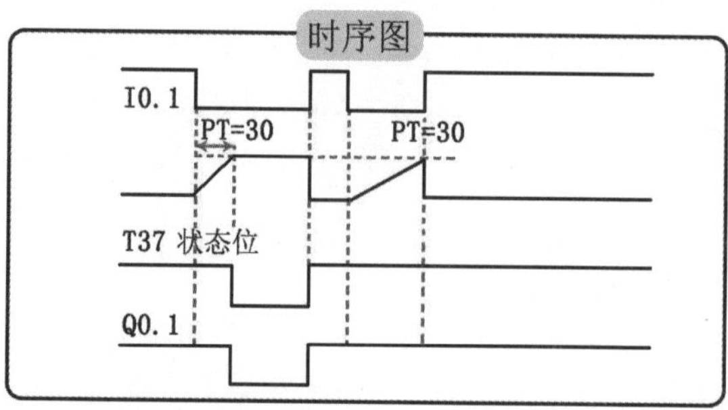

图4-19 断开延时定时器指令梯形图与时序图

程序解释

① 当I0.1接通时，使能端（IN）输入有效，当前值为0，定时器T37输出状态为1，常开触点导通，驱动线圈Q0.1有输出。

② 当I0.1断开时，使能端输入无效，T37开始计时，当前值从0开始递增。当当前值达到预置值时，定时器T37复位为0，线圈Q0.1无输出，但当前值保持。

③ 当I0.1再次接通时，当前值复位清0。

4.2.5 定时器指令的应用举例

案例1：

按下I0.1时，电动机启动运行。按下I0.2时，电动机过5s停止工作。

程序编写

电动机的延时停止程序如图4-20所示。

图4-20 电动机的延时停止程序

程序解释

① 当I0.1按下，M0.1导通并自锁。M0.1用来保持I0.1的信号。

② M0.1得电后，断开延时定时器（TOF）T37的状态位为1，Q0.1得电，电动机运行。

③ 当I0.2按下，M0.1断开，断开延时定时器（TOF）T37开始工作，5s后定时器断开，Q0.1失电，电动机停止工作。

案例 2:

按下启动按钮I0.0，主触点Q0.0输出，同时星形连接触点Q0.1输出，定时器开始计时；延时5s后，星形连接触点Q0.1断开，三角形连接触点Q0.2输出。按下停止按钮I0.1，主触点Q0.0和三角形连接触点Q0.2都断开。

程序编写

电动机的星-三角控制程序如图4-21所示。

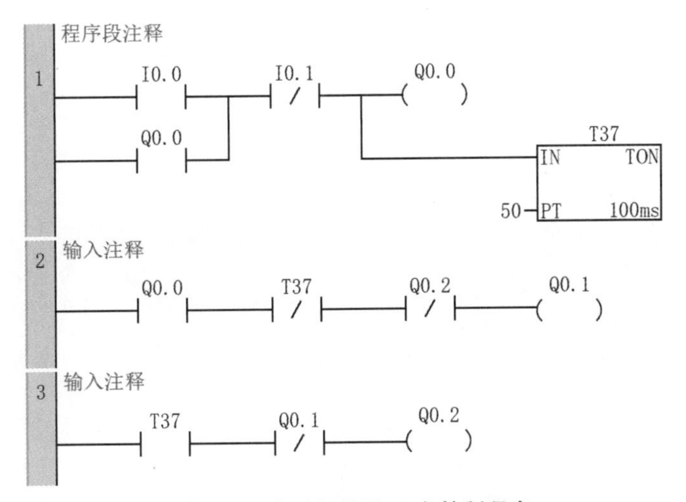

图4-21 电动机的星-三角控制程序

程序解释

① 按下启动按钮I0.0，主触点Q0.0输出并自锁。定时器T37开始计时。

② Q0.0的常开触点导通，T37常闭触点导通（T37没有到达设定的时间），星形连接触点Q0.1输出。

③ 到达设置时间5s，T37常闭触点断开，星形连接触点Q0.1断开；T37常开触点导通，三角形连接触点Q0.2输出。

④ T37常闭触点与常开触点构成互锁，使星形连接触点Q0.1和三角形连接触点Q0.2也构成互锁。

⑤ 按下停止按钮I0.1，主触点Q0.0断开，T37清0，常开触点断开，三角形连接触点Q0.2断开。

案例 3:

按下启动按钮I0.0，第1台电动机启动，Q0.0输出，每过3s启动一台电动机，直至5台电动机全部启动。当按下停止按钮I0.1时，3s后停止第5台电动机，之后每过3s逆向停止一台，直至5台电动机全部停止。

程序编写

5台电动机顺序启动、逆序停止控制程序如图4-22所示。

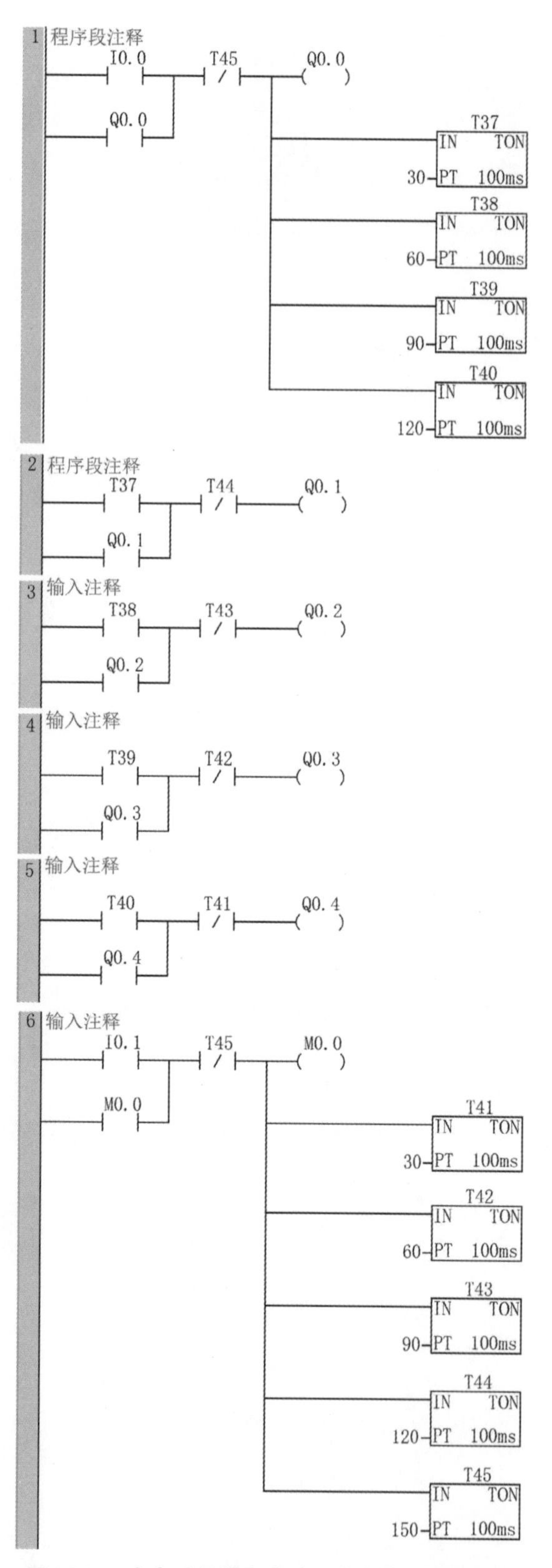

图4-22　5台电动机顺序启动、逆序停止控制程序

程序解释

① 按下启动按钮I0.0，Q0.0输出并自锁。T37、T38、T39、T40开始计时。

② T37时间到达3s以后，T37常开触点导通，Q0.1输出并自锁。

③ T38时间到达6s以后，T38常开触点导通，Q0.2输出并自锁，剩余两台依次类推启动。顺序启动5台电动机。

④ 按下停止按钮I0.1，M0.0输出并自锁。M0.0作用是保持I0.1输入信号。T41、T42、T43、T44、T45开始计时。

⑤ T41时间到达3s以后，T41常闭触点断开，Q0.4断开。

⑥ T42时间到达6s以后，T42常闭触点断开，Q0.3断开。

⑦ T43时间到达9s以后，T43常闭触点断开，Q0.2断开。剩余两台Q0.1和Q0.0依次类推。

⑧ 当T45时间到达15s以后，断开Q0.0，同时M0.0断开，5台电动机逆序停止。

4.3 计数器指令

4.3.1 计数器概述

定时器是对S7-200 SAMRT PLC内部的时钟脉冲进行计数，而计数器是对S7-200 SMART PLC外部或由程序产生的计数脉冲进行计数，即用来累计输入脉冲的次数。S7-200 SMART PLC提供的三种类型的计数器——增计数器（CTU）、减计数器（CTD）和增/减计数器（CTUD）如图4-23所示。

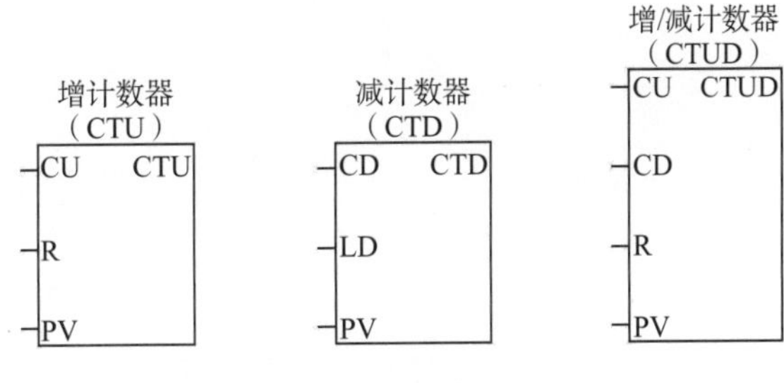

图4-23 计数器指令

计数器的操作包括四个部分：编号、设定值、脉冲输入和复位输入。

① 编号。用计数器名称＋常数来表示，即C××，范围为C0～C255。计数器编号还包含计数器状态位和计数器当前值等信息。

a. 计数器状态位：当计数器当前值达到设定值PV时，该位被置为“1”。

b. 计数器当前值：存储计数器当前所累计的脉冲个数，用16位整数来表示，最大计数值为32767。通过编号访问计数器的状态位和当前值。

② CU。增计数器脉冲输入端，上升沿有效。

③ CD。减计数器脉冲输入端，上升沿有效。

④ R。复位输入端，复位当前值和状态位。

⑤ LD。装载复位输入端，只用于减计数器。

⑥ PV。计数器设定值，数据类型为INT。

4.3.2 增计数器指令（CTU）

指令功能

增计数器的主要功能：当CTU输入端（CU）有脉冲输入时开始计数，每来一个脉冲上升沿计数值加1；当计数值达到设定值（PV）后状态变为1且继续计数，直到最大值32767；当计数值达到设定值（PV）后，常开触点闭合，常闭触点断开；如果R端输入为ON或其他复位指令对计数器执行复位操作，计数器的状态将变为0，计数值也清0。

指令格式

增计数器（CTU）图解如图4-24所示，增计数器指令的数据类型及有效操作数如表4-15所示。

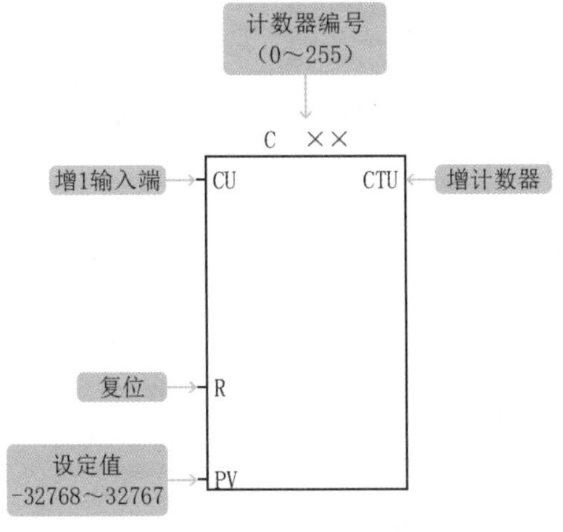

图4-24 增计数器（CTU）图解

表4-15 增计数器指令的数据类型及有效操作数

输入/输出	数据类型	有效操作数
C××	常数	常数（0~255）
CU、R	位（BOOL）	I、Q、V、M、SM、S、T、V、L、能流
PV	整数（INT）	IW、QW、VW、MW、SMW、T、C、LW、AC、AIW、常数

注意

每个计数器都有一个当前值，请勿将相同的号码设置给一台以上的计数器。

指令说明

① 首次扫描时，计数器位为OFF，当前值为0。

② 当CU端接通一个上升沿时，计数器计数1次，当前值增加1个单位。

③ 当当前值达到设定值PV时，计数器置位为ON，当前值持续计数至32767。

④ 当复位输入端R接通时，计数器复位为OFF，当前值为0。

程序编写

增计数器CTU程序示例如图4-25所示。

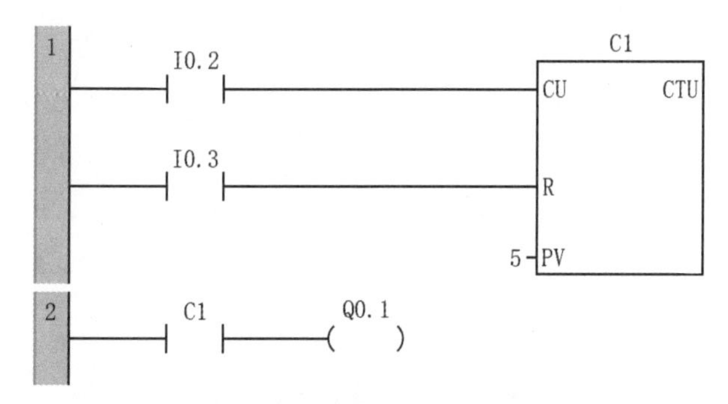

图4-25　增计数器CTU程序示例

程序解释

① 按一次I0.2，CU端会产生一个上升沿，计数器计数1次，直到最大值32767。

② PV值设置为5，计数器计数到大于等于5时，C1常开触点导通，Q0.1输出。

③ 按下I0.3，C1数值复位，清0。C1常开触点断开，Q0.1断开。

4.3.3 减计数器指令（CTD）

指令功能

减计数器的主要功能：当CTD的LD（装载）端输入为ON时，CTD状态位变为0，计数值变为设定值。装载后，计数器的CD端每输入一个脉冲上升沿，计数值就减1，当计数值减到0时，CTD的状态变为1并停止计数。

指令格式

减计数器（CTD）图解如图4-26所示，减计数器指令的数据类型及有效操作数如表4-16所示。

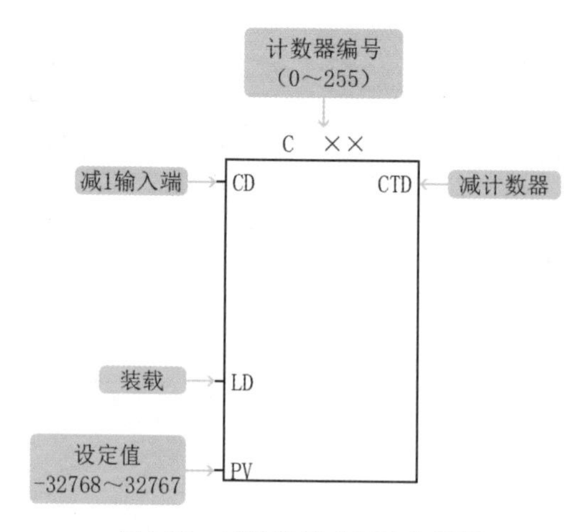

图4-26 减计数器（CTD）图解

表4-16 减计数器指令的数据类型及有效操作数

输入/输出	数据类型	有效操作数
C××	常数	常数（0～255）
CD、LD	位（BOOL）	I、Q、V、M、SM、S、T、L、能流
PV	整数（INT）	IW、QW、VW、MW、SMW、T、C、LW、AC、AIW、常数

注意

每个计数器都有一个当前值，请勿将相同的号码设置给一台以上的计数器。

指令说明

① 首次扫描时，计数器位为OFF，当前值等于设定值。

② 当CD端接通一个上升沿时，计数器当前值减小1个单位。

③ 当前值递减至0时，计数停止，该计数器置位为ON。

④ 当装载端LD接通时，计数器复位为OFF，并把设定值PV装入计数器，即当前值为设定值而不是0。

程序编写

减计数器（CTD）程序示例如图4-27所示。

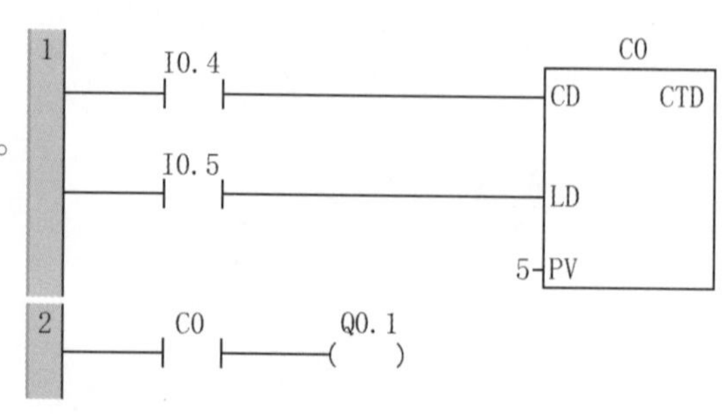

图4-27 减计数器（CTD）程序示例

程序解释

① 按下I0.5，LD接通，设定值PV＝5装入计数器。
② 按一次I0.4，CD端会产生一个上升沿，计数器减1。
③ 当C0减至0时，计数停止，计数器C0置位为ON，常开触点导通，Q0.1输出。
④ 再次按下I0.5，LD接通，计数器C0复位，断开Q0.1，设定值PV＝5装入计数器。

4.3.4 增/减计数器指令（CTUD）

指令功能

增/减计数器的主要功能：当CTUD的R端（复位端）输入为ON时，CTUD状态变为0，同时计数值清0。在加计数时，CU端（加计数端）每输入一个脉冲上升沿，计数值就增1，CTUD加计数的最大值为32767，在达到最大值时，再来一个脉冲上升沿，计数值会变为－32768，在减计数时，CD端（减计数端）每输入一个脉冲上升沿，计数值就减1，CTUD减计数的最小值为－32768，在达到最小值时，再来一个脉冲上升沿，计数值会变为32767。不管是加计数还是减计数，只要计数值大于等于设定值，CTUD的状态就为1。

指令格式

增/减计数器（CTUD）图解如图4-28所示，增 /减计数器指令的数据类型及有效操作数如表4-17所示。

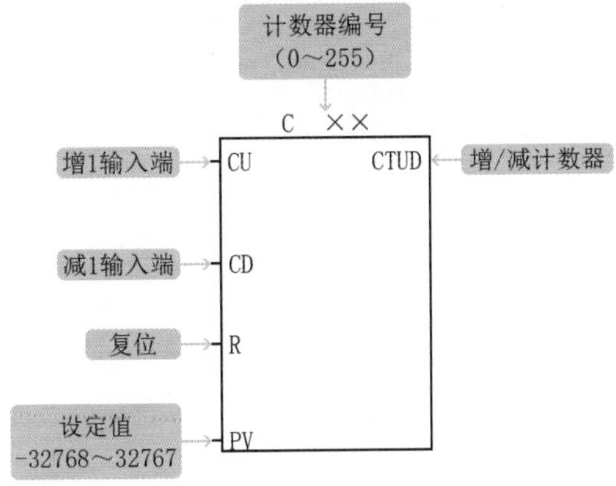

图4-28　增/减计数器（CTUD）图解

表4-17　增 /减计数器指令的数据类型及有效操作数

输入/输出	数据类型	有效操作数
C××	常数	常数（0～255）
CU、CD、R	位（BOOL）	I、Q、V、M、SM、S、T、L、能流
PV	整数（INT）	IW、QW、VW、MW、SMW、T、C、LW、AC、AIW、常数

注意

每个计数器都有一个当前值，请勿将相同的号码设置给一台以上的计数器。

指令说明

① 当当前值达到或大于设定值PV时，计数器置位为ON。

② 当复位输入端R接通时，计数器复位为OFF，当前为0。

程序编写

增/减计数器（CTUD）程序示例如图4-29所示。

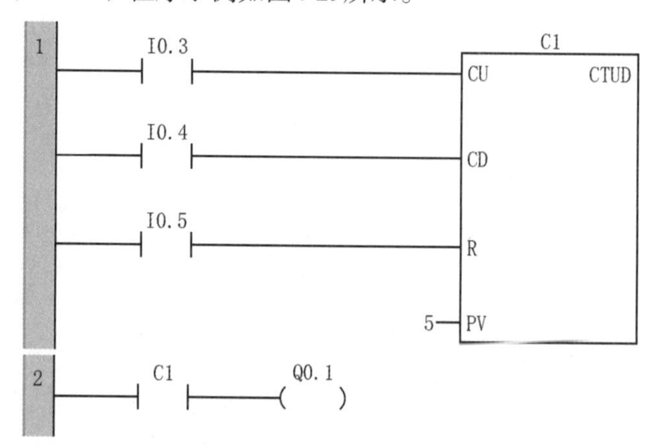

图4-29 增/减计数器（CTUD）程序示例

程序解释

① 按一次I0.3，CU端会产生一个上升沿，计数器计数1次。

② 按一次I0.4，CD端会产生一个上升沿，计数器减数1次。

③ PV值设置为5，计数器计数到大于等于5时，C1置位，常开触点导通，Q0.1输出。

④ 按下I0.5，C1数值复位，清0。C1常开触点断开，Q0.1断开。

4.3.5 计数器指令的应用举例

案例 1:

当按钮SB1按4次时灯点亮，当按钮SB2按下时灯熄灭。

接线：I0.2接SB1，I0.3接SB2，Q0.0接灯。

程序编写

计数灯亮和灯灭控制程序如图4-30所示。

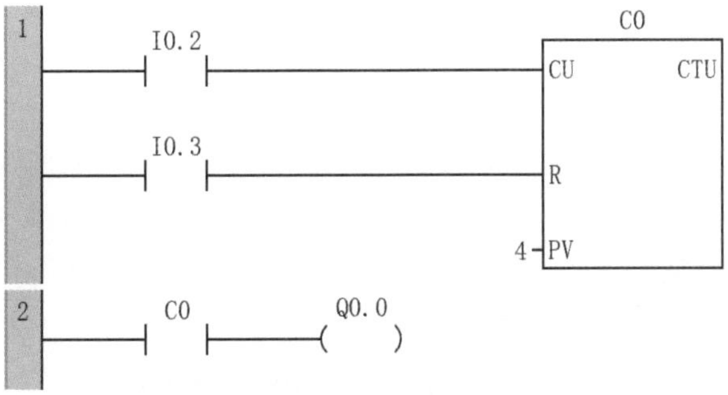

图4-30　计数灯亮和灯灭控制程序

程序解释　① 按一次I0.2，CU端会产生一个上升沿，计数器计数1次，直到最大值32767。

② 当计数器C0计数到4时，C0置位，常开触点导通，Q0.0输出，灯亮。

③ 按下I0.3，C0数值复位，清0。C0常开触点断开，Q0.0断开，灯熄灭。

案例 2:

在一台自动生成产品的设备上，经常会用到当生产到一定数量后停止机器的功能。在按钮I0.0按下后，Q0.0变成1并保持，当光电开关I0.1被触发50次后，定时器开始计时，5s后Q0.0变为0，同时计数器被复位，PLC开机运行时，计数器也被复位。

程序编写

生产计数程序如图4-31所示。

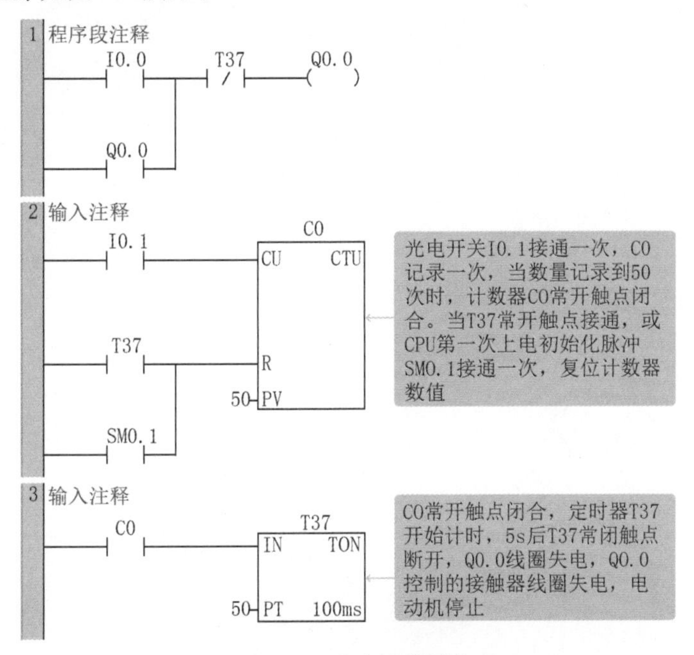

图4-31　生产计数程序

程序解释

① 按下按钮I0.0，T37常闭触点闭合，Q0.0线圈得电并自锁，电动机启动。

② 光电开关接通一次，计数器C0记录一次，当数量记录到50次时，计数器C0常开触点闭合，定时器T37开始延时，定时器T37延时5s时间到，同时复位计数器C0。

③ 定时器T37延时5s时间到，T37常闭触点断开，Q0.0线圈失电，Q0.0控制的接触器线圈失电，电动机停止。

④ PLC第一次开机时有初始化脉冲SM0.1，复位计数器当前值。

案例3：

一台计数器的数据类型为“字”16位整数类型，所以计数器的设定值最多可以填写32767，在生产中，如果需要记录50000个产品，如何编写？

程序编写

两计数器累计计数如图4-32所示。

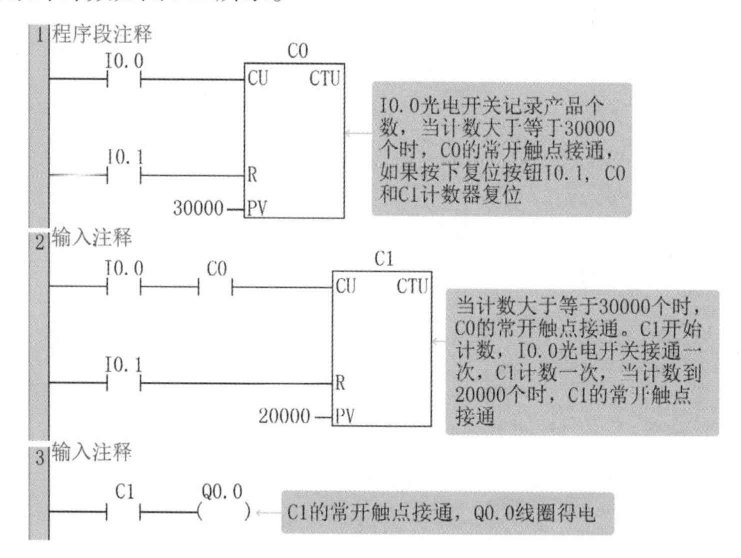

图4-32 两计数器累计计数

程序解释

① 通过I0.0光电开关记录产品个数，当计数大于等于30000个时，C0的常开触点接通。

② 当C0常开触点接通时，C1才开始计数，当计数到20000个时，30000＋20000＝50000。

③ 当计数到50000个时，Q0.0线圈接通，指示灯亮，直到按下复位按钮I0.1，C0和C1计数器复位。

案例 4：

有一台冲床在冲垫片，要对所冲的垫片进行计数，即冲床的滑块下滑一次，接近感应开关动作，计数器计数，计到50000次时，输出指示灯亮，表示已经完成目标。按下复位开关，随时对计数器进行复位。

接线：I0.0接接近开关，I0.1接复位开关，Q0.0接指示灯。

程序编写

冲床计数控制程序如图4-33所示。

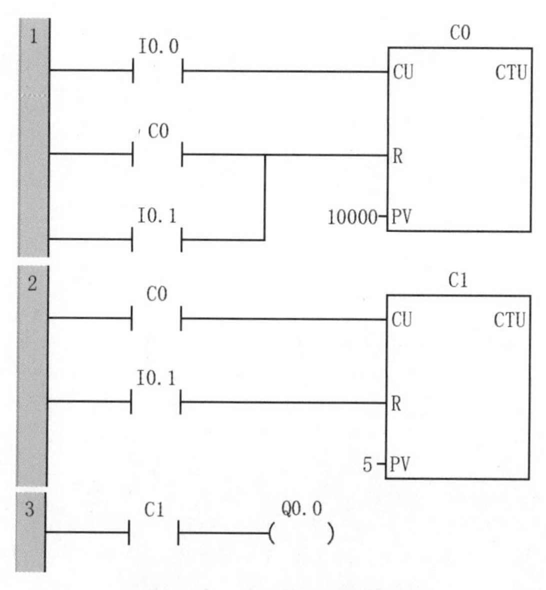

图4-33　冲床计数控制程序

程序解释

① 计数器计数，要计到50000次，超过了计时器最大数值32767，因此必须用两个计数器来完成，50000＝10000×5。

② 接近开关感应一次，CU端会产生一次上升沿，计数器计数1次。

③ 当计数器C0计数至10000时，C0置位，常开触点导通，C1计数1次，C0数值复位，清0。重新开始记数。

④ 当计数器C1计数到5时，C1置位，C1常开触点导通，Q0.0输出，指示灯亮。

⑤ 按下I0.1，C0、C1数值复位，清0。C1常开触点断开，断开Q0.0，指示灯熄灭。

第5章 STEP 7-Micro/WIN SMART功能指令

5.1 比较指令

5.1.1 比较指令功能介绍

指令功能

比较指令的主要功能：用于比较两个相同数据类型的有符号数或无符号数（两个操作数）。若比较条件满足，则触点闭合；若比较条件不满足，则触点断开。

指令格式

比较指令图解如图5-1所示。

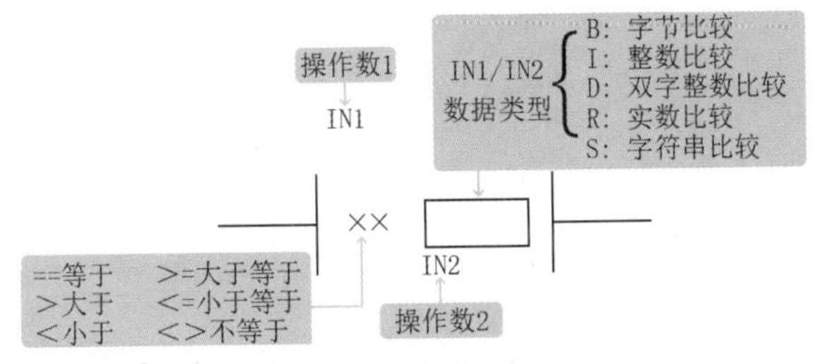

图5-1　比较指令图解

指令说明

比较指令用于比较两个数值或字符串，满足比较关系式给出的条件时，触点闭合。比较指令为实现上、下限控制以及数值条件判断提供了方便。

数值比较指令的运算有＝、＞＝、＜＝、＞、＜和＜＞6种。而字符串比较指令只有＝和＜＞两种。

比较指令的功能如下。

① 字节比较指令用于比较两个字节型无符号整数值IN1和IN2的大小。

② 整数比较指令用于比较两个有符号字IN1和IN2的大小，其范围是16#8000～16#7FFF（10进制－32768～＋32767）。

③ 双字整数比较指令用于比较两个有符号双字INl和IN2的大小，其范围是16#80000000～16#7FFFFFFF。

④ 实数比较指令用于比较两个实数IN1和IN2的大小，是有符号的比较。

⑤ 字符串比较指令用于比较两个字符串的ASCII码的大小。

5.1.2 比较指令的应用举例

案例 1:

某轧钢厂的成品库可存放钢卷1000个，因为不断有钢卷入库、出库，需要对库存的钢卷进行统计。当库存低于下限100时，指示灯HL1亮；当库存大于900时，指示灯HL2亮；当达到库存上限1000时，报警器HA响，停止入库。入库、出库分别接感应光电开关。按下复位按钮，数值清0。

接线：I0.0接入库感应开关，I0.1接出库感应开关，I0.2接复位按钮，Q0.0接指示灯HL1，Q0.1接指示灯HL2，Q0.2接报警器HA。

程序编写

轧钢厂的成品库存控制程序如图5-2所示。

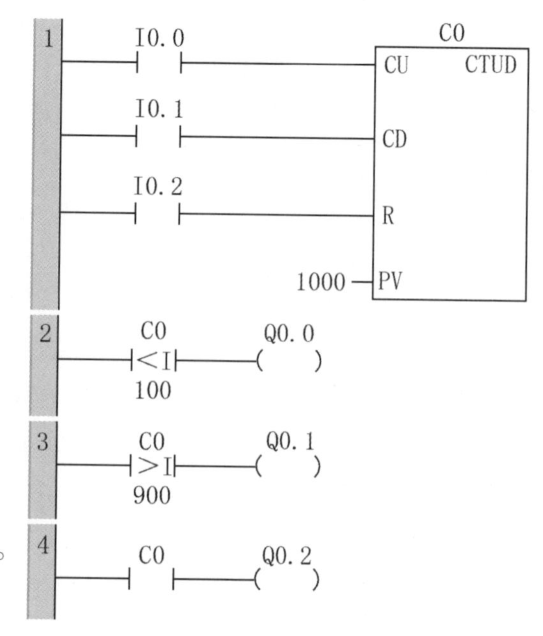

图5-2 轧钢厂的成品库存控制程序

程序解释

① I0.0感应到入库信号，计数器计数C0加1次，钢卷数量加1。

② I0.1感应到出库信号，计数器计数C0减1次，钢卷数量减1。

③ 当计时器C0数值小于100时，Q0.0输出，指示灯HL1亮。

④ 当计时器C0数值大于900时，Q0.1输出，指示灯HL2亮。

⑤ 当计时器C0数值超过1000时，C0常开触点导通，Q0.2输出，报警器HA响。

⑥ 当按下复位按钮I0.2时，C0复位端接通，清0。

案例2:

温度低于15℃时黄灯亮，温度高于35℃时红灯亮，其他情况绿灯亮。

接线：Q0.0接黄灯，Q0.1接红灯，Q0.2接绿灯。S7-200 SMART PLC采集的温度放到VW0里面。

程序编写

温度的比较控制程序如图5-3所示。

图5-3 温度的比较控制程序

程序解释 ① VW0数值小于等于15，黄灯（Q0.0）亮。

② VW0数值大于等于35，红灯（Q0.1）亮。

③ VW0数值大于15且小于35，绿灯（Q0.2）亮。

案例 3:

3台电动机顺序启动、逆序停止：按下启动按钮I0.0，第1台电动机启动，每过3s启动1台电动机，直至3台电动机全部启动；当按下停止按钮I0.1时，先停第3台电动机，每过3s停止1台，直至3台电动机全部停止。

接线：I0.0接启动按钮，I0.1接停止按钮；Q0.0控制第1台电动机，Q0.1控制第2台电动机，Q0.2控制第3台电动机。

程序编写

3台电动机顺序启动、逆序停止控制程序如图5-4所示。

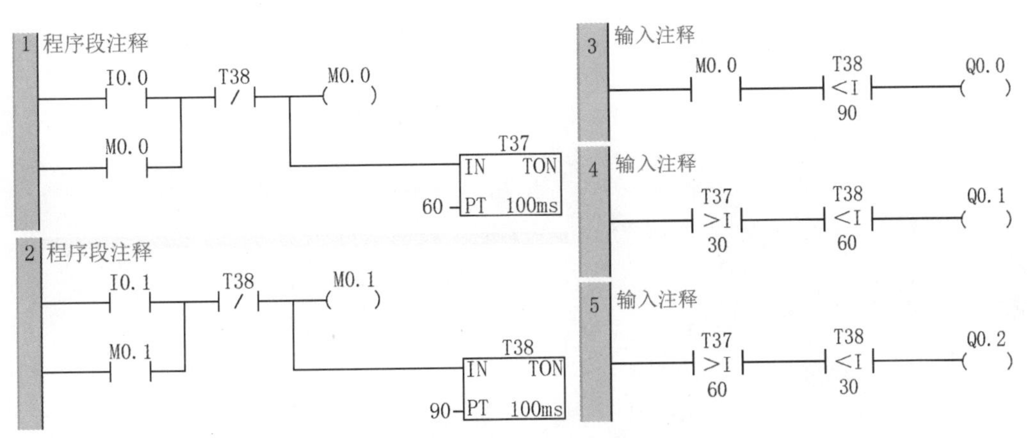

图5-4 3台电动机顺序启动、逆序停止控制程序

程序解释 ① 按下启动按钮I0.0，M0.0输出并自锁。T37开始计时。

② M0.0常开触点导通，Q0.0输出；T37时间到达3s以后，Q0.1输出；T37时间到达6 s以后，Q0.2输出；顺序启动完成。

③ 按下停止按钮I0.1，M0.1输出并自锁。T38开始计时。

④ T38时间到达3s以后，Q0.2断开；T38时间到达6s以后，Q0.1断开；T38时间到达9s以后，Q0.0断开；逆序停止完成。

⑤ T38时间到达9s以后，T38常闭触点断开，M0.0和M0.1断开。按下启动按钮，电动机又可以按正常顺序启动、逆序停止。

案例 4:

有4个灯，要求按下启动按钮，每隔1s，灯顺序依次点亮，再依序灭灯，如此循环。按下停止按钮，灯都熄灭。

接线：I0.0接启动按钮，I0.1接停止按钮，Q0.0控制第1个灯，Q0.1控制第2个灯，Q0.2控制第3个灯，Q0.3控制第4个灯。

程序编写

4个灯的顺序控制程序如图5-5所示。

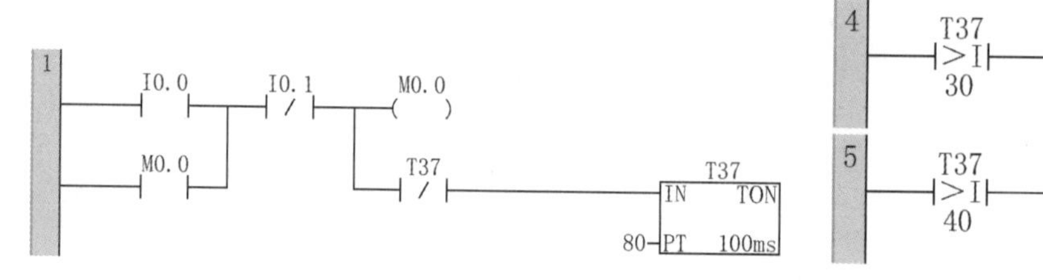

图5-5 4个灯的顺序控制程序

程序解释

① 按下启动按钮I0.0，M0.0输出并自锁。T37开始计时。

② T37时间达到8s以后，T37常闭触点断开，T37清0。T37清0以后，T37常闭触点又导通，T37又开始正常计时，实现8s的循环。

③ T37时间到达1s以后，Q0.0输出；T37时间到达2s以后，Q0.1输出；T37时间到达3s以后，Q0.2输出；T37时间到达4s以后，Q0.3输出。

④ T37时间到达5s以后，Q0.0断开；T37时间到达6s以后，Q0.1断开；T37时间到达7s以后，Q0.2断开；T37时间到达8s以后，Q0.3断开。

⑤ 按下停止按钮I0.1，M0.0断开，T37停止计时，所有灯都熄灭。

5.2 数据传送指令

5.2.1 传送指令

指令功能

传送指令在不改变原存储单元值（内容）的情况下，将IN（输入端存储单元）端的值复制到OUT（输出端存储单元）端中。可用于存储单元的清0、程序初始化等场合。

指令格式

传送包括单个数据传送及一次性传送多个连续字块。每种又可依据传送数据的类型分为字节、字、双字或者实数等几种情况，如图5-6所示。

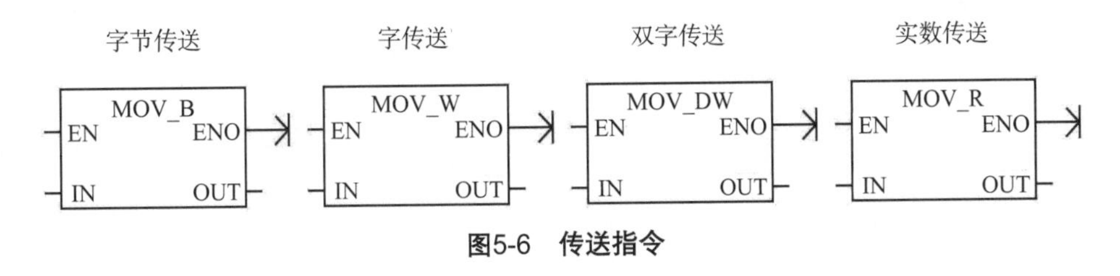

图5-6　传送指令

指令说明

① 只要检测到EN条件闭合，就发生数据传送，每个扫描周期执行一次。

② 值的传递过程为IN复制到OUT。

③ 对IN的参数可以是常数也可以是变量，对OUT必须是变量。

④ 每种指令对应的数据类型必须正确，否则会发生错误。

⑤ 对定时器和计数器用字传送指令，传送的是当前值。

⑥ 实数传送即浮点数传送，所有浮点数都是32位，所以操作数为VD。

程序编写

传送指令程序示例如图5-7所示。

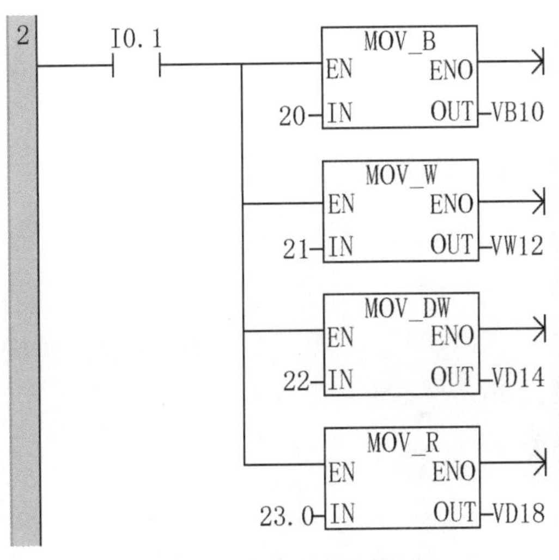

图5-7　传送指令程序示例

> **程序解释**　按一次I0.1，字节传送指令（MOV_B）把20传送给VB10；字传送指令（MOV_W）把21传送给VW12；双字传送指令（MOV_DW）把22传送给VD14；实数传送指令（MOV_R）把23.0传送给VD18。

5.2.2 数据块传送指令

指令功能

数据块传送指令用于一次传输多个数据，即将输入端指定的多个数据（最多255个）传送到输出端。根据传送数据类型不同，数据块传送指令包括字节块传送指令（BLKMOV_B）、字块传送指令（BLKMOV_W）和双字块传送指令（BLKMOV_D）。

指令格式

数据块传送指令图解如图5-8所示，数据块传送指令类型图5-9所示。

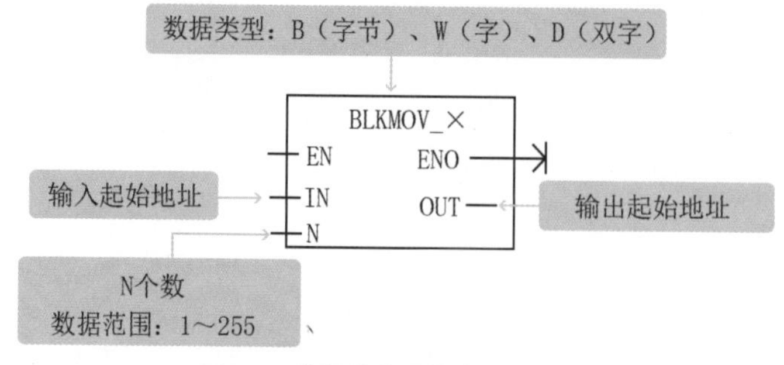

图5-8　数据块传送指令图解

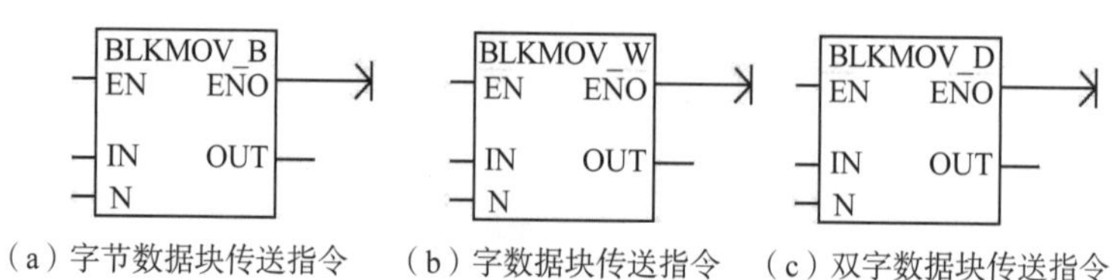

（a）字节数据块传送指令　（b）字数据块传送指令　（c）双字数据块传送指令

图5-9　数据块传送指令类型

指令说明

当使能端EN有效时，把输入（IN）端的N（N的范围是1～255）个字节、字、双字传送到OUT端的起始地址中。传送过程中数据内容保持不变。

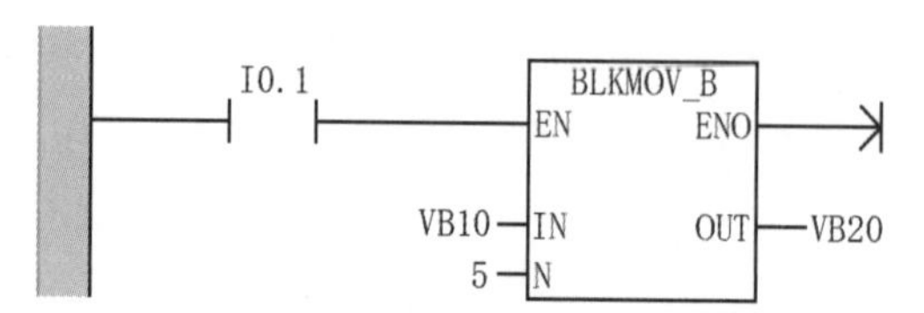

图5-10　数据块传送指令程序示例

程序编写

数据块传送指令程序示例如图5-10所示。

程序解释

① 按一次I0.1，字节数据块传送指令（BLKMOV_B）把从VB10开始的连续5个字节（VB10、VB11、VB12、VB13、VB14）传送给从VB20开始的连续5个字节（VB20、VB21、VB22、VB23、VB24）。

② 传送过程中数据内容保持不变。传送数据如表5-1所示。

表5-1　字节数据块传送指令对应数据

数据	地址	数据	地址
4	VB10	4	VB20
7	VB11	7	VB21
42	VB12	42	VB22
156	VB13	156	VB23
230	VB14	230	VB24

5.2.3 字节交换指令

指令功能

字节交换指令的功能是在EN端有输入时，将IN端指定单元中的数据的高字节与低字节进行交换。

指令格式

字节交换指令图解如图5-11所示。

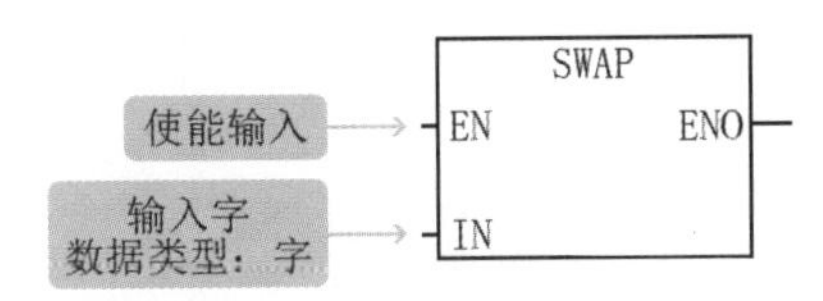

图5-11　字节交换指令图解

指令说明

每个扫描周期交换一次，所以需要加上升沿或下降沿配合使用。

程序编写

字节交换指令程序示例如图5-12所示。

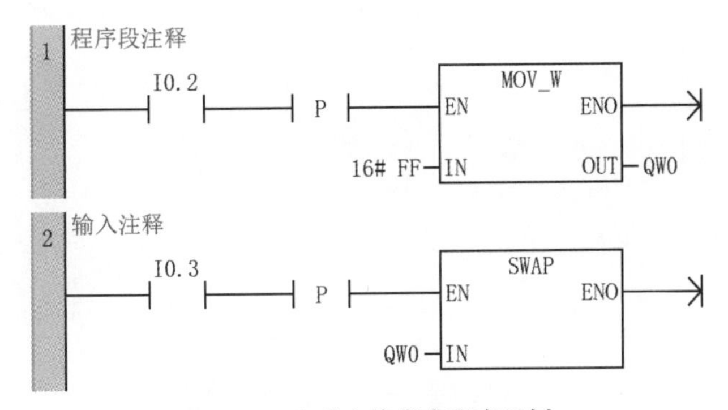

图5-12　字节交换指令程序示例

程序解释

① 按一次I0.2，字传送指令（MOV_W）把16# FF传送给QW0；Q0.0～Q0.7为0，Q1.0～Q1.7为1。

② 按一次I0.3，字节交换指令SWAP把QB0与QB1进行交换，交换后，Q0.0～Q0.7为1，Q1.0～Q1.7为0，QW0为16#FF00，如图5-13所示。

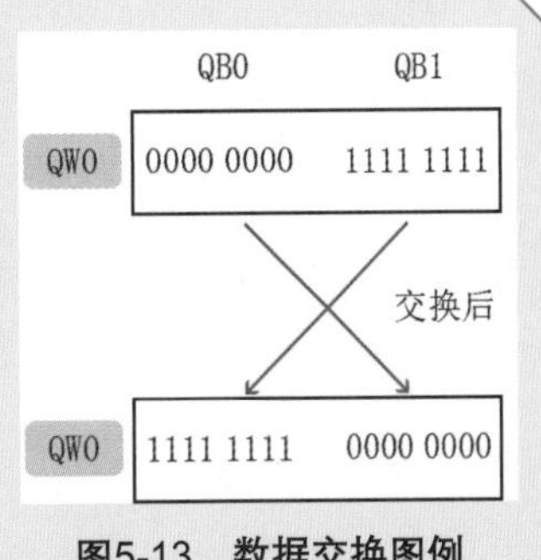

图5-13　数据交换图例

5.2.4 字节立即传送指令

指令功能

字节立即读指令：当使能端有效时，读取实际输入端（IN）的1个字节的数值，并将结果写入OUT端所指定的存储单元，但输入映像寄存器未更新。

字节立即写指令：当使能端有效时，从输入端（IN）所指定的存储单元中读取1个字节的数据，并将结果写入OUT端所指定的存储单元，刷新输出映像寄存器，将计算结果立即输出到负载。

字节立即读指令　MOV_BIR　EN　ENO　IN　OUT

字节立即写指令　MOV_BIW　EN　ENO　IN　OUT

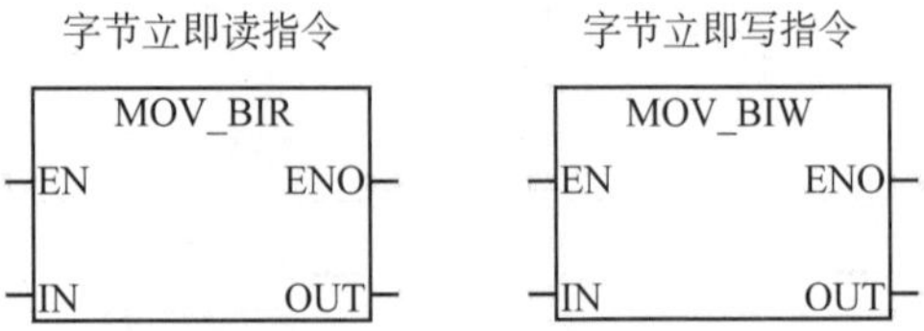

图5-14　字节立即传送指令

指令格式

字节立即传送指令如图5-14所示。

5.2.5 传送指令的应用举例

案例 1:

有8个灯（QB0），分别通过8个按钮（IB0）控制，按下按钮I0.0对应Q0.0亮，即IB0 ~ QB0。

程序编写

按钮控制指示灯程序示例如图5-15所示。

图5-15　按钮控制指示灯程序示例

案例 2:

有8个灯，4个为一组，每隔1s交替亮一次，重复循环，如图5-16所示。

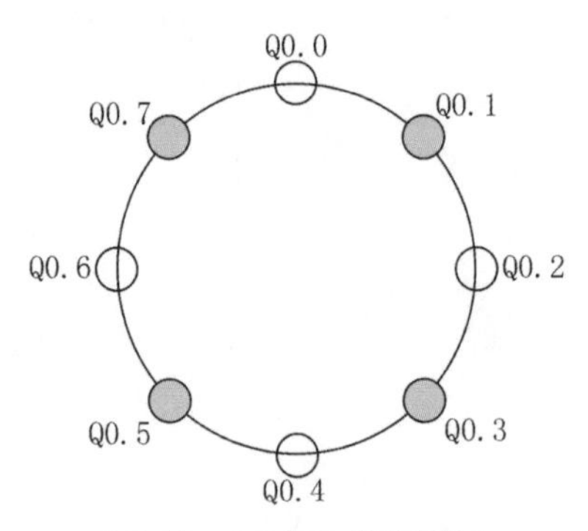

图5-16　8个灯交替亮图例

程序编写

8个灯交替亮程序示例如图5-17所示。

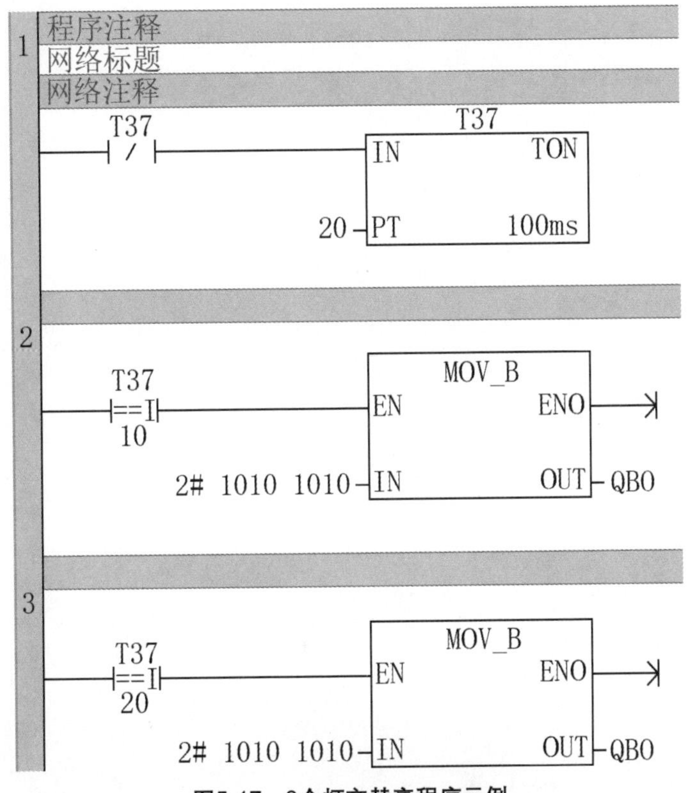

图5-17　8个灯交替亮程序示例

程序解释

① T37为接通延时定时器，延时时间为2s。

② T37延时时间等于10，即1s时，Q0.1、Q0.3、Q0.5、Q0.7亮，Q0.0、Q0.2、Q0.4、Q0.6灭。

③ T37延时时间等于20，即2s时，Q0.1、Q0.3、Q0.5、Q0.7灭，Q0.0、Q0.2、Q0.4、Q0.6亮。

④ 在网络1中，对T37的位状态进行取反，从而实现循环交替亮灯。

案例3:

按下按钮开关I0.3，Q1.0、Q1.1、Q1.2、Q1.3输出，对应的灯亮。按下按钮开关I0.4，Q0.0、Q0.1、Q0.2、Q0.3输出，对应的灯亮。按下I0.5，断开所有输出，灯灭。

程序编写

4个灯交替输出程序如图5-18所示。

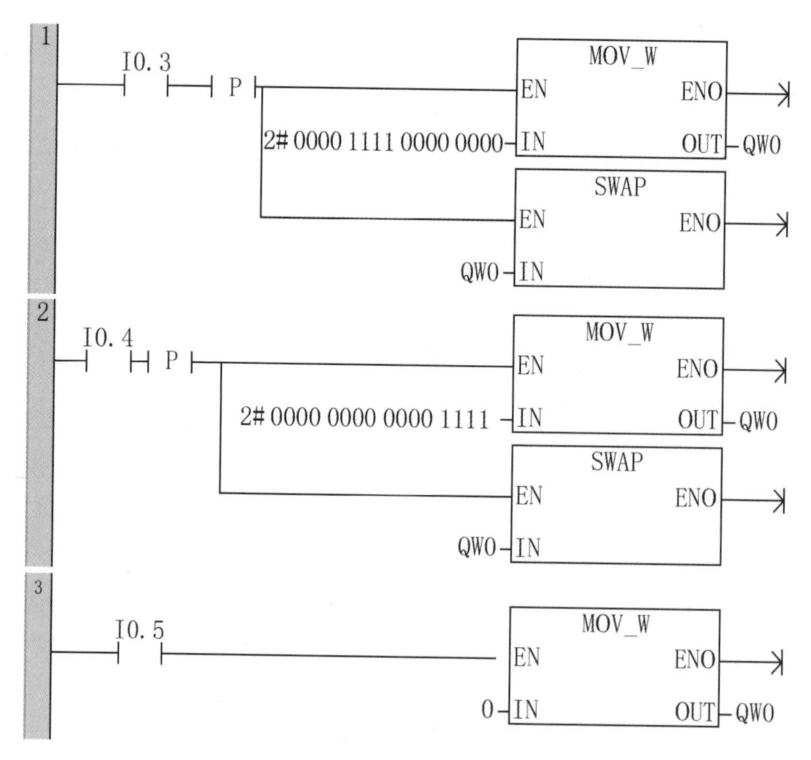

图5-18 4个灯交替输出程序

程序解释

① 按下I0.3，2# 0000 1111 0000 0000被传送给QW0。根据西门子高位低字节存储方式，实际是Q0.0、Q0.1、Q0.2、Q0.3输出，SWAP字节交换指令执行后，QB0与QB1交换，Q1.0、Q1.1、Q1.2、Q1.3输出，对应的灯亮，数据交换图例如图5-19所示。

② 按下I0.4，2# 0000 0000 0000 1111被传送给QW0。根据西门子高位低字节存储方式，实际是Q1.0、Q1.1、Q1.2、Q1.3输出，SWAP字节交换指令执行后，QB0与QB1交换，Q0.0、Q0.1、Q.0.2、Q0.3输出，对应的灯亮，数据交换图例如图5-19所示。

③ 按下I0.5，0被传送给QW0。所有输出点断开，所有灯灭。

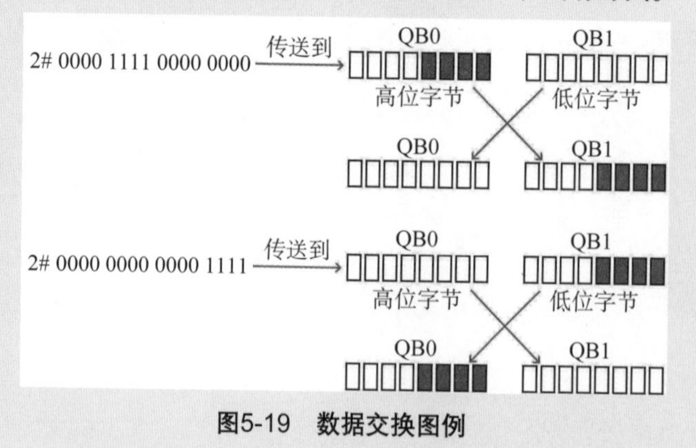

图5-19 数据交换图例

5.3 移位指令

移位与循环指令包括左移位指令、右移位指令、循环左移位指令、循环右移位指令和移位寄存器移位指令，根据操作数不同，前面四种指令又分为字节、字和双字型指令。

5.3.1 左移位指令

指令功能

左移位指令的功能是将IN端指定单元的各位数向左移动*N*位，结果保存在OUT端指定的单元中。根据操作数不同，左移位指令又分为字节、字和双字型指令。

指令格式

左移位指令图解如图5-20所示。

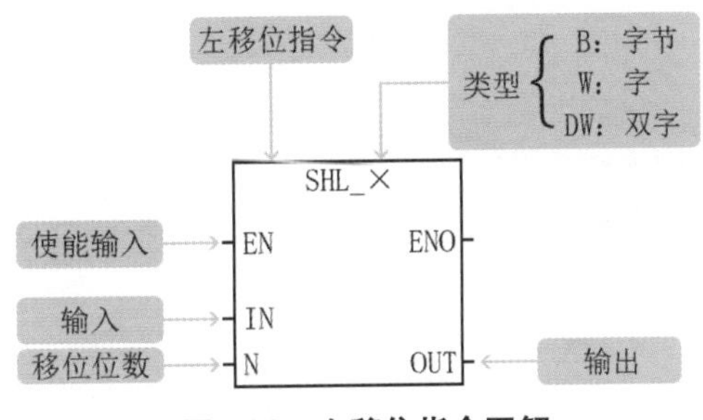

图5-20 左移位指令图解

指令说明

① 左移位指令将输入字节、字、双字数值根据移位位数向左移动，并将结果载入输出对应的存储单元。

② 移位指令对每个移出位补0。

③ 如果移动位数*N*大于允许值（对于字节操作，允许值为8，字操作为16，双字操作为32），则指令最多执行一次后，存储器被清0。

④ IN和OUT必须是同一个地址。

⑤ 每个扫描周期检测到EN条件满足时都会发生移位，需要加边沿配合使用。

程序编写

左移位指令程序示例如图5-21所示。

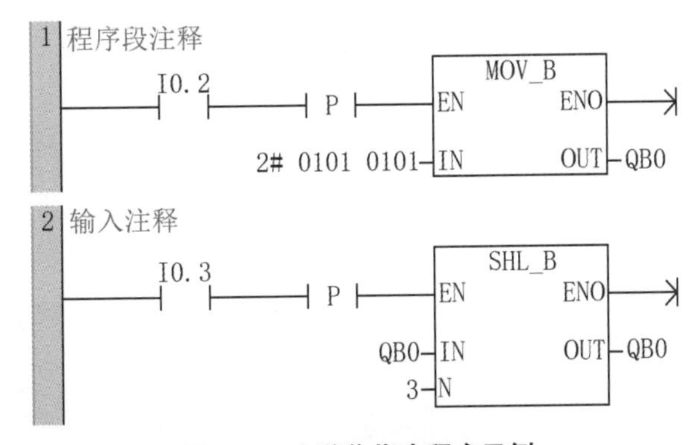

图5-21 左移位指令程序示例

程序解释 ① 按一次I0.2，字节传送指令（MOV_B）把2# 0101 0101传送给QB0。

② 按一次I0.3，数据向左移动3个位置，移出位自动补0，并将结果载入QB0，QB0为2# 1010 1000，如图5-22所示。

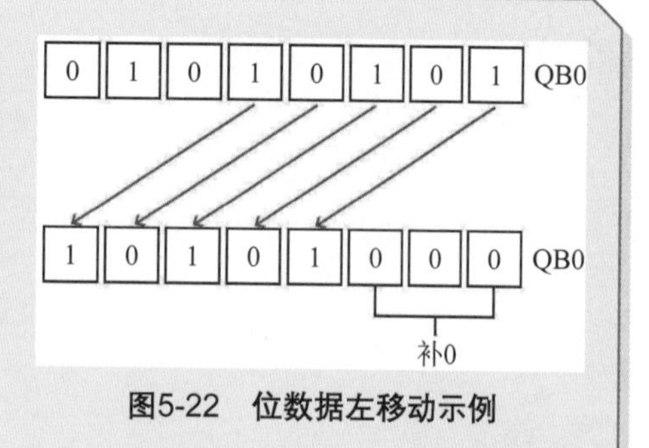

图5-22　位数据左移动示例

5.3.2 右移位指令

指令功能

右移位指令的功能是将IN端指定单元的各位数向右移动*N*位，结果保存在OUT端指定的单元中。根据操作数不同，右移位指令又分为字节、字和双字型指令。

指令格式

右移位指令图解如图5-23所示。

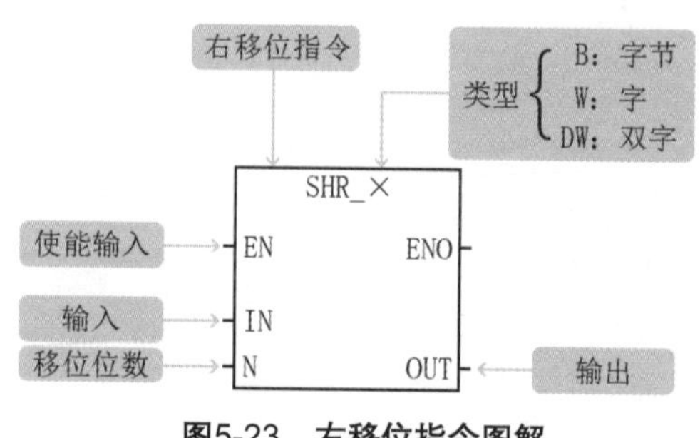

图5-23　右移位指令图解

指令说明

① 指令将输入字节、字、双字数值向右移动*N*位，并将结果载入输出对应的存储单元。

② 移位指令对每个移出位补0。

③ 如果移动位数*N*大于允许值（对于字节操作，允许值为8，字操作为16，双字操作为32），则指令最多执行一次后，存储器被清0。

④ IN和OUT必须是同一个地址。

⑤ 每个扫描周期检测到EN条件满足时都会发生移位，需要加边沿配合使用。

程序编写

右移位指令程序示例如图5-24所示。

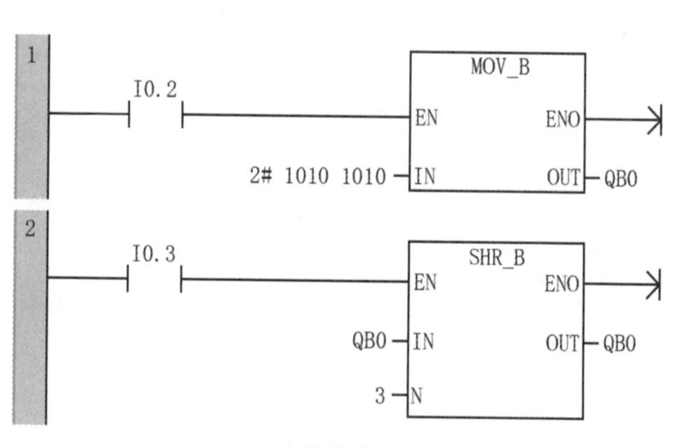

图5-24　右移位指令程序示例

程序解释 ① 按一次I0.2，字节传送指令（MOV_B）把2# 1010 1010传送给QB0。

② 按一次I0.3，数据向右移动3个位置，移出位自动补0，并将结果载入QB0，QB0为2# 0001 0101，如图5-25所示。

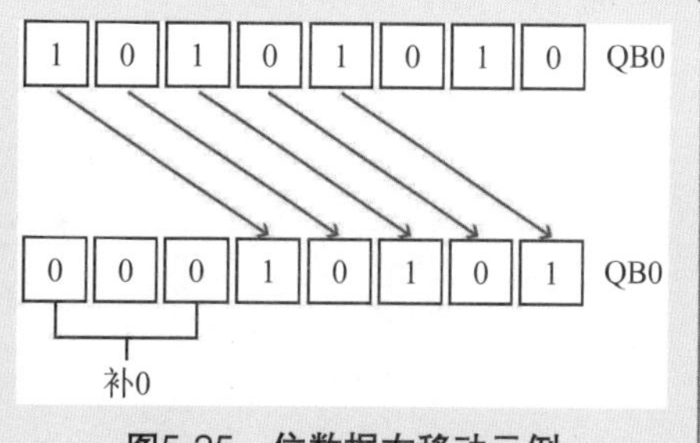

图5-25　位数据右移动示例

5.3.3 循环左移位指令

指令功能

循环左移位指令的功能是将IN端指定单元的各位数向左循环移动*N*位，结果保存在OUT端指定的单元中，循环移位是环形的，一端移出的位会从另一端移入。根据操作数不同，循环左移位指令又分为字节、字和双字型指令。

指令格式

循环左移位指令图解如图5-26所示。

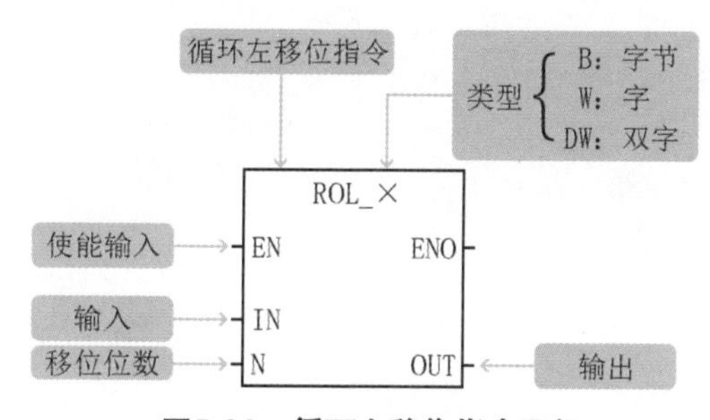

图5-26　循环左移位指令图解

指令说明

① 指令将输入字节、字、双字数值向左移动*N*位，并将结果载入输出对应的存储单元。循环移位是一个环形移位，即被移出来的位将返回另一端空出的位置。

② 若移动的位数*N*大于允许值（对于字节操作，允许值为8，字操作为16，双字操作为32），执行循环移位指令之前，要先对*N*进行取模操作，例如字节移位，将*N*除以8后取余数，从而得到一个有效的移位次数。取模的结果对于字节操作是0～7，对于字操作是0～15，对于双字操作是0～31，若取模操作结果为0，则不能进行循环移位操作。

③ 执行循环移位指令时，移位的最后一位的数值存放在溢出位SM1.1中；若实际移位结果为0，零标志位SM1.0被置1。

④ 每个扫描周期检测到EN条件满足时都会发生移位，需要加边沿配合使用。

程序编写

循环左移位指令程序示例如图5-27所示。

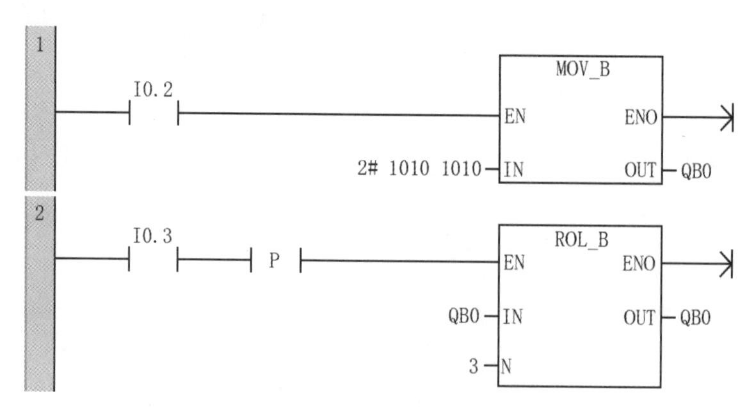

图5-27 循环左移位指令程序示例

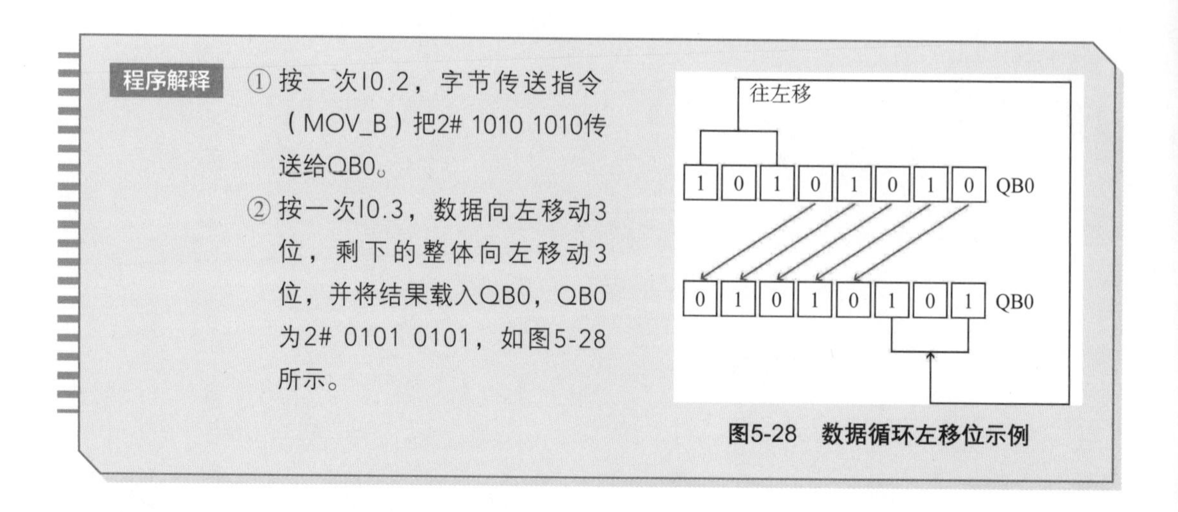

程序解释

① 按一次I0.2，字节传送指令（MOV_B）把2# 1010 1010传送给QB0。

② 按一次I0.3，数据向左移动3位，剩下的整体向左移动3位，并将结果载入QB0，QB0为2# 0101 0101，如图5-28所示。

图5-28 数据循环左移位示例

5.3.4 循环右移位指令

指令功能

循环右移位指令的功能是将IN端指定单元的各位数向右循环移动N位，结果保存在OUT端指定的单元中，循环移位是环形的，一端移出的位会从另一端移入。根据操作数不同，循环右移位指令又分为字节、字和双字型指令。

指令格式

循环右移位指令图解如图5-29所示。

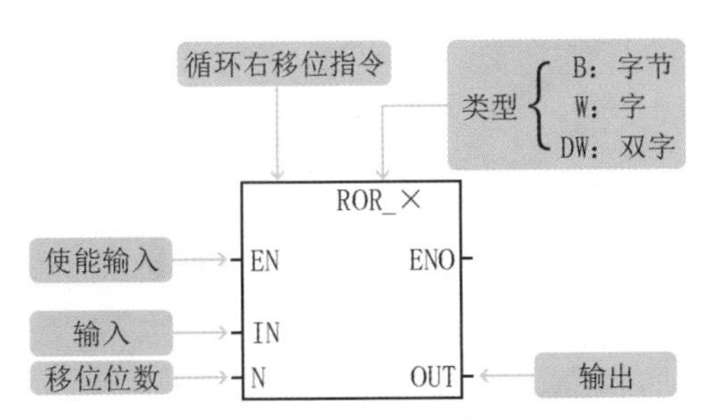

图5-29　循环右移位指令图解

指令说明

① 指令将输入字节、字、双字数值向右移动*N*位，并将结果载入输出对应的存储单元。循环移位是一个环形移位，即被移出来的位将返回另一端空出的位置。

② 若移动的位数*N*大于允许值（对于字节操作，允许值为8，字操作为16，双字操作为32），执行循环移位指令之前，先对*N*进行取模操作，例如字节移位，将*N*除以8后取余数，从而得到一个有效的移位次数。取模的结果对于字节操作是0～7，对于字操作是0～15，对于双字操作是0～31，若取模操作结果为0，则不能进行循环移位操作。

③ 执行循环移位指令时，移位的最后一位的数值存放在溢出位SM1.1中；若实际移位结果为0，零标志位SM1.0被置1。

④ 每个扫描周期检测到EN条件满足时都会发生移位，需要加边沿配合使用。

程序编写

循环右移位指令程序示例如图5-30所示。

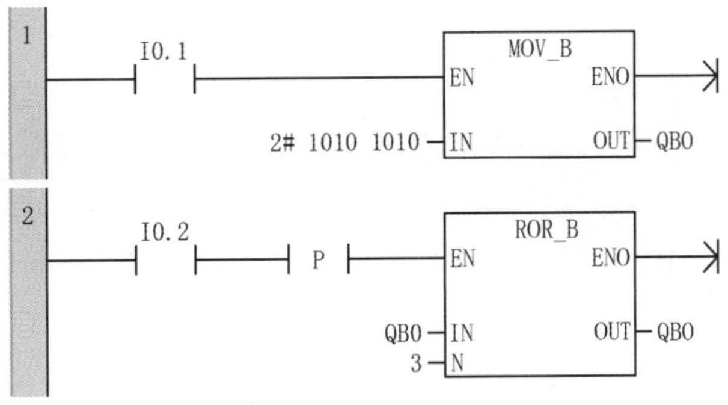

图5-30　循环右移位指令程序示例

程序解释

① 按一次I0.1，字节传送指令（MOV_B）把2#1010 1010传送给QB0。

② 按一次I0.2，数据向右移动3位，剩下的整体向右移动3位，并将结果载入QB0，QB0为2# 0101 0101，如图5-31所示。

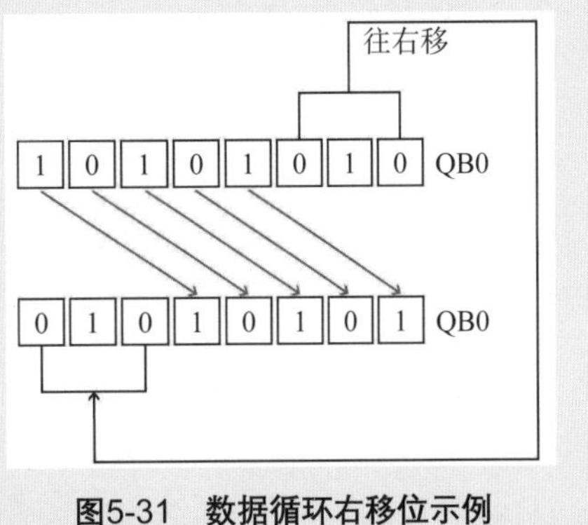

图5-31　数据循环右移位示例

5.3.5 移位寄存器移位指令

指令功能

移位寄存器移位指令的功能是将一个数值移入移位寄存器中。使用该指令，每个扫描周期整个移位寄存器的数据移动一位。

指令格式

移位寄存器移位指令图解如图5-32所示。

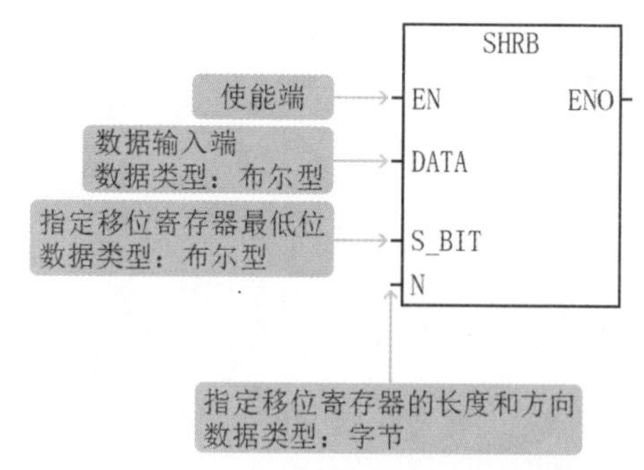

图5-32 移位寄存器移位指令图解

指令说明

① 移位寄存器移位指令（SHRB）将DATA数值移入移位寄存器。S_BIT指定移位寄存器的最低位。每当有脉冲输入使能端时，移位寄存器都会移动1位。

② 需要说明，移位长度和方向与N有关，移位长度范围为1～64。移位方向取决于N的符号，当$N>0$时，移位方向向左，输入数据DATA移入移位寄存器的最低位S_BIT，并移出移位寄存器的最高位；当$N<0$时，移位方向向右，输入数据移入移位寄存器的最高位，并移出最低位S_BIT，移出的数据被放置在溢出位SM1.1中。

③ 每个扫描周期检测到EN条件满足时都会发生移位，需要加边沿配合使用。

程序编写

移位寄存器移位指令程序示例如图5-33所示。

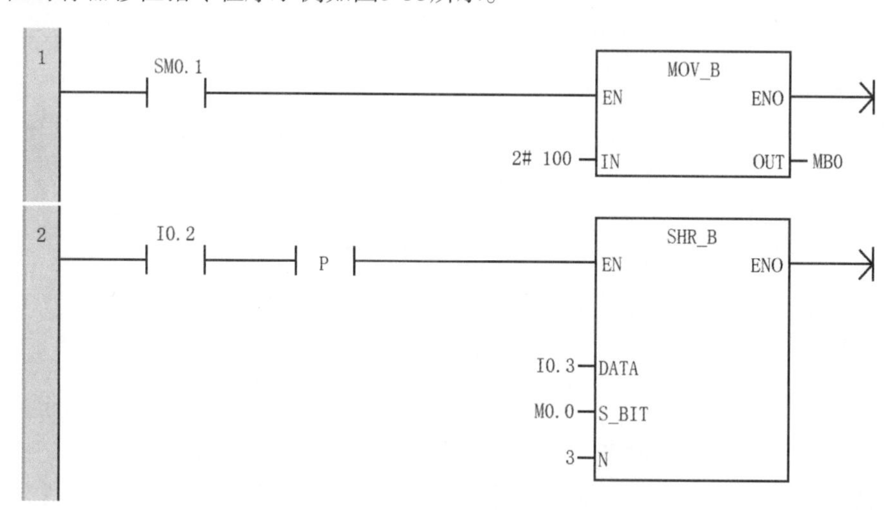

图5-33 移位寄存器移位指令程序示例

程序解释

① SM0.1程序初始化，字节传送指令（MOV_B）把2# 100传送给MB0。

② 第一次按下I0.2时，I0.3为1状态，移位寄存器移位指令（SHR_B）将DATA数值I0.3移入移位寄存器M0.0。$N=3$，移位寄存器向左移动一个位置。移动后MB0为2# 001，移出的数据被放置在溢出位SM1.1中，SM1.1为1，如图5-34所示。

③ 第二次按下I0.2时，I0.3为0状态，移位寄存器移位指令（SHR_B）将DATA数值I0.3移入移位寄存器M0.0。$N=3$，移位寄存器向左移动一个位置。移动后MB0为2# 010，移出的数据被放置在溢出位SM1.1中，SM1.1为0，如图5-34所示。

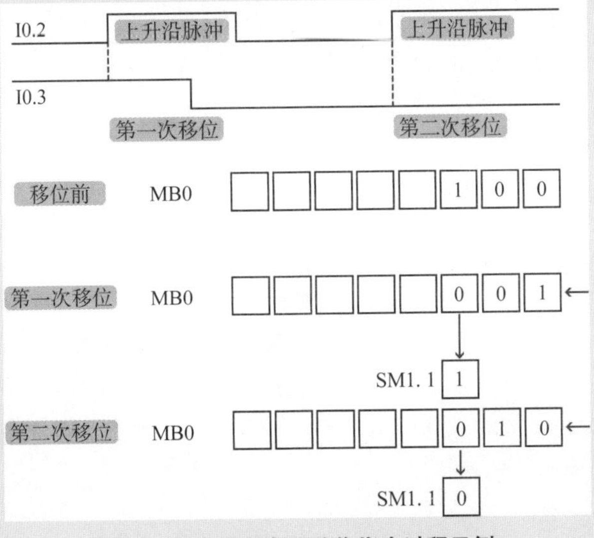

图5-34 移位寄存器移位指令过程示例

5.3.6 移位指令的应用举例

案例 1:

做一个每隔1s点亮一个灯的跑马灯。

接线：I0.2接启动按钮，I0.3接停止按钮，Q0.0～Q0.7接8个灯。

程序编写

每隔1s点亮一个灯的跑马灯程序如图5-35所示。

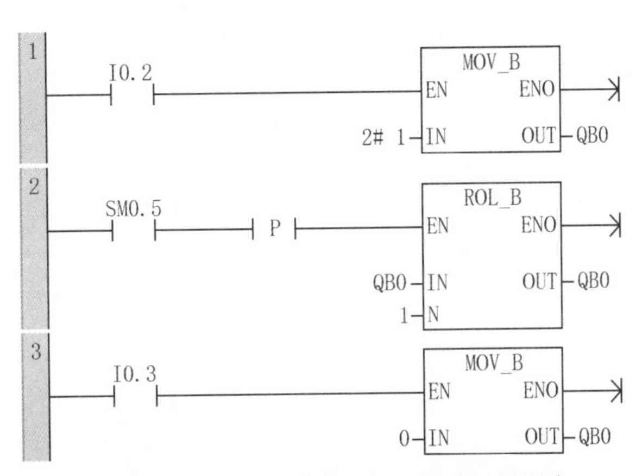

图5-35 每隔1s点亮一个灯的跑马灯程序

程序解释 ① 按一次I0.2，字节传送指令（MOV_B）把2# 1传送给QB0。Q0.0输出，对应灯亮。
② SM0.5每隔1s产生一个上升沿P，QB0循环左移移动一个步长。
③ 按一次I0.3，字节传送指令（MOV_B）把0传送给QB0，输出断开，灯灭。

案例 2：

7个灯循环点亮，即Q0.0 ~ Q0.6每隔1s点亮一个灯，周期循环。

程序编写

7个灯循环点亮程序如图5-36所示。

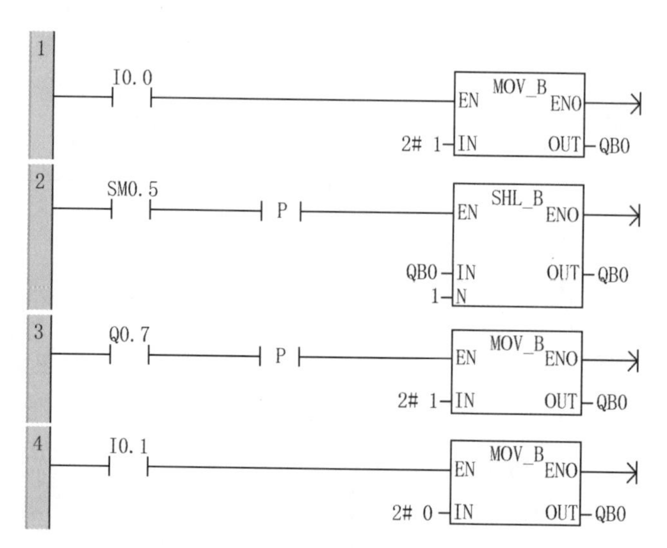

图5-36 7个灯循环点亮程序

程序解释 ① 按一次I0.0，字节传送指令（MOV_B）把2# 1传送给QB0。Q0.0输出，对应灯亮。
② SM0.5每隔1s产生一个上升沿P，QB0左移一个步长。
③ Q0.7为1时产生一个上升沿P，执行字节传送指令（MOV_B），把2# 1传送给QB0。Q0.0输出，对应灯亮。Q0.0到Q0.6开始每隔1s点亮一个灯，周期循环。
④ 按一次I0.1，字节传送指令（MOV_B）把2# 0传送给QB0，输出断开，灯灭。

案例 3:

一键启停程序设计。

程序编写

一键启停程序如图5-37所示。

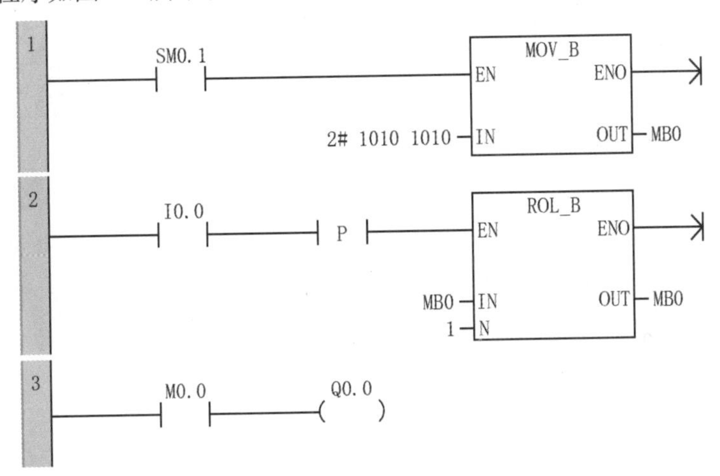

图5-37 一键启停程序

程序解释

① 程序初始化SM0.1，字节传送指令（MOV_B）把2# 1010 1010传送给MB0。

② 按一次I0.0，产生一个上升沿P，MB0循环左移一个步长。

③ 第一次按下I0.0，执行循环左移位指令后，MB0为2# 0101 0101。第二次按下I0.0，执行循环左移位指令后，MB0为2# 1010 1010。第三次按下I0.0，执行循环左移位指令后，MB0为2# 0101 0101。MB0在2# 1010 1010与2# 0101 0101之间循环切换。

④ MB0中M0.0在0和1之间循环切换。M0.0接通Q0.0，Q0.0会产生亮一次、灭一次的循环，实现一键启停。

5.4 算术运算指令

算术运算指令包括加法、减法、乘法、除法、递增和递减指令。

5.4.1 加法指令

指令功能

加法指令是将IN1和IN2相加运算后产生的结果，存储在目标操作数（OUT）指定的存储单元中，操作数数据类型不变。根据数据类型不同，可以分为整数相加指令、双整数相加指令、实数相加指令。

指令格式

加法指令如图5-38所示。

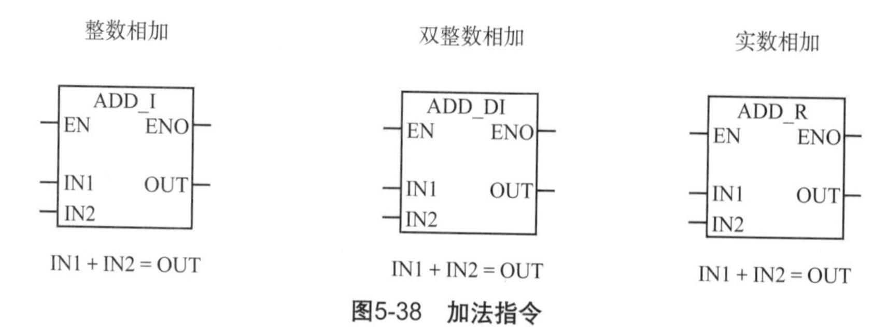

图5-38 加法指令

指令说明

整数相加指令（ADD_I）：把两个16位整数相加，产生一个16位的整数。

双整数相加指令（ADD_DI）：把两个32位整数相加，产生一个32位的整数。

实数相加指令（ADD_R）：把两个实数相加，产生一个实数。

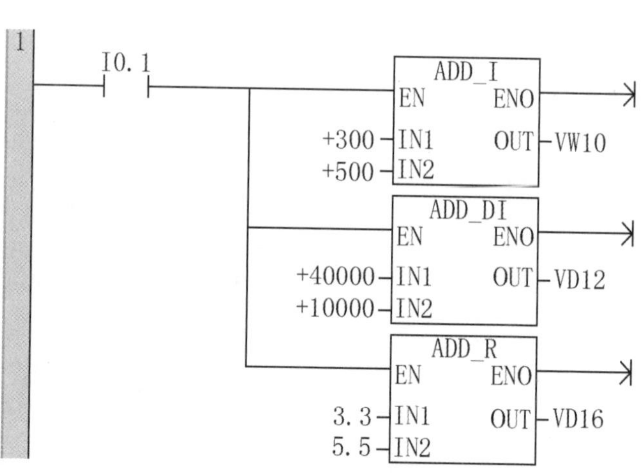

图5-39 加法指令程序示例

程序编写

加法指令程序示例如图5-39所示。

程序解释

① 按下I0.1，执行整数相加指令（ADD_I），执行以后，VW10中存储的结果为800。

② 按下I0.1，执行双整数相加指令（ADD_DI），执行以后，VD12中存储的结果为50000。

③ 整数的范围是－32768～32767，超过范围必须用双整数相加指令，50000大于32767，必须用双整数相加指令。

④ 按下I0.1，执行实数相加指令（ADD_R），执行以后，VD16中存储的结果为8.8。只要是带小数点的运算，必须用实数运算指令。

5.4.2 减法指令

指令功能

减法指令是将IN1和IN2相减运算后产生的结果，存储在目标操作数（OUT）指定的存储单元中，操作数数据类型不变。根据数据类型不同，可以分为整数相减指令、双整数相减指令、实数相减指令。

指令格式

减法指令如图5-40所示。

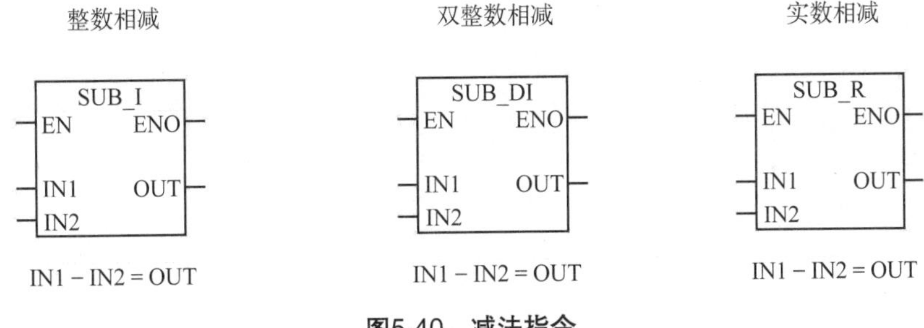

图5-40 减法指令

指令说明

整数相减指令（SUB_I）：把两个16位整数相减，产生一个16位的整数。

双整数相减指令（SUB_DI）：把两个32位整数相减，产生一个32位的整数。

实数相减指令（SUB_R）：把两个实数相减，产生一个实数。

程序编写

减法指令程序示例如图5-41所示。

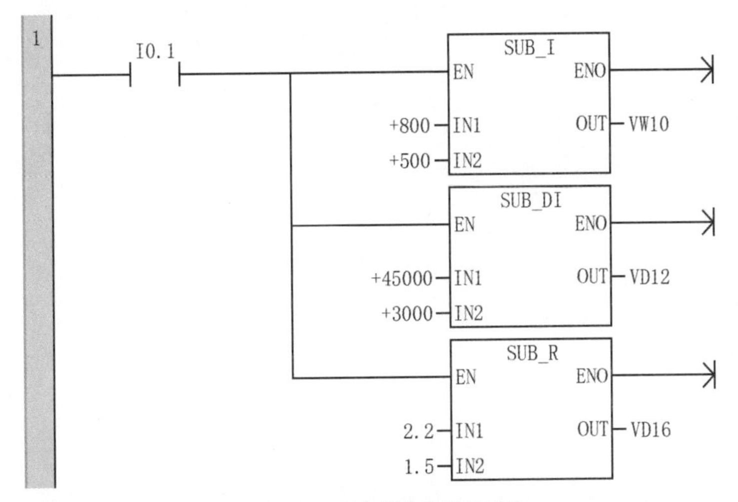

图5-41 减法指令程序示例

程序解释

① 按下I0.1，执行整数相减指令（SUB_I），执行以后，VW10中存储的结果为300。

② 按下I0.1，执行双整数相减指令（SUB_DI），执行以后，VD12中存储的结果为42000。

③ 整数的范围是－32768～32767，超过范围必须用双整数相减指令，42000大于32767，必须用双整数相减指令。

④ 按下I0.1，执行实数相减指令（SUB_R），执行以后，VD16中存储的结果为0.7。只要是带小数点的运算，必须用实数运算指令。

5.4.3 乘法指令

指令功能

整数、双整数、实数的相乘运算是将IN1与IN2相乘运算后产生的结果，存储在目标操作数（OUT）指定的存储单元中，操作数数据类型不变。

指令格式

乘法指令如图5-42所示。

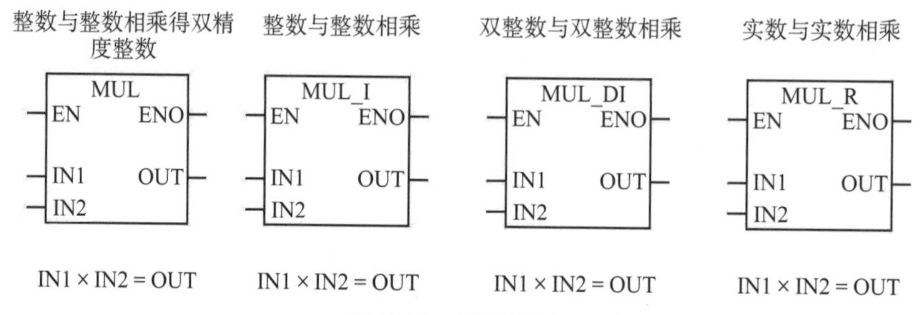

图5-42 乘法指令

指令说明

整数与整数相乘得双精度整数指令（MUL）：把两个16位整数相乘，产生一个32位的整数（双整数）。

整数与整数相乘指令（MUL_I）：把两个16位整数相乘，产生一个16位的整数。

双整数与双整数相乘指令（MUL_DI）：把两个32位整数相乘，产生一个32位的整数。

实数与实数相乘指令（MUL_R）：把两个实数相乘，产生一个实数。

程序编写

乘法指令程序示例如图5-43所示。

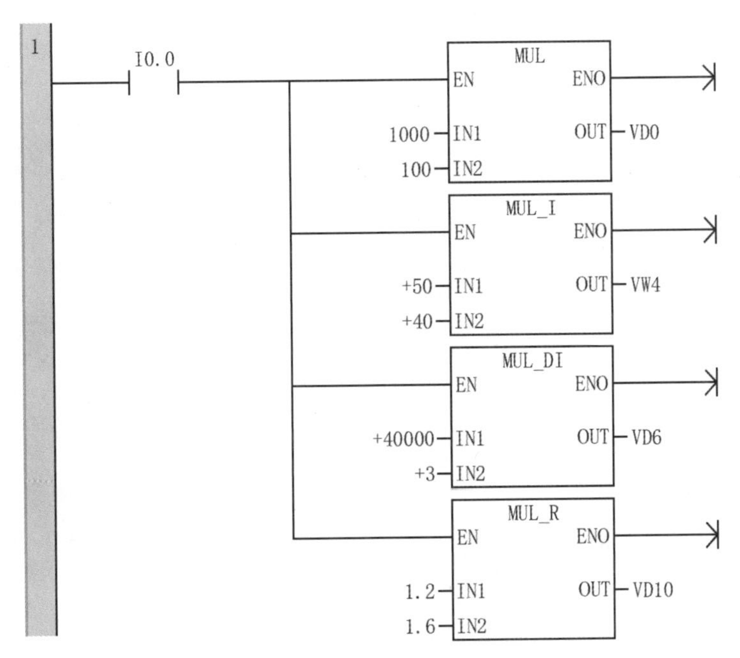

图5-43　乘法指令程序示例

程序解释

① 按下I0.0，执行整数与整数相乘得双精度整数指令（MUL），执行以后，VD0中存储的结果为100000。

② 整数的范围是－32768～32767，超过范围必须用双整数运算指令，100000大于32767，所以用整数与整数相乘得双精度整数指令。

③ 按下I0.0，执行整数相乘指令（MUL_I），执行以后，VW4中存储的结果为2000。

④ 按下I0.0，执行双整数与双整数相乘指令（MUL_DI），执行以后，VD6中存储的结果为120000。

⑤ 按下I0.0，执行实数与实数相乘指令（MUL_R），执行以后，VD10中存储的结果为1.92。只要是带小数点的运算，必须用实数运算指令。

5.4.4 除法指令

指令功能

整数、双整数、实数的相除运算是将IN1与IN2相除运算后产生的结果，存储在目标操作数（OUT）指定的存储单元中，操作数数据类型不变。整数、双整数除法不保留余数。

整数与整数相除得商和余数指令是将两个16位整数相除，运算后产生的结果存储在32位目标操作数（OUT）指定的存储单元中，其中包括一个16位余数（高位）和一个16位商（低位）。

除法指令如图5-44所示。

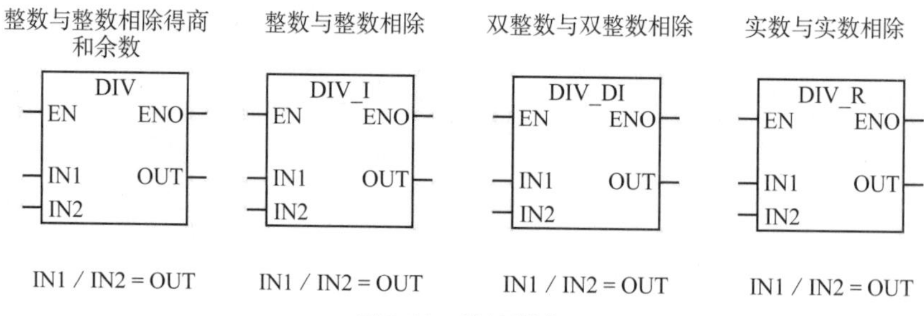

图5-44 除法指令

指令说明

整数与整数相除得商和余数指令（DIV）：将两个16位整数相除并产生一个32位结果，该结果包括一个16位的商（低位）和一个16位的余数（高位）。

整数与整数相除指令（DIV_I）：将两个16位整数相除，并把结果的整数部分存放到另一个16位整数中，余数被舍掉。

双整数与双整数相除指令（DIV_DI）：将两个32位整数相除，并把结果的整数部分存放到另一个32位整数中，余数被舍掉。

实数与实数相除指令（DIV_R）：将两个实数相除，产生一个实数。

程序编写

除法指令程序示例如图5-45所示。

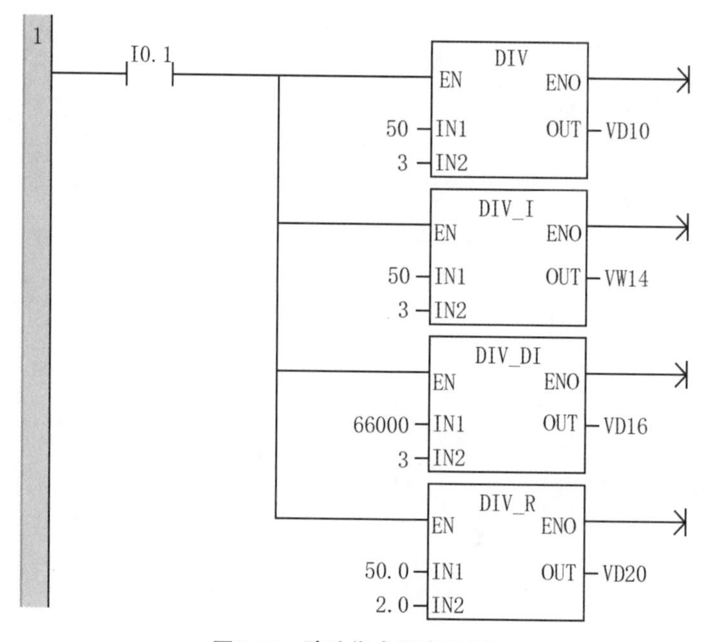

图5-45 除法指令程序示例

程序解释 ① 按下I0.1，执行整数与整数相除得商和余数指令（DIV），执行以后，VD10中存储的结果为16# 0002 0010。在状态表读取VW10和VW12，VW10为余数，VW12为商。

② 按下I0.1，执行整数与整数相除指令（DIV_I），执行以后，VW14中存储的结果为16，不保留余数。

③ 按下I0.1，执行双整数与双整数相除指令（DIV_DI），执行以后，VD16中存储的结果为22000。

④ 按下I0.1，执行实数与实数相除指令（DIV_R），执行以后，VD20中存储的结果为25.0。只要是带小数点的运算，必须用实数运算指令。实数保持6个有效字符。

5.4.5 递增指令

指令功能

递增指令运算是将IN端加1后产生的结果，存储在目标操作数（OUT）指定的存储单元中，操作数数据类型不变。

指令格式

递增指令如图5-46所示。

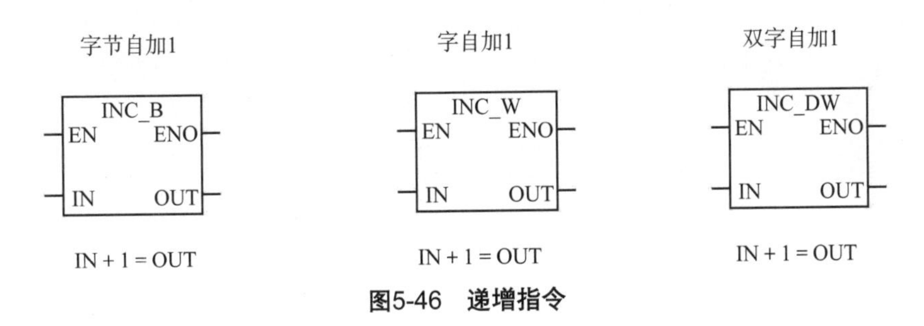

图5-46 递增指令

指令说明

① IN和OUT的地址必须相同才能实现自加1。

② 如果使用连续指令，则PLC每个扫描周期都会自加1，因此常配合上升沿或下降沿使用。

程序编写

递增指令程序示例如图5-47所示。

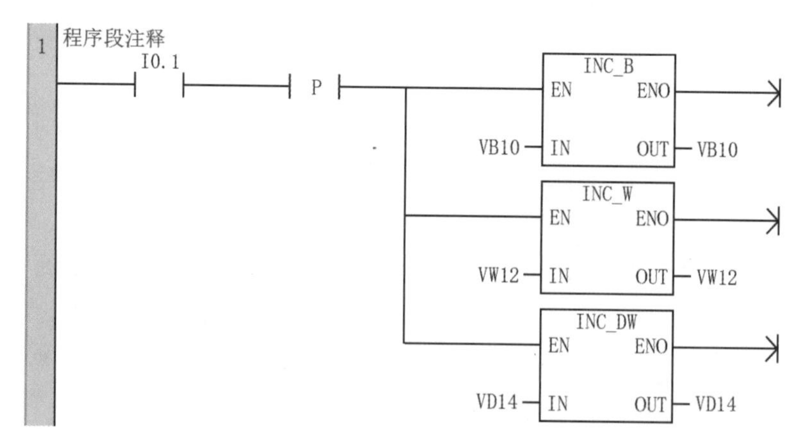

图5-47 递增指令程序示例

程序解释 ① 按一次I0.1，产生一个上升沿，执行字节自加1指令（INC_B），VB10中的数据加1。字节不超过127。

② 按一次I0.1，产生一个上升沿，执行字自加1指令（INC_W），VW12中的数据加1。字不超过32767。

③ 按一次I0.1，产生一个上升沿，执行双字自加1指令（INC_DW），VD14中的数据加1。双字不超过42亿。

5.4.6 递减指令

指令功能

递减指令运算是将IN端减1后产生的结果，存储在目标操作数（OUT）指定的存储单元中，操作数数据类型不变。

指令格式

递减指令如图5-48所示。

图5-48 递减指令

指令说明

① IN和OUT的地址必须相同才能实现自减1。

② 如果使用连续指令，则PLC每个扫描周期都会自减1，因此常配合上升沿或下降沿

使用。

程序编写

递减指令程序示例如图5-49所示。

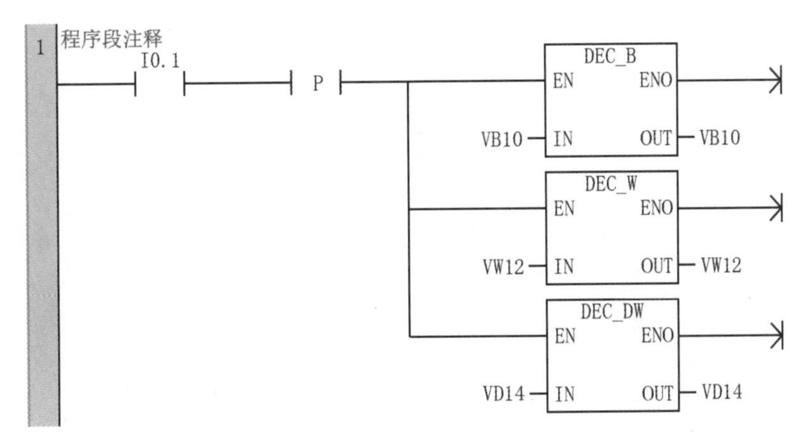

图5-49 递减指令程序示例

程序解释

① 按一次I0.1，产生一个上升沿，执行字节自减1指令（DEC_B），VB10中的数据减1。字节不小于－128。

② 按一次I0.1，产生一个上升沿，执行字自减1指令（DEC_W），VW12中的数据减1。字不小于－32768。

③ 按一次I0.1，产生一个上升沿，执行双字自减1指令（DEC_DW），VD14中的数据减1。双字不小于－21亿。

5.4.7 数学函数运算指令

指令格式

数学函数运算指令如图5-50所示。

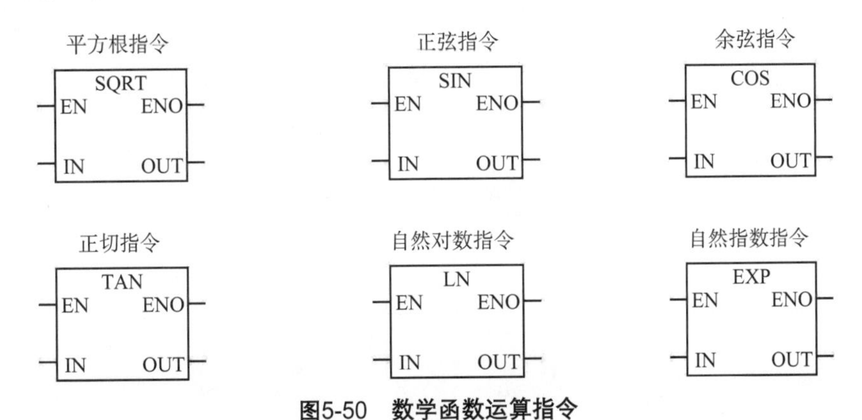

图5-50 数学函数运算指令

程序编写

数学函数运算指令程序示例如图5-51所示。

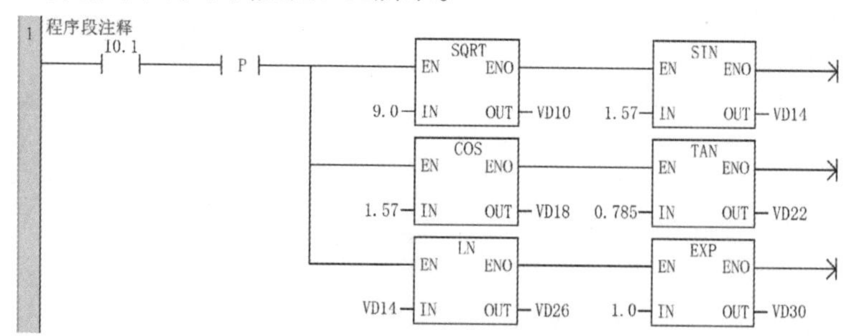

图5-51 数学函数运算指令程序示例

程序解释 ① 按下I0.1，执行平方根指令（SQRT），将实数9.0求平方根得到的数值3.0保存在VD10里面。

② 同时，执行正弦指令（SIN），将实数弧度1.57求正弦得到的数值1保存在VD14里面。

③ 同时，执行余弦指令（COS），将实数弧度1.57求余弦得到的数值0保存在VD18里面。

④ 同时，执行正切指令（TAN），将实数弧度0.785求正切得到的数值1保存在VD22里面。

⑤ 同时，执行自然对数指令（LN），将实数1.0求自然指数得到的数值0保存在VD26里面。

⑥ 同时，执行自然指数指令（EXP），将实数1.0求自然指数得到的数值2.71保存在VD30里面。

5.4.8 算数指令的应用举例

案例1：

计算[（12+13）×4−4]÷6。

程序编写

四则混合运算一程序如图5-52所示。

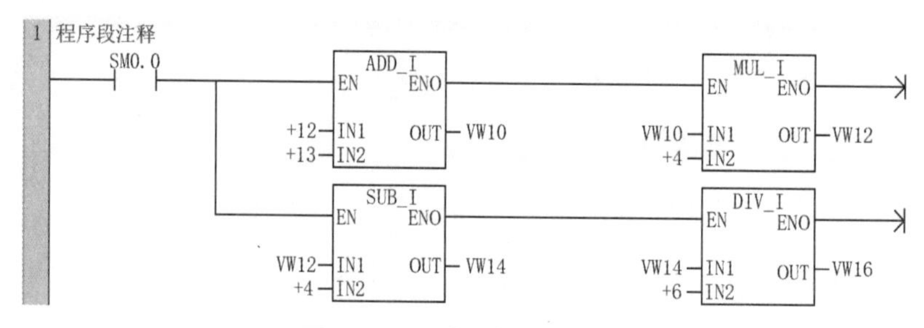

图5-52 四则混合运算一程序

程序解释 ① 相加指令（ADD_I）执行以后，VW10中存储的结果为25。
② 相乘指令（MUL_I）执行以后，VW12中存储的结果为100。
③ 相减指令（SUB_I）执行以后，VW14中存储的结果为96。
④ 相除指令（DIV_I）执行以后，VW16中存储的结果为16。

案例 2:

计算[（7＋8）×2－9]÷8。

程序编写

四则混合运算二程序如图5-53所示。

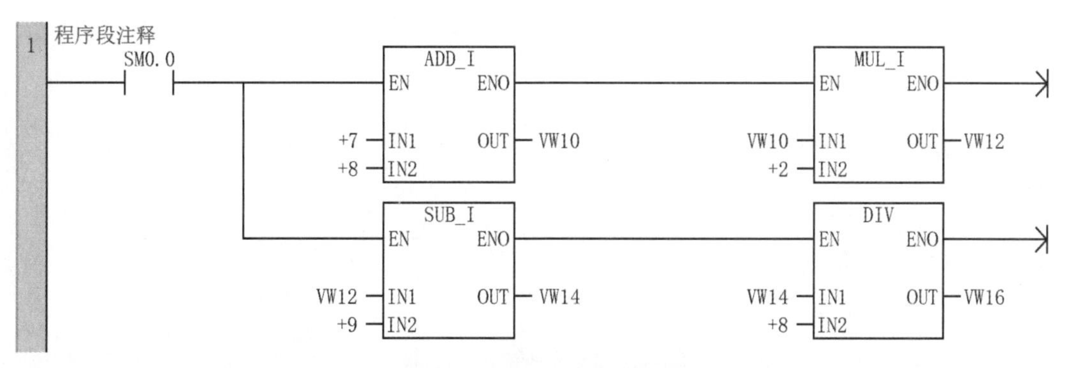

图5-53　四则混合运算二程序

程序解释 ① 相加指令（ADD_I）执行以后，VW10中存储的结果为15。
② 相乘指令（MUL_I）执行以后，VW12中存储的结果为30。
③ 相减指令（SUB_I）执行以后，VW14中存储的结果为21。
④ 相除指令（DIV）执行以后，VW16中存储的结果为5（余数），VW18中存储的结果为2（商）。

案例 3:

自加1指令实现一键启停程序设计。

程序编写

自加1指令实现一键启停程序如图5-54所示。

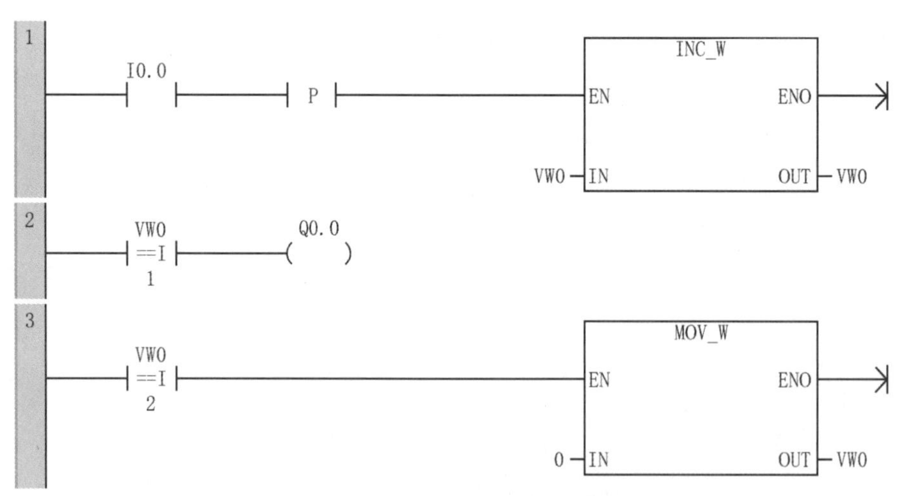

图5-54　自加1指令实现一键启停程序

程序解释　① 第一次按下I0.0，产生一个上升沿，执行自加1指令（INC_W），执行以后，VW0中存储的结果为1。

② 第二次按下I0.0，产生一个上升沿，执行自加1指令（INC_W），执行以后，VW0中存储的结果为2。

③ VW0中的数值为2时，执行字传送指令（MOV_W），0被传给VW0。执行以后，VW0中存储的结果为0。VW0开始在0和1之间循环切换。

④ VW0中的数值为1时接通Q0.0，实现一键启停。

5.5 转换指令

PLC的主要数据类型有字节型、整数型、双整数型和实数型，数据的编码类型主要有二进制、十进制、十六进制、BCD码和ASCII码等。在编程时，指令对操作数类型有一定的要求，如字节型与字型数据不能直接进行相加运算。为了让指令能对不同类型数据进行处理，要先对数据的类型进行转换。

转换指令是一种转换不同类型数据的指令。转换指令可分为标准转换指令和编码与解码指令。

5.5.1 字节与整数之间的转换指令

指令功能

① 字节转整数指令将字节数值（IN）端转换成整数值，并将结果置入OUT指定的变量

中。因为字节不带符号，所以无符号扩展。

② 整数转字节指令将整数值（IN）端转换成字节数值，并将结果置入OUT指定的变量中。数值0～255被转换，其他的值会导致溢出，输出不受影响。

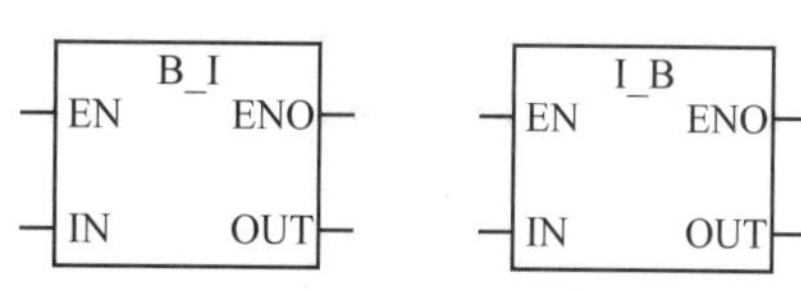

图5-55　字节与整数之间的转换指令

指令格式

字节与整数之间的转换指令如图5-55所示。

程序编写

字节与整数之间的转换指令程序示例如图5-56所示。

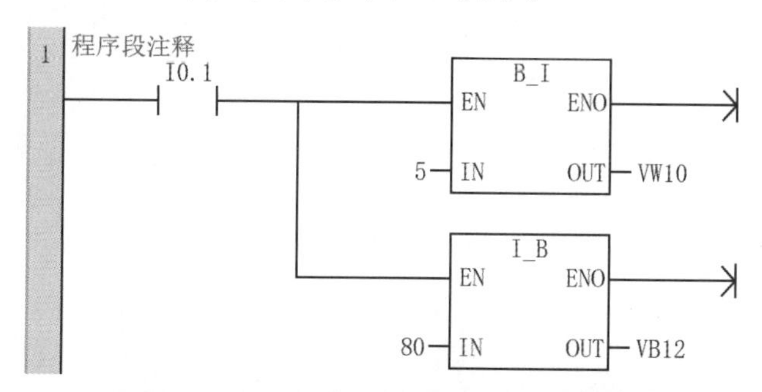

图5-56　字节与整数之间的转换指令程序示例

程序解释

① 按下I0.1后，字节转整数指令B_I把字节输入5转换成整数形式存在VW10里面。之前5是以8位的字节存储，现在以16位的字存储。数值大小不变，存储空间变大了。

② 同时，整数转字节指令I_B把整数输入80转换成字节形式存在VB12里面，注意输入的数据不能大于255。之前80是以16位的整数存储，现在以8位的字节存储，存储空间变小了。

5.5.2 整数与双整数之间的转换指令

指令功能

① 整数转双整数指令将整数值（IN）转换成双整数值，并将结果置入OUT指定的变量中。符号被扩展。

② 双整数转整数指令将双整数值（IN）转换成整数值，并将结果置入OUT指定的变量中。如果转换的值过大，则无法在输出中表示，设置溢出位后，输出不受影响。

指令格式

整数与双整数之间的转换指令如图5-57所示。

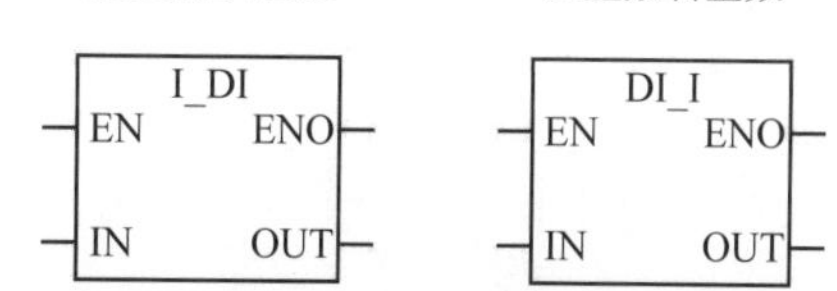

图5-57　整数与双整数之间的转换指令

程序编写

整数与双整数之间的转换指令程序示例如图5-58所示。

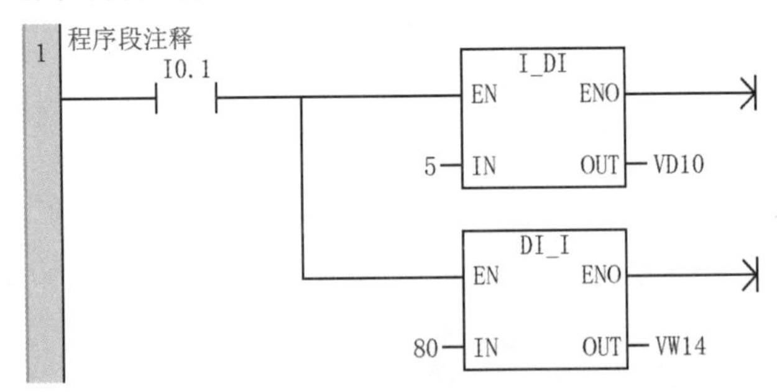

图5-58 整数与双整数之间的转换指令程序示例

程序解释 ① 按下按钮I0.1后，整数转双整数指令I_DI把整数5转换成双整数形式存在VD10里面。之前5是以16位的整数存储，现在以32位的双字存储。数值大小不变，存储空间变了。

② 同时，双整数转整数指令DI_I把双整数80转换成整数形式存在VW14里面，注意输入IN的数据不能大于65535。之前80是以32位的双整数存储，现在以16位的双整数存储。数值大小不变，存储空间变了。

5.5.3 双整数与实数之间的转换指令

指令功能

① 双整数转实数指令将32位带符号整数（IN）端转换成32位实数，并将结果置入OUT端指定的变量中。

② 四舍五入取整指令将实数（IN）端转换成双整数值，并将结果置入OUT端指定的变量中。如果小数部分大于等于0.5，则进位为整数，如果小数部分小于0.5，则舍去小数部分。

③ 截尾取整指令将32位实数（IN）端转换成32位双整数，并将结果的整数部分置入OUT端指定的变量中。实数的整数部分被转换，小数部分被丢弃。如果要转换的值为无效实数或值过大，无法在输出中表示，设置溢出位后，输出不受影响。

指令格式

双整数与实数之间的转换指令如图5-59所示。

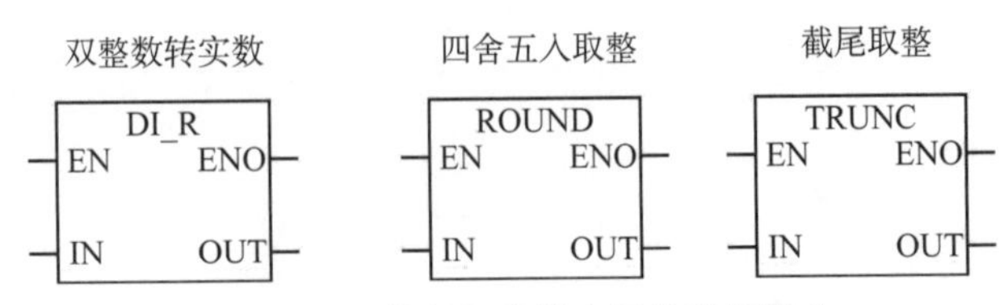

图5-59 双整数与实数之间的转换指令

程序编写

双整数与实数之间的转换指令程序示例如图5-60所示。

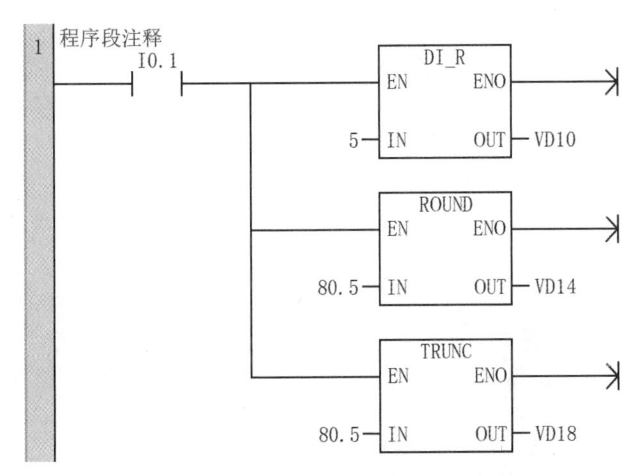

图5-60 双整数与实数之间的转换指令程序示例

程序解释

① 按下按钮I0.1后，双整数转实数指令DI_R把输入双整数5转换成实数存在VD10里面。

② 同时，四舍五入取整指令ROUND把实数输入80.5四舍五入后转换成双整数81存在VD14里面。

③ 同时，截尾取整指令TRUNC把实数输入80.5去掉小数后转换成双整数80存在VD18里面。

5.5.4 BCD码与整数之间的转换指令

指令功能

① BCD码转整数指令将输入的二进制编码的十进制数转换成整数值，并将结果载入OUT指定的变量中。输入的有效范围是0 ~ 9999 BCD。

② 整数转BCD码指令将输入整数值转换成二进制编码的十进制数，并将结果载入OUT指定的变量中。输入的有效范围是0 ~ 9999 INT。

指令格式

BCD码与整数之间的转换指令如图5-61所示。

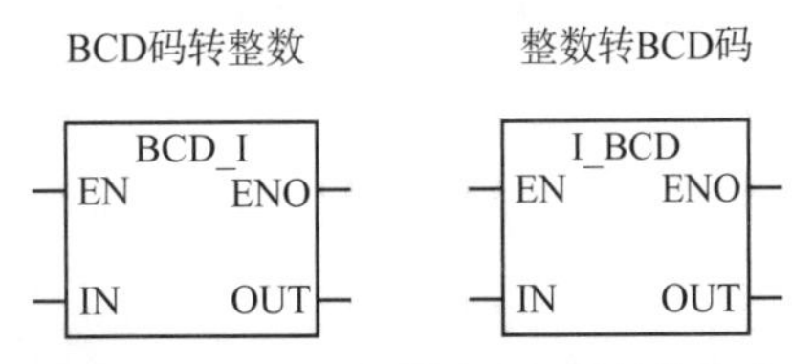

图5-61 BCD码与整数之间的转换指令

程序编写

BCD码与整数之间的转换指令程序示例如图5-62所示。

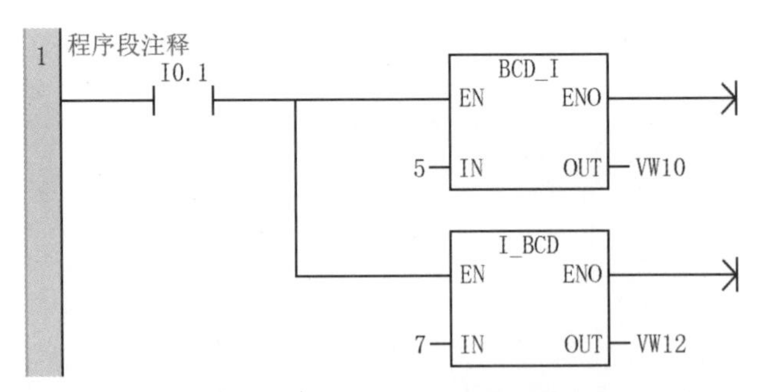

图5-62 BCD码与整数之间的转换指令程序示例

程序解释 ① 按下按钮I0.1后，BCD码转整数指令BCD_I把二进制编码的十进制数5转换成整数存在VW0里面，注意输入的有效范围是0～9999 BCD。

② 同时，整数转BCD码指令I_BCD把整数7转换成二进制编码的十进制数存在VW12里面。

5.5.5 译码和编码指令

指令功能

① 译码指令将输入字（IN）端中设置的最低有效位的位编号写入输出OUT的最低有效半字节（4位）中。输出字的所有其他位均设为0。

② 编码指令将输入字（IN）端最低位的位数写入输出字节（OUT）端的最低半字节（4个位）中。

指令格式

译码和编码指令如图5-63所示。

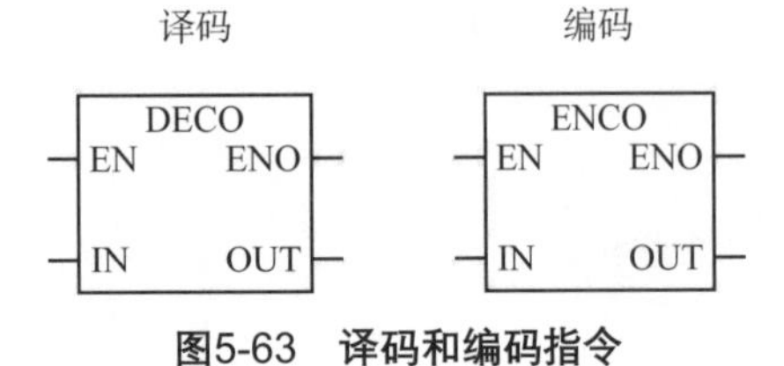

图5-63 译码和编码指令

程序编写

译码和编码指令程序示例如图5-64所示。

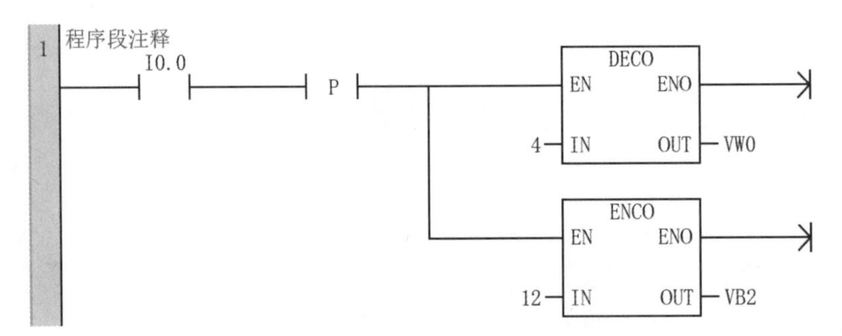

图5-64 译码和编码指令程序示例

程序解释 ① 按下按钮I0.0后，译码指令DECO将输入的数据4表示的输出OUT相对应的位设置为1，输出字的所有其他位均设置为0，VW0结果为2# 0001 0000，如图5-65所示。

② 编码指令ENCO将输入字（IN）数据12的最低位数2写入输出字节（OUT）中，VB2中的结果为2，如图5-65所示。

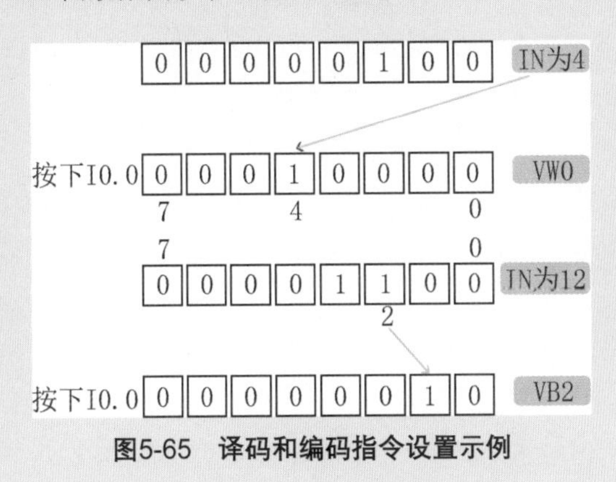

图5-65　译码和编码指令设置示例

5.5.6 段译码指令

指令功能

段译码指令（SEG）允许生成照明七段显示码的位格式，如图5-66所示。

IN	段显示	(OUT) - g f e　d c b a
0	0	0011　1111
1	1	0000　0110
2	2	0101　1011
3	3	0100　1111
4	4	0110　0110
5	5	0110　1101
6	6	0111　1101
7	7	0000　0111

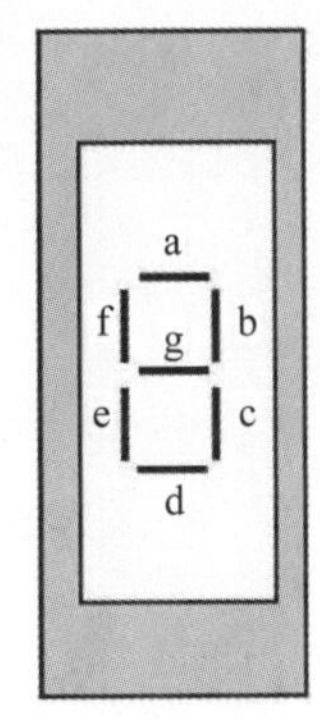

IN	段显示	(OUT) - g f e　d c b a
8	8	0111　1111
9	9	0110　0111
A	A	0111　0111
B	b	0111　1100
C	C	0011　1001
D	d	0101　1110
E	E	0111　1001
F	F	0111　0001

图5-66　照明七段显示码图例

指令格式

段译码指令块如图5-67所示。

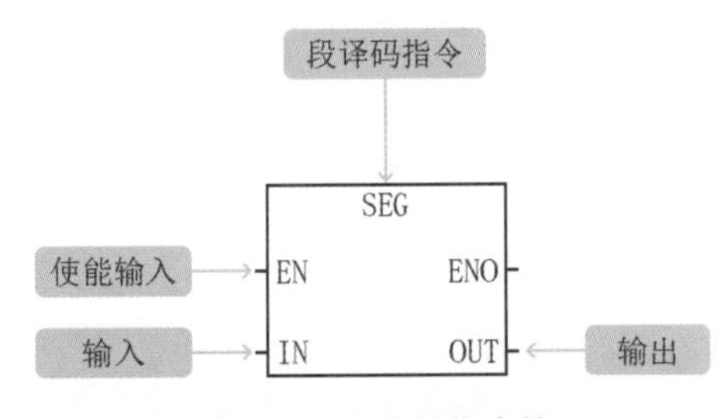

图5-67　段译码指令块

程序编写

段译码指令程序示例如图5-68所示。

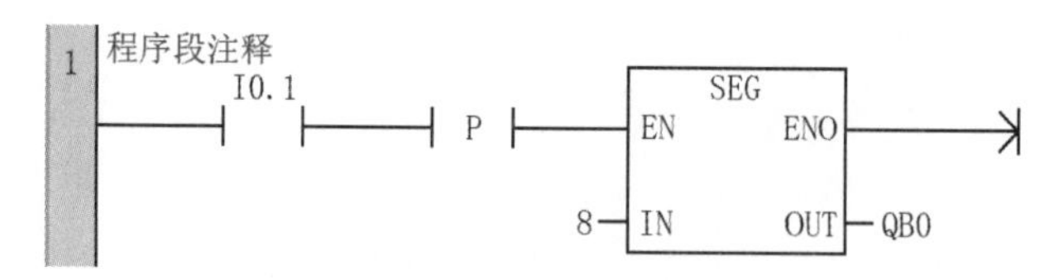

图5-68 段译码指令程序示例

程序解释 按下按钮I0.1，段译码指令（SEG）将输入的数据8转换成2# 0111 1111输出保存在QB0里面，也就是QB0中的数据为2# 0111 1111，Q0.0～Q0.6接通，Q0.7断开。

5.5.7 转换指令的应用举例

案例:

计算[（4+9）×7－52]÷7。

程序编写

四则运算的先转换后计算程序如图5-69所示。

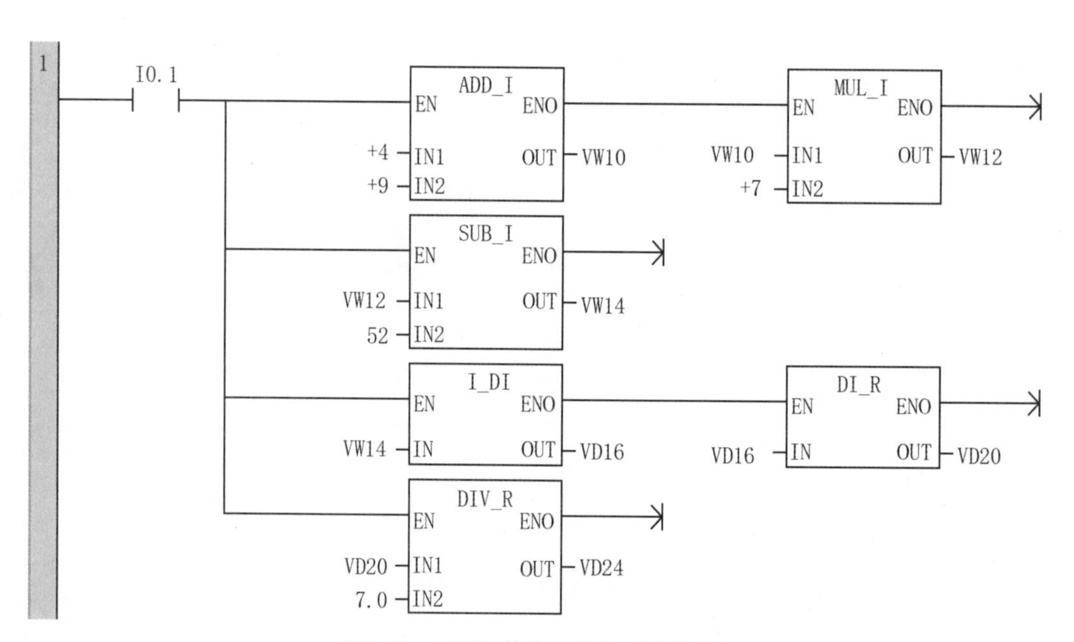

图5-69 四则运算的先转换后计算程序

程序解释
① 按下I0.1执行相加指令（ADD_I），执行以后，VW10中的数值为13。
② 按下I0.1执行相乘指令（MUL_I），执行以后，VW12中的数值为91。
③ 按下I0.1执行相减指令（SUB_I），执行以后，VW14中的数值为39。
④ 按下I0.1执行整数转双整数、双整数转实数指令，执行以后VD20中的数值为39.0。
⑤ 按下I0.1执行相除指令（DIV_R），执行以后，VD24中的数值为5.571429。

5.6 逻辑运算指令

逻辑运算指令包括取反指令、逻辑与指令、逻辑或指令和逻辑异或指令。

5.6.1 取反指令

指令功能

取反指令的功能是将IN端指定单元的数据逐位取反，结果存入OUT端指定的单元中。取反指令可分为字节取反指令、字取反指令和双字取反指令。

指令格式

取反指令如图5-70所示。

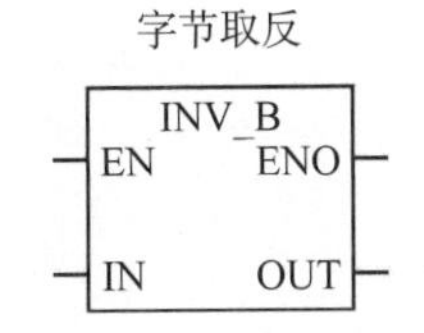

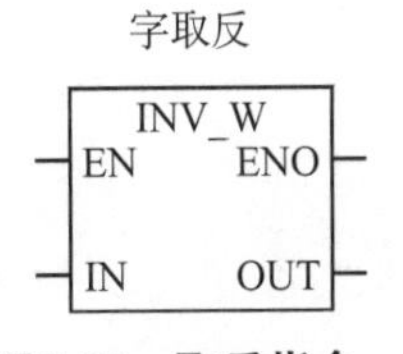

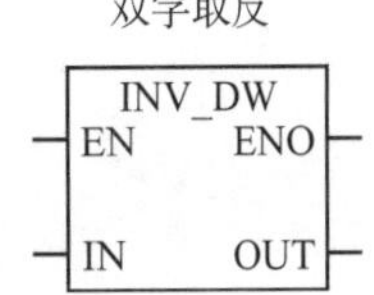

图5-70 取反指令

指令说明

如果使用连续指令，则PLC每个扫描周期都会执行一次，因此常配合上升沿或下降沿使用。

程序编写

取反指令程序示例如图5-71所示。

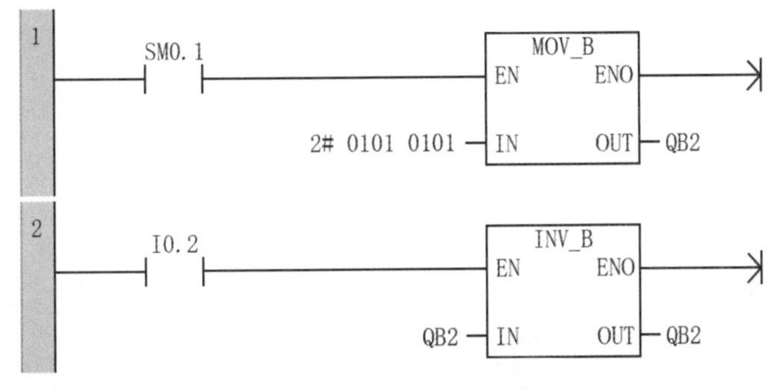

图5-71 取反指令程序示例

程序解释 ① 上电初始化，SM0.1接通一个扫描周期，字节传送指令（MOV_B）把2# 0101 0101传送给QB2；Q2.0、Q2.2、Q2.4、Q2.6为1，Q2.1、Q2.3、Q2.5、Q2.7为0。

② 按一次I0.2，字节取反指令（INV_B）把QB2按位取反后保存在QB2里面，Q2.0、Q2.2、Q2.4、Q2.6为0，Q2.1、Q2.3、Q2.5、Q2.7为1。QB2为2# 1010 1010，如图5-72所示。

③ 再按一次I0.2，字节取反指令（INV_B）把QB2按位取反后保存在QB2里面，Q2.0、Q2.2、Q2.4、Q2.6为1，Q2.1、Q2.3、Q2.5、Q2.7为0。QB2为2# 0101 0101，如图5-72所示。

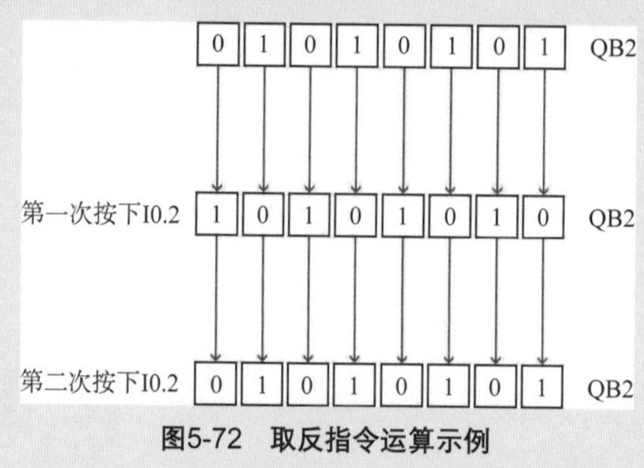

图5-72 取反指令运算示例

5.6.2 逻辑与指令

指令功能

与指令的功能是将IN1、IN2端指定单元的数据按位相与，结果存入OUT端指定的单元中。与指令可分为字节与指令、字与指令和双字与指令。

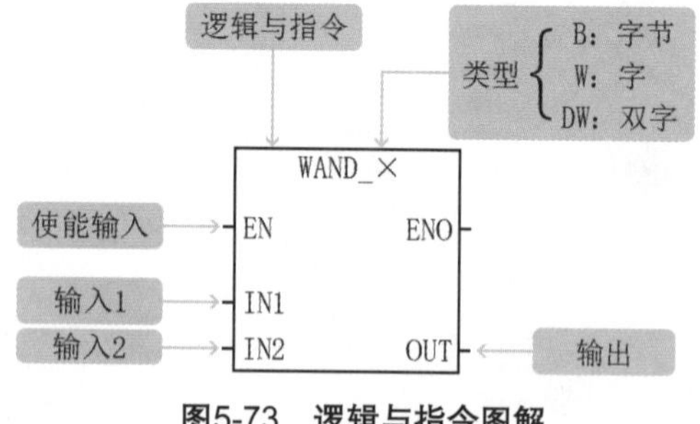

图5-73 逻辑与指令图解

指令格式

逻辑与指令图解如图5-73所示，逻辑与指令如图5-74所示。

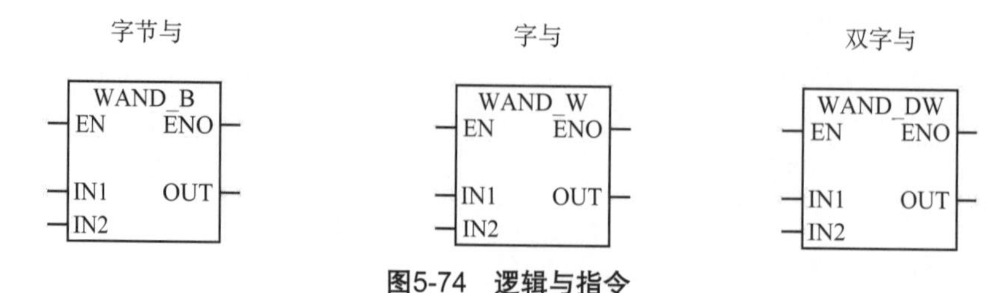

图5-74 逻辑与指令

程序编写

逻辑与指令程序示例如图5-75所示。

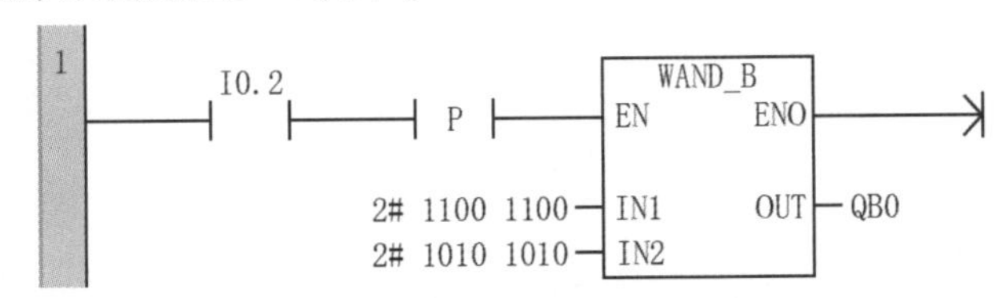

图5-75 逻辑与指令程序示例

程序解释 按下按钮I0.2，字节与指令（WAND_B）把IN1里面的数据和IN2里面的数据按位进行逻辑与运算，得到的结果2# 1000 1000存到QB0里面，如图5-76所示。

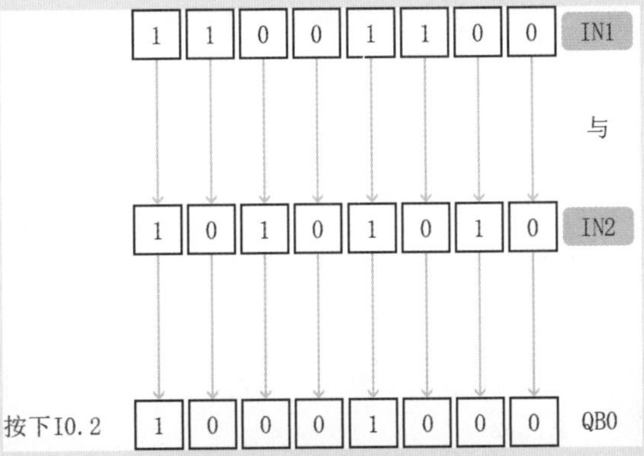

1 1 0 0 1 1 0 0 IN1

与

1 0 1 0 1 0 1 0 IN2

按下I0.2 1 0 0 0 1 0 0 0 QB0

图5-76 逻辑与运算示例

5.6.3 逻辑或指令

指令功能

或指令的功能是将IN1、IN2端指定单元的数据按位相或，结果存入OUT端指定的单元中。或指令可分为字节或指令、字或指令和双字或指令。

指令格式

逻辑或指令图解如图5-77所示，逻辑或指令如图5-78所示。

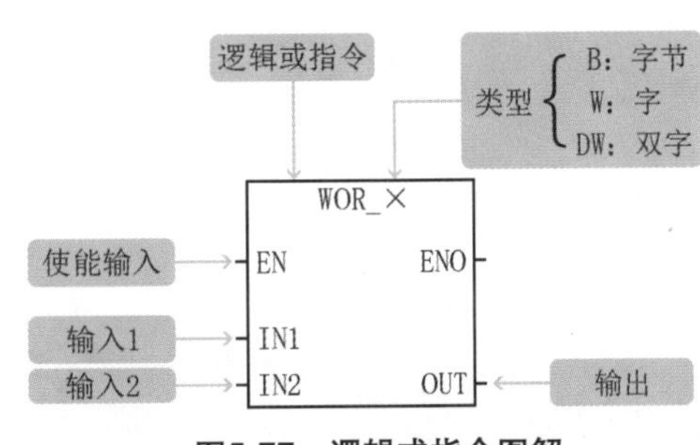

图5-77 逻辑或指令图解

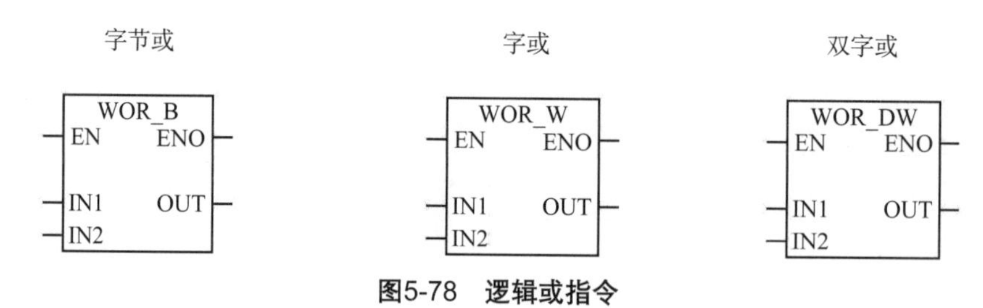

图5-78 逻辑或指令

程序编写

逻辑或指令程序示例如图5-79所示。

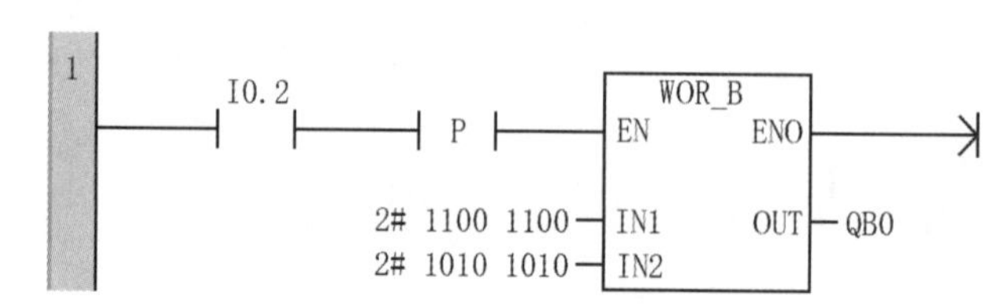

图5-79 逻辑或指令程序示例

> **程序解释** 按下按钮I0.2，字节或指令WOR_B把IN1里面的数据和IN2里面的数据按位进行逻辑或运算，得到的结果2# 1110 1110存到QB0里面。

5.6.4 逻辑异或指令

指令功能

异或指令的功能是将IN1、IN2端指定单元的数据按位进行异或运算，结果存入OUT端指定的单元中。进行异或运算时，两位数相同，异或结果为0；两位数相反，异或结果为1，异或指令可分为字节异或指令、字异或指令和双字异或指令。

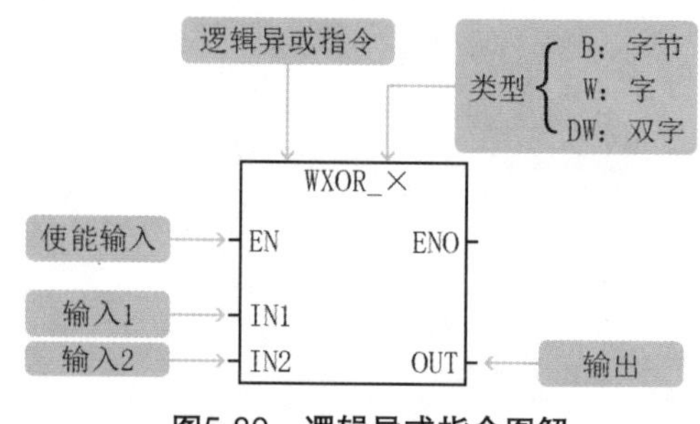

图5-80 逻辑异或指令图解

指令格式

逻辑异或指令图解如图5-80所示，逻辑异或指令如图5-81所示。

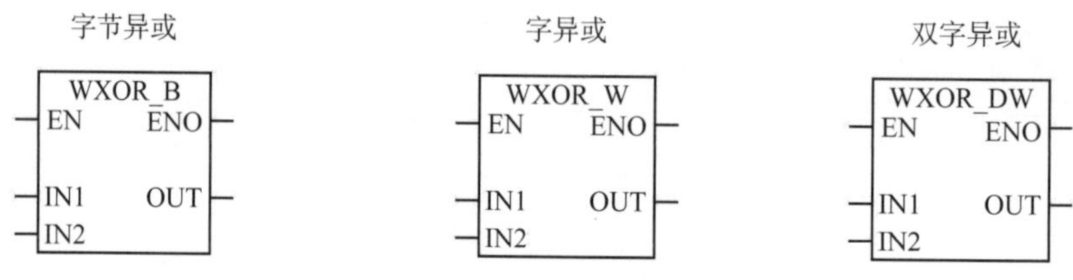

图5-81 逻辑异或指令

程序编写

逻辑异或指令程序示例如图5-82所示。

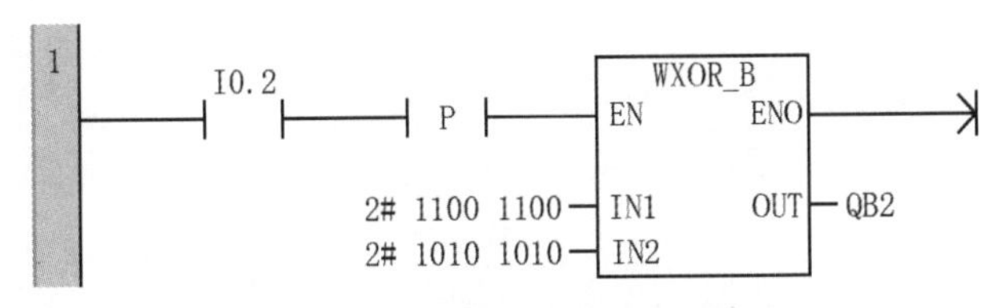

图5-82 逻辑异或指令程序示例

程序解释 按下按钮I0.2，字节异或指令WXOR_B把IN1里面的数据和IN2里面的数据按位进行逻辑异或运算，得到的结果2# 0110 0110存到QB2里面，如图5-83所示。

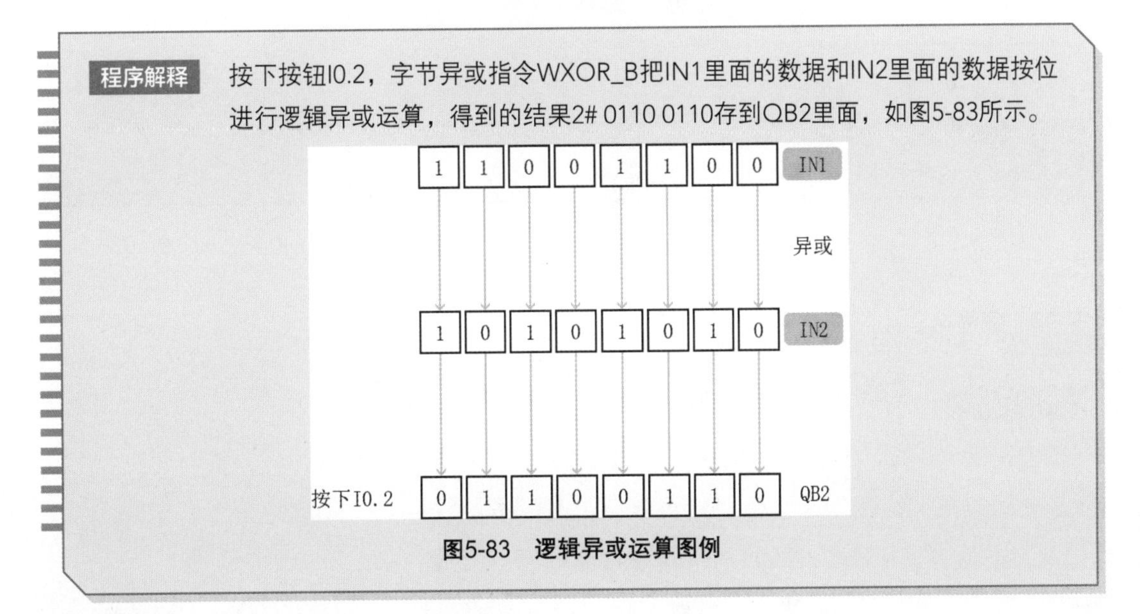

图5-83 逻辑异或运算图例

5.6.5 逻辑运算指令的应用举例

案例:

取反指令实现一键启停程序设计。

程序编写

取反指令实现一键启停程序如图5-84所示。

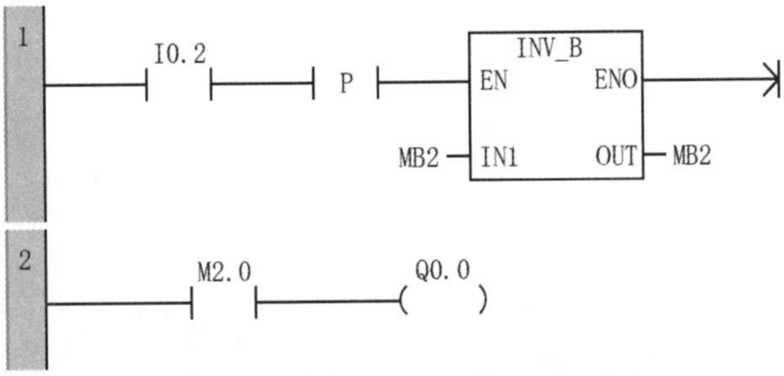

图5-84 取反指令实现一键启停程序

程序解释 ① 第一次按下按钮I0.2，产生上升沿，执行字节取反指令（INV_B），执行后MB2为2# 1111 1111。

② 第二次按下按钮I0.2，产生上升沿，执行字节取反指令，执行后MB2为2# 0000 0000。

③ 第三次按下按钮I0.2，产生上升沿，执行字节取反指令，执行后MB2为2# 1111 1111。

④ MB2在2# 0000 0000与2# 1111 1111之间切换，取MB2中的M2.0接通Q0.0，实现一键启停。

5.7 表指令

表指令包括填表指令、先进先出指令、后进先出指令和内存填充指令。

5.7.1 填表指令

指令功能

填表指令（AD_T_TBL）向表格（TBL）中加入字值（DATA）。表格中的第一个数值是表格的最大长度（TL）。第二个数值是实际条目数（EC），是指定表格中的条目数。新数据被增加至表格中的最后一个条目之后，实际条目数加1，无法再向表格中添加数据。

指令格式

填表指令图解如图5-85所示。

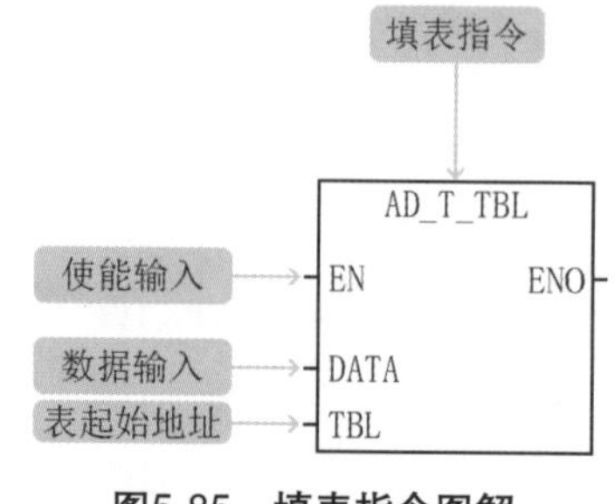

图5-85 填表指令图解

指令说明

① 表格最多可包含100个条目，不包括指定最大条目数和实际条目数的参数。

② 如果使用连续指令，则PLC每个扫描周期都会执行一次，因此常配合上升沿或下降沿使用。

程序编写

填表指令程序示例如图5-86所示。

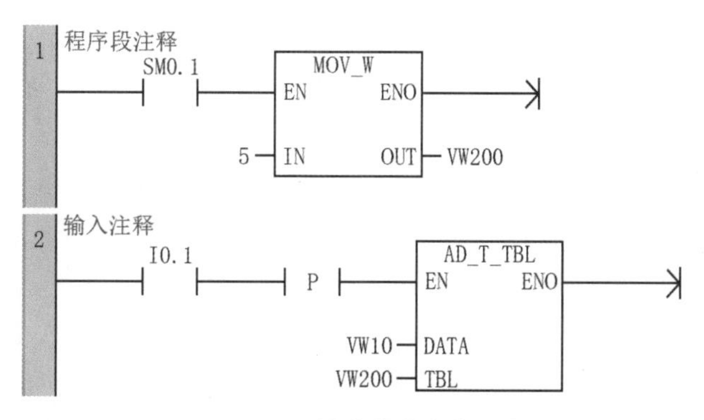

图5-86　填表指令程序示例

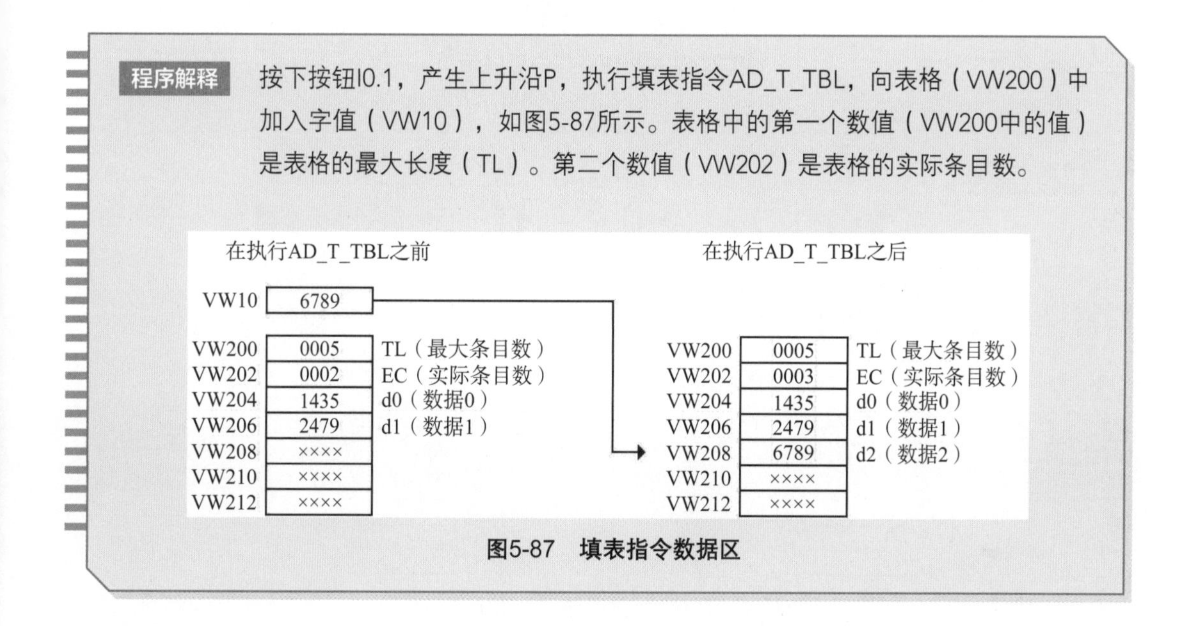

图5-87　填表指令数据区

5.7.2 先进先出指令

指令功能

先进先出（FIFO）指令通过移除表格（TBL）中的第一个条目，并将数值移至DATA指定位置的方法，移动表格中的最早（或第一个）条目。表格中的所有其他条目均向上移动一个位置。每次执行指令时，表格中的实际条目数减1。

指令格式

先进先出指令如图5-88所示。

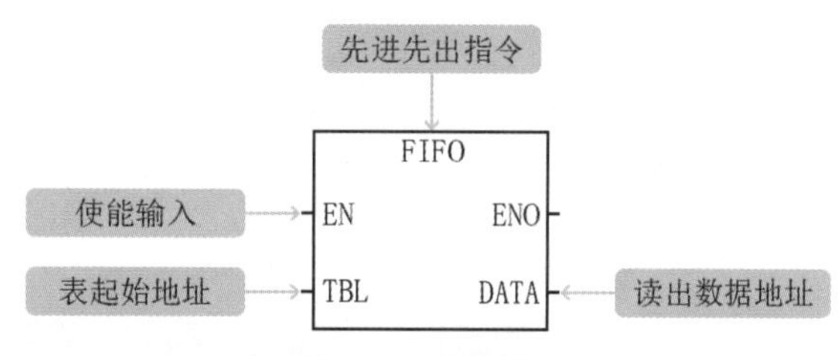

图5-88　先进先出指令

指令说明

如果使用连续指令，则PLC每个扫描周期都会执行一次，因此常配合上升沿或下降沿使用。

程序编写

先进先出指令程序示例如图5-89所示。

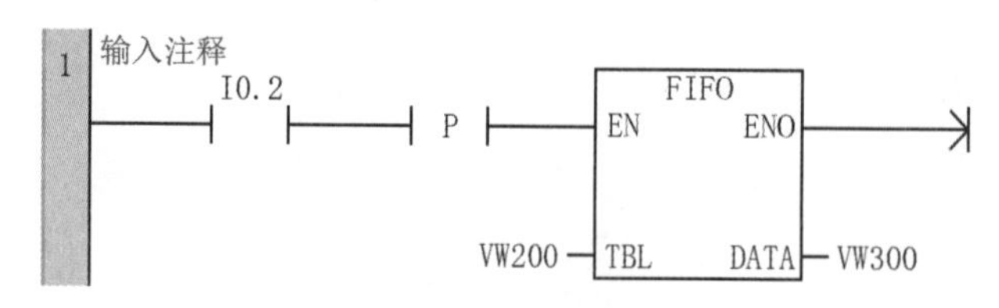

图5-89 先进先出指令程序示例

程序解释 按下按钮I0.2，执行先进先出指令，从表（VW200）中移走第1个数据，并将此数数输出到DATA（VW300）中，如图5-90所示。剩余数据依次上移一个位置。每执行一次先进先出指令，表中的实际条目数减1。

在执行FIFO之前

地址	数值	说明
VW200	0005	TL（最大条目数）
VW202	0003	EC（实际条目数）
VW204	1435	d0（数据0）
VW206	2479	d1（数据1）
VW208	6789	d2（数据2）
VW210	××××	
VW212	××××	

在执行FIFO之后

地址	数值	说明
VW300	1435	
VW200	0005	TL（最大条目数）
VW202	0002	EC（实际条目数）
VW204	2479	d0（数据0）
VW206	6789	d1（数据1）
VW208	××××	
VW210	××××	
VW212	××××	

图5-90 先进先出数据指向

5.7.3 后进先出指令

指令功能

后进先出指令（LIFO）将表格中的最新（或最后）一个条目移至输出内存地址，方法是移除表格（TBL）中的最后一个条目，并将数值移至DATA指定的位置。每次执行指令后，表格中的条目数减1。

指令格式

后进先出指令图解如图5-91所示。

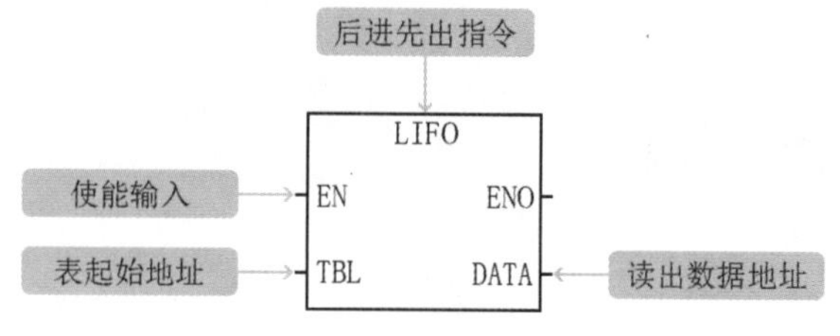

图5-91 后进先出指令图解

指令说明

如果使用连续指令，则PLC每个扫描周期都会执行一次，因此常配合上升沿或下降沿使用。

程序编写

后进先出指令程序示例如图5-92所示。

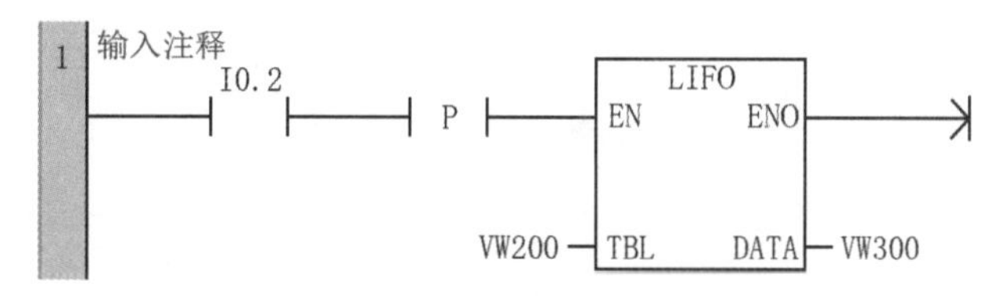

图5-92　后进先出指令程序示例

程序解释　按下按钮I0.2，执行后进先出指令LIFO，从表（VW200）中移走最后一个数据，并将此数输出到DATA（VW300）中。每执行一次本指令，表中的实际条目数减1。

5.7.4 内存填充指令

指令功能

内存填充指令（FILL_N）将包含在地址IN中的字值连续写入*N*个，从地址OUT开始。

指令格式

内存填充指令图解如图5-93所示。

内存填充指令
FILL_N
使能输入 — EN　ENO
填充数据输入 — IN　OUT — 填充数据
填充长度 — N

图5-93　内存填充指令图解

程序编写

内存填充指令程序示例如图5-94所示。

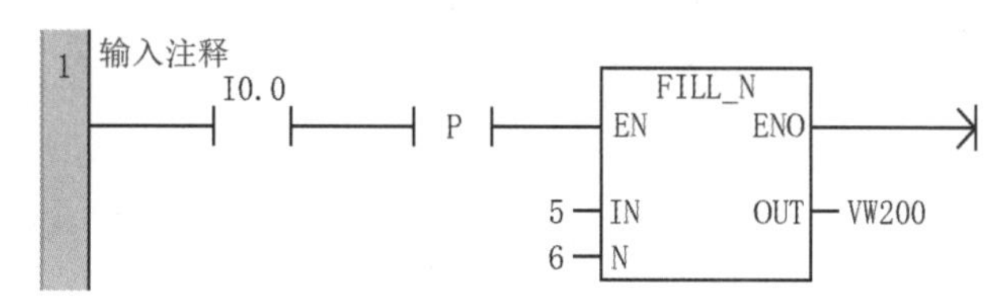

图5-94　内存填充指令程序示例

程序解释 按下按钮I0.0，执行内存填充指令FILL_N，将地址IN中的字值（5）写入N个（6个）连续字，地址OUT（VW200）开始分别是VW200、VW202、VW204、VW206、VW208、VW210，如图5-95所示。N的范围是1～255。该指令通常用来对某个存储区进行大范围的赋值，如清0。

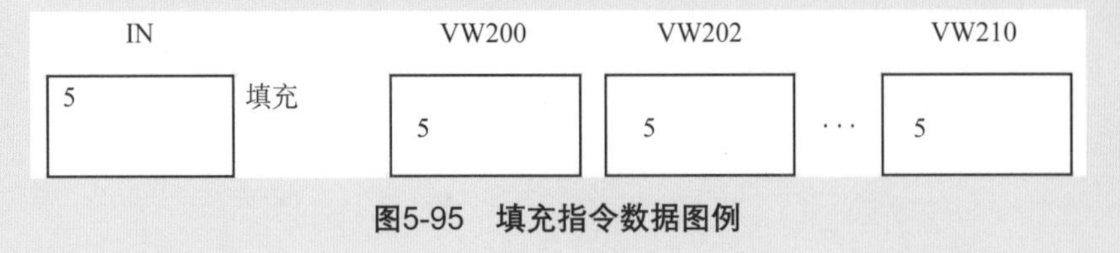

图5-95 填充指令数据图例

5.7.5 查表指令

指令功能

① 表格查找指令（TBL_FIND）在表格（TBL）中搜索与某些标准相符的数据。表格查找指令搜索表，从INDX指定的表格条目开始，寻找与命令参数（CMD）定义的搜索标准相匹配的数据数值（PIN）。CMD指定一个1～4的数值，分别代表=、<>、<和>。如果找到匹配条目，则INDX指向表格中的匹配条目。

② 欲查找下一个匹配条目，再次激活表格查找指令之前，必须在INDX上加1。

③ 如果未找到匹配条目，INDX的数值等于条目计数。一个表格最多可有100个条目，数据项目（搜索区域）从0至最大值99。

指令格式

查表指令图解如图5-96所示。

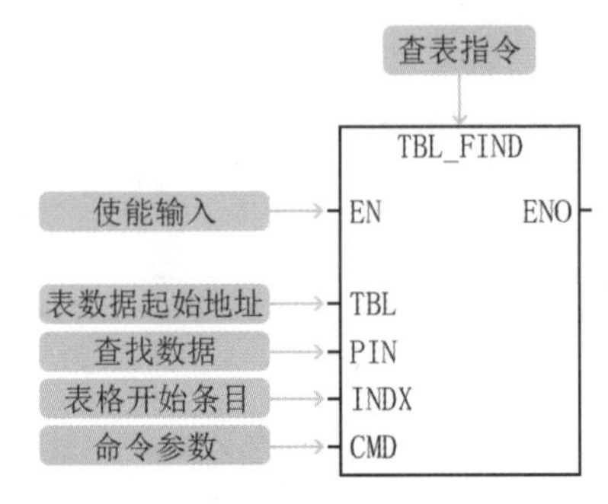

图5-96 查表指令图解

程序编写

查表指令程序示例如图5-97所示。

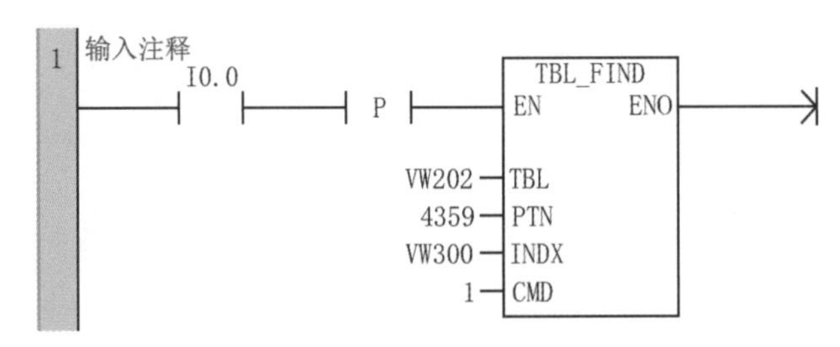

图5-97 查表指令程序示例

程序解释 按下按钮I0.0，执行查表指令TBL_FIND，在表格TBL（VW202）中寻找与CMD定义的搜索标准相匹配的数据数值PIN（4359）。如果找到匹配条目，则INDX指向表格中的匹配条目。如果未找到匹配条目，INDX的数值等于实际条目数。查表指令数据指向如图5-98所示。

当按下按钮I0.0时，在表格中搜索一个等于4359的数值

地址	数值	说明
VW200	0005	EC
VW202	3469	d0 (data. 0)
VW204	6742	d1 (data. 1)
VW206	4359	d2 (data. 2)
VW208	2335	d3 (data. 3)
VW210	1652	d4 (data. 4)

VW300 0　必须将VW300设为0，才能从表格顶端开始搜索

执行表格查找指令

VW300 2　VW300包含与在表格（d2）中找到的第一个匹配对应的数据条目数

图5-98　查表指令数据指向

5.8 时钟指令

时钟指令的功能是调取系统的实时时钟和设置系统的实时时钟，它包括读取实时时钟指令和设置实时时钟指令（又称写实时时钟指令）。这里的系统实时时钟是指PLC内部时钟，其时间值会随实际时间变化而变化，在PLC切断外接电源时，依靠内部电容或电池供电。

5.8.1 读取实时时钟指令

指令功能

读取实时时钟指令从硬件时钟读取当前时间和日期，并将其载入T指定的8个字节的时间缓冲区。

指令格式

读取实时时钟指令如图5-99所示。

读取实时时钟

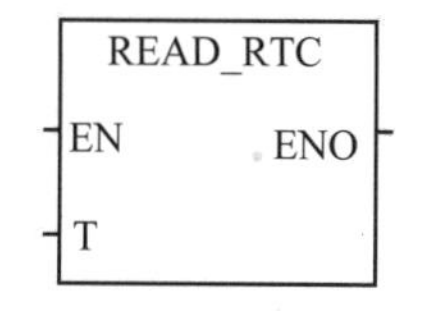

图5-99　读取实时时钟指令

程序编写

读取实时时钟指令程序示例如图5-100所示。

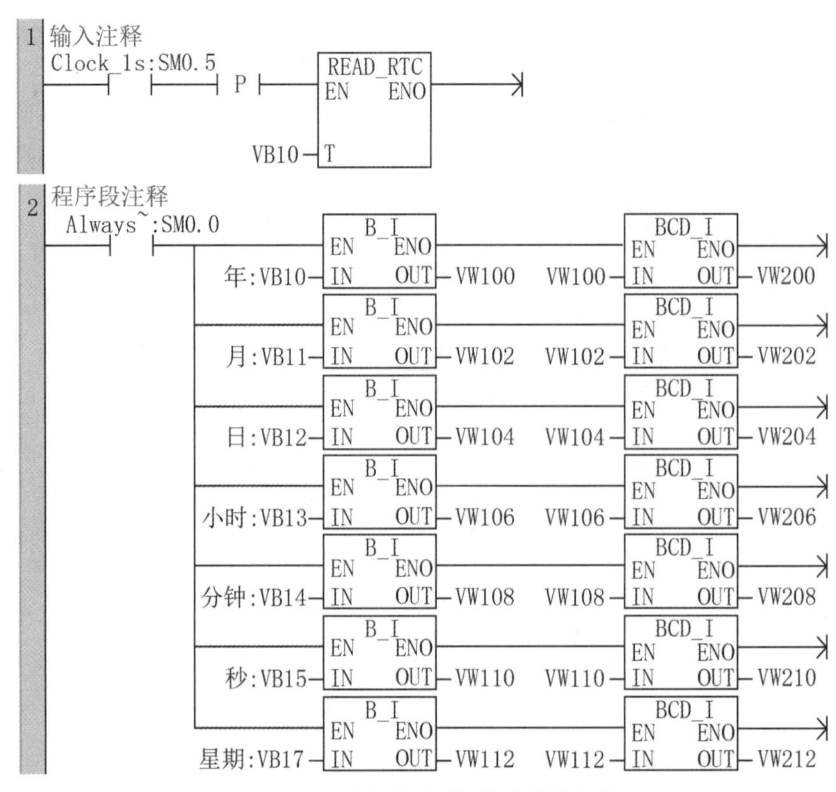

图5-100 读取实时时钟指令程序示例

程序解释 读取到的时间信息都是以BCD码的形式存放的，我们在使用的时候，还需要将读到的时间信息转换为十进制。读取实时时钟指令数据区如表5-2所示。

表5-2 读取实时时钟指令数据区

地址偏移	T	T+1	T+2	T+3	T+4	T+5	T+6	T+7
数据内容	年	月	日	小时	分钟	秒	0	星期
数值范围 BCD	00～99	01～12	01～31	00～23	00～59	00～59	0	1～7

① SM0.5每隔1s接通一次，读取实时时钟指令READ_RTC执行一次，将读到的时间信息年、月、日、小时、分钟、秒、星期放在以VB10开始的连续个字节中。

② 小时、分钟、秒被存放在VB13、VB14、VB15中，此时的时间值以BCD码的形式存放在存储区中，我们需要使用BCD_I指令将数值转换为十进制数，BCD_I指令的IN端支持的数据类型为16位字，将数据转换为16位需要使用B_I指令，最终得到的VW206、VW208、VW210中的数值即为十进制的时间信息。

5.8.2 设置实时时钟指令

指令功能

设置实时时钟指令将当前时间和日期写入T指定的以8个字节的时间缓冲区开始的硬件时钟。

指令格式

设置实时时钟指令如图5-101所示。

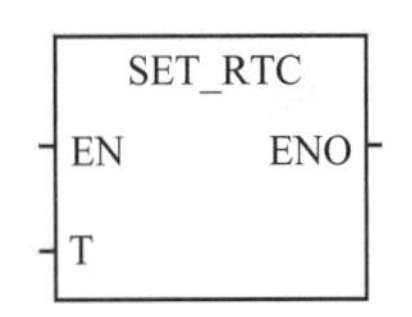

图5-101 设置实时时钟指令

程序编写

设置实时时钟指令程序示例如图5-102所示。

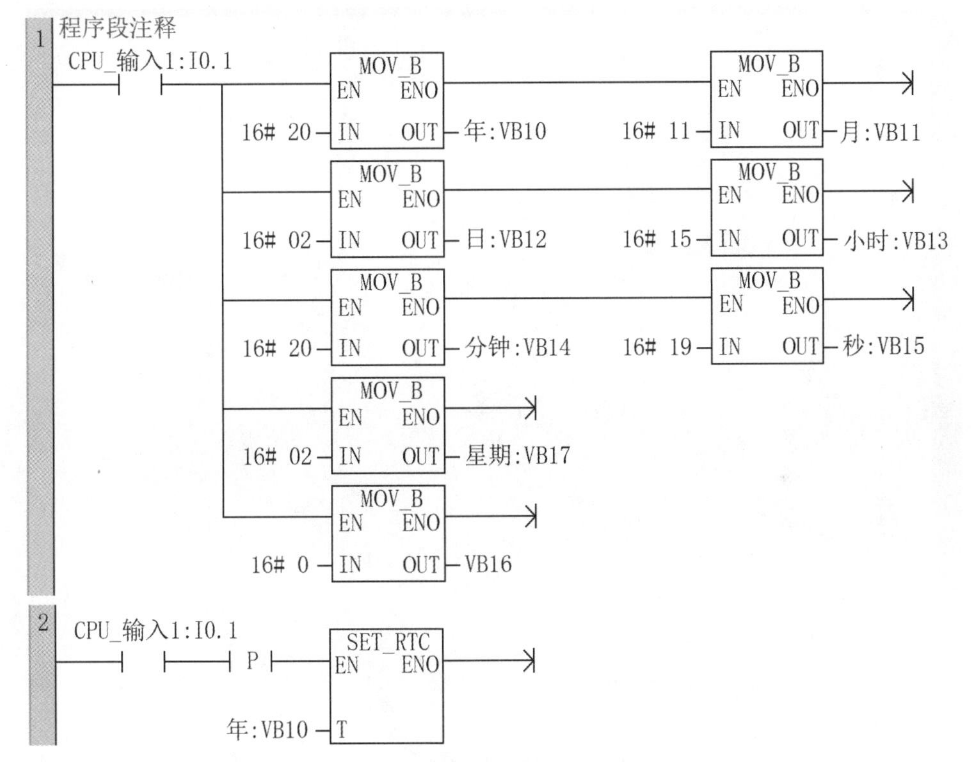

图5-102 设置实时时钟指令程序示例

程序解释 设定的时钟信息都是以BCD码的形式存放的。设置实时时钟指令数据区如表5-2所示。

① 将时间信息年、月、日、小时、分钟、秒、星期放在以VB10开始的连续7个字节中。

② 按下I0.1，此时的时间值以BCD码的形式存放在相应的存储区中，最后执行设置实时时钟指令SET_RTC，将时间设定写入S7-200 SMART PLC里面保存。

第6章 PLC入门经典编程案例

案例1 电动机顺序启动、逆序停止

两台电动机M1（Q0.0）、M2（Q0.1），每台电动机都有一个启动按钮和停止按钮，要求顺序控制，即启动时，M1启动后，M2才能启动，停止时，M2停止后，M1才能停止。

顺序启动、逆序停止变量如表6-1所示，其PLC接线图如图6-1所示。

表6-1 顺序启动、逆序停止变量

输入量		输出量	
I0.0	M1电动机启动按钮	Q0.0	M1电动机输出
I0.1	M1电动机停止按钮	Q0.1	M2电动机输出
I0.2	M2电动机启动按钮		
I0.3	M2电动机停止按钮		

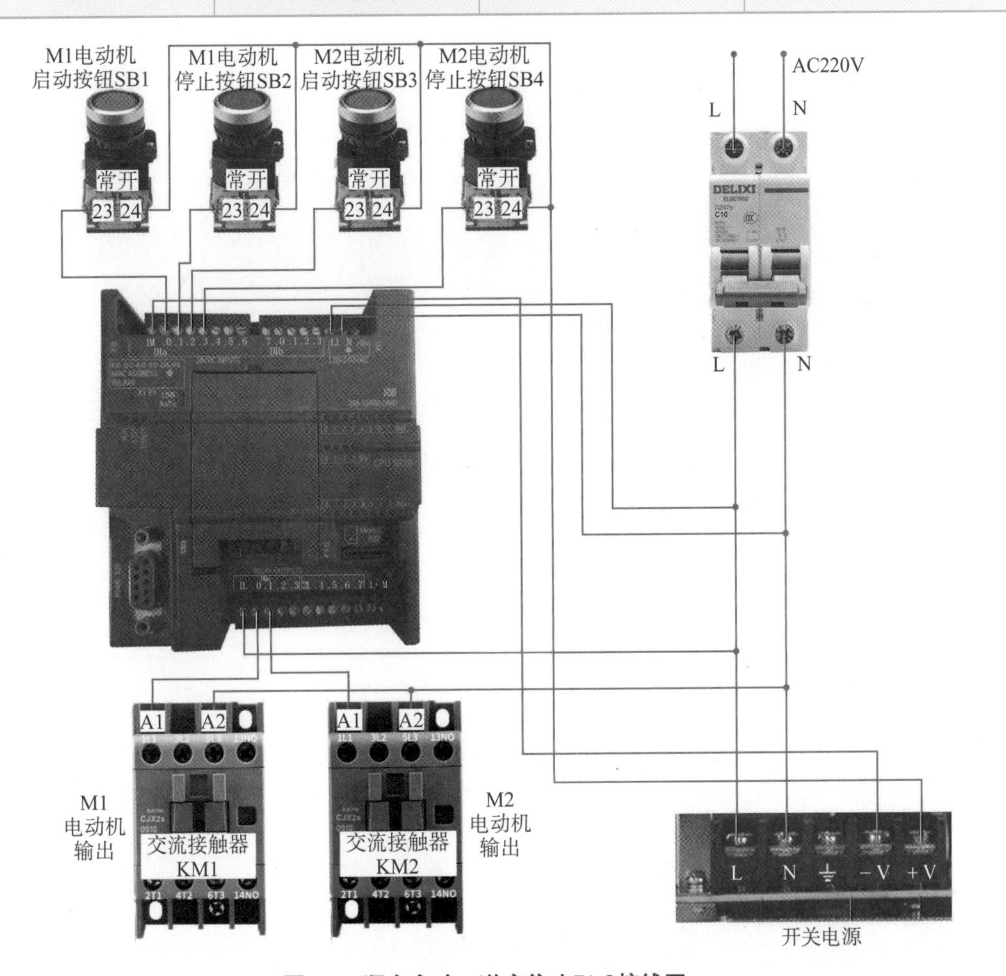

图6-1 顺序启动、逆序停止PLC接线图

程序编写

顺序启动、逆序停止PLC程序如图6-2所示。

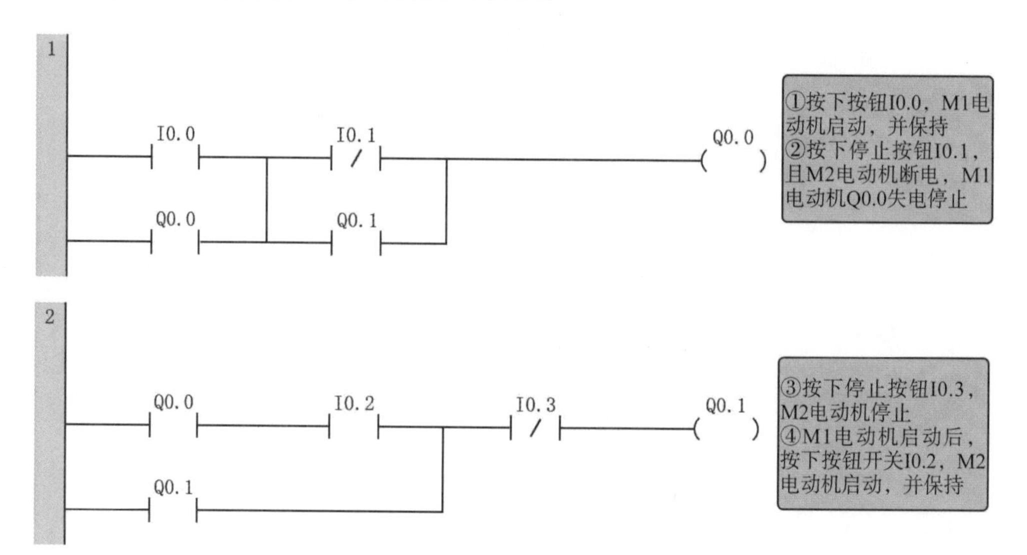

图6-2 顺序启动、逆序停止PLC程序

程序解释

① 按下I0.0，Q0.0接通并自锁，第1台电动机启动。

② 当第1台电动机启动后，Q0.0常开触点闭合。按下I0.2，Q0.1接通并自锁，第2台电动机启动。实现顺序启动。

③ 按下I0.3，Q0.1线圈失电，第2台电动机停止。

④ 当第2台电动机停止后，Q0.1线圈失电。按下I0.1，Q0.0线圈失电，第1台电动机停止。实现逆序停止。

案例2 电动机间歇运行程序

PLC控制电动机的间歇启动，进行打压。要求停止2s，工作3s。并进行循环。

电动机间歇运行变量如表6-2所示，电动机间歇运行时序图如图6-3所示。

表6-2 电动机间歇运行变量

输入量		输出量	
I0.0	启动按钮	Q0.0	电动机输出
I0.1	停止按钮		

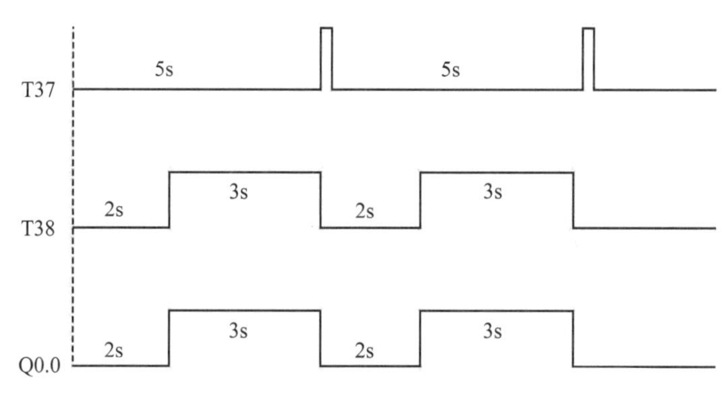

图6-3　电动机间歇运行时序图

程序编写

电动机间歇运行程序如图6-4所示。

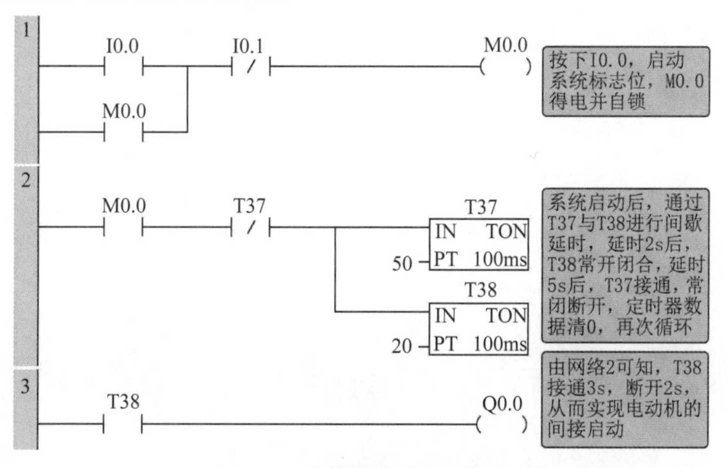

图6-4　电动机间歇运行程序

程序解释

① 按下启动按钮I0.0，启动系统标志位，M0.0启动并自锁。

② M0.0启动后，进行间歇延时，T37延时时间为5s，T38延时时间为2s，并对T37位状态进行取反，从而实现循环启停。

③ T38断开2s，接通3s。

案例3　用信号灯显示3台电动机的运行状况

用红、黄、绿3个信号灯显示3台电动机的运行情况，要求：

① 当无电动机运行时，红灯亮；

② 当1台电动机运行时，黄灯亮；

② 当2台及以上电动机运行时，绿灯亮。

3台电动机的运行状况变量如表6-3所示，其运行状况示例如图6-5所示。

表6-3　3台电动机的运行状况变量

输出量	
Q0.0	第1台电动机工作
Q0.1	第2台电动机工作
Q0.2	第3台电动机工作
Q0.3	无电动机运行信号
Q0.4	1台电动机运行信号
Q0.5	2台及以上电动机运行信号

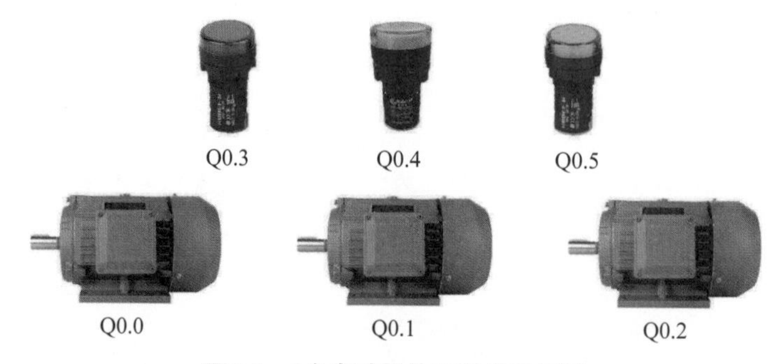

图6-5　3台电动机的运行状况示例

程序编写

3台电动机的运行状况程序如图6-6所示。

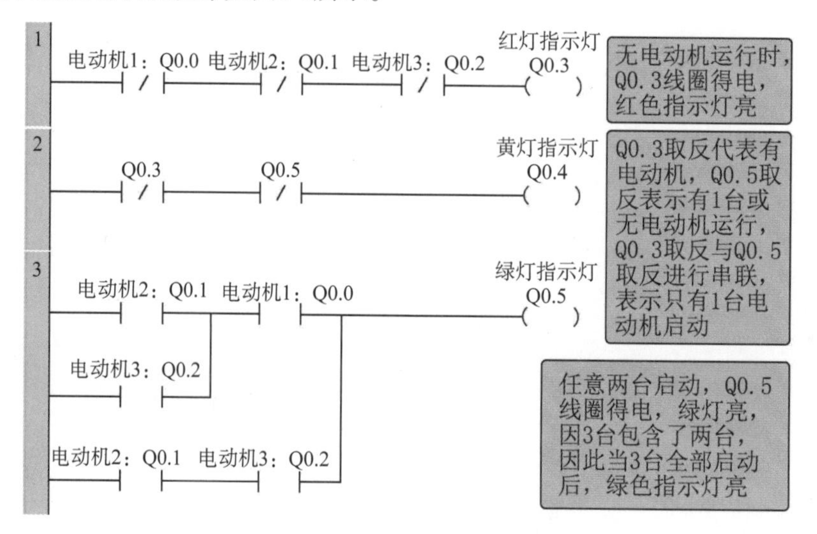

图6-6　3台电动机的运行状况程序

程序解释

① Q0.0/Q0.1/Q0.2都没有输出，3台电动机都没有运行时，红灯亮。

② 在红灯Q0.3没有接通情况下，并且没有两台及两台以上电动机同时运行时，绿灯Q0.5没有接通，也就是1台电动机运行时，黄灯Q0.4亮。

③ 任意两台及以上电动机运行时，绿灯Q0.5亮。

案例4 机床工作台自动往返控制

在机床的使用过程中，时常需要机床自动工作循环。即电动机启动后，机床部件向前运动，到达终点时，电动机自行反转，机床部件向后移动。反之，部件向后到达终点时，电动机自行正转，部件向前移动。

机床工作台自动往返控制示意图如图6-7所示，其控制变量如表6-4所示，接线图如图6-8所示。

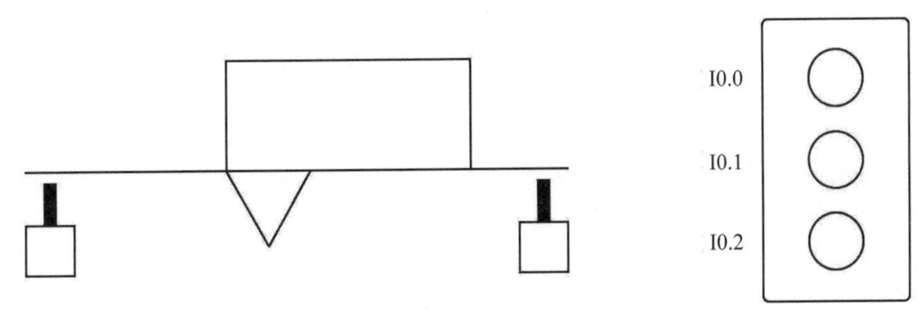

图6-7　机床工作台自动往返控制示意图

表6-4　机床工作台自动往返控制变量

输入量		输出量	
I0.0	后行程开关	Q0.0	正转接触器
I0.1	前行程开关	Q0.1	反转接触器
I0.2	电动机停止		
I0.3	电动机正转		

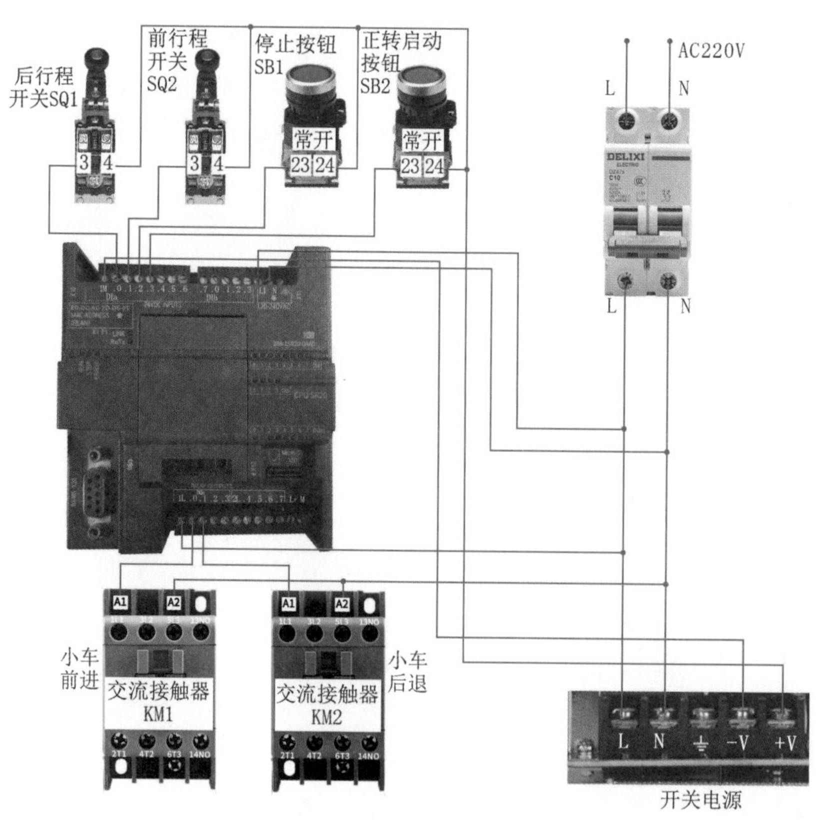

图6-8 机床工作台自动往返控制接线图

程序编写

机床工作台自动往返控制程序如图6-9所示。

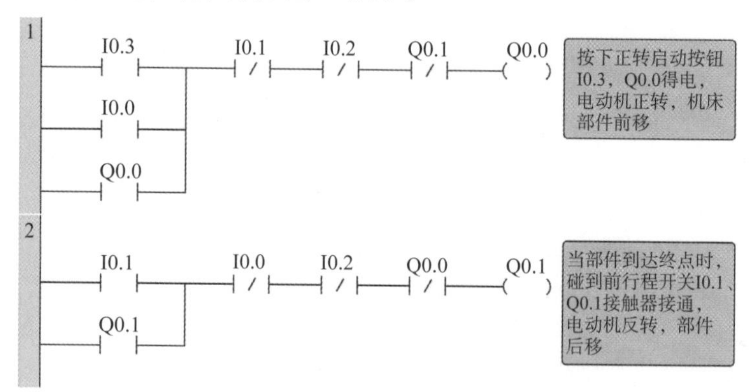

图6-9 机床工作台自动往返控制程序

程序解释

① 若按下正转启动按钮I0.3，I0.3得电，Q0.0得电，Q0.0接触器接通，电动机正转，机床部件前移，当部件到达终点时，碰到前行程开关，I0.1得电，Q0.0接触器断开，Q0.1接触器接通，电动机反转，部件后移。

② 当部件后移到达终点时，碰到后行程开关，Q0.1接触器断开，Q0.0接触器接通，电动机正转部件前移，机床实现自动往返循环。

③ 按下I0.2按钮时，I0.2得电，电动机无论正转还是反转均停止。

案例5 用定时器写商场电梯程序

在商场中，经常看到电梯有两种速度——低速和高速，在无人乘坐电梯的时候使用低速，当有人乘坐电梯时使用高速，以达到节能的目的。在本方案设计中，按钮SB1启动系统，SB2停止系统，PH1光电感应开关（用于感应是否有人员乘坐电梯）检测到有人员乘坐电梯时，启用高速运行，10s内无人员再次乘坐电梯，那么电梯自动从高速切换到低速。

商场电梯程序变量如表6-5所示，其接线图如图6-10所示。

表6-5 商场电梯程序变量

输入量		输出量	
I0.0	SB1启动按钮	Q0.0	电动机低速输出
I0.1	SB2停止按钮	Q0.1	电动机高速输出
I0.2	PH1光电感应开关		

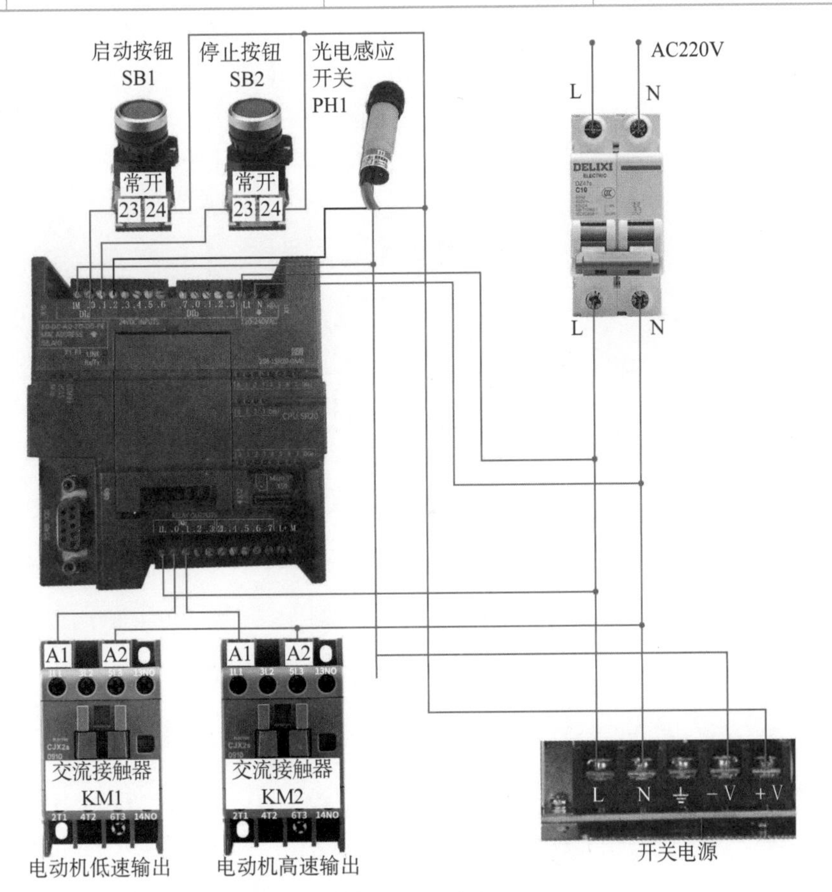

图6-10 商场电梯程序接线图

程序编写

商场电梯程序如图6-11所示。

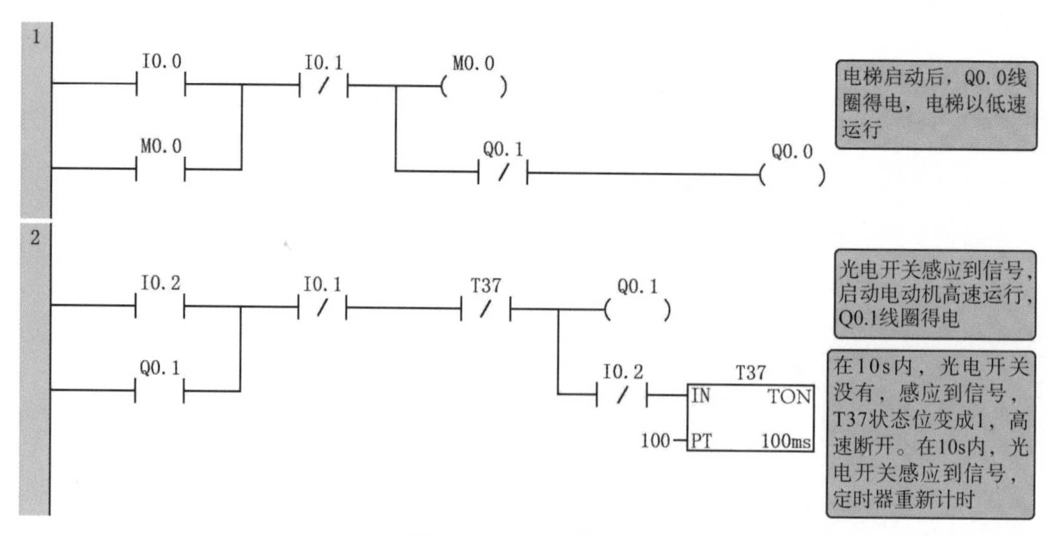

图6-11 商场电梯程序

程序解释

① 按下启动按钮I0.0，启动系统标志位，M0.0启动并自锁。Q0.0线圈得电。

② 当I0.2光电开关感应到信号，启动电动机高速输出，Q0.1线圈得电。

③ 在10s内光电开关I0.2没有感应到信号，定时器T37定时时间到，T37的位状态为1，Q0.1电动机高速输出断开，定时时间清0。Q0.0线圈得电，电动机低速运行。在10s内光电开关I0.2感应到信号，I0.2常闭触点断开，T37重新计时。

案例6 电动机的星-三角控制

一般大于7.5kW的交流异步电动机，在启动时常采用星-三角降压启动。本实例要求按下启动按钮后，电动机先进行星形连接启动，经延时一段时间后，自动切换成三角形连接进行转动；按下停止按钮后，电动机停止运行。

星-三角控制变量如表6-6所示，其控制接线图如图6-12所示。

表6-6 星-三角控制变量

输入量		输出量	
I0.0	启动按钮	Q0.0	主接触器线圈
I0.1	停止按钮	Q0.1	星接触器线圈
		Q0.2	角接触器线圈

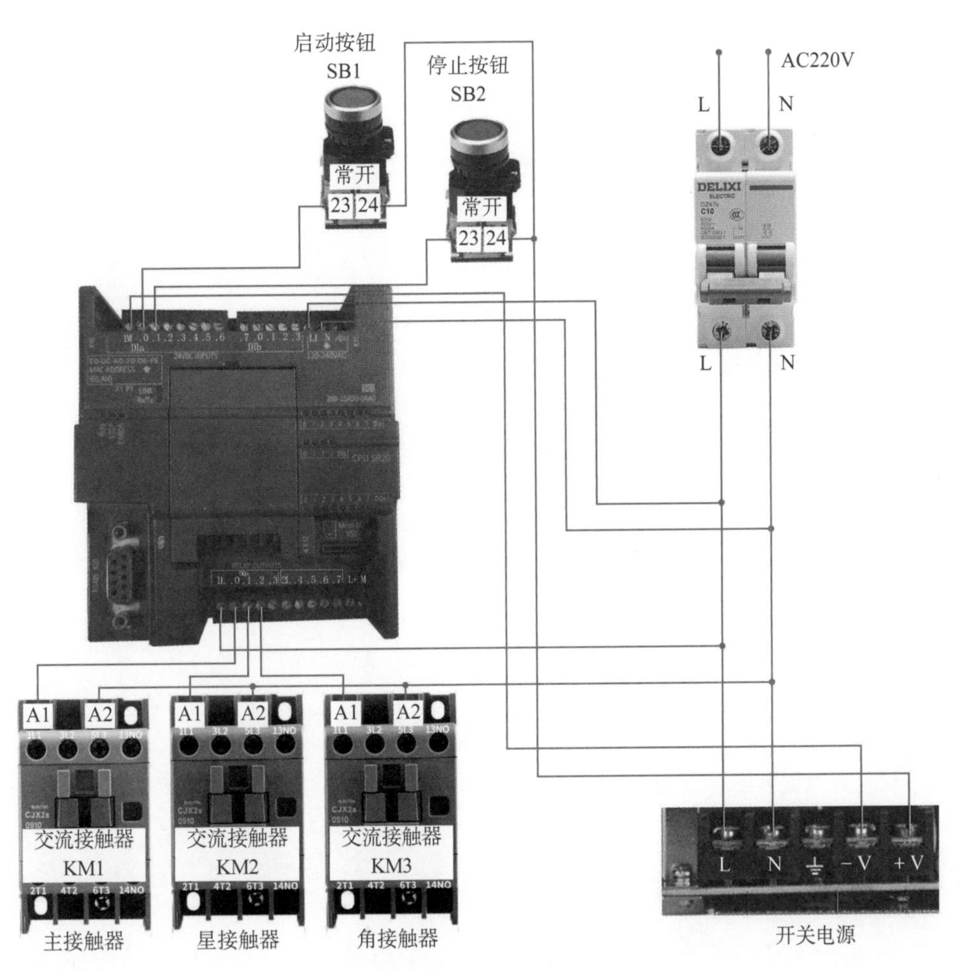

图6-12　星-三角控制接线图

程序编写

星-三角控制程序如图6-13所示。

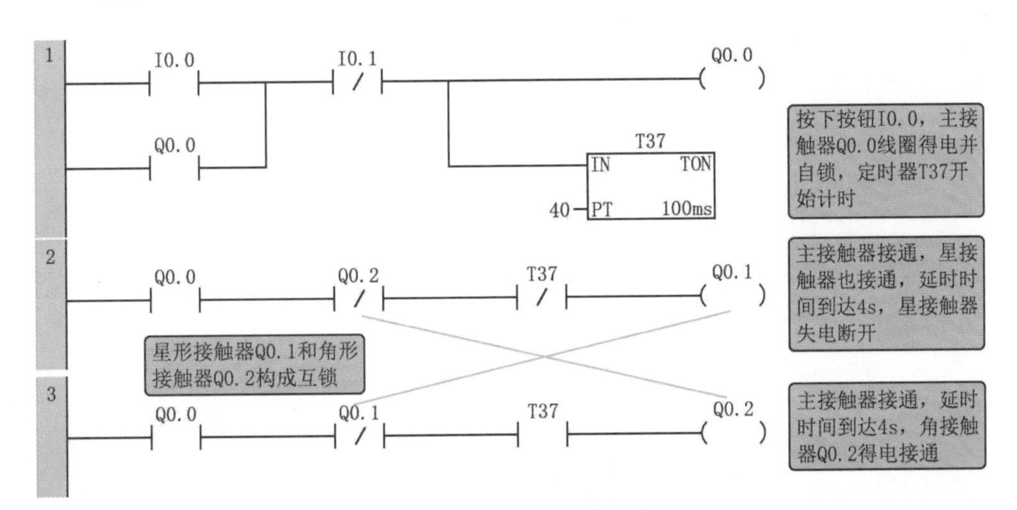

图6-13　星-三角控制程序

程序解释 ① 按下启动按钮，I0.0常开触点闭合，Q0.0线圈得电输出，Q0.0控制的主接触器吸合，且Q0.1也输出，Q0.1控制星接触器吸合。

② 同时T37开始计时工作，时间到达4s后，T37常闭触点断开，Q0.1输出断开，星接触器断开；T37常开触点接通，Q0.2输出，角接触器吸合。

案例7 仓库大门控制程序

本案例要求使用PLC控制仓库大门的自动打开和关闭，使用超声波传感器检测是否有车辆需要进入仓库，由光电传感器检测车辆是否已经进入大门。

仓库大门控制程序变量如表6-7所示，仓库大门控制示意图如图6-14所示，其接线图如图6-15所示。

表6-7 仓库大门控制程序变量

输入量		输出量	
I0.0	大门控制启动按钮	Q0.0	电动机上行
I0.1	大门控制停止按钮	Q0.1	电动机下行
I0.2	超声波检测信号		
I0.3	光电传感器信号		
I0.4	大门上限位开关		
I0.5	大门下限位开关		

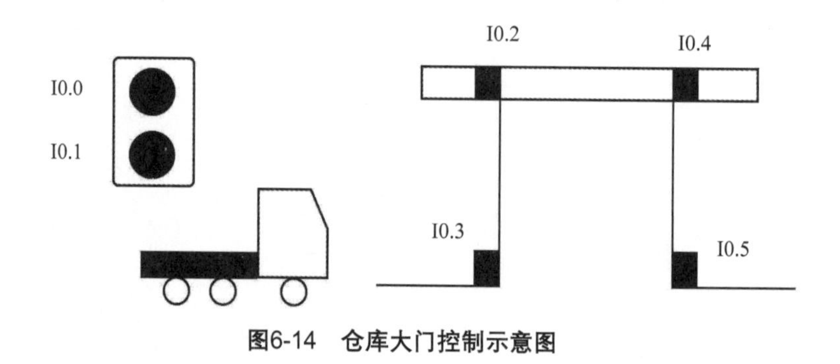

图6-14 仓库大门控制示意图

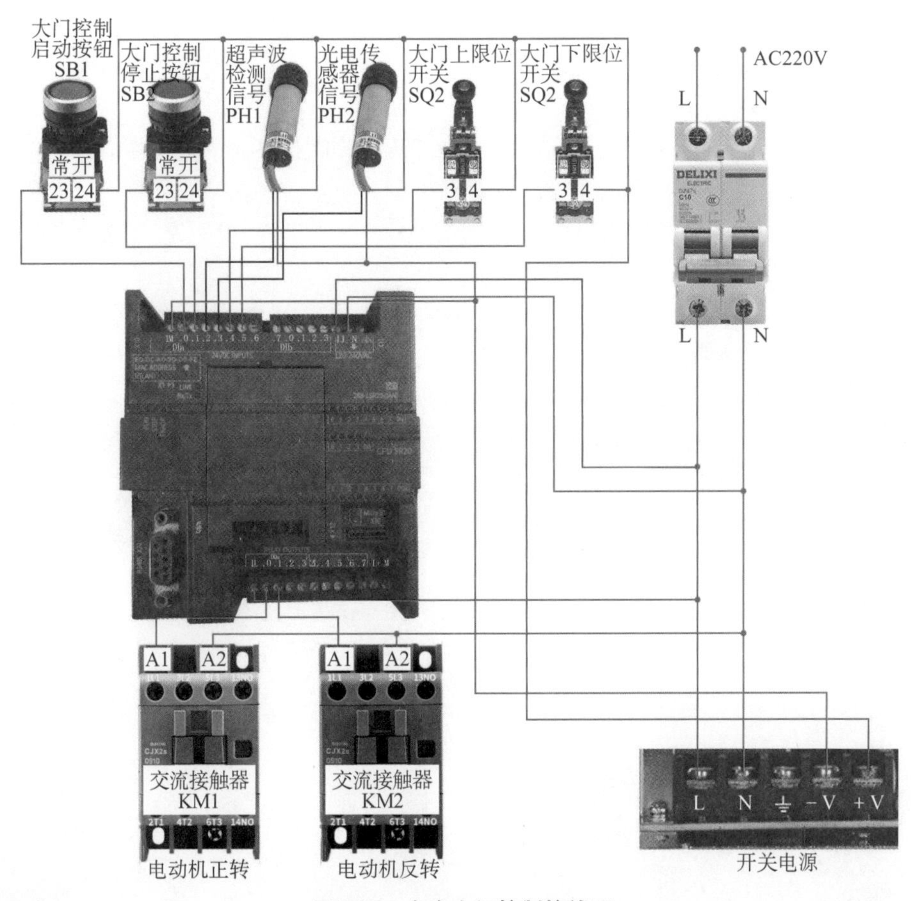

图6-15　仓库大门控制接线图

程序编写

仓库大门控制程序如图6-16所示。

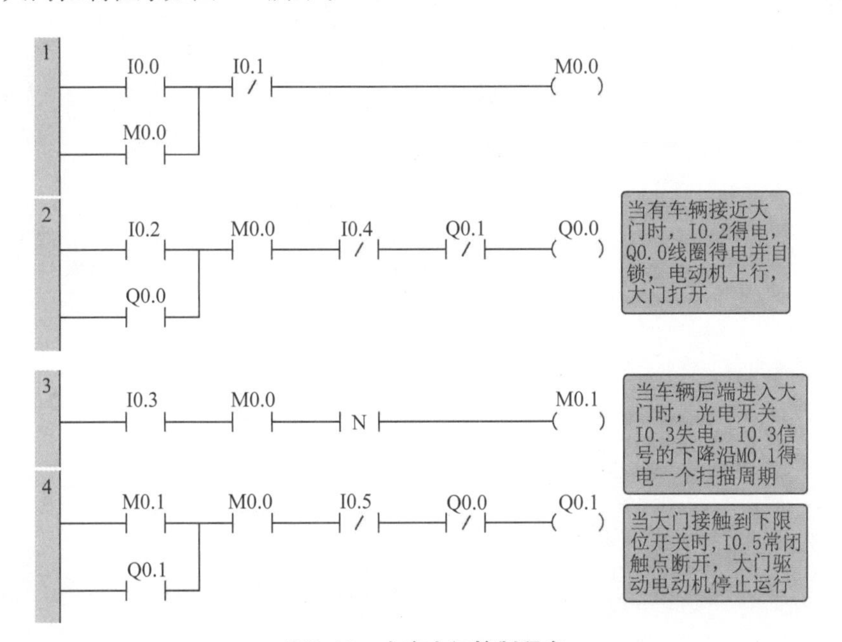

图6-16　仓库大门控制程序

程序解释

① 按下大门自动控制系统按钮I0.0，I0.0得电，常开触点闭合，M0.0得电并自锁。

② 当有车辆接近大门时，超声波传感器接收到识别信号，I0.2得电，常开触点闭合，Q0.0线圈得电并自锁，电动机上行，大门打开。同时，Q0.1被互锁不能启动。当大门接触到门上限位开关时，I0.4得电，Q0.0失电，大门驱动电动机停止运行。

③ 当车辆前端进入大门时，光电开关I0.3得电，常开触点闭合；当车辆后端进入大门时，光电开关I0.3失电，此时，I0.3信号的下降沿使M0.1得电一个扫描周期，M0.1得电，Q0.1得电并自锁，电动机下行，大门关闭，且Q0.0被互锁不能启动。当大门接触到门下限位开关时，I0.5得电，常闭触点断开，大门驱动电动机停止运行。

④ 按下大门自动控制系统停止按钮I0.1，I0.1得电，常闭触点断开，M0.0失电，控制系统停止。

案例8 送料小车的PLC控制

控制要求：

要求送料小车在可运动的最左端装料，经过一段时间后，装料结束，小车向右运行，在最右端停下卸料，一段时间后反向向左运行。到达最左端后，重复以上的动作，以此循环自动运行。

送料小车变量如表6-8所示，送料小车示意图如图6-17所示，其接线图如图6-18所示。

表6-8 送料小车变量

输入量		输出量	
I0.0	右行按钮	Q0.0	电动机正转
I0.1	左行按钮	Q0.1	电动机反转
I0.2	停止按钮	Q0.2	装料电磁阀
I0.3	右限位开关	Q0.3	卸料电磁阀
I0.4	左限位开关		

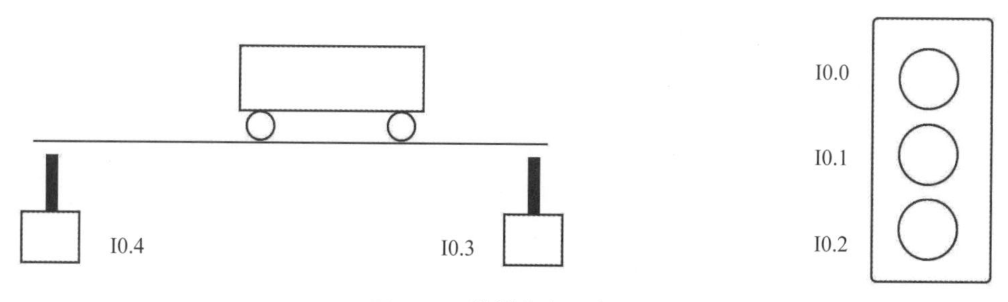

图6-17　送料小车示意图

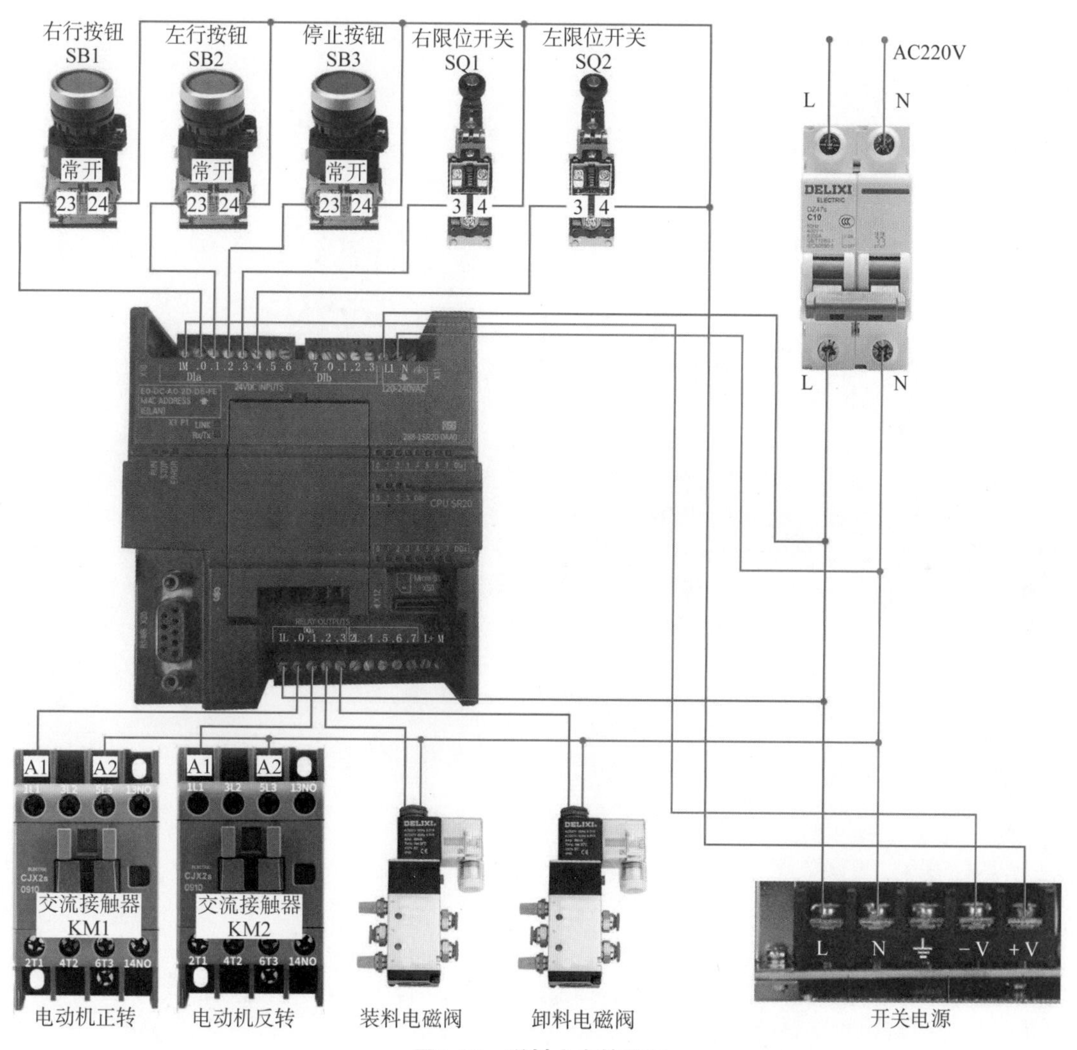

图6-18　送料小车接线图

程序编写

送料小车程序如图6-19所示。

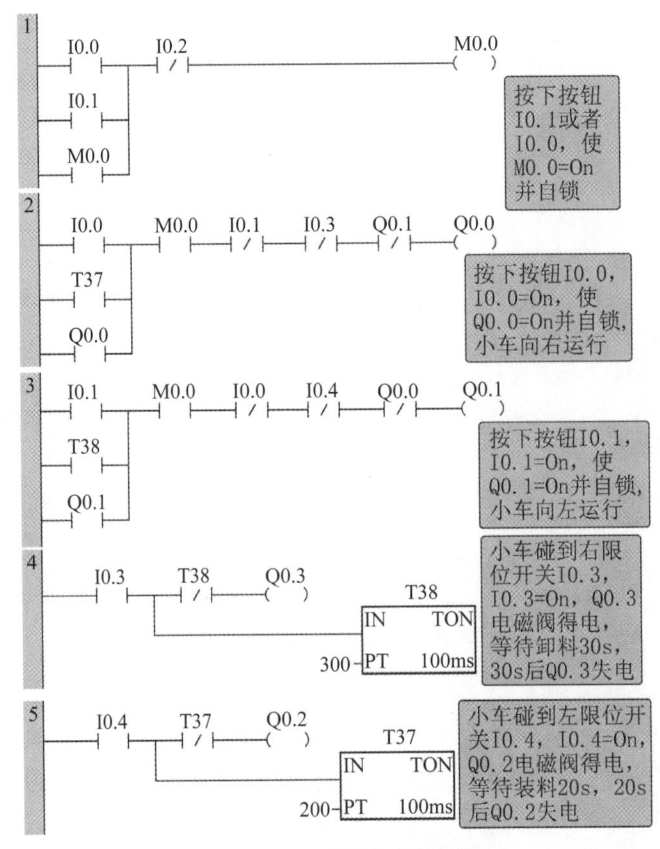

图6-19 送料小车程序

程序解释

① 假设开始时小车是空车，并且在右端，压住右限位开关I0.3。此时，如果按下左行按钮I0.1，I0.1＝On，使Q0.1＝On并自锁，小车向左运行。同时，Q0.1常闭触点断开，使小车不可能出现右行情况。

② 当小车到达左端并且碰到左限位开关I0.4时，I0.4＝On，使Q0.1＝Off，Q0.2＝On，小车停止，开始装料，同时定时器T37开始计时，20s后，计时时间到，T37＝On，Q0.2＝Off，Q0.0＝On，小车停止装料，开始向右行驶。

③ 当小车到达右端并且碰到右限位开关I0.3时，I0.3＝On，使Q0.0＝Off，Q0.3＝On，小车停止，开始卸料，同时定时器T38开始计时，30s后，计时时间到，T38＝On，Q0.3＝Off，Q0.1＝On，小车停止卸料，开始向左行驶。之后以此过程循环运行。

若按下停止按钮I0.2，小车在装料或卸料完成后，不再向右或向左运行。

案例9 4个灯顺序点亮

有4个灯，要求按下启动按钮，每隔1s，顺序依次点亮，再依序灭灯，如此循环。按下停止按钮，灯都熄灭。

接线：I0.0接启动按钮，I0.1接停止按钮。Q0.0控制第1个灯，Q0.1控制第2个灯，Q0.2控制第3个灯，Q0.3控制第4个灯。

4个灯顺序点亮控制变量如表6-9所示，其接线图如图6-20所示。

表6-9 4个灯顺序点亮控制变量

输入量		输出量	
I0.0	启动按钮	Q0.0	指示灯1
I0.1	停止按钮	Q0.1	指示灯2
		Q0.2	指示灯3
		Q0.3	指示灯4

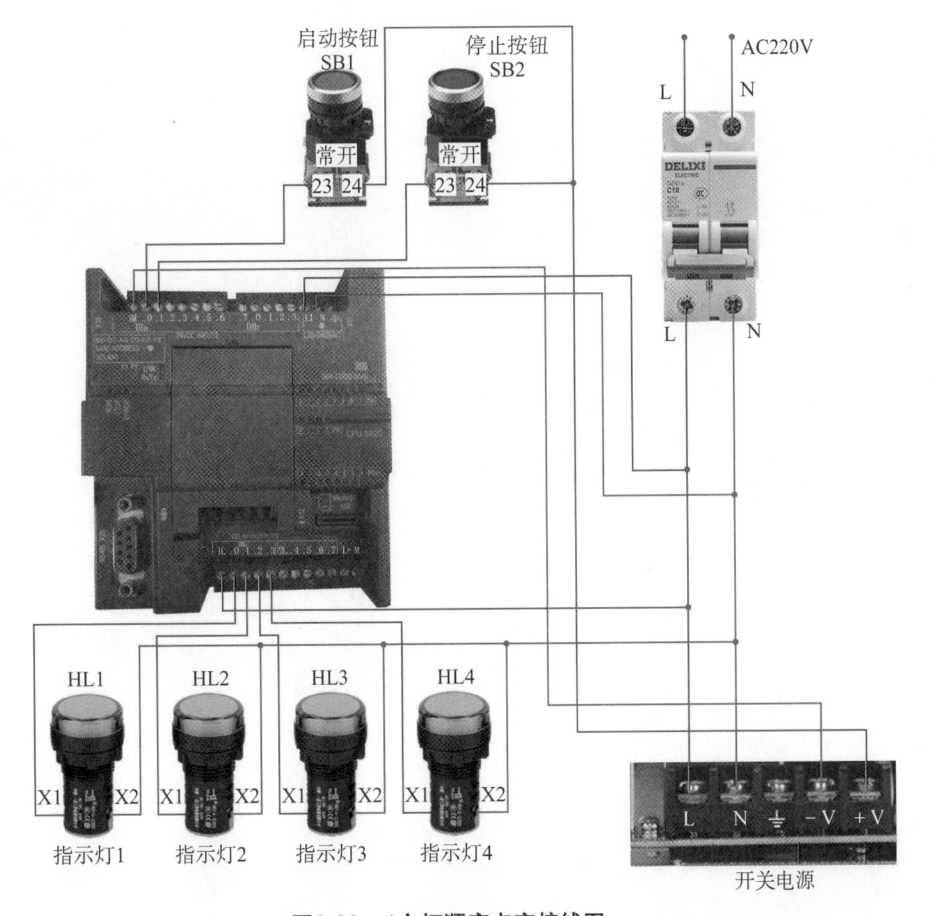

图6-20 4个灯顺序点亮接线图

程序编写

4个灯顺序点亮程序如图6-21所示。

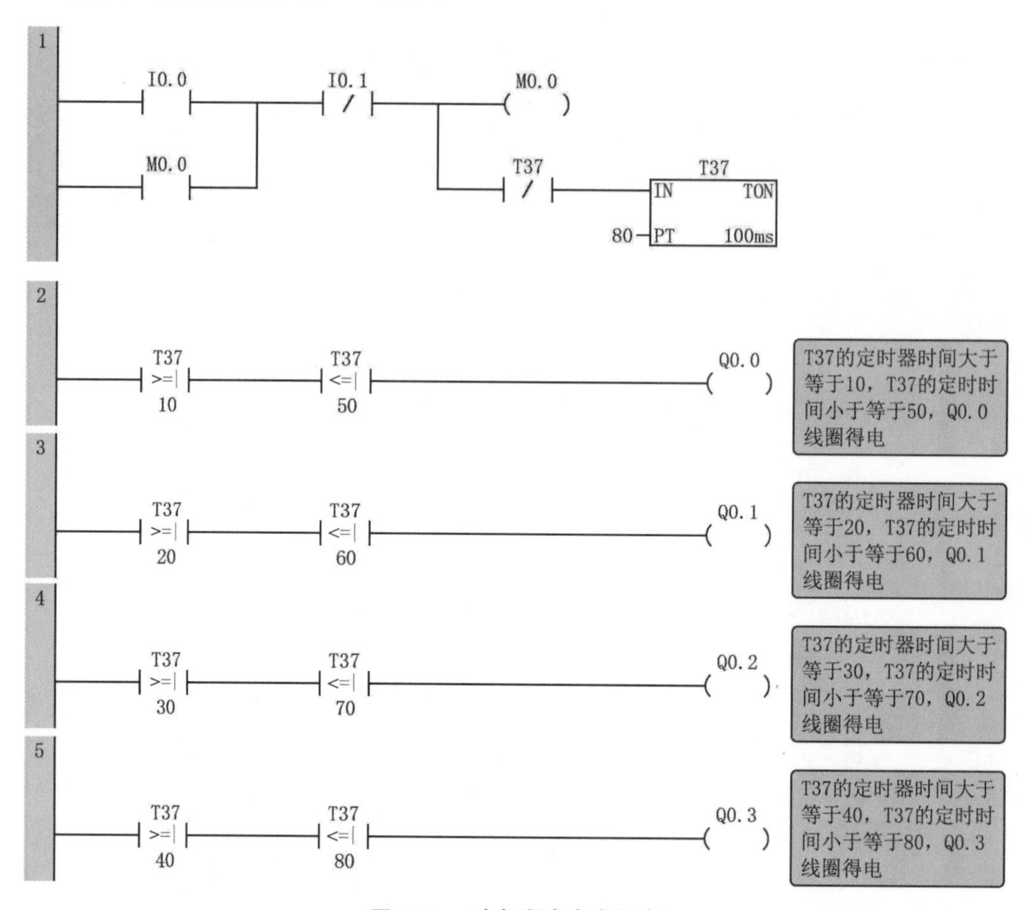

图6-21　4个灯顺序点亮程序

程序解释

① 按下启动按钮I0.0，M0.0输出并自锁。T37开始计时。

② T37达到8s以后，常闭触点断开，T37清0。T37清0以后，在下一个扫描周期常闭触点又导通，T37又开始正常计时，实现8s的循环。

③ T37时间到达1s以后，Q0.0输出；T37时间到达2s以后，Q0.1输出；T37时间到达3s以后，Q0.2输出；T37时间到达4s以后，Q0.3输出。

④ T37时间到达5s以后，Q0.0断开；T37时间到达6s以后，Q0.1断开；T37时间到达7s以后，Q0.2断开；T37时间到达8s以后，Q0.3断开。

⑤ 按下停止按钮I0.1，M0.0断开，T37停止计时，所有灯都熄灭。

案例10 8个灯循环点亮

有8个灯，要求按下启动按钮。每隔1s，顺序依次点亮，再依次灭灯，如此循环，按下停止按钮，停止循环点亮。

8个灯循环点亮变量如表6-10所示，其点亮示意图如图6-22所示。

表6-10 8个灯循环点亮变量

输入量		输出量	
I0.0	启动按钮	Q0.0	指示灯1
I0.1	停止按钮	Q0.1	指示灯2
		Q0.2	指示灯3
		Q0.3	指示灯4
		Q0.4	指示灯5
		Q0.5	指示灯6
		Q0.6	指示灯7
		Q0.7	指示灯8

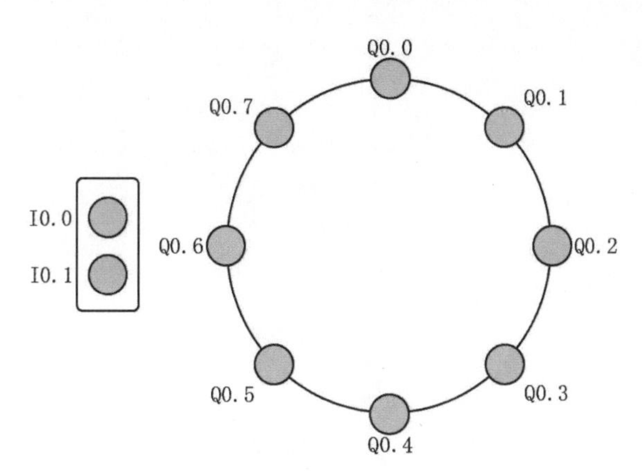

图6-22 8个灯顺序点亮示意图

程序编写

8个灯顺序点亮程序如图6-23所示。

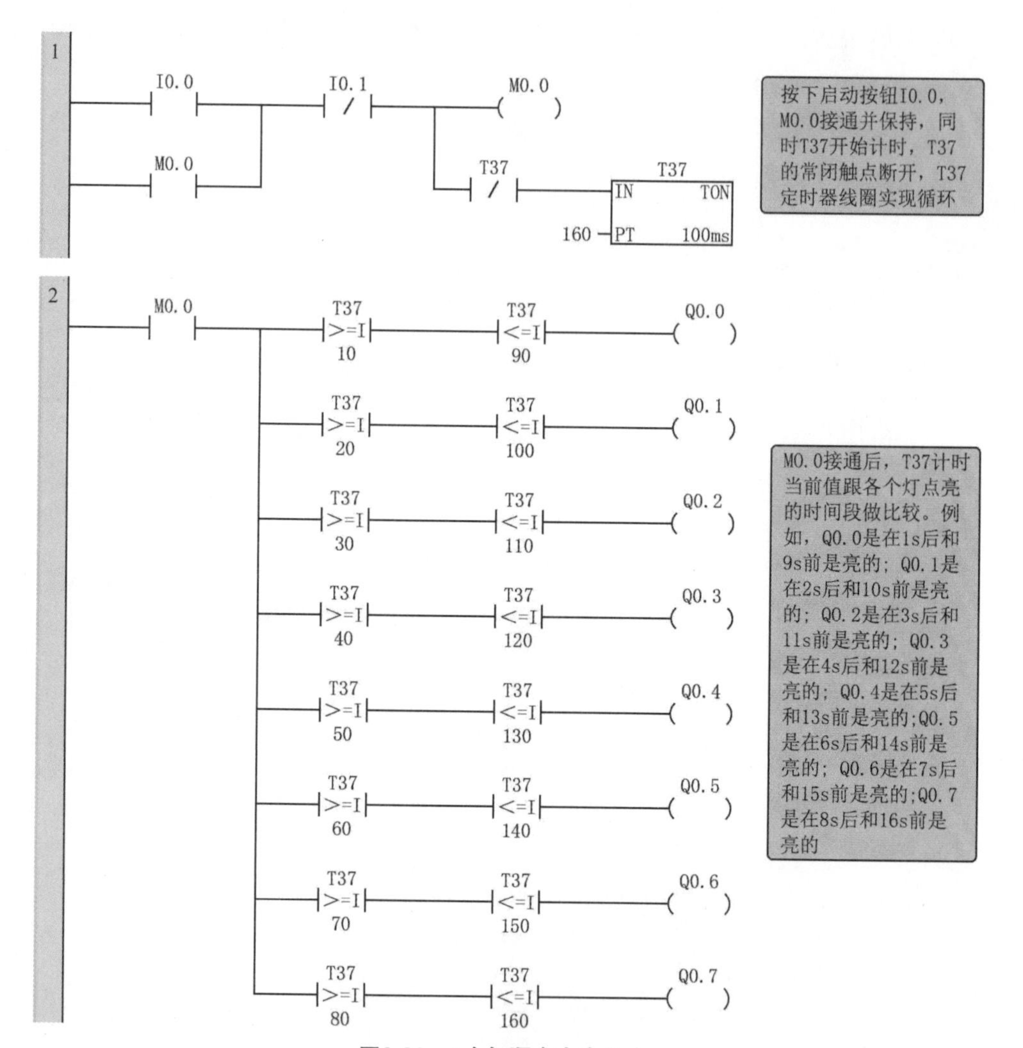

图6-23 8个灯顺序点亮程序

程序解释

① 按下启动按钮I0.0，M0.0接通并保持，同时T37开始计时，当T37的时间达到16s后，T37的常闭触点断开，T37定时器线圈实现循环。

② M0.0接通后，T37计时当前值跟各个灯点亮的时间段做比较。例如，Q0.0是在1s后和9s前是亮的；Q0.1是在2s后和10s前是亮的；Q0.2是在3s后和11s前是亮的；Q0.3是在4s后和12s前是亮的；Q0.4是在5s后和13s前是亮的；Q0.5是在6s后和14s前是亮的；Q0.6是在7s后和15s前是亮的；Q0.7是在8s后和16s前是亮的。

案例11 5站点呼叫小车

一辆小车在一条线路上运行，线路上有1～5号共5个站点，每个站点各设一个行程开关和一个呼叫按钮。要求按下任意一个呼叫按钮，小车将行进至对应的站点并停下。5站点呼叫小车变量如表6-11所示，其示意图如图6-24所示，接线图如图6-25所示。

表6-11 5站点呼叫小车变量

输入量		输出量	
I0.0	1号呼叫	Q0.0	前进
I0.1	2号呼叫	Q0.1	后退
I0.2	3号呼叫		
I0.3	4号呼叫		
I0.4	5号呼叫		
I0.5	1号行程开关		
I0.6	2号行程开关		
I0.7	3号行程开关		
I1.0	4号行程开关		
I1.1	5号行程开关		

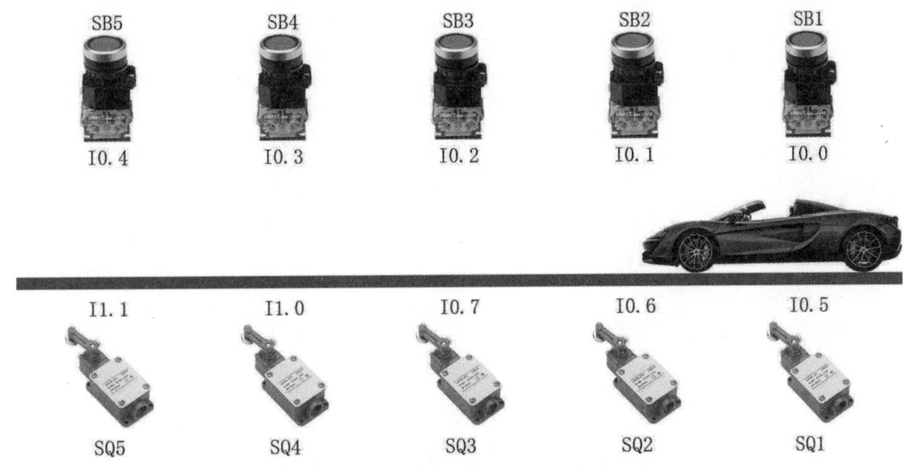

图6-24 5站点呼叫小车示意图

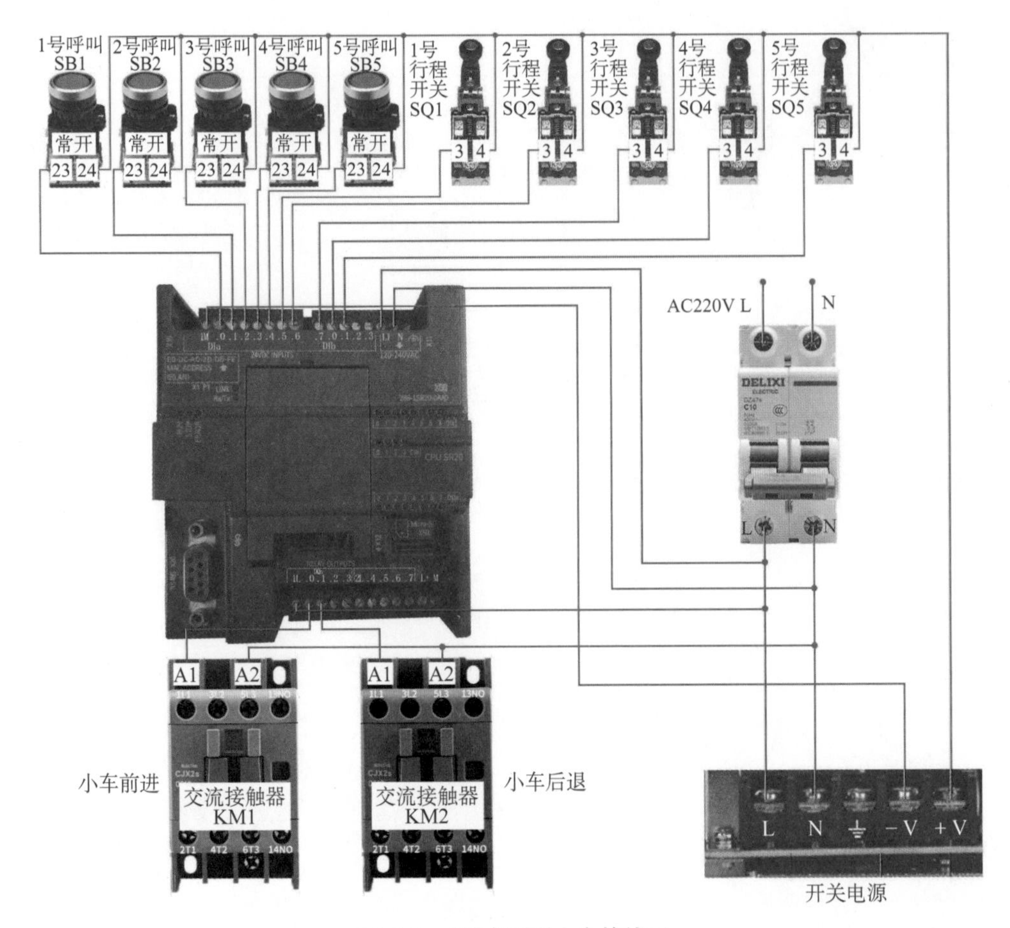

图6-25　5站点呼叫小车接线图

程序编写

5站点呼叫小车程序如图6-26所示。

```
1
SM0.0      I0.0        MOV_W
 | |--+----| |--------EN   ENO
      |              1-IN   OUT- VW0
      |    I0.1        MOV_W
      +----| |--------EN   ENO
      |              2-IN   OUT- VW0
      |    I0.2        MOV_W
      +----| |--------EN   ENO
      |              3-IN   OUT- VW0
      |    I0.3        MOV_W
      +----| |--------EN   ENO
      |              4-IN   OUT- VW0
      |    I0.4        MOV_W
      +----| |--------EN   ENO
                     5-IN   OUT- VW0
```

VW0为呼叫点，1～5号站点的呼叫分别对应数字1～5

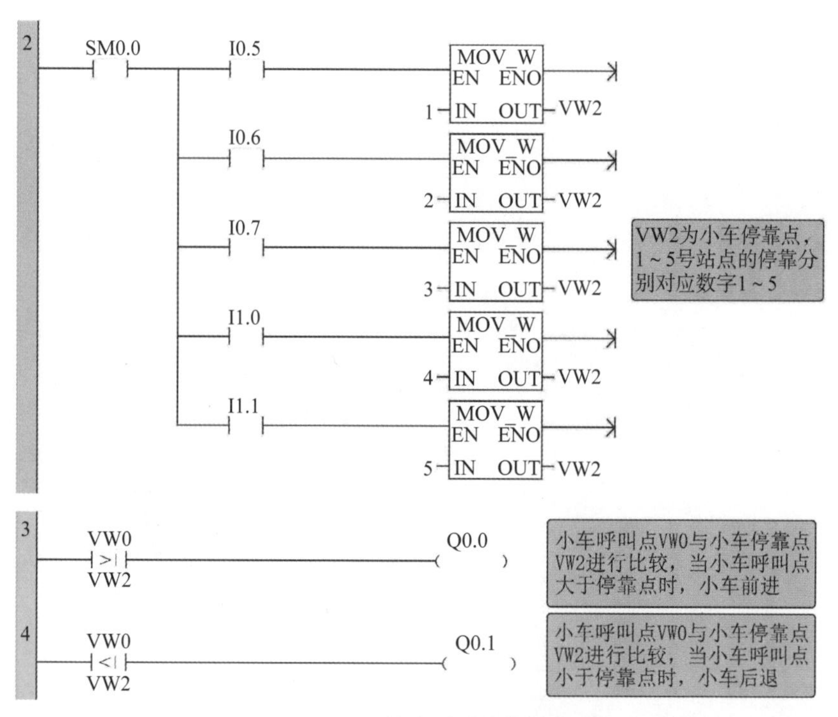

图6-26　5站点呼叫小车程序

程序解释

① 5个站点的按钮I0.0～I0.4分别对应5个站点号，5个站点号依次分配数值为1、2、3、4、5，站点号的数值存储于VW0中。

② 5个行程开关I0.5～I1.1分别对应5个停靠点，5个停靠点号依次分配数值为1、2、3、4、5，停靠点的数值存储于VW2中。

③ 小车呼叫点VW0与小车停靠点VW2进行比较，当小车呼叫点大于停靠点时，小车前进。

④ 小车呼叫点VW0与小车停靠点VW2进行比较，当小车呼叫点小于停靠点时，小车后退。

案例12　投币洗车机

一台投币洗车机，用于司机清洗车辆，司机每投入一元可以使用10min，其中喷水时间为5min。

投币洗车机变量如表6-12所示，其接线图如图6-27所示。

表6-12 投币洗车机变量

输入量		输出量	
I0.0	投币检测	Q0.0	喷水电磁阀
I0.1	喷水按钮		
I0.2	复位按钮		

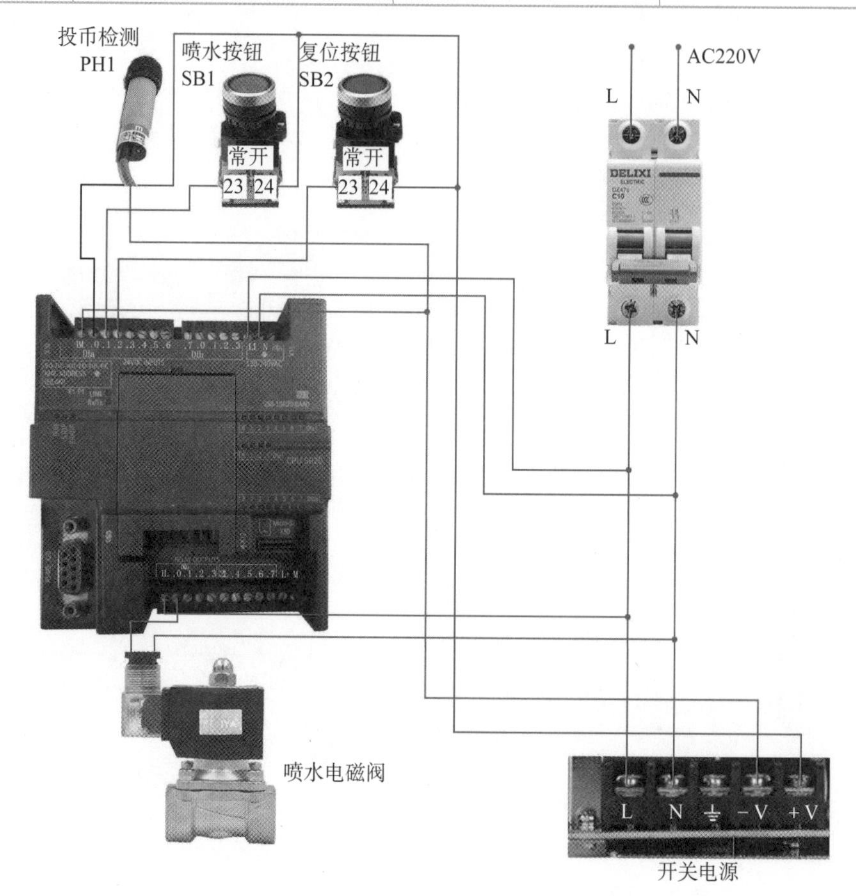

图6-27 投币洗车机接线图

程序编写

投币洗车机程序如图6-28所示。

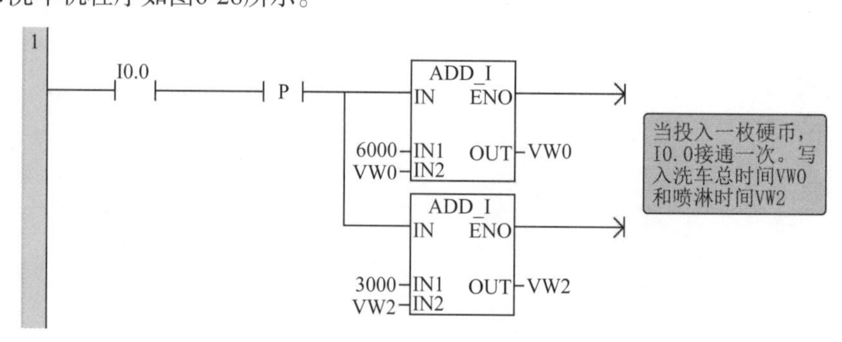

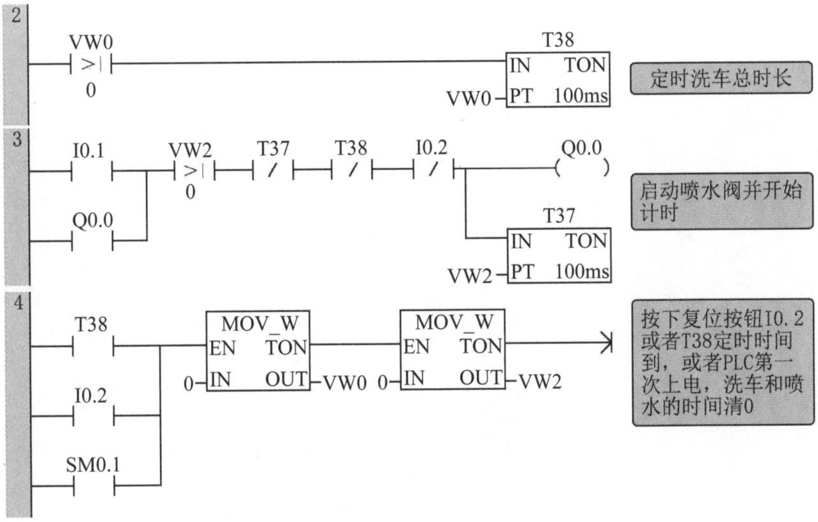

图6-28　投币洗车机程序

程序解释

① 100ms累计型定时器T37用来累计喷水时间，VW2存放喷水时间。100ms通用型定时器T38用来累计使用时间，VW0存放使用时间。当投入一枚硬币，I0.0接通一次，向VW0增加6000（10min），同时向VW2增加3000（5min）。

② 按下喷水按钮后，开始累计喷水时间，同时喷水洗车。

③ 喷水时间到，清除喷水时间。

④ PLC初次运行或按下复位按钮I0.2，或使用时间到，VW0和VW2清0，结束使用。

案例13　水塔给水的控制系统

水塔在工业生产中起到蓄水的作用。水塔的高度很高，为了使水塔中的水位保持在一定的高度，通常由自动控制电路对水塔的水位进行检测，同时为水塔进行给水控制。在图6-29中，有水塔和蓄水池，水塔有低水位传感器SQ3和高水位传感器SQ4，蓄水池有蓄水池低水位传感器SQ1和蓄水池高水位传感器SQ2，水泵电动机为Q0.2，蓄水池的出水阀为Q0.0，蓄水池的低水位指示灯为Q0.1，水塔低水位指示灯为Q0.3。水塔给水的控制系统变量如表6-13所示，其控制系统示意图如图6-29所示。

表6-13 水塔给水的控制系统变量

输入量		输出量	
I0.0	蓄水池低水位传感器	Q0.0	电磁阀
I0.1	蓄水池高水位传感器	Q0.1	蓄水池低水位指示灯
I0.2	水塔低水位传感器	Q0.2	电动机供电控制接触器
I0.3	水塔高水位传感器	Q0.3	水塔低水位指示灯

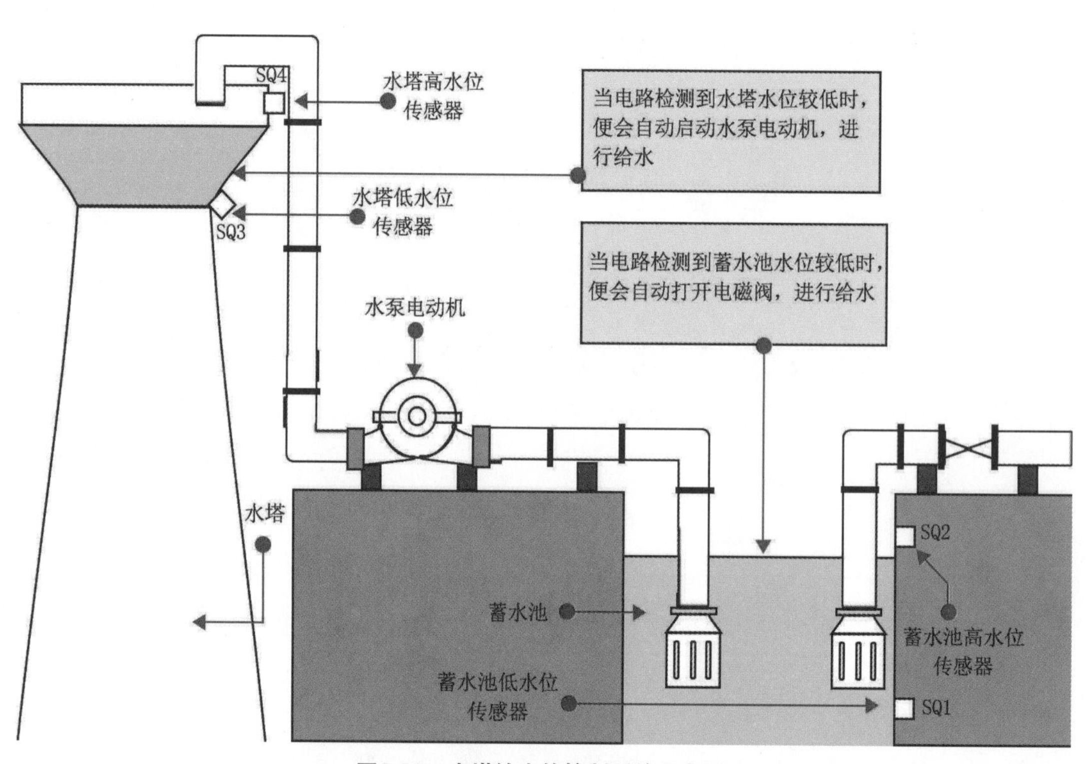

图6-29 水塔给水的控制系统示意图

主电路：

水塔给水的控制系统接线图如图6-30所示。

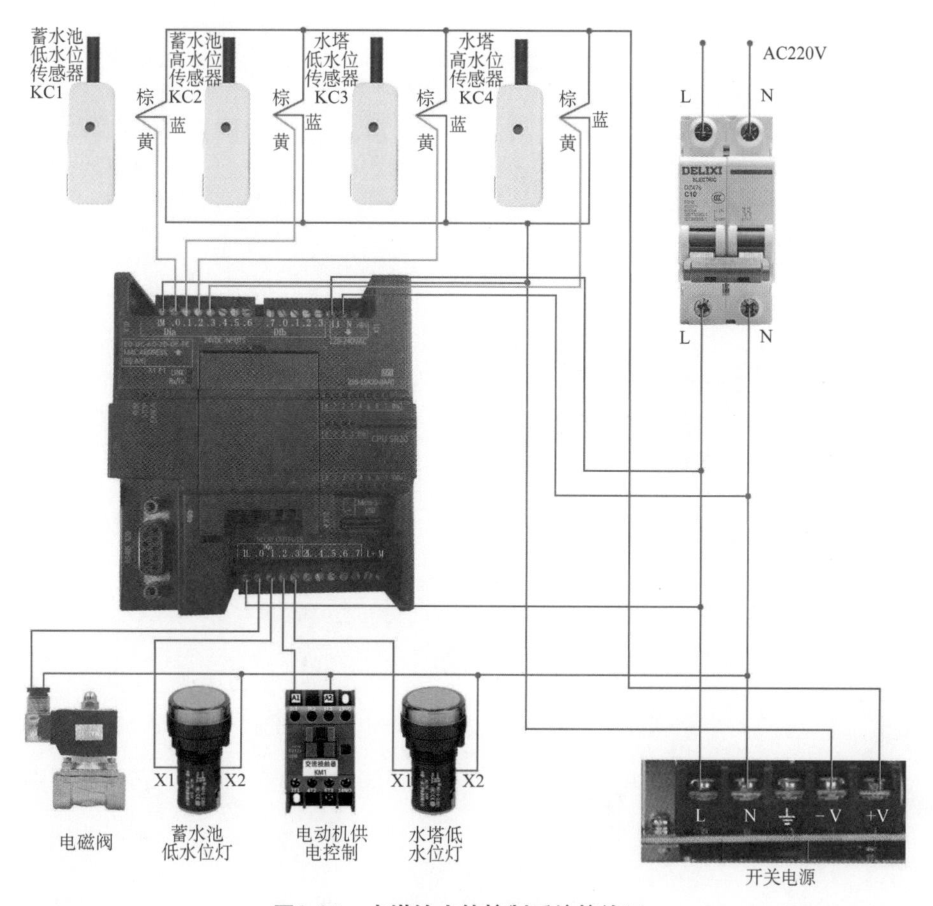

图6-30　水塔给水的控制系统接线图

程序编写

水塔给水的控制系统程序如图6-31所示。

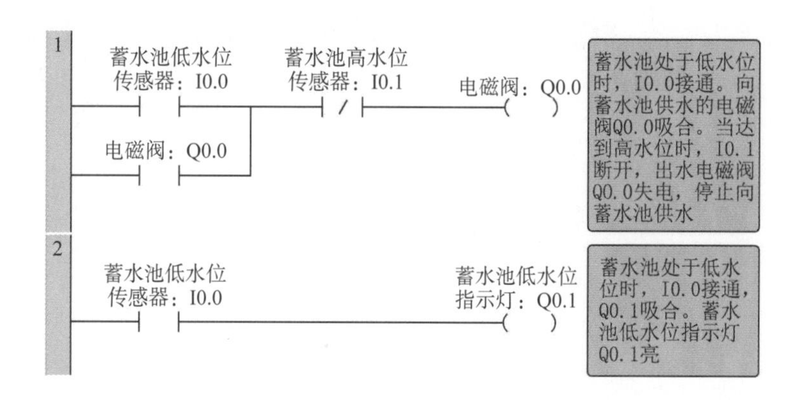

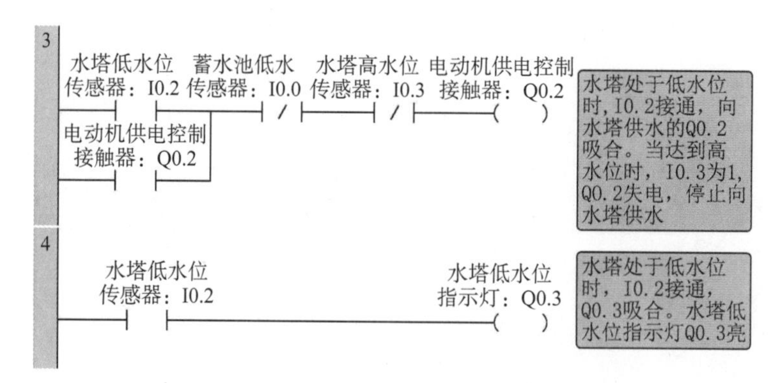

图6-31　水塔给水的控制系统程序

程序解释

① 蓄水池处于低水位时，I0.0闭合，向蓄水池供水的电磁阀Q0.0吸合，开始向蓄水池供水。当蓄水池达到高水位时，即I0.1为1，常闭触点断开，断开蓄水池供水电磁阀，Q0.0失电。

② 当蓄水池水位低于低水位时，I0.0触点接通，Q0.1线圈得电，低水位指示灯常亮。

③ 水塔处于低水位时，向水塔供水电动机供电控制接触器吸合，Q0.2得电，开始向水塔供水。当水塔达到高水位时，即I0.3为1，常闭触点断开，断开水塔供水电动机供电控制接触器，Q0.2失电。

④ 当水塔水位低于低水位时，I0.2触点接通，Q0.3线圈得电，水塔低水位指示灯常亮。

案例14　水塔水位监测与报警

保持水位在I0.1和I0.2之间，当水塔中的水位低于下限位开关I0.1时，电磁阀Q0.0打开，开始向水塔中注水；若水位低于最低水位传感器I0.0，除向内注水外，1s后若还低于最低水位，则系统发出警报。当水塔中的水位高于上限位开关I0.2时，电磁阀Q0.1打开，开始向水塔外排水；若水位高于最高水位传感器I0.3，除向外排水外，1s后若还高于最高水位，则系统发出警报。

水塔水位监测与报警变量如表6-14所示，其示意图如图6-32所示，其接线图如图6-33所示。

表6-14　水塔水位监测与报警变量

输入量		输出量	
I0.0	最低水位	Q0.0	注水电磁阀
I0.1	低水位	Q0.1	排水电磁阀
I0.2	高水位	Q0.2	报警指示灯
I0.3	最高水位		

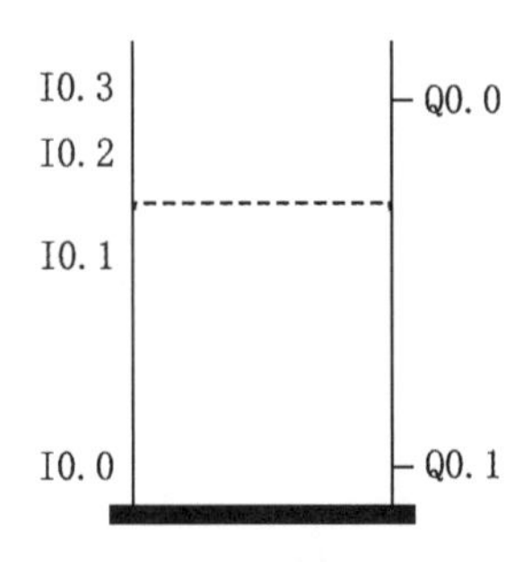

图6-32　水塔水位监测与报警示意图

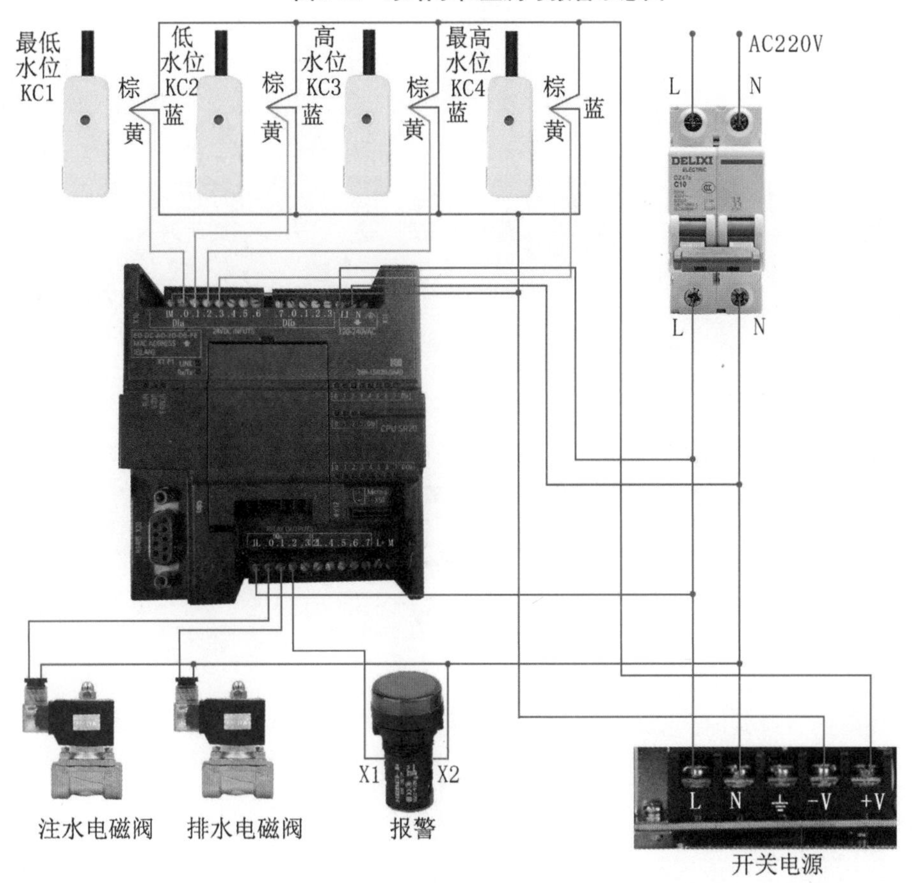

图6-33　水塔水位监测与报警接线图

程序编写

水塔水位监测与报警程序如图6-34所示。

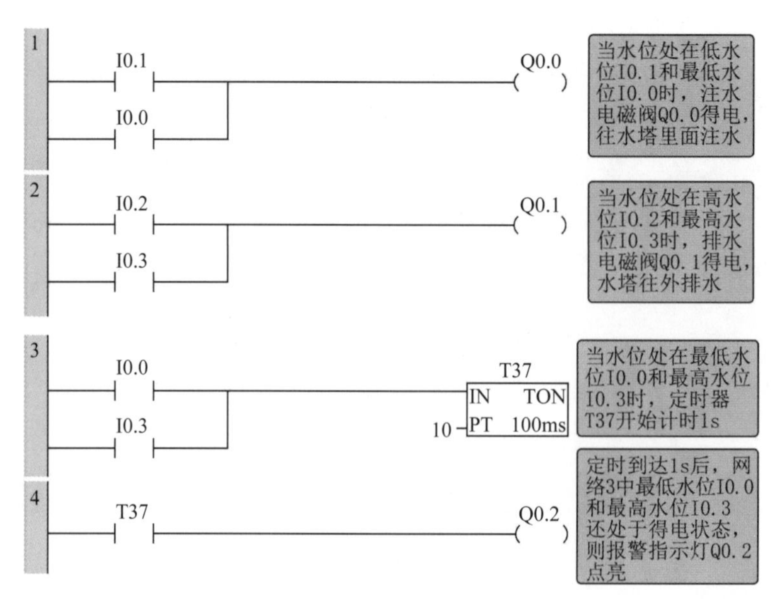

图6-34　水塔水位监测与报警程序

程序解释

① 在水位处在低水位和最低水位时，注水电磁阀Q0.0得电，往水塔里面注水。

② 在水位处在高水位和最高水位时，排水电磁阀Q0.1得电，水塔往外排水。

③ 当水位处在最低水位和最高水位时，定时器T37开始计时1s。

④ 在定时器T37计时1s时间到，报警指示灯Q0.2点亮。

案例15　抢答题（逻辑指令）

3组选手：

选手1，抢答按钮I0.2，抢答指示灯Q0.2。

选手2，抢答按钮I0.3，抢答指示灯Q0.3。

选手3，抢答按钮I0.4，抢答指示灯Q0.4。

主持人按下启动按钮I0.0后，抢答指示灯Q0.0亮，开始抢答。若5s内无人抢答，抢答指示灯灭Q0.0灭，说明该题无人抢答，自动作废。

主持人出题后，没有按下启动按钮I0.0，如果有人抢答，Q0.1报警，选手自己的灯亮，表示选手违规。

按下启动按钮I0.0，开始抢答后，第1个按下按钮的选手信号有效，其余选手信号（后按下的）无效，选手抢答信号指示灯亮。

在按下复位按钮I0.1后，所有灯熄灭，进行下一轮抢答。

抢答题变量如表6-15所示，其接线图如图6-35所示。

表6-15　抢答题变量

输入量		输出量	
I0.0	启动按钮	Q0.0	开始抢答
I0.1	复位按钮	Q0.1	报警灯
I0.2	选手1	Q0.2	1号选手灯
I0.3	选手2	Q0.3	2号选手灯
I0.4	选手3	Q0.4	3号选手灯

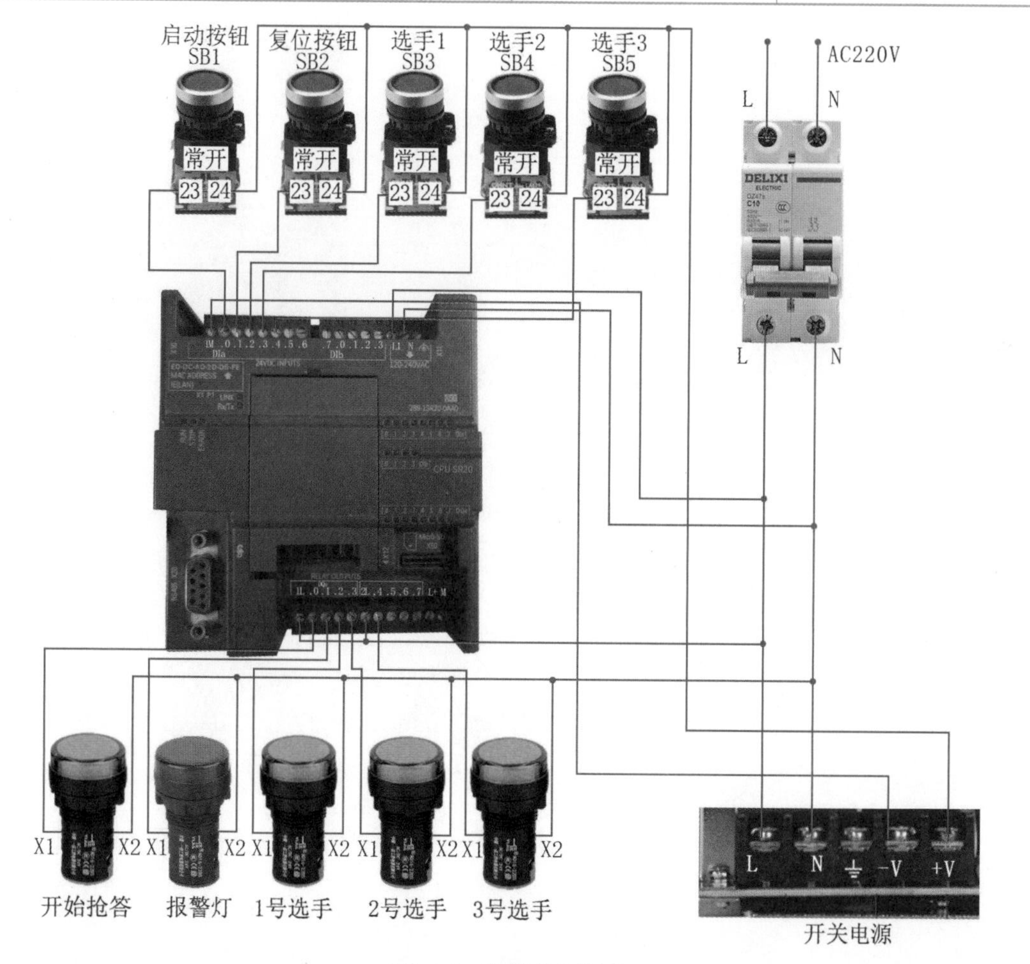

图6-35　抢答题接线图

程序编写

抢答题程序如图6-36所示。

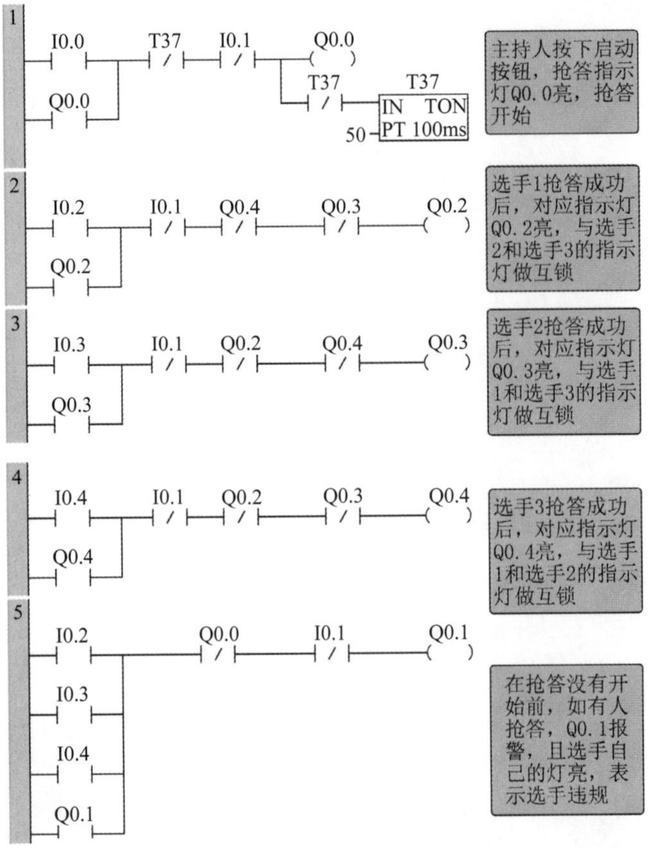

1: I0.0 / Q0.0 — T37 — I0.1 — Q0.0; T37 — IN TON, 50 — PT 100ms
主持人按下启动按钮，抢答指示灯Q0.0亮，抢答开始

2: I0.2 / Q0.2 — I0.1 — Q0.4 — Q0.3 — Q0.2
选手1抢答成功后，对应指示灯Q0.2亮，与选手2和选手3的指示灯做互锁

3: I0.3 / Q0.3 — I0.1 — Q0.2 — Q0.4 — Q0.3
选手2抢答成功后，对应指示灯Q0.3亮，与选手1和选手3的指示灯做互锁

4: I0.4 / Q0.4 — I0.1 — Q0.2 — Q0.3 — Q0.4
选手3抢答成功后，对应指示灯Q0.4亮，与选手1和选手2的指示灯做互锁

5: I0.2 / I0.3 / I0.4 / Q0.1 — Q0.0 — I0.1 — Q0.1
在抢答没有开始前，如有人抢答，Q0.1报警，且选手自己的灯亮，表示选手违规

图6-36 抢答题程序

程序解释

① 主持人按下启动按钮I0.0后，抢答指示灯Q0.0亮，3组选手此时开始抢答。同时T37开始计时5s，若5s内无人抢答，T37的常闭触点断开，抢答指示灯灭Q0.0灭，说明该题无人抢答，自动作废。

② 按下启动按钮I0.0，3组选手开始抢答，第1个按下按钮的选手信号有效，其余选手信号（后按下的）无效，选手抢答信号指示灯亮。

③ 在主持人出题后，没有按下启动按钮I0.0，即抢答指示灯Q0.0没有点亮的情况下，如果有人抢答，I0.2、I0.3、I0.4任何一个按钮按下去，Q0.1都会报警，选手自己的灯亮，表示选手违规。

④ 当按下复位按钮I0.1，所有灯熄灭，然后再进行下一轮抢答。

案例16 广场喷泉

一个喷泉池里有A、B、C3种喷头。喷泉的喷水规律是：按下启动按钮，A喷头喷5s，B、C喷头同时喷8s，B喷头喷4s，A、C喷头同时喷5s，A、B、C喷头同时喷8s，停1s，然后从头循环开始喷水，直到按下停止按钮。

广场喷泉变量如表6-16所示，其示意图如图6-37所示，其接线图如图6-38所示。

表6-16 广场喷泉变量

输入量		输出量	
I0.0	启动按钮	Q0.0	A喷头
I0.1	停止按钮	Q0.1	B喷头
		Q0.2	C喷头

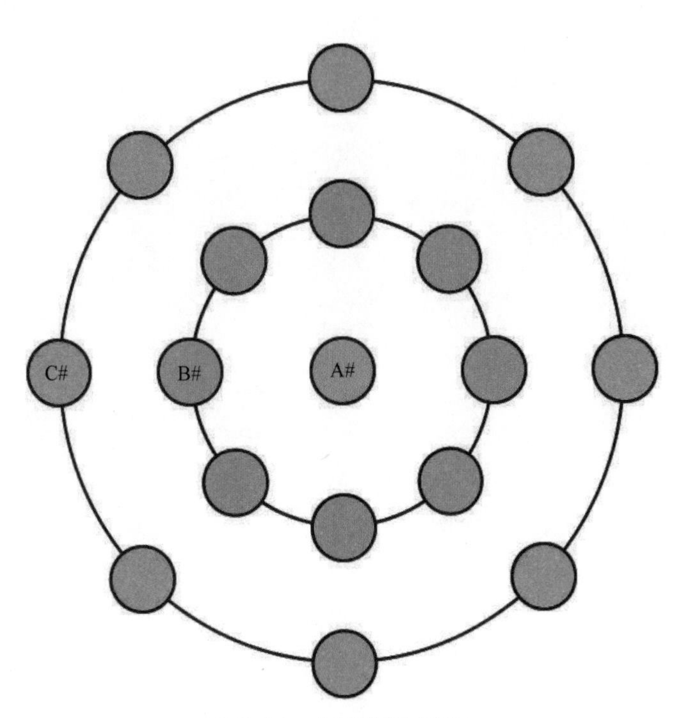

图6-37 广场喷泉示意图

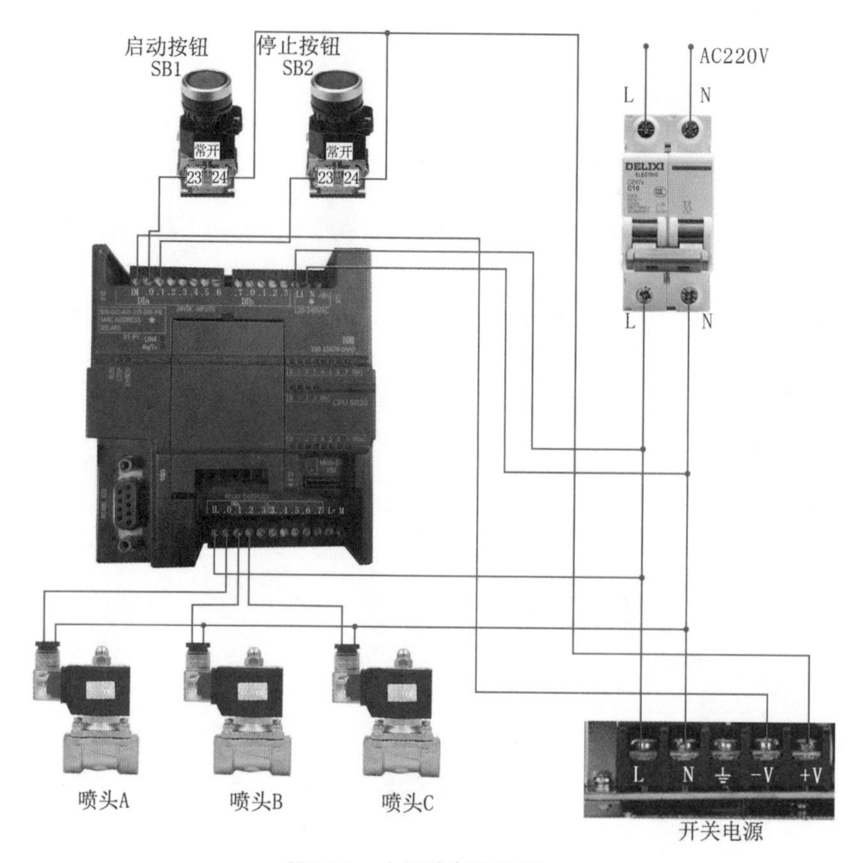

图6-38　广场喷泉接线图

程序编写

广场喷泉程序如图6-39所示。

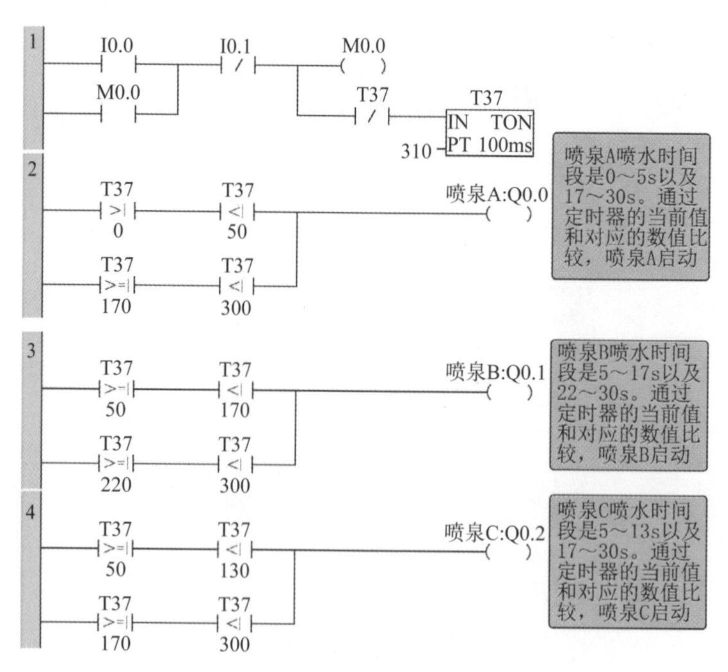

图6-39　广场喷泉程序

程序解释

① 按下启动按钮I0.0，M0.0接通并保持，同时T37开始计时，T37的常闭触点断开，T37定时器线圈实现循环，按下停止按钮I0.1，设备停止。

② 喷头A喷水时间段是0～5s以及17～30s。

③ 喷头B喷水时间段是5～17s以及22～30s。

④ 喷头C喷水时间段是5～13s以及17～30s。

案例17 广告灯控制

一个广告灯包括8个彩色LED（从左到右依次排开），启动时，要求8个彩色LED从右到左逐个点亮，全部点亮时，再从左到右逐个熄灭。全部熄灭后，再从左到右逐个点亮，全部点亮时，再从右到左逐个熄灭，并不断重复上述过程。广告灯控制变量如表6-17所示，其示意图如图6-40所示，控制顺序图如图6-41所示。

表6-17　广告灯控制变量

元件说明	
I0.0	广告灯启动开关
I0.1	广告灯停止开关
T37	计时32s定时器 时基100ms
T38	计时1s定时器 时基100ms
Q0.0～Q0.7	8个彩色LED灯
M0.0	内部辅助继电器1

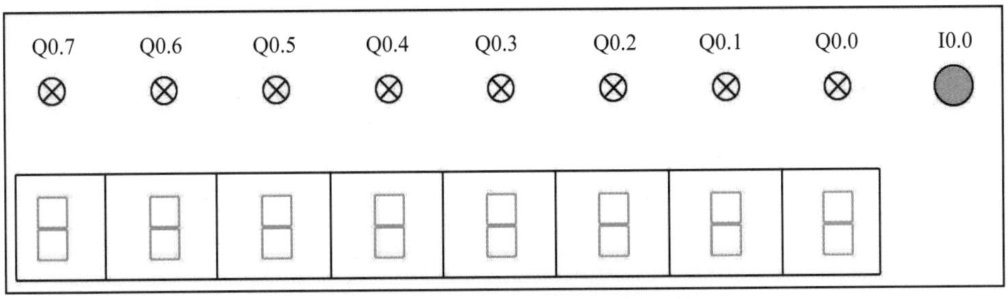

Q0.7　Q0.6　Q0.5　Q0.4　Q0.3　Q0.2　Q0.1　Q0.0　I0.0

图6-40　广告灯控制示意图

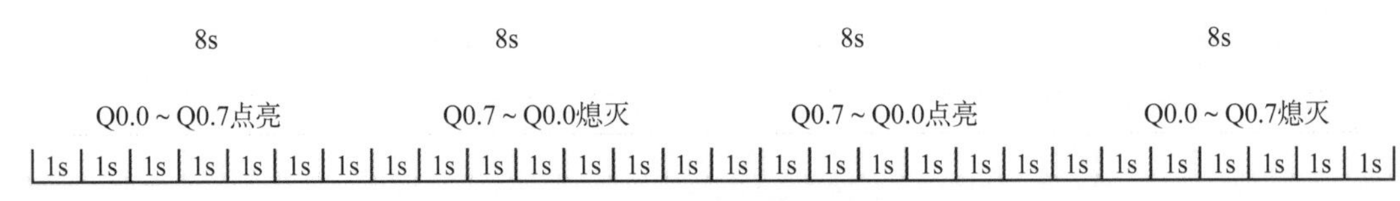

图6-41 广告灯控制顺序图

程序编写

广告灯控制程序如图6-42所示。

1
I0.0 I0.1 M0.0
M0.0
T37 T37 IN TON 320 PT 100ms
T38 T38 IN TON 10 PT 100ms

2
T37 ==I 10 Q0.0 S 1
T37计时为1s点亮Q0.0

3
T37 >I 10 T37 <=I 80 T38 SHL_B EN ENO QB0 IN OUT QB0 1 N
Q0.0 S 1
在1～8s，QB0每隔1s左移一次，每次移位1位，同时置位Q0.0

4
T37 >I 80 T37 <=I 160 T38 SHR_B EN ENO QB0 IN OUT QB0 1 N
在8～16s，每隔1s右移一次，每次移位1位

5
T37 ==I 170 Q0.7 S 1
T37计时等于170时，Q0.7置位为1

6
T37 >I 170 T37 <=I 240 T38 SHR_B EN ENO QB0 IN OUT QB0 1 N
Q0.7 S 1
在17～24s，QB0每隔1s右移一次，每次移位1位，同时置位Q0.7

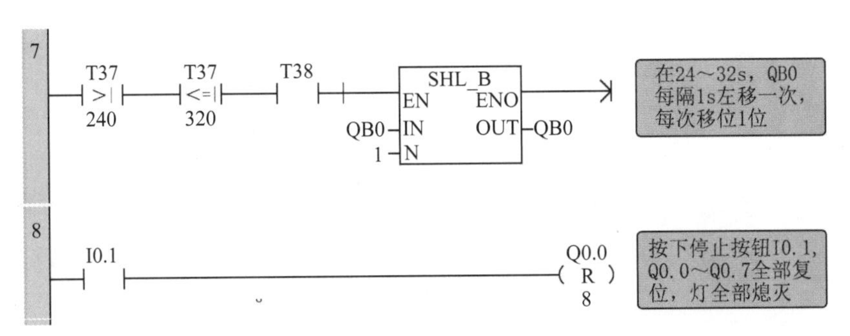

图6-42　广告灯控制程序

程序解释

① 按下启动开关，I0.0常开触点闭合，T37、T38开始计时，M0.0得电自锁，T37每隔32s发出一个脉冲，即32s循环一次，T38每隔1s发出一个脉冲，即1s循环一次。

② T37计时为1s点亮Q0.0，在1～8s，T38每隔1s再发一个脉冲，执行一次左移指令，同时最右位Q0.0补1，8个LED依次点亮，最后全亮。

③ T37计时在8～16s，T38每隔1s再发一个脉冲，执行一次右移指令，8个LED依次熄灭，最后全灭。

④ T37计时为17s点亮Q0.7，在17～24s，T38每隔1s再发一个脉冲，执行一次右移指令，同时最左位Q0.7补1，8个LED依次点亮，最后全亮。

⑤ T37计时在24～32s，T38每隔1s再发一个脉冲，执行一次左移指令，8个LED依次熄灭，最后全灭。

⑥ 按下停止按钮，Q0.0～Q0.7全部复位，灯全部熄灭。

案例18 交通灯

在十字路口，要求东西和南北方向各通行25s，并周而复始。在南北方向通行时，东西方向红灯亮25s，而南北方向绿灯先亮20s，再闪烁3s（0.5s暗，0.5s亮）后黄灯亮2s；在东西方向通行时，南北方向红灯亮25s，而东西方向的绿灯先亮20s，再闪烁3s（0.5s暗，0.5s亮）后黄灯亮2s。交通灯变量如表6-18所示，其接线图如图6-43所示，示意图如图6-44所示。

表6-18　交通灯变量

输入量		输出量	
I0.0	开始按钮	Q0.0	东西方向红灯

续表

输入量		输出量	
I0.1	停止按钮	Q0.1	南北方向绿灯
		Q0.2	南北方向黄灯
		Q0.3	南北方向红灯
		Q0.4	东西方向绿灯
		Q0.5	东西方向黄灯

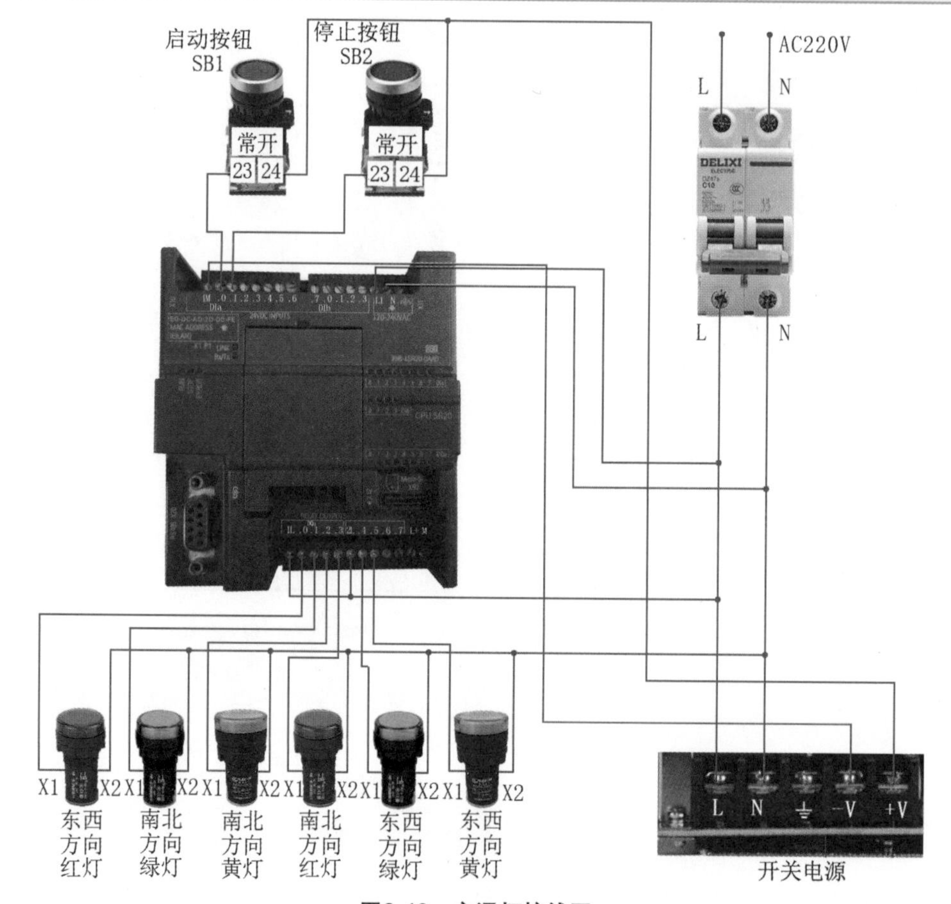

图6-43 交通灯接线图

图6-44 交通灯示意图

程序编写

交通灯程序如图6-45所示。

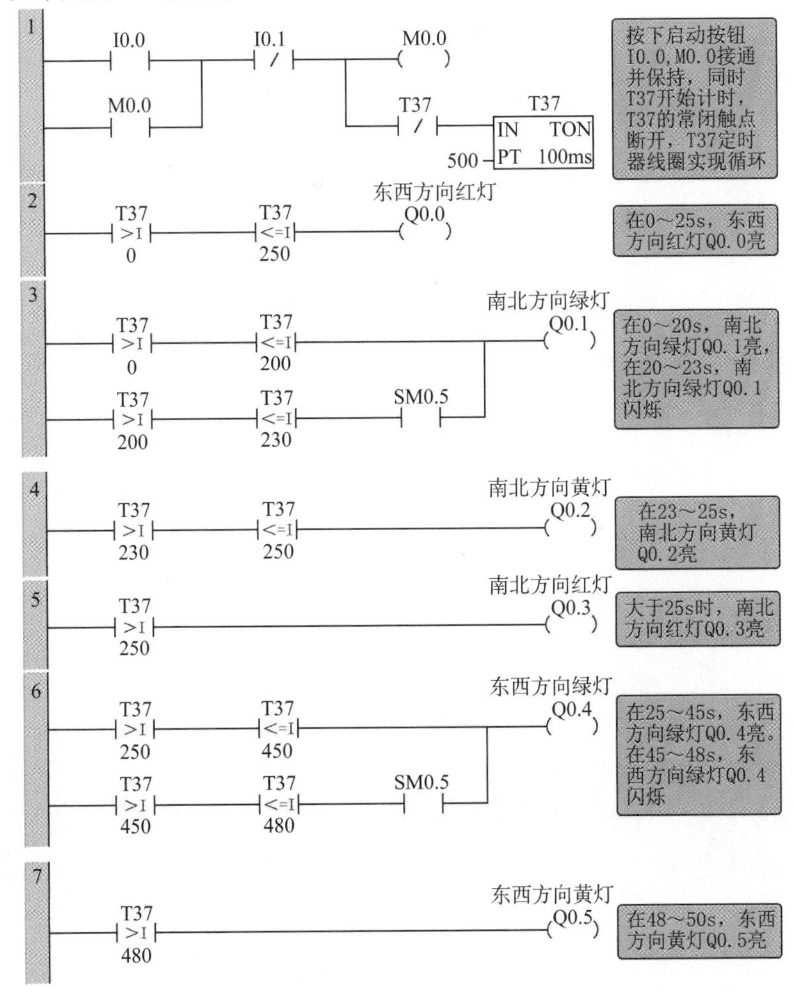

图6-45　交通灯程序

程序解释

① 按下启动按钮I0.0，M0.0接通并保持，同时T37开始计时，当T37的时间到达50s时，T37的常闭触点断开，T37定时器线圈实现循环。

② 东西方向红灯Q0.0亮时间段是0～25s。

③ 南北方向绿灯Q0.1亮时间段是0～20s，南北方向绿灯Q0.1闪烁时间段是20～23s。

④ 南北方向黄灯Q0.2亮时间段是23～25s。

⑤ 南北方向红灯Q0.3亮时间段是25～50s。

⑥ 东西方向绿灯Q0.4亮时间段是25～45s，东西方向绿灯Q0.4闪烁时间段是45～48s。

⑦ 东西方向黄灯Q0.5亮时间段是48～50s。

案例19 物流检测控制移位寄存器指令

产品被传送至传送带上做检测，当光电开关检测到有不良产品（高度偏高）时，在第4个定点将不良产品通过电磁阀排出，排出到回收箱后，电磁阀自动复位。当在传送带上的不良产品记忆错乱时，可按下复位按钮将记忆数据清0，系统重新开始检测。物流检测控制系统变量如表6-19所示，其示意图如图6-46所示，接线图如图6-47所示。

表6-19 物流检测控制系统变量

元件说明	
I0.0	不良产品检测光电开关
I0.1	凸轮检测光电开关，检测有无产品
I0.2	不良产品进入回收箱检测光电开关，不良产品被排出
I0.3	复位按钮
M0.0	内部辅助继电器1
M0.1	内部辅助继电器2
M0.2	内部辅助继电器3
M0.3	内部辅助继电器4
Q0.0	电磁阀推出杆

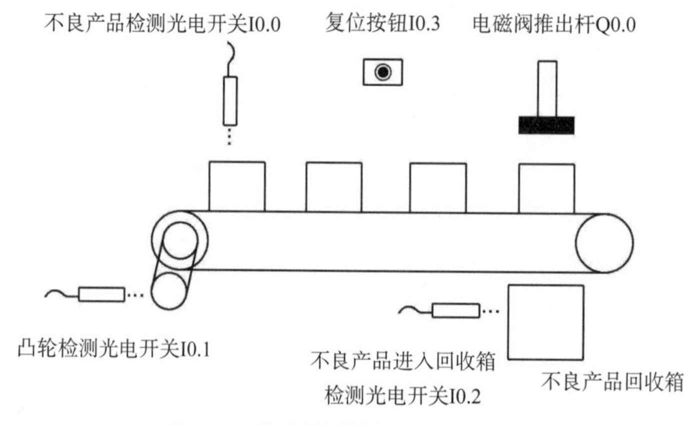

图6-46 物流检测控制系统示意图

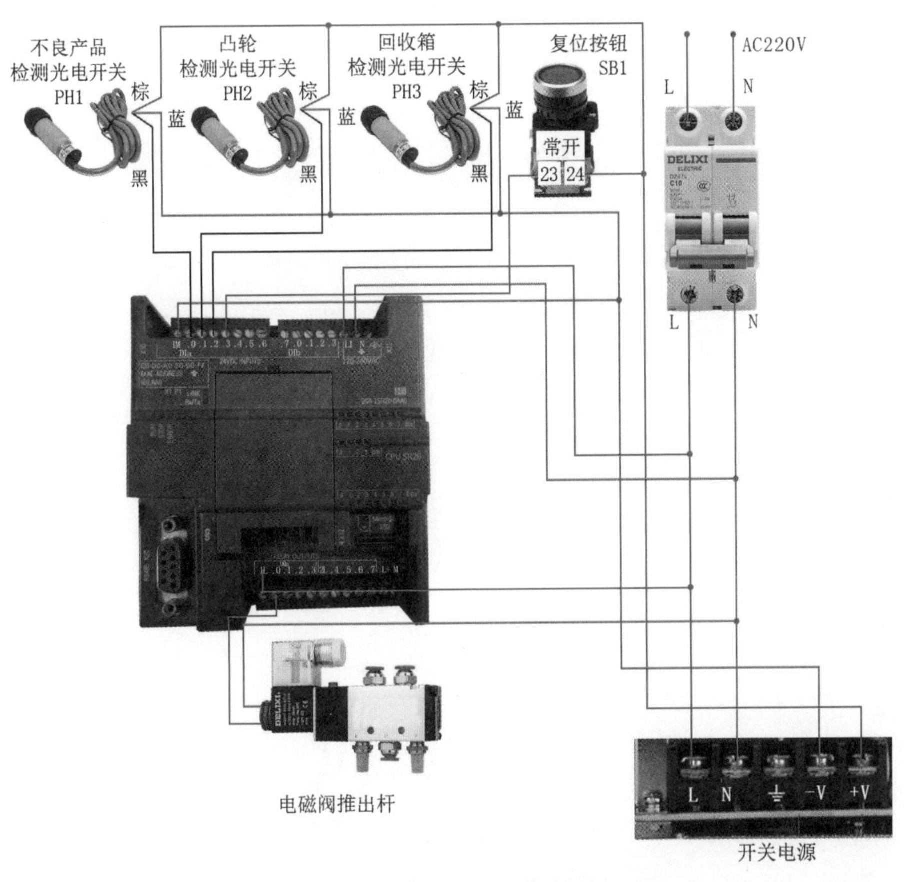

图6-47　物流检测控制接线图

程序编写

物流检测控制指令程序如图6-48所示。

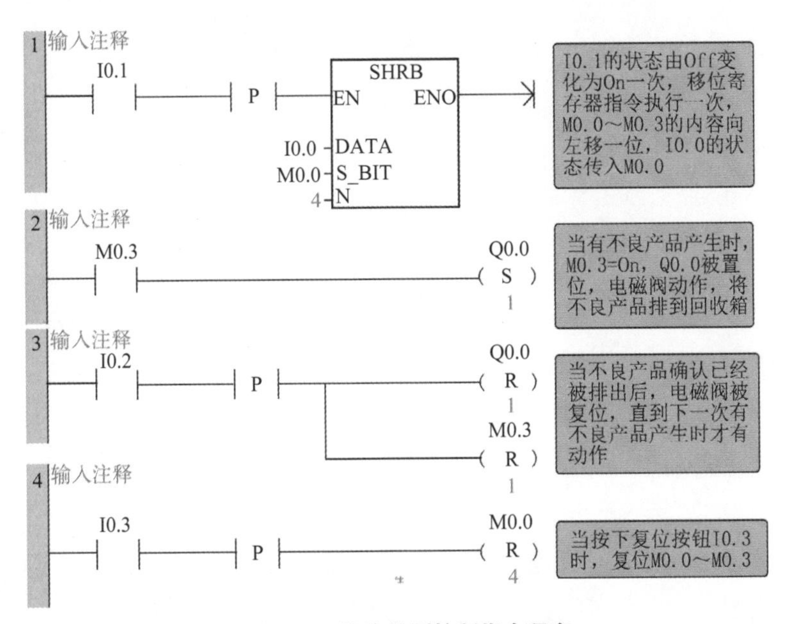

图6-48　物流检测控制指令程序

程序解释 ① 凸轮每转一圈，产品从一个定点移到另外一个定点，I0.1的状态由Off变化为On一次，同时移位寄存器指令执行一次，M0.0～M0.3的内容往左移一位，I0.0的状态被传到M0.0。

② 当有不良产品产生时（产品高度偏高），I0.0＝On，“1”的数据进入M0.0，移位3次后，到达第4个定点，使M0.3＝On，Q0.0被置位，Q0.0＝On，电磁阀动作，将不良产品推到回收箱。

③ 当不良产品确认已经被排出后，I0.2由Off变化为On一次，产生一个上升沿，使M0.3和Q0.0被复位，电磁阀被复位，直到下一次有不良产品产生时才有动作。

④ 当按下复位按钮I0.3时，I0.3由Off变化为On一次，产生一个上升沿，使M0.0～M0.3被全部复位为“0”，保证传送带上产品发生不良产品记忆错乱时，重新开始检测。

案例20 时钟指令多段定时启停

PLC时间设定好了后，编程实现电动机的多段定时启停。

说明：8～10点，电动机1启动，10点后停止。

8～16点，电动机2启动，16点后停止。

18～20点，电动机3启动，20点后停止。

第二天再按以上要求运行，运行2天后停止；当按下复位按钮后，则继续按要求启动电动机。

I/O分配表如表6-20所示。

表6-20 I/O分配表

输入	功能	输出	功能
I0.0	复位	Q0.0	电动机1输出
VB0	BCD年	Q0.1	电动机2输出
VB1	BCD月	Q0.2	电动机3输出
VB2	BCD日	VW10	年
VB3	BCD时	VW14	月
VB4	BCD分	VW18	日

续表

输入	功能	输出	功能
VB5	BCD秒	VW22	时
VB6	BCD空	VW26	分
VB7	BCD星期	VW30	秒
C0	输出次数	VW38	星期

程序编写

时钟指令多段定时启动程序如图6-49所示。

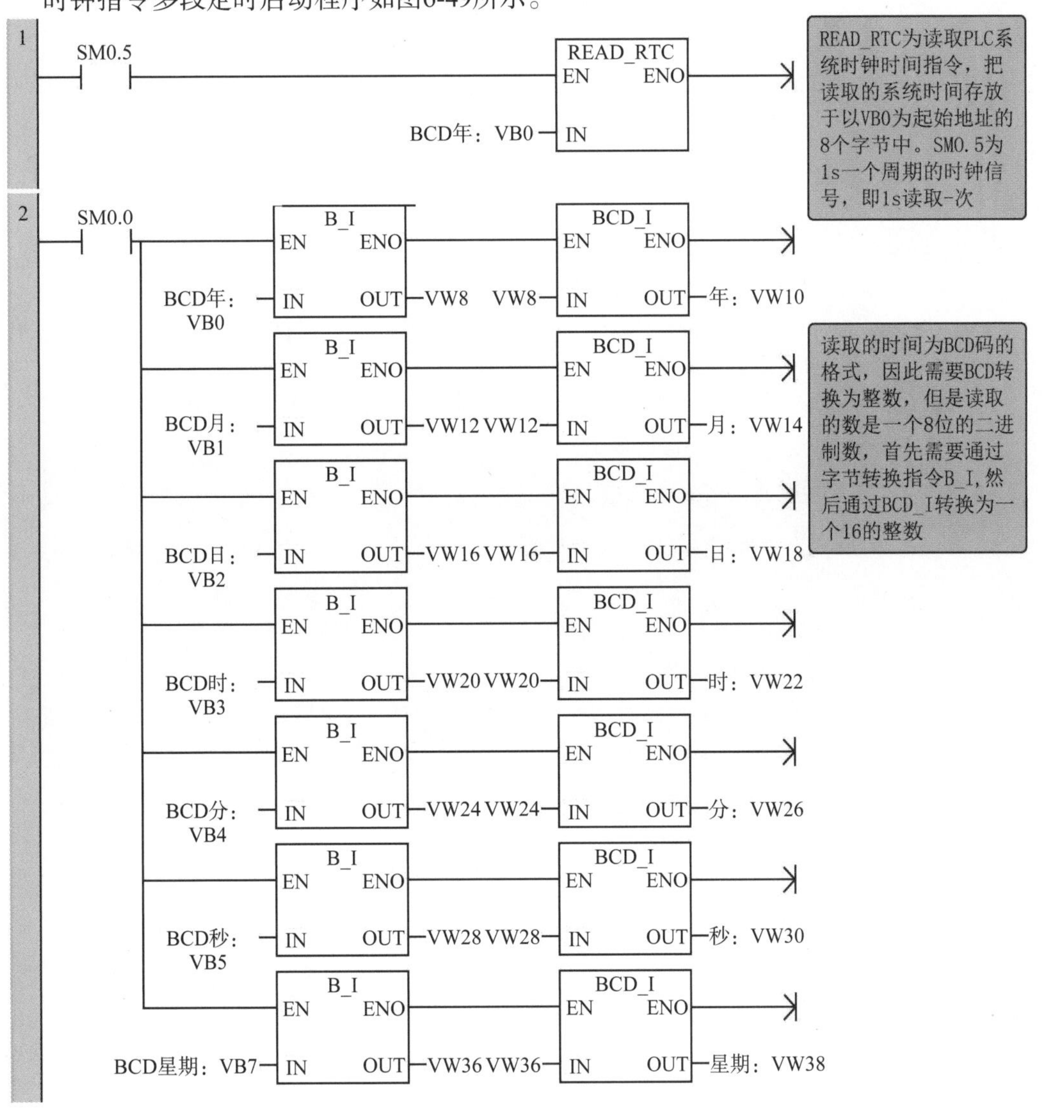

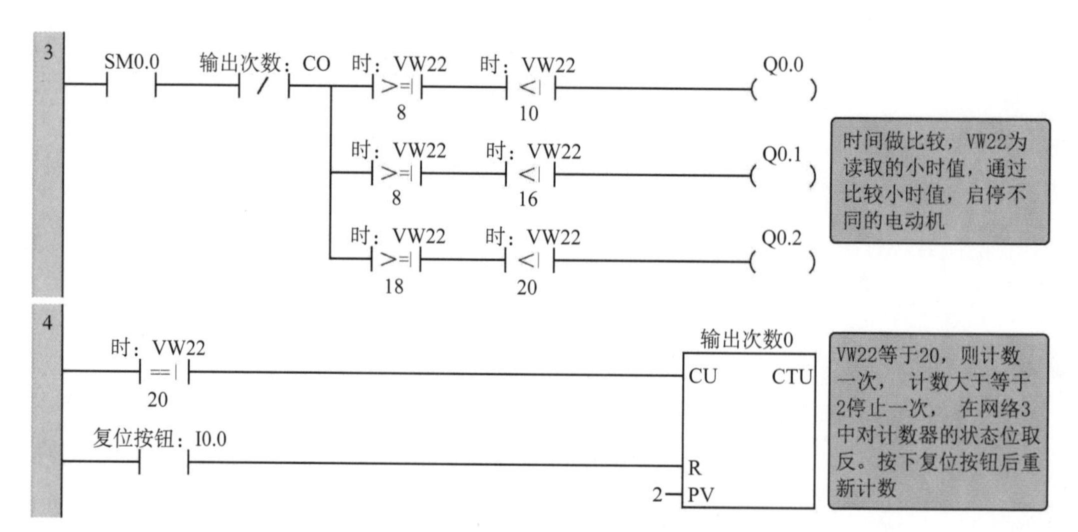

图6-49 时钟指令多段定时启动程序

程序解释

① SM0.5每过1s接通一次，并执行一次读取实时时钟指令READ_RTC，将读到的时件信息年、月、日、时、分、秒、空、星期放在以VB0开始的连续8个字节中。

② 我们需要的年、月、日、时、分、秒、星期被存放在VB0、VB1、VB2、VB3、VB4、VB5、VB7中，此时的时间值以BCD码的形式存放在存储区中，我们需要使用BCD_I将数值转换为十进制数，BCD_I指令的IN支持的数据类型的16位字，需要转换为16位使用B_I指令，最终得到的VW10、VW14、VW18、VW22、VW26、VW30、VW38中的数值即为十进制的时间信息。

③ 将时间做比较，8～10点电动机1启动，Q0.0输出，8～16点电动机2启动，Q0.1输出，18～20点电动机3启动，Q0.2输出。

④ 计数，运行2天后，C0接通使电动机停止；当按下复位按钮后，则继续按要求启动电动机。

第7章

S7-200 SMART PLC模拟量和PID控制程序设计

7.1 S7-200 SMART PLC模拟量程序设计

7.1.1 模拟量控制概述

（1）模拟量控制简介

① 数字量。在时间和数量上都是离散的物理量称为数字量，用D表示。我们把表示数字量的信号叫数字信号，把工作在数字信号下的电子电路叫数字电路。例如：输入I有输入时，加给电子电路的信号为1；而平时没有输入时，加给电子电路的信号为0。

② 模拟量。在时间或数值上都是连续的物理量称为模拟量，用A表示。我们把表示模拟量的信号叫模拟信号，把工作在模拟信号下的电子电路叫模拟电路。例如：热电偶在工作时输出的电压信号属于模拟信号，因为在任何情况下被测温度都不可能发生突跳，所以测得的电压信号无论在时间上还是在数量上都是连续的，并且这个电压信号在连续变化过程中的任何一次取值都有具体的物理意义，即表示一个相应的温度。

③ 在工业控制中，某些输入量（温度、压力、液位和流量等）是连续变化的模拟量信号，某些被控对象也需模拟信号控制，因此要求PLC有处理模拟信号的能力。PLC内部执行的均为数字量，因此模拟量处理需要完成两方面任务：一是将模拟量转换成数字量（A/D转换）；二是将数字量转换为模拟量（D/A转换）。

④ 模拟量处理过程如图7-1所示。这个过程分为以下几个阶段。

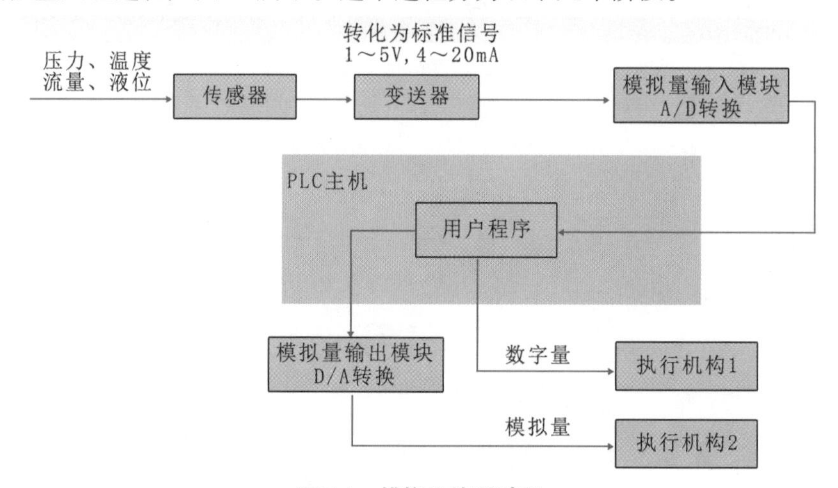

图7-1 模拟量处理过程

a. 模拟量信号的采集，由传感器来完成。传感器将非电信号（如温度、压力、液位和流量等）转化为电信号。注意此时的电信号为非标准电信号。

b. 非标准电信号转化为标准电信号，此项任务由变送器来完成。传感器输出的非标准电信号输送给变送器，经变送器将非标准电信号转化为标准电信号。根据国际标准，标准电信号分为电压型和电流型两种类型。电压型的标准电信号为DC 0～10V和0～5V等；电流型的标准电信号为DC 0～20mA和DC 4～20mA。

c. A/D转换和D/A转换。变送器将其输出的标准电信号传送给模拟量输入扩展模块后，模拟量输入扩展模块将模拟量信号转化为数字量信号，PLC经过运算，其输出结果或直接驱动输出继电器，从而驱动开关量负载；或经模拟量输出模块实现D/A转换后，输出模拟量信号控制模拟量负载。

（2）模拟量检测系统的组成

模拟量检测系统的组成如图7-2所示。

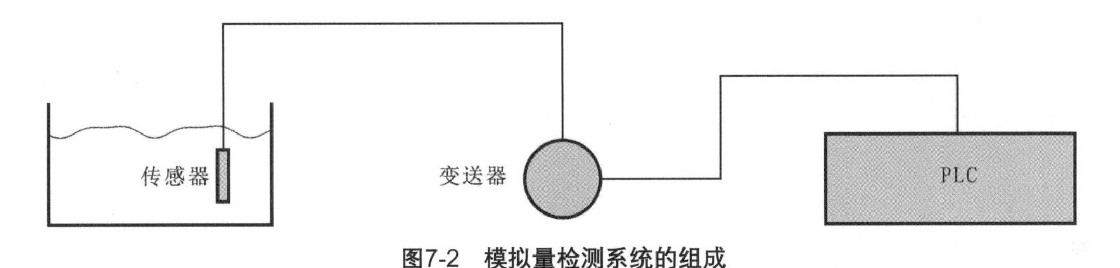

图7-2　模拟量检测系统的组成

① 传感器。传感器是能够感受规定的被测量并按照一定的规律将被测量转换成可用输出信号的器件或装置的总称，通常由敏感元件和转换元件组成。它是一种检测装置，能感受被测量的信息，并能将检测感受到的信息，按一定规律变换成为电信号或其他所需形式的输出，满足信息的传输、存储、记录和控制要求。它是实现自动检测和自动控制的首要环节。

② 变送器。将非标准电信号转换为标准电信号的仪器，在S7-200 SMART PLC中，变送器用于处理标准的模拟量信号。

③ 工程量。通俗地说是指物理量，如温度、压力、流量、转速等。

④ 模拟量。通俗地说是指在一定范围连续变化的量，如电压、电流信号。也就是说在一定范围（定义域）内可以任意取值。

⑤ 离散量。离散量是指分散开来的、不存在中间值的量，与连续量相对。不连续变化的量就是离散量，例如1、3、5、10。

⑥ 数字量。数字量也是离散量，但数字量只有0和1两种状态，反映到开关上，就是指一个开关的断开（0）和闭合（1）状态。

7.1.2 模拟量信号的实物接线

（1）变送器信号的选择

① 电压信号的选用。早期的变送器大多为电压输出型，即将测量信号转换为0～5V或0～10V电压输出。这是运算放大器直接输出，信号功率小于0.05W，通过A/D转换电路转

换成数字信号供S7-200 SMART PLC读取、控制。但在信号需要远距离传输或使用环境中电网干扰较大的场合，电压输出型变送器的使用受到了极大限制，暴露了抗干扰能力较差、线路损耗导致精度降低等缺点，所以电压信号一般只适用于短距离传送。

② 电流信号的选用。当现场与控制室之间的距离较远，连接电线的电阻较大时，如果用电压信号远传，电线电阻与接收仪表输入电阻的分压，将产生较大的误差，而用恒电流信号远传，只要传送回路不出现分支，回路中的电流就不会随电线长短而改变，从而保证了传送的精度，所以一般远距离传输用的都是电流信号，而电流信号用得最多的是4～20mA信号。

③ 信号最大电流选择20mA的原因。最大电流选择20mA是基于安全、实用、功耗、成本的考虑。安全火花仪表只能采用低电压、低电流，20mA的电流通断引起的火花能量不足以引燃瓦斯，非常安全。综合考虑生产现场仪表之间的连接距离、所带负载，以及功耗及成本问题、对电子元件的要求、供电功率的要求等因素选择最大电流20mA。

④ 信号起点电流选择4mA的原因。变送器电路没有静态工作电流将无法工作，信号起点电流4mA就是变送器的静态工作电流；同时仪表电气零点为4mA，不与机械零点重合，这种“活零点”有利于识别断电和断线等故障。

（2）变送器信号之间的转换

在工作过程中，经常会碰到变送器输出的模拟量信号与控制器（S7-200 SMART PLC）接收口信号不一致的情况，需要怎样处理呢？

① 电流转电压。标准电流信号4～20mA是变送器输出信号，相当于一个受输入信号控制的电流源，如在实际中需要的是电压信号而不是电流信号，则转换一下即可。转换的方式是加500Ω电阻，则转换的电压为2～10V。为何是500Ω电阻呢？因为最大模拟量电压是10V，最大模拟量电流是20mA，那么10V/20mA＝500Ω。

② 电压转电流。标准电压信号0～10V是变送器输出信号，相当于一个受输入信号控制的电压源，如在实际中需要的是电流信号而不是电压信号，也要转换一下。电压信号转换成电流信号，在输出端之间串联电阻即可。转换的方式是加500Ω负载电阻，转换的电流则为0～20mA。

（3）变送器的类型及接线

变送器分为四线制、三线制、二线制接法。这里讨论的“线制”，是以传感器或仪表变送器是否需要外供电源来区别的，而并不是指模块需要几根信号线或该变送器有几根输出信号线。以下将以最常见的EM AM03为例讲解接线。

① 四线制电流型信号的接法。四线制电流型信号是指信号设备本身外接供电电源，同时有信号＋、信号－两根信号线输出。供电电源常见的是DC 24V，接线如图7-3所示。

② 三线制电流型信号的接法。三线制电流型信号是指信号设备本身外接供电电源，

只有一根信号线输出，该信号线与电源线共用公共端，通常情况是共负端的，接线如图7-4所示。

③ 二线制电流型信号的接法。二线制电流型信号是指信号设备本身只有两根外接线，设备的工作电源由信号线提供，即其中一根线接电源，另一根线输出信号，接线如图7-5所示。

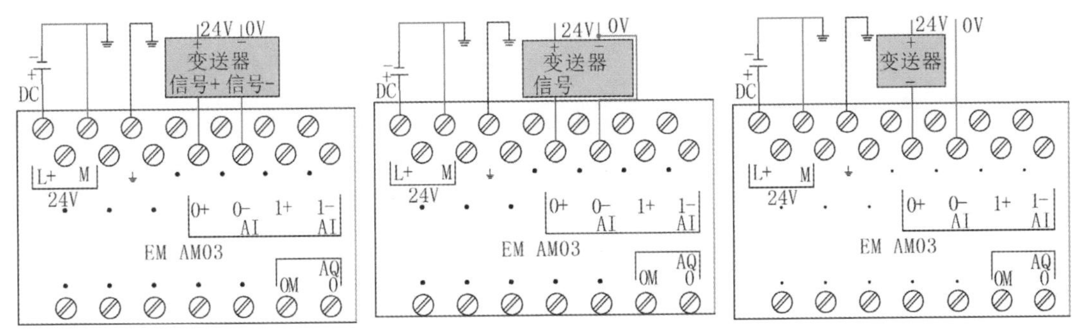

图7-3 四线制电流型信号的接法 图7-4 三线制电流型信号的接法 图7-5 二线制电流型信号的接法

7.1.3 模拟量模块接线

（1）S7-200 SMART PLC 的模拟量模块

S7-200 SMART PLC的模拟量模块见表7-1。

表7-1 S7-200 SMART PLC的模拟量模块

型号	输入/输出类型	订货号
EM AE04	模拟量输入模块，4输入	6ES7 288-3AE04-0AA0
EM AE08	模拟量输入模块，8输入	6ES7 288-3AE08-0AA0
EM AQ02	模拟量输出模块，2输出	6ES7 288-3AQ02-0AA0
EM AQ04	模拟量输出模块，4输出	6ES7 288-3AQ04-0AA0
EM AM06	模拟量输入/输出模块，4输入/2输出	6ES7 288-3AM06-0AA0
EM AM03	模拟量输入/输出模块，2输入/1输出	6ES7 288-3AM03-0AA0
EM AR02	热电阻输入模块，2输入	6ES7 288-3AR02-0AA0
EM AR04	热电阻输入模块，4输入	6ES7 288-3AR04-0AA0
EM AT04	热电偶输入模块，4输入	6ES7 288-3AT04-0AA0
SB AQ01	模拟量扩展信号板，1×12位模拟量输出	6ES7 288-5AQ01-0AA0
SB AE01	模拟量扩展信号板，1×12位模拟量输入	6ES7 288-5AE01-0AA0

（2）模块扩展连接及地址分配

连接S7-200 SMART PLC本机有一定数量的I/O点，其地址分配也是固定的。当I/O点数不够时，通过连接I/O扩展模块或安装信号板，可以实现I/O点数的扩展。扩展模块一般安装在本机的右端，最多可以扩展6个扩展模块；扩展模块可以分为数字量输入模块、数字量输出模块、数字量输入输出模块、模拟量输入模块、模拟量输出模块、模拟量输入输出模块。

扩展模块的地址分配由I/O模块的类型和模块在I/O链中的位置决定。数字量I/O模块的地址以字节为单位，某些CPU和信号板的数字量I/O点数如不是8的整数倍，最后一个字节中未用的位不会分配给I/O链中的后续模块。

CPU、信号板和各扩展模块的连接及起始地址分配如表7-2所示。用系统块组态硬件时，编程软件STEP 7-Micro/WIN SMART会自动分配各模块和信号板的地址，本书在2.2节硬件组态中有详细阐述，这里不再赘述。

表7-2 CPU、信号板和各扩展模块的连接及起始地址分配

地址	CPU	信号板	信号模块0	信号模块1	信号模块2	信号模块3
起始地址	I0.0 Q0.0	I7.0	I8.0	I12.0	I16.0	I20.0
		Q7.0	Q8.0	Q12.0	Q16.0	Q20.0
		AIW12	AIW16	AIW32	AIW48	AIW64
		AQW12	AQW16	AQW32	AQW48	AQW64

（3）模拟量输入模块 EM AE04

① 概述。EM AE04是具有4路模拟量输入通道的模块，其外形尺寸为45mm×100mm×81mm（宽度×高度×厚度）。该模块无负载功率1.5W，消耗背板5V电流80mA。EM AE04模块功能将输入的模拟量信号转化为数字量，并将结果存入模拟量输入映像寄存器AI中，模拟量输入模块EM AE04有4种量程，分别为0～20mA、－10～10V、－5～5V、－2.5～2.5V。选择哪个量程，可以通过编程软件STEP 7-Micro/WIN SMART来设置。

CPU并不能直接处理模拟量的信号，而是需要将其转换成相应的数值。对于电压信号而言，EM AE04的转换精度为11bit＋1bit符号位；对于电流信号而言，EM AE04的转换精度为11bit。对于双极性信号（如±10V），其正常转换量程范围为－27648～＋27648；对于单极性信号（如4～20mA），其正常转换量程范围为0～27648。

② 技术指标。模拟量输入模块EM AE04的技术指标如表7-3所示。

表7-3　EM AE04模拟量输入技术参数

功耗	1.5W（空载）
电流消耗（SM总线）	80mA
电流消耗（24VDC）	40mA（空载）
满量程范围	－27648～27648
输入阻抗	≥9MΩ电压输入 250Ω电流输入
最大耐压/耐流	±35V DC/±40mA
输入范围	－10～10V，－5～5V，－2.5～2.5V，或0～20mA
分辨率	电压模式：11位＋1符号位 电流模式：11位
隔离	无
精度［25℃/（0～55℃）］	电压模式：满程的±0.1%/±0.2% 电流模式：满程的±0.2%/±0.3%
电缆长度（最大值）	100m，屏蔽双绞线

③ 模拟量输入模块EM AE04的端子与接线。EM AE04的上部和下部各有一个接线端子排，上面的编号为X10，下面的编号为X11。X10的1号端子为24V电源正极；2号端子为24V电源负极； 3号端子为功能性接地；剩下的端子为模拟量通道0（AI0）和模拟量通道1（AI1）的输入通道。关于X10和X11的接线端子定义见表7-4。

表7-4　EM AE04接线端子定义

端子	X10	X11
1	L+	无连接
2	M	无连接
3	功能性接地	无连接
4	AI 0+	AI 2+
5	AI 0−	AI 2−
6	AI 1+	AI 3+
7	AI 1−	AI 3−

模拟量输入模块EM AE04的接线图如图7-6所示。

模拟量输入模块EM AE04需要DC 24V电源供电，可以外接开关电源，也可由来自PLC的传感器电源（L＋、M之间24V DC）提供；在扩展模块及外围元件较多的情况下，不建议使用PLC的传感器电源供电，具体电源需要量，请查阅第1章的内容。模拟量输入模块安装时，将其连接器插入CPU模块或其他扩展模块的插槽里，不再是S7-200 SMART PLC那种采用扁平电缆的连接方式。

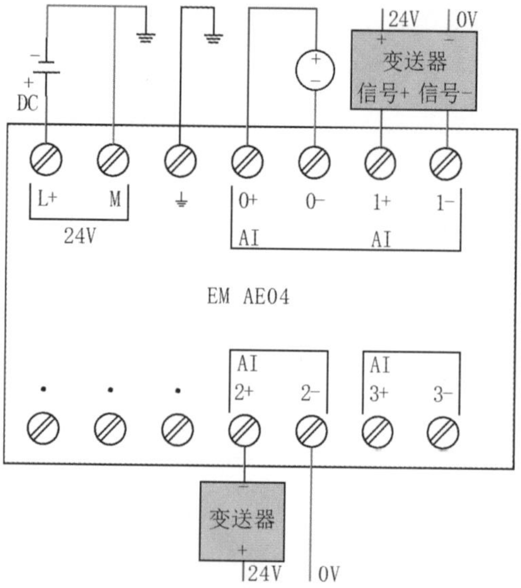

通道0为电压型传感器接线：直接将传感器的正负信号线分别与模拟量输入通道的正负极相连接即可。

图7-6 模拟量输入模块EM AE04的接线图

通道1为四线制电流传感器接线：其中两条为电源线（正负），两条为信号线（正负）。接线的时候，将电源线的正负分别接到电源的正极和负极，将信号线的正负分别接到输入通道的正负两端即可。

通道2为2线制电流传感器接线：其正极（“＋”）需要连接电源的正极（24V＋），用来为传感器供电；而负极（“－”）是信号输出线，需要连接到模拟量输入通道的正极，模拟量输入通道的负极连接到电源的负极（24V－）。

④ 模拟量输入模块EM AE04组态模拟量输入。模拟量输入模块支持电压信号和电流信号输入，对于模拟量电压信号、电流信号的类型及量程的选择由编程软件STEP 7-Micro/WIN SMART设置来完成，不再是S7-200 SMART PLC那种DIP开关设置了，这样更加便捷。

在编程软件中，先选中模拟量输入模块，再选中要设置的通道，模拟量的类型有电压和电流两种，电压范围有－2.5～2.5V、－5～5V、－10～10V 3种，电流范围只有0～20mA 1种。值得注意的是，通道0和通道1的类型相同，通道2和通道3的类型相同，具体设置如图7-7所示。

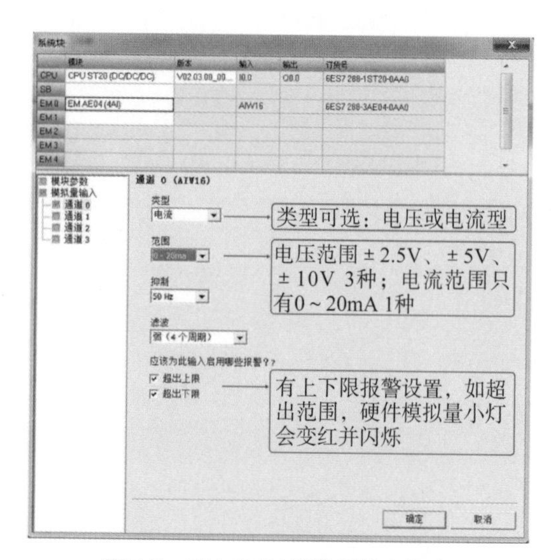

图7-7 EM AE04模拟量输入组态

（4）模拟量输出模块 EM AQ02

① 概述。EM AQ02是具有2路模拟量输出通道的模块，其外形尺寸为45mm×

10mm×81mm（宽度×高度×厚度）。每个模块消耗背板5V电流80mA。在不带负载的情况下，消耗24V传感器电流50mA；在带负载的情况下，消耗24V传感器电流90mA。其功能将模拟量输出映像寄存器AQ中的数字量转换为可用于驱动执行元件的模拟量。此模块有两种量程，分别为±10V和0～20mA，对应的数字量为-27648～27648和0～27648。

AQ中的数据以字（1个字16位）的形式存取，电压模式的有效位为10位+符号位；电流模式的有效位为10位。

② 技术指标。模拟量输出模块EM AQ02的技术指标如表7-5所示。

表7-5　EM AQ02模拟量输出技术参数

功耗	1.5W（空载）
电流消耗（SM总线）	80mA
电流消耗（24VDC）	50mA（空载）
信号范围 电压输出 电流输出	 -10～10V 0～20mA
分辨率	电压模式：10位+符号位 电流模式：10位
满量程范围	电压：-27648～27648 电流：0～27648
精度［25℃/（0～55℃）］	满程的±0.5%/±1.0%
负载阻抗	电压：≥1000Ω；电流：≤500Ω
电缆长度（最大值）	100m，屏蔽双绞线

③ 模拟量输出模块EM AQ02端子与接线。EM AQ02有上下两个接线端子，上面编号为X10，下面编号为X11。X10-1为24V电源正极；X10-2为24V电源负极；X10-3为功能性接地；X11-4和X11-5为模拟量输出通道0，其中X11-4为通道的负极；X11-6和X11-7为模拟量输出通道1，其中X11-6为通道的负极，如表7-6所示。

表7-6　EM AQ02接线端子定义

端子	X10	X11
1	L+	无连接
2	M	无连接
3	功能性接地	无连接
4	无连接	AQ 0M
5	无连接	AQ 0
6	无连接	AQ 1M
7	无连接	AQ 1

模拟量输出模块EM AQ02的接线如图7-8所示。

模拟量输出模块需要DC 24V电源供电，可以外接开关电源，也可由来自PLC的传感器电源（L+、M之间24V DC）提供。在扩展模块及外围元件较多的情况下，不建议使用PLC的传感器电源供电。模拟量输出模块安装时，将其连接器插入CPU模块或其他扩展模块的插槽里。

模拟量输出通道的正极接负载的正极，模拟量输出通道的负极接负载的负极。

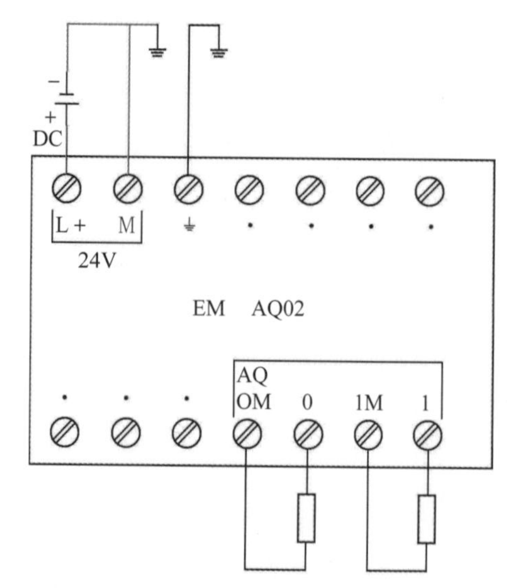

图7-8　模拟量输出模块EM AQ02的接线

④ 模拟量输出模块EM AQ02组态模拟量输出。先选中模拟量输出模块，再选中要设置的通道，模拟量的类型有电压和电流两种，电压范围只有－10～10V一种，电流范围只有0～20mA一种，具体设置如图7-9所示。

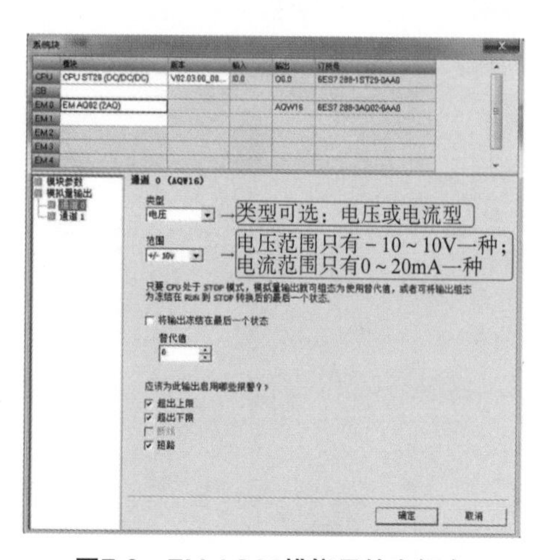

图7-9　EM AQ02模拟量输出组态

（5）模拟量输入输出混合模块 EM AM03

① 概述。模拟量输入输出混合模块EM AM03是具有两路模拟量输入和一路模拟量输出的模块，其外形尺寸为45mm×10m×81mm（宽度×高度×厚度）。在无负载的情况下，模块消耗的功率为1.1W。每个模块消耗背板5V电流60mA。在不带负载的情况下，消耗24V传感器电流30mA；在带负载的情况下，消耗24V传感器电流50mA。

② 模拟量输入输出混合模块EM AM03端子与接线。模拟量输入输出混合模块EM AM03的接线图如图7-10所示。

模拟量输入输出混合模块EM AM03需要DC 24V电源供电，2路模拟量输入，1路模拟量输出。此模块实际上是模拟量输入模块EM AE04和模拟量输出模块EM AQ02的组合，故技术指标请参考表7-3和表7-5，组态模拟量输入输出请参考图7-7与图7-9，这里不再赘述。

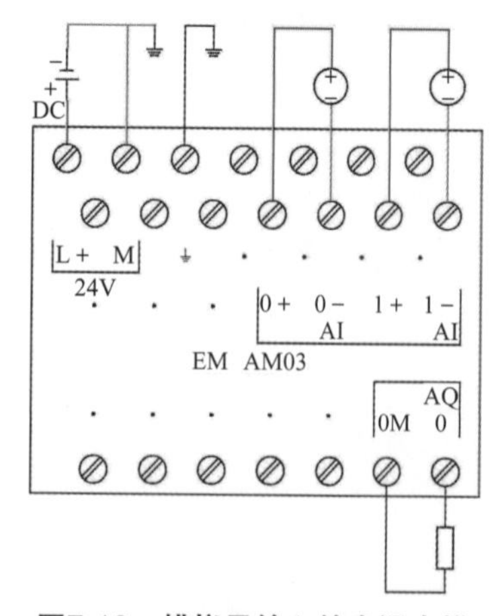

图7-10　模拟量输入输出混合模块EM AM03的接线图

7.1.4 实际物理量转换案例

（1）模拟量与实际物理量的转换

在实际的工程项目中，读者往往要采集温度、压力、流量等信号，那么在程序中如何处理这些模拟量信号呢？换句话说，编写模拟量程序的目的是什么呢？编写模拟量程序的目的是将模拟量转换成对应的数字量，最终将数字量转换成工程量（物理量），即完成将模拟量转换成工程量。

模拟量如何转换为工程量呢？

模拟量转换为工程量分为单极性和双极性两种。双极性型的－27648对应工程量的最小值，27648对应工程量的最大值。

单极性模拟量分为两种，即4～20mA和0～10V、0～20mA。

① 第一种为4～20mA，是带有偏移量的。因为4mA为总量的20%，而20mA转换为数字量27648，所以4mA对应的数字量为5530。模拟量转换为数字量是由S7-200 SMART PLC完成的，读者要在程序中将这些数值转换为工程量。

② 第二种是没有偏移量的。没有偏移量的是如0～10V、0～20mA等模拟量，27648对应最大工程量，0对应工程量的最小值。

（2）模拟量与数字量的对应关系

内码与实际物理量的转换问题属于实际物理量与模拟量模块内部数字量对应关系问题，转换时，应考虑变送器输出量程和模拟量输入模块的量程，找出被测量与A/D转换后的数字量之间的比例关系。

模拟量信号（0～10V、0～5V或0～20mA）在S7-200 SMART PLC的CPU内部用0～27648的数值表示（4～20mA对应5530～27648），这两者之间有一定的数学关系，如图7-11所示。

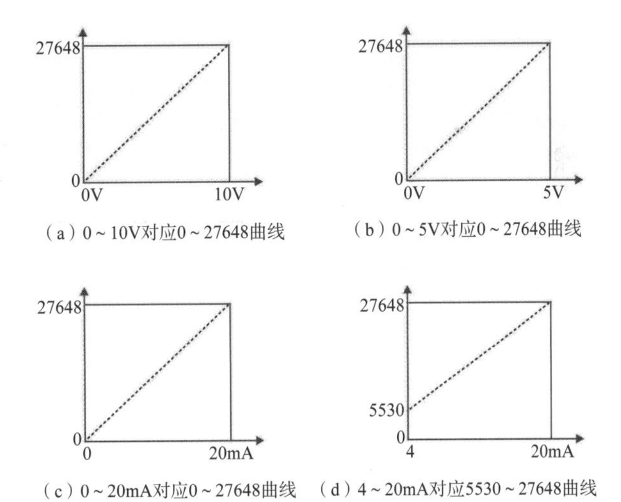

图7-11 模拟量信号与数字量之间的对应关系

例 7-1：

某压力变送器量程为0～20MPa，输出信号为0～10V，模拟量输入模块EM AE04量程为－10～10V，转换后数字量范围为0～27648，设转换后的数字量为X，试编程求压力值。

① 程序设计。找到实际物理量与模拟量输入模块内部数字量的比例关系，此例中，压力变送器的输出信号的量程0~10V恰好和模拟量输入模块EM AE04的量程一半0~10V一一对应，因此对应关系为正比例，实际物理量0MPa对应模拟量模块内部数字量0，实际物理量20MPa对应模拟量模块内部数字量27648，具体如图7-12所示。

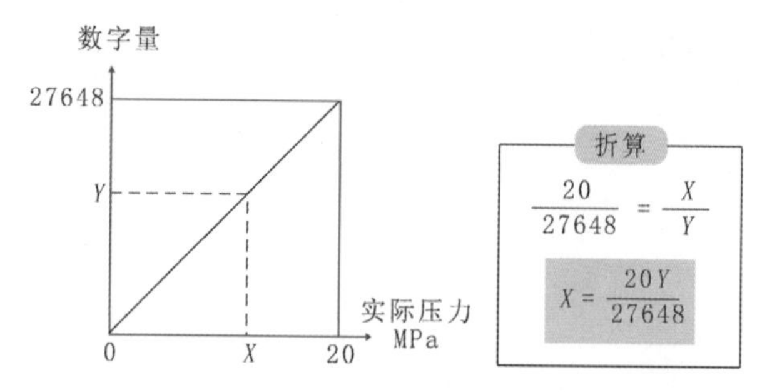

图7-12 实际物理量与数字量之间的对应关系（例7-1）

② 程序编写。通过上一步找到比例关系后，可以进行模拟量程序的编写了，编写的关键在于用PLC语言表达出$X=20Y/27648$。转换程序如图7-13所示。

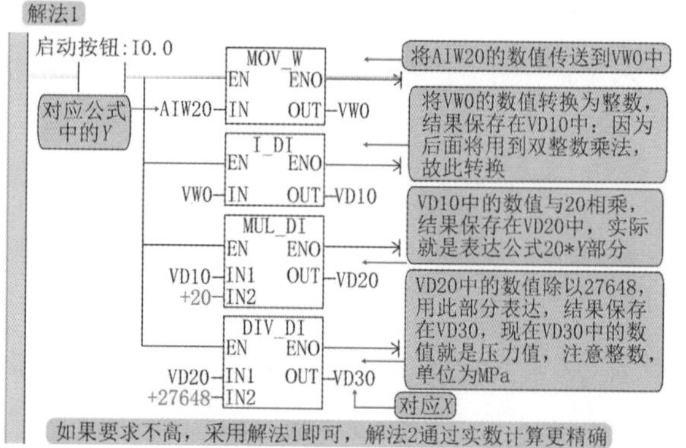

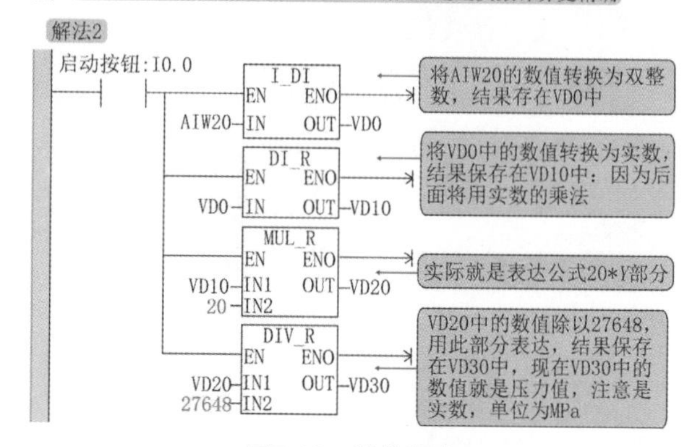

图7-13 转换程序

例 7-2：

某压力变送器量程为0~10MPa，输出信号为4~20mA，模拟量输入模块EM AE04量程为0~20mA，转换后数字量为0~27648，设转换后的数字量为X，试编程求压力值。

① 程序设计。找到实际物理量与模拟量输入模块内部数字量比例关系，此例中，压力变送器的输出信号的量程为4~20mA，模拟量输入模块EM AE04的量程为0~20mA，两者不完全对应，因此实际物理量0MPa对应模拟量模块内部数字量为5530，实际物理量10MPa对应模拟量模块内部数字量为27648，具体如图7-14所示。

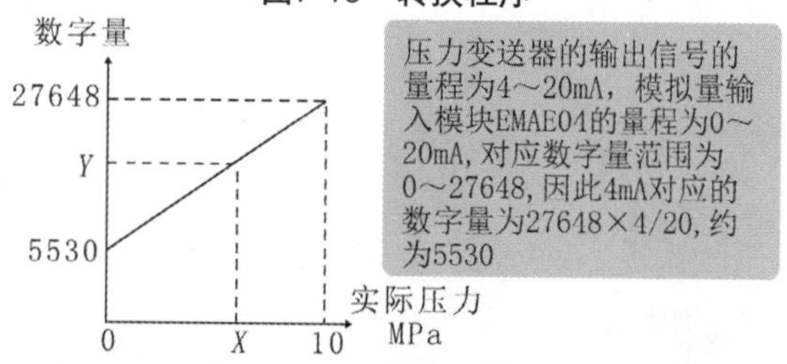

$Y=(27648-5530)X/10+5530$，实际上就是初中的两点求直线公式

折算 $X=\dfrac{(Y-5530)\times 10}{27648-5530}$ 写模拟量程序就是用PLC语言表达出这个公式

图7-14 实际物理量与数字量之间的对应关系（例7-2）

② 程序编写。通过上一步找到比例关系后，可以进行模拟量程序的编写了，编写的关键在于用PLC语言表达出$X=10(Y-5530)/(27648-5530)$。转换程序如图7-15所示。

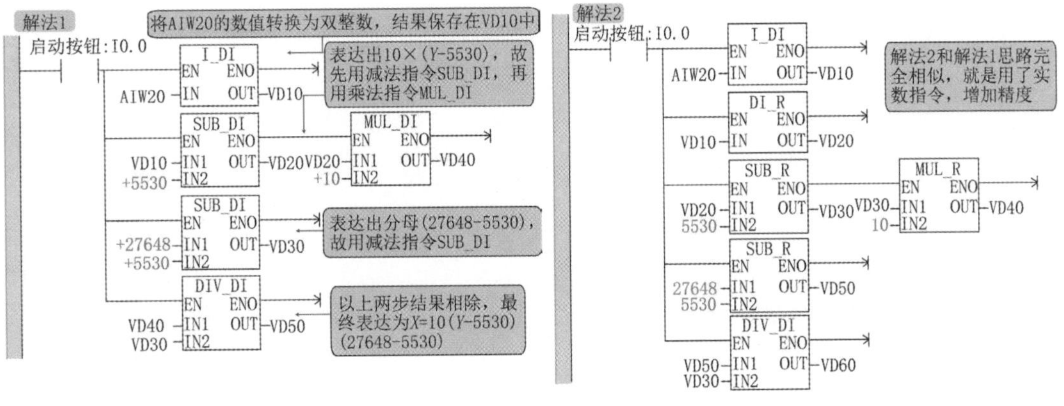

图7-15 转换程序

> **重点提示**
>
> 读者应细细品味以上两个例子的异同点，真正理解内码与实际物理量的对应关系，才是掌握模拟量编程的关键；一些初学者不会模拟量编程，原因就在于此。

（3）模拟量转换公式的推导

下面有三个温度传感变送器。

① 测温范围为0～200℃，变送器输出信号为4～20mA，对应数字量为5530～27648。

② 测温范围为0～200℃，变送器输出信号为0～10V，对应数字量为0～27648。

③ 测温范围为－100～500℃，变送器输出信号为4～20mA，对应数字量为5530～27648。

①和②两个温度传感变送器，测温范围相同，但输出信号不同；①和③两个温度传感变送器输出信号相同，但测温范围不同；这3个温度传感变送器即使选用相同的模拟量输入模块，其转换公式也是各不相同。

对于这3个温度传感变送器的转换公式，该如何推导呢？这要借助数学知识的帮助，如图7-16所示。

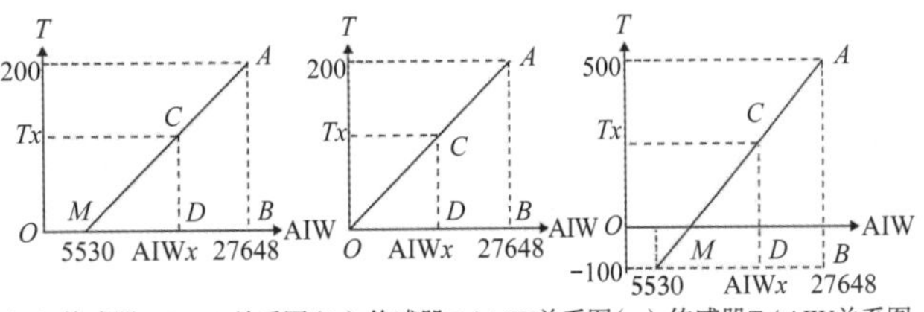

（a）传感器T / AIW关系图（b）传感器T / AIW关系图（c）传感器T / AIW关系图

图7-16 3个传感器温度与模拟量关系

① 传感器测温$T=200$℃时，输出电流$I=20$mA，模块转换数字量AIW＝27648；测温$T=0$℃时，输出电流$I=4$mA，模块转换数字量AIW＝5530。T与AIW的关系曲线如图7-16（a）所示，根据相似三角形定理可知：

$\triangle ABM \sim \triangle CDM$

故可列：$\dfrac{AB}{CD}=\dfrac{BM}{DM}$

由图可知：$AB=200$，$CD=Tx$，$BM=27648-5530$。

代入公式可得：

$$T_x=200\times\frac{AIW_x-5530}{27648-5530}$$

② 传感器测温$T=200$℃时，输出10V电压，模块转换数字量AIW = 27648；测温$T=0$℃时，输出电压 = 0V，模块转换数字量AIW = 0。T与AIW的关系曲线如图7-16（b）所示，根据相似三角形定理可知：

$\triangle ABO \sim \triangle CDO$

故可列：$\dfrac{AB}{CD}=\dfrac{BO}{DO}$

由图可知：$AB=200$，$CD=Tx$，$BO=27648$，$DO=\text{AIW}x$。

代入公式可得：

$$T_x=200\times\frac{AIW_x}{27648}$$

③ 传感器测温$T=500$℃时，输出电流$I=20$mA，模块转换数字量AIW = 27648；测温$T=-100$℃时，输出电流$I=4$mA，模块转换数字量AIW = 5530。T与AIW的关系曲线如图7-16（c）所示，根据相似三角形定理可知：

$\triangle ABM \sim \triangle CDM$

故可列：$\dfrac{AB}{CD}=\dfrac{BM}{DM}$

由图可知：$AB=500+100$，$CD=Tx+100$，$BM=27648-5530$，$DM=\text{AIW}x-5530$。

代入公式可得：

$$T_x=600\times\frac{AIW_x-5530}{27648-5530}-100$$

上面推导出的三个等式就是对应① ② ③三个温度传感变送器经过模块转换成数字量后再换算为被测量的转换公式。只要依据正确的转换公式进行编程，就会获得满意的效果。

由以上三个等式可以推导出模拟量的通用转换公式：

$$\text{Ov}=\frac{(\text{Osh}-\text{Osl})\times(\text{Iv}-\text{Isl})}{\text{Ish}-\text{Isl}}+\text{Osl}$$

比例转换图形如图7-17所示。

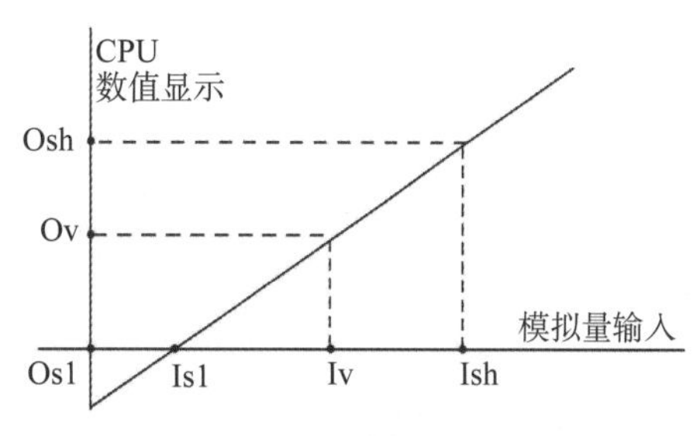

图7-17 比例转换图形

式中 Ov——换算结果，模拟量转换后的工程量；

Iv——换算对象，对应模拟量通道的输入的模拟量，对应数字量；

Osh——工程量的上限；

Osl——工程量的下限；

Ish——数字量的上限；

Isl——数字量的下限。

（4）用模拟量转化公式求工程量案例

说明： 变送器测温范围为－200～500℃，输出信号为4～20mA，对应数字量为5530～27648，编写模拟量转换成工程量（物理量）PLC程序，根据模拟量转换公式得出：

温度＝700×（AIW16－5530）÷22118－200

I/O分配表见表7-7。

表7-7 I/O分配表

输入	功能	输出	功能
AIW16	模拟量输入	VD16	中间变量5
VD0	中间变量1	VD20	中间变量6
VD4	中间变量2	VD24	中间变量7
VD8	中间变量3	VD28	工程量
VD12	中间变量4		

程序编写

用模拟量转换公式求工程量程序如图7-18所示。

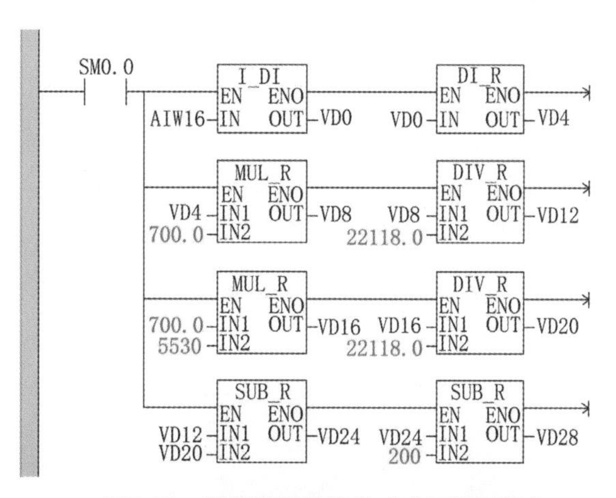

图7-18 用模拟量转换公式求工程量程序

7.1.5 西门子标准模拟量转换库的使用

库文件在软件中的位置如图7-19所示。

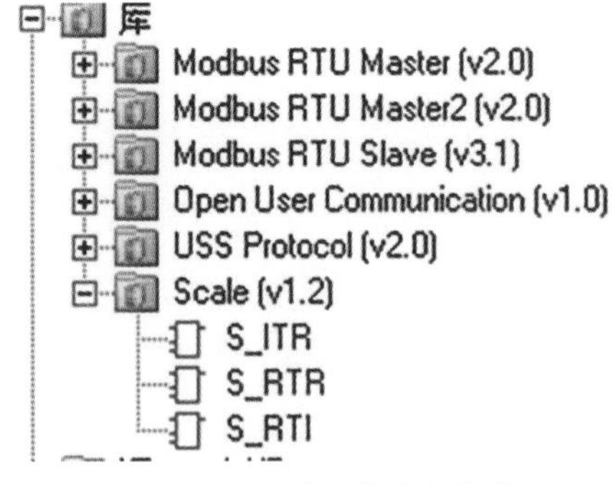

图7-19 库文件在软件中的位置

（1）模拟量库文件的使用

模拟量输入库指令如图7-20所示。其中，Sale_I_to_R（S_ITR）为整数到实数转换指令；Sale_ R_to_R（S_RTR）为实数到实数转换指令；Sale_R_to_I（S_RTI）为实数到整数转换指令。

模拟量输入库指令示例如图7-21所示。其中，Input为输入地址；Ish为输入上限；Isl为输入下限；Output为输出地址；Osh为输出上限；Osl为输出下限；sh为高限；sl为低限。

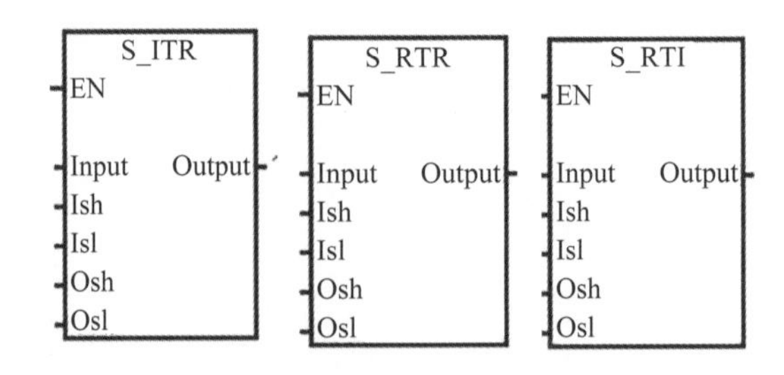

图7-20 模拟量输入库指令

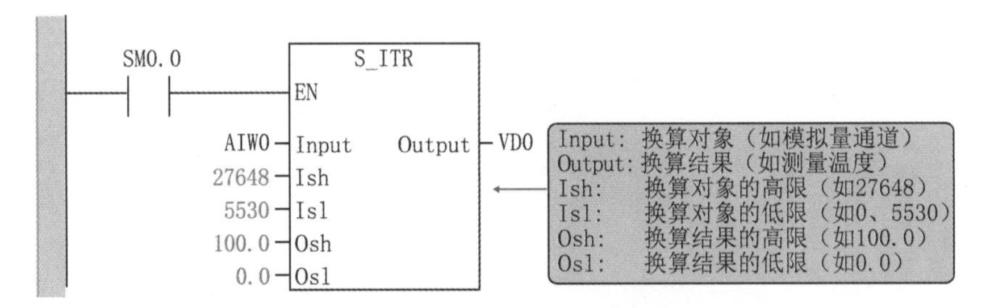

图7-21 模拟量输入库指令示例

模拟量输出库指令如图7-22所示。

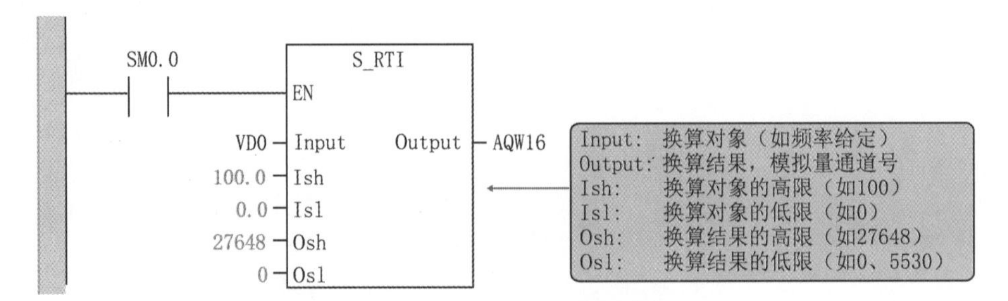

图7-22 模拟量输出库指令

由模拟量转换为工程量利用相似三角形的原理推导出模拟量的通用转换公式：

$$Ov = \frac{(Osh - Osl) \times (Iv - Isl)}{Ish - Isl} + Osl$$

式中　Ov——换算结果，模拟量转换后的工程量；

Iv——换算对象，对应模拟量通道的输入的模拟量，对应数字量；

Osh——工程量的上限；

Osl——工程量的下限；

Ish——数字量的上限；

Isl——数字量的下限。

案例： 以传感器Pt100为例，其测温范围为0～100 ℃，变送器输入信号为4～20mA，对应数字量5530～27648。用局部变量L区编写带接口的模拟量转换工程量的程序。

主程序：

模拟量转换工程量主程序调用如图7-23所示。

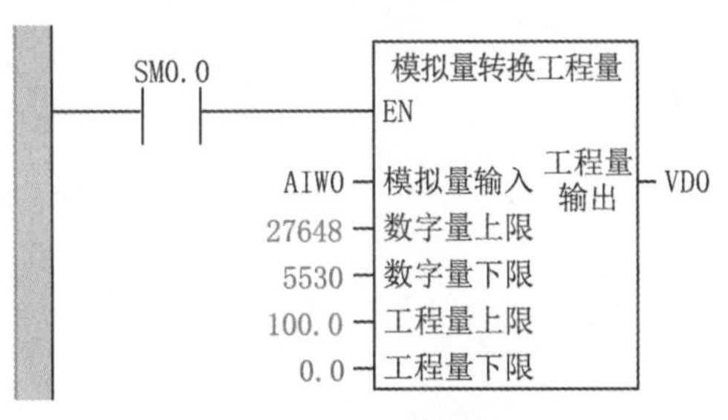

图7-23　模拟量转换工程量主程序调用

接口子程序：

模拟量转换工程量子程序如图7-24所示。

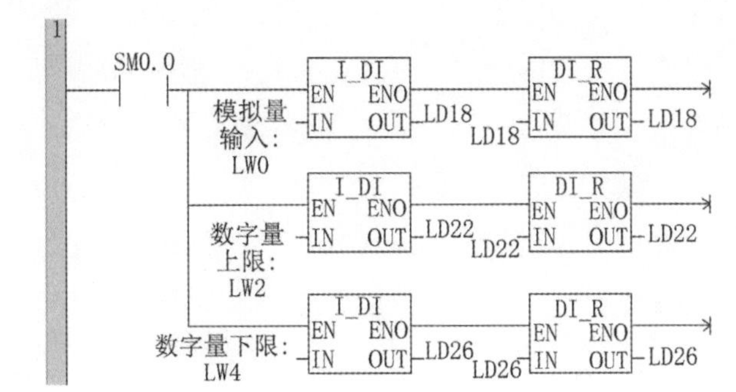

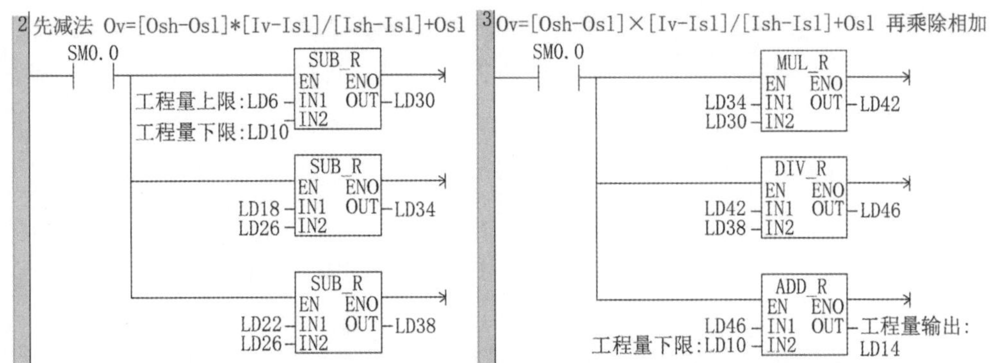

图7-24　模拟量转换工程量子程序

7.2 PID闭环控制

7.2.1 PID控制介绍

PID控制器是工程上广泛使用的闭环控制器，它能通过反馈值与设定值之间的偏差，调整输出量的大小，从而使整个控制系统最终稳定在设定值。

PID控制器中各字母的含义。

① 字母“P”表示比例增益因子。用于提高系统的响应速度，快速消除偏差，数值越大，响应越快，但存在静差。按比例反映系统的偏差，系统一旦出现了偏差，比例调节立即产生调节作用以减少偏差。比例作用大，可以加快调节，减少误差，但是过大的比例，使系统的稳定性下降，甚至造成系统的振荡。

② 字母“I”表示积分时间。消除系统静态误差，即无静差，但使系统的响应滞后，使系统消除稳态误差，提高无差度。因为有误差，积分调节就进行，直至无差，积分调节停止，积分调节输出一常值。积分作用的强弱取决于积分时间常数，积分时间常数越小，积分作用就越强；反之，积分时间常数大，则积分作用弱，加入积分调节，可使系统稳定性下降，动态响应变慢。积分作用常与另两种调节规律相结合，组成PI调节器或PID调节器。

③ 字母“D”表示微分时间。用于提前预知系统的变化趋势，提前作用，减少超调，抑制作用。微分作用反映系统偏差信号的变化率，具有预见性，能预见偏差变化的趋势，因此能产生超前的控制作用。在偏差还没有形成之前，已被微分调节作用消除。因此，可以改善系统的动态性能。在微分时间选择合适的情况下，可以减少超调，减少调节时间。微分作用对噪声干扰有放大作用，因此过强的微分调节，对系统抗干扰不利。此外，微分反映的是变化率，当输入没有变化时，微分作用输出为零。微分作用不能单独使用，需要与另外两种调节规律相结合，组成PD或PID控制器。

PID控制器可以根据需要组成P控制器、PI控制器或PID控制器。

PID控制器调节输出，保证偏差（e）为零，使系统达到稳定状态，偏差（e）是给定值（SP）和过程变量（PV）的差。PID控制的原理基于下面的算式，其中输出MV（t）是比例项、积分项和微分项的函数。

输出 = 比例项 + 积分项 + 微分项

S7-200 SMART PLC能够进行PID控制。S7-200 SMART PLC的CPU最多可以支持8个PID控制回路（8个PID指令功能块）。

对于用户来讲，掌握PID闭环回路和PID（比例、积分、微分）等几个参数的调整是非常重要的。

PID闭环控制原理如图7-25所示，其实物组成示例如图7-26所示。

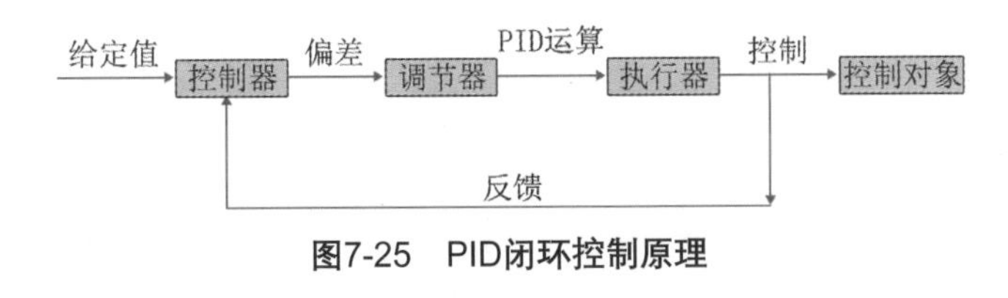

图7-25 PID闭环控制原理

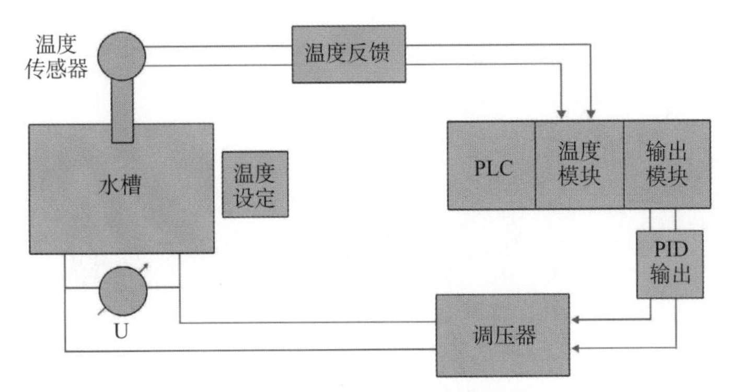

图7-26 PID闭环实物组成示例

7.2.2 PID算法在S7-200 SMART PLC中的实现

PID控制最初在模拟量控制系统中实现，随着离散控制理论的发展，PID也在计算机化控制系统中实现。

计算机化的PID控制算法有以下几个关键的参数。

- Kc：Gain，增益。
- Ti：积分时间常数。
- Td：微分时间常数。
- Ts：采样时间。

在S7-200 SMART PLC中，PID的功能是通过PID指令功能块实现。通过定时（按照采样时间）执行PID功能块，按照PID运算规律，根据当时的给定、反馈、比例-积分-微分数据，计算出控制量。

PID功能块通过一个PID回路表交换数据，这个表是在V数据存储区中开辟的，长度为36字节。因此每个PID功能块在调用时，需要指定两个要素——PID控制回路号和控制回路表的起始地址（以VB表示）。

PID参数的取值，以及它们之间的配合，对PID控制是否稳定具有重要的意义。这些参数主要包括以下几个。

- **采样时间。**

计算机必须按照一定的时间间隔对反馈进行采样，才能进行PID控制的计算。采样时间就是对反馈进行采样的间隔。短于采样时间间隔的信号变化是不能测量到的。过短的采样时间没有必要，过长的采样间隔显然不能满足扰动变化比较快，或者速度响应要求高的场合。

编程时指定的PID控制器采样时间必须与实际的采样时间一致。S7-200 SMART PLC中PID的采样时间精度用定时中断来保证。

・增益（Gain，放大系数，比例常数）。

增益与偏差（给定与反馈的差值）的乘积作为控制器输出中的比例部分。过大的增益会造成反馈的振荡。

・积分时间（Integral Time）。

偏差值恒定时，积分时间决定了控制器输出的变化速率。积分时间越短，偏差得到的修正越快。过短的积分时间有可能造成系统不稳定。积分时间的长度相当于在阶跃给定下，增益为“1”的时候，输出的变化量与偏差值相等所需要的时间，也就是输出变化到2倍于初始阶跃偏差的时间。如果将积分时间设为最大值，则相当于没有积分作用。

・微分时间（Derivative Time）。

偏差值发生改变时，微分作用将增加一个尖峰到输出中，随着时间流逝减小。微分时间越长，输出的变化越大。微分使控制对扰动的敏感度增加，也就是偏差的变化率越大，微分控制作用越强。微分相当于对反馈变化趋势的预测性调整。如果将微分时间设置为0，就不起作用，控制器将作为PI调节器工作。

由于PID可以控制温度、压力等许多对象，它们各自都是由工程量表示，因此有一种通用的数据表示方法才能被PID功能块识别。S7-200 SMART PLC中的PID功能使用占调节范围的百分比的方法抽象地表示被控对象的数值大小。在实际工程中，这个调节范围往往被认为与被控对象（反馈）的测量范围（量程）一致。PID功能块只接受0.0～1.0实数（实际上就是百分比）作为反馈、给定与控制输出的有效数值。如果是直接使用PID功能块编程，必须保证数据在这个范围之内，否则会出错。其他如增益、采样时间、积分时间、微分时间都是实数。

因此，必须把外围实际的物理量与PID功能块需要的（或者输出的）数据之间进行转换。这就是所谓输入/输出的转换与标准化处理。

7.2.3 PID调试一般步骤

（1）确定比例增益P

确定比例增益P时，首先去掉PID的积分项和微分项，一般是令Ti＝0、Td＝0（具体见PID的参数设定说明），使PID为纯比例调节。输入设定为系统允许的最大值的60%～70%，由0逐渐加大比例增益P，直至系统出现振荡；再反过来，从此时的比例增益

P逐渐减小，直至系统振荡消失，记录此时的比例增益P，设定PID的比例增益P为当前值的60%～70%。比例增益P调试完成。

（2）确定积分时间常数 Ti

比例增益P确定后，设定一个较大的积分时间常数Ti的初值，然后逐渐减小Ti，直至系统出现振荡；之后再反过来，逐渐加大Ti，直至系统振荡消失。记录此时的Ti，设定PID的积分时间常数Ti为当前值的150%～180%。积分时间常数Ti调试完成。

（3）确定微分时间常数 Td

微分时间常数Td一般不用设定，为0即可。若要设定，与确定P和Ti的方法相同，取不振荡时的30%。

（4）系统空载、带载联调，再对 PID 参数进行微调，直至满足要求

变速积分的基本思想是，设法改变积分项的累加速度，使其与偏差大小相对应：偏差越大，积分越慢；反之则越快，有利于提高系统品质。

PID参数是根据控制对象的惯量来确定的。大惯量如大烘房的温度控制，一般P可在10以上，I = 3～10，D = 1。小惯量如一个小电动机带一水泵进行压力闭环控制，一般只用PI控制，P = 1～10，1 = 0.1～1，D = 0。这些要在现场调试时根据实际情况进行修正。

7.2.4 PID恒压供水案例

利用PID算法来实现对水箱供水的闭环控制。

控制过程：压力表对水压进行检测，并将测量结果反馈到PID控制器；PID控制器根据测量值与设定值的差别，控制模拟量输出电压值来控制变频器的频率，以达到恒压供水的目的。

当水压小于给定值时，偏差信号经PID运算得到控制信号，控制变频器，使输出频率上升，电动机转速加快，水泵抽水量增多，水压增大。

当水压大于给定值时，偏差信号经PID运算得到控制信号，控制变频器，使输出频率下降，电动机转速变慢，水泵抽水量减少，水压下降。

当水压等于给定值时，偏差信号经PID运算得到控制信号，控制变频器，使输出频率不变，电动机转速不变，水泵抽水量不变，水压不变。

（1）设备明细表

采用的恒压供水设备见表7-8。

表7-8　恒压供水设备明细表

元件名称	数量
PLC试验箱（S7-200 SMART）	1套

续表

元件名称	数量
EM AM03模块	1个
MM440变频器	1个
水泵JET-750	1个
远传压力表YTZ-150	1个

（2）实物介绍

① S7-200 SMART PLC。采用的西门子S7-200 SMART PLC的型号为CPU ST20，执行PID闭环控制，如图7-27所示。

② 模拟量输入/输出模块EM AM03。采用的模拟量输入/输出模块为EM AM03，它有2通道模拟量输入，1通道模拟量输出，用模拟量输入通道来测量压力值，用模拟量输出通道来控制变频器的频率，如图7-28所示。

③ MM440变频器。所使用的变频器型号为西门子MM440变频器，用来控制水泵的转速，如图7-29所示。

④ 水泵。采用的水泵型号为JET-750，用来调节水压，如图7-30所示。

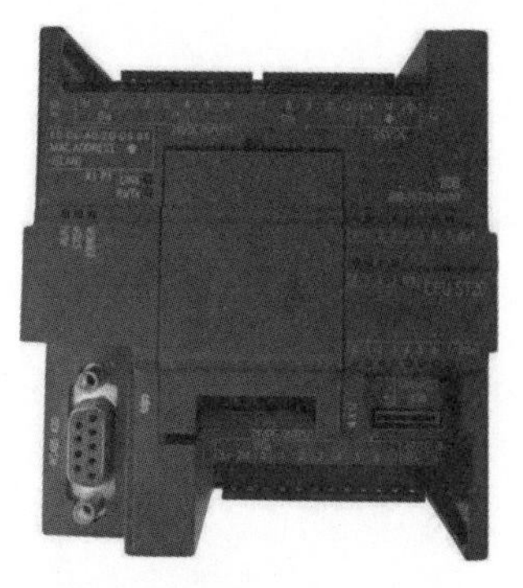

图7-27　西门子S7-200 SMART PLC

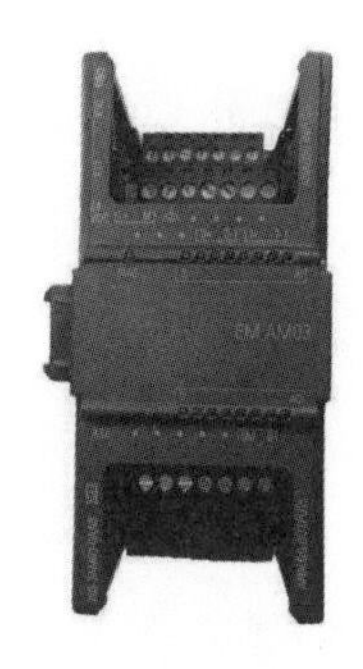

图7-28　模拟量输入/输出模块EM AM03

⑤ 远传压力表。采用的远传压力表为YTZ-150，用来测量水管的压力值，如图7-31所示。

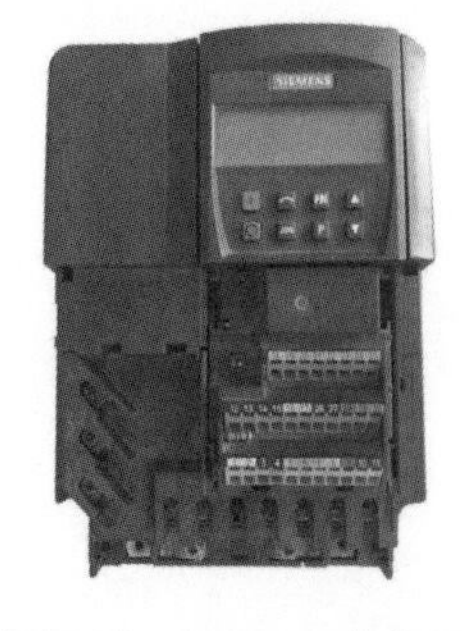

图7-29　MM440变频器

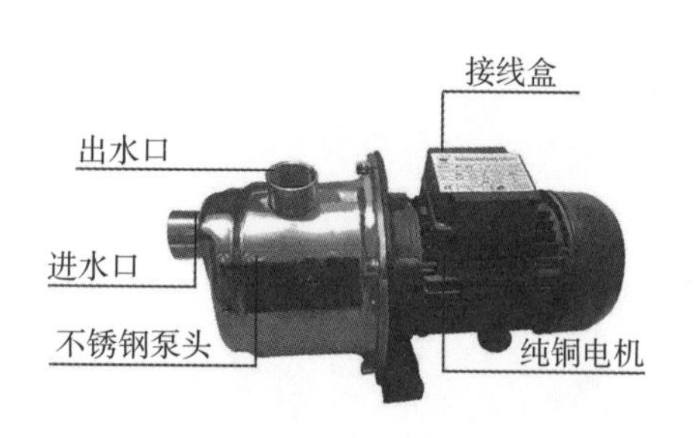

图7-30　JET-750水泵

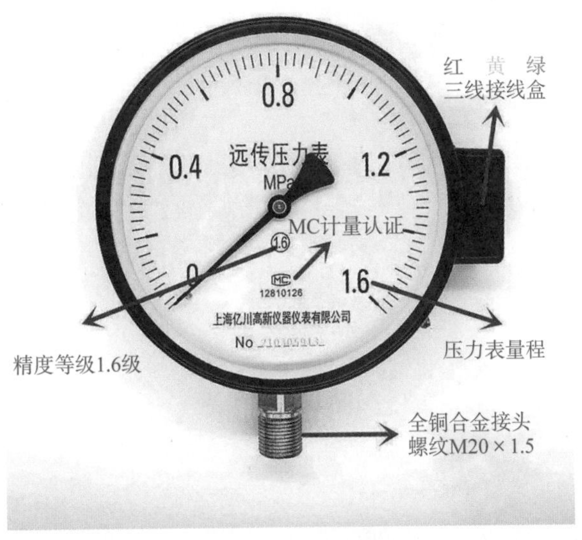

图7-31 远传压力表

(3)恒压供水接线图

恒压供水接线原理如图7-32所示。

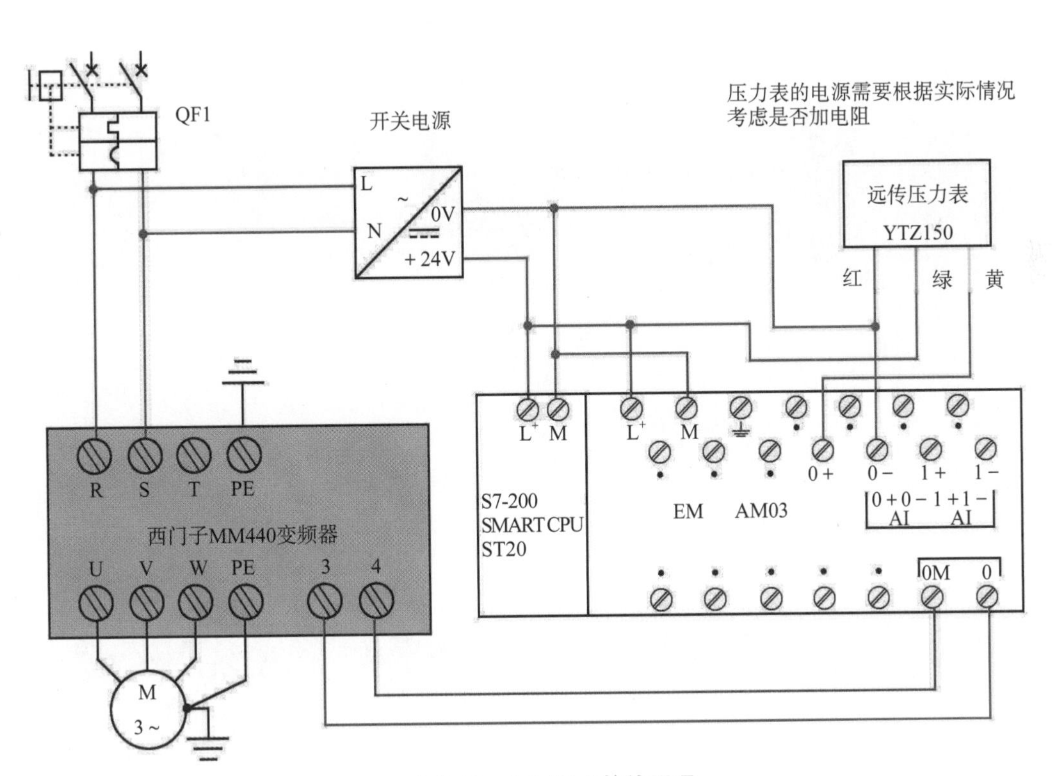

图7-32 恒压供水接线原理

恒压供水实物接线如图7-33所示。

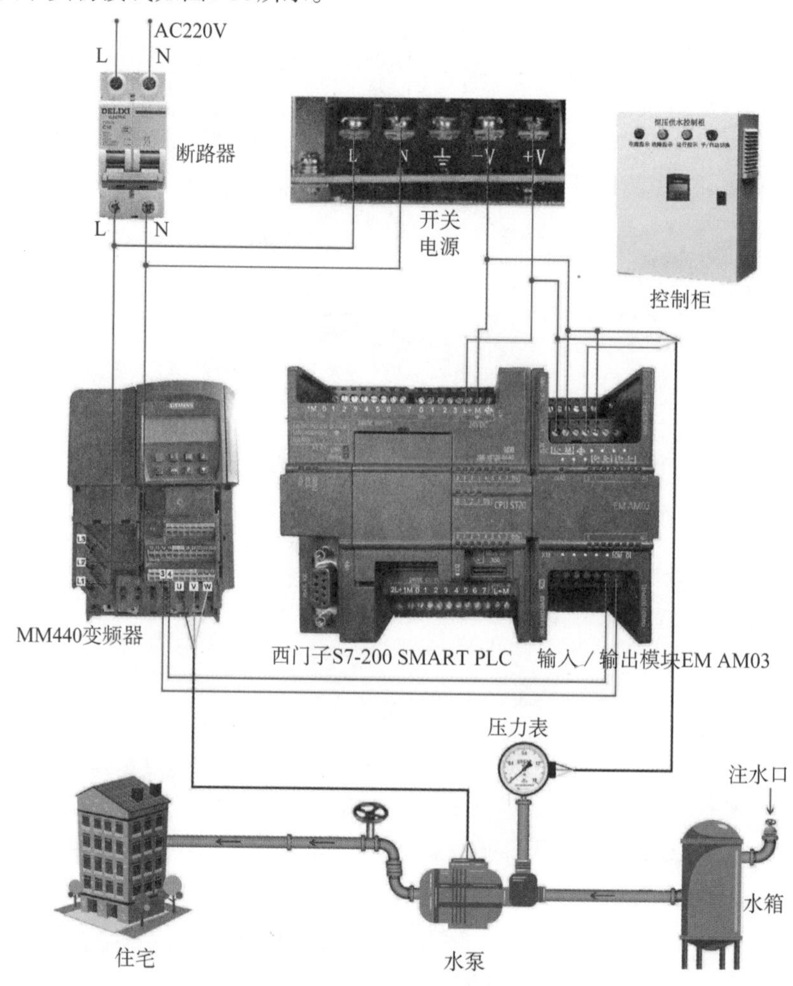

图7-33 恒压供水实物接线

（4）西门子 MM440 变频器参数设置

西门子MM440变频器模拟量控制电动机参数设置如表7-9所示，其设置方式如图7-34所示。

表7-9 西门子MM440变频器模拟量控制电动机参数设置

参数号	出厂值	设置值	说明
P0003	1	2	设定用户访问级为标准级
P0010	0	1	快速调试
P0100	0	0	功率单位为kW，频率为50Hz
P0304	230	220	电动机额定电压（V）
P0305	3.25	1.93	电动机额定电流（A）

续表

参数号	出厂值	设置值	说明
P0307	0.75	0.37	电动机额定功率（kW）
P0310	50	50	电动机额定频率（Hz）
P0311	0	1400	电动机额定转速（r/min）
P0700	2	1	BOP控制面板
P0756	0	0	单极性电压输入（0~10V）
P0757	0	0	0V对应0%的标度，即0Hz
P0758	0%	0%	
P0759	10	10	10V对应100%的标度，即50Hz
P0760	100%	100%	
P1000	2	2	频率设定值选择为模拟量输入
P1080	0	0	电动机运行的最低频率（Hz）
P1082	50	50	电动机运行的最高频率（Hz）

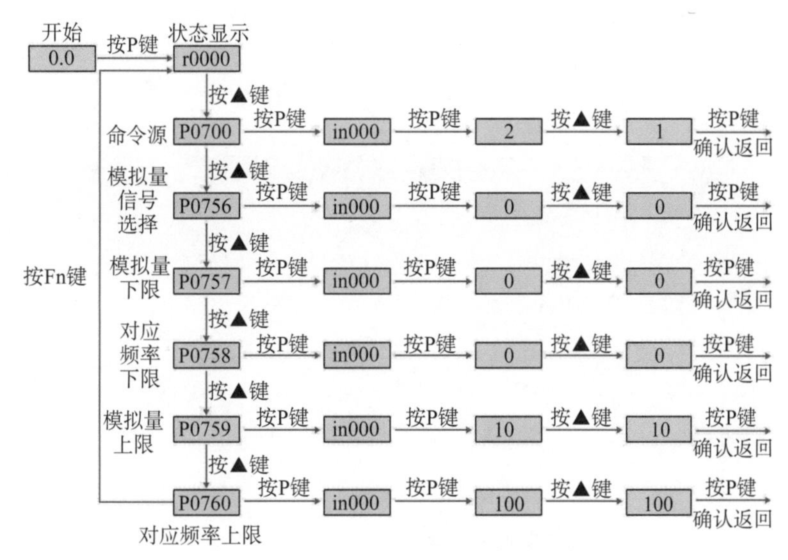

图7-34 西门子MM440变频器模拟量控制电动机参数设置方式

（5）EM AM03 硬件组态

在“系统块”的EM0通道添加EM AM03模块，将系统自动设置输入通道的地址为AIW16。模拟量输入通道0的“类型”设为“电压”，将“范围”设为±10V，如图7-35（a）所示。

将模拟量输出通道0的“类型”设为“电压”，将“范围”设为±10V，如图7-35（b）所示。

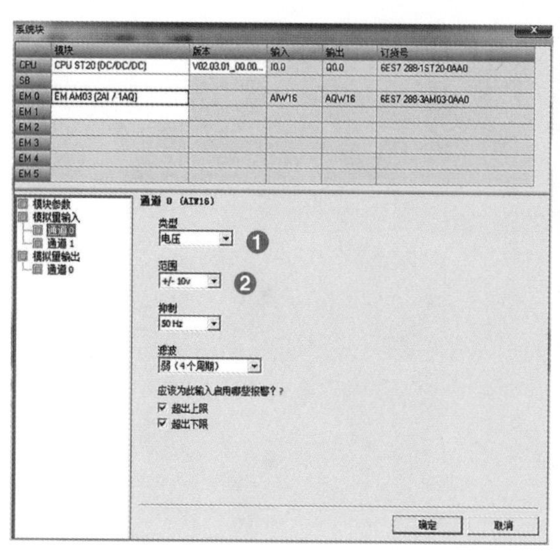

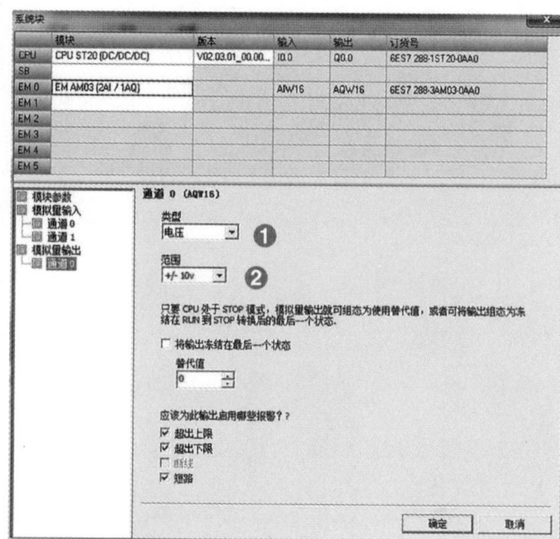

（a）　　　　　　　　（b）

图7-35　EM AM03的模拟量输入和输出设置

（6）PID 向导步骤编程

单击“项目”→“向导”→“PID”命令，调出PID进行调节。

第一步：定义需要配置的PID回路号。

将回路号设为0，如图7-36、图7-37所示。

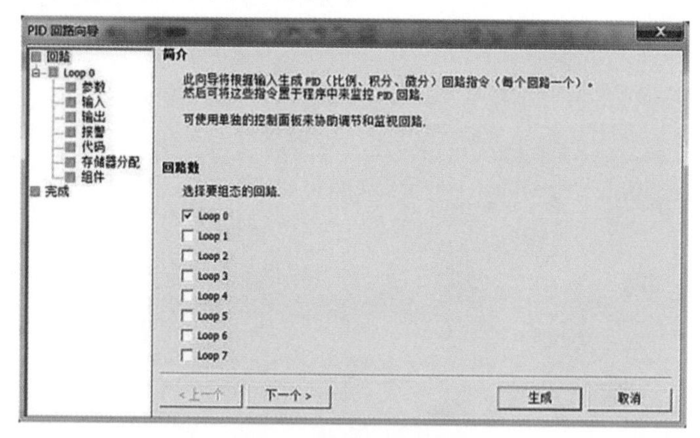

图7-36　选择PID回路0

图7-37　设定PID 回路名称

第二步：设定PID回路参数。

下面定义PID回路参数，这些参数都应当是实数，如图7-38所示。

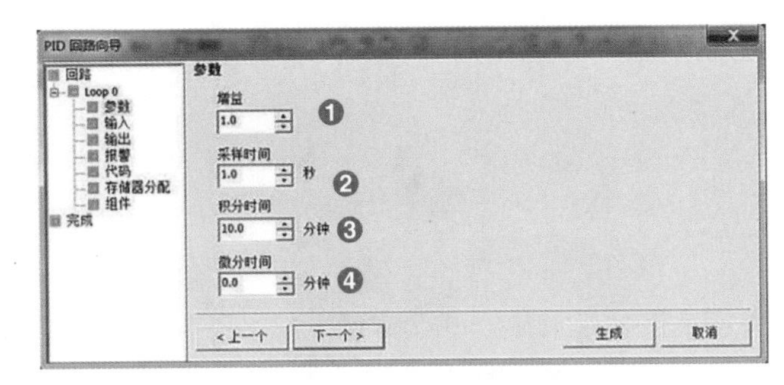

图7-38　设定PID 参数

① 增益。即比例常数。

② 采样时间。PID控制回路对反馈采样和重新计算输出值的时间间隔。在向导完成后，若想要修改此数，则必须返回向导中修改，不可在程序中或状态表中修改。

③ 积分时间。如果不想要积分作用，可以把积分时间设为无穷大，如10000.0分钟。

④ 微分时间。如果不想要微分回路，可以把微分时间设为0.0分钟。

本例中将“增益”设为1.0，将“采样时间”设为1.0秒，将“积分时间”设为10.0分钟，将“微分时间”设为0.0分钟。

第三步：设定回路输入和输出值。

输入设置如图7-39所示。

① 过程变量标定。

➢ 单极20%偏移量：如果输入为4～20mA，则选单极性及此项，4mA是0～20mA信号的20%，所以选20%偏移，即4mA对应5530，20mA对应27648。

➢ 单极性：即输入的信号为正，如0～10V或0～20mA等。

➢ 双极性：输入信号在由负到正的范围内变化。如输入信号为±10V、±5V等时选用。将过程变量标定设为单极。

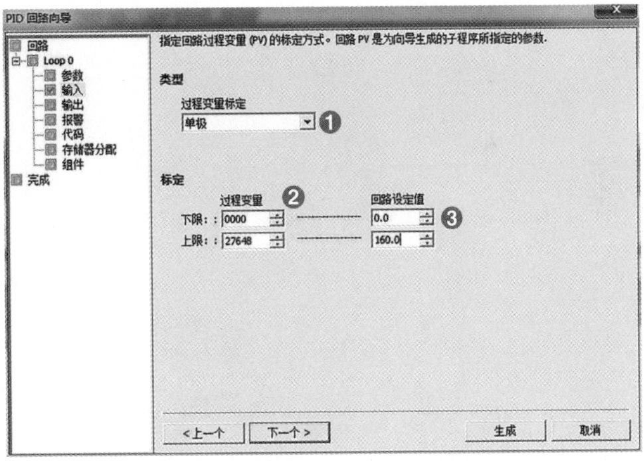

图7-39　标定模拟量值及极性设置

② 设置过程变量范围。

➢ 设置为单极时，缺省值为0～27648，对应输入量程范围0～10V或0～20mA等，输入信号为正。

➢ 设置为双极时，缺省的取值为－27648～＋27648，对应的输入范围根据量程不同，可以是±10V、±5V等。

➢ 单极20%偏移量，取值范围为5530～27648，对应输入量程范围4～20mA。

③ 设置回路设定值范围。

➢ 定义回路设定值（SP，即给定）的范围：在低限（Low Range）和高限（High Range）输入域中输入实数，缺省值为0.0和100.0，表示给定值的取值范围占过程反馈量程的百分比。这个范围是给定值的取值范围，它也可以用实际的工程单位数值表示。

输出设置如图7-40所示。

① 输出类型设置。

可以选择模拟量输出或数字量输出。模拟量输出用来控制一些需要模拟量给定的设备，如比例阀、变频器等；数字量输出实际上是控制输出点的通、断状态按照一定的占空比变化，可以控制固态继电器（加热棒等）。

② 选择模拟量则需设定回路输出变量值的范围。

➢ 单极性输出，可为0～10V或0～20mA等。

➢ 双极性输出，可为±10V或±5V等。

➢ 单极性20%偏移量输出，为4～20mA。

③ 取值范围。

➢ 单极性输出，缺省值为0～27648。

➢ 双极性输出，取值-27648～27648。

➢ 单极性20%偏移量输出，取值5530～27648，不可改变。

如果选择了开关量输出，需要设定此PMW占空比的周期。

本例中因为远传压力表输出的是0～10V电压，所以将输入类型设为单极性。将过程变量下限设为0，上限设为27648。过程变量的值和回路设定值是相匹配的。因为远传压力表的量程为0～1.6MPa，这里将设定值放大100倍，下限设为0，上限设为160。因为输出为0～10V，所以将输出类型设为模拟量。将输出标定设为单极。将输出范围下限设为0，上限设为27648。

注意： 关于具体的PID参数值，每一个项目都不一样，需要现场调试来定，没有所谓经验参数。

设定PID输出参数值如图7-40所示。

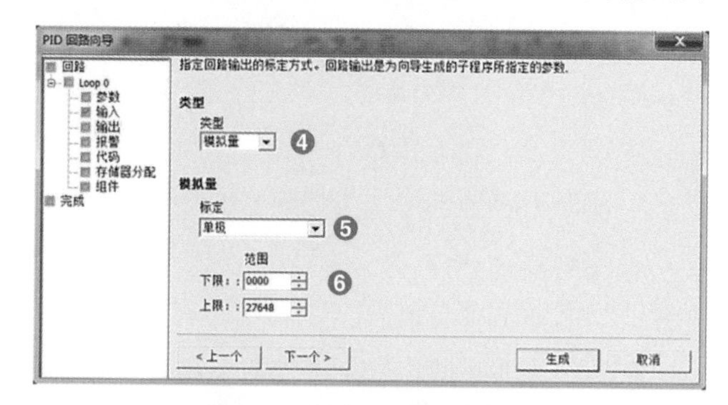

图7-40 设定PID输出参数值

第四步： 设定回路报警选项。

向导提供了三个输出来反映过程值（PV）的低值报警、高值报警及过程值模拟量模块错误状态。当报警条件满足时，输出置位为1。这些功能在选中了相应的选择框之后起作用。

① 使能低值报警并设定过程值（PV）报警的低值，此值为过程值的百分数，缺省值为0.10，即报警的低值为过程值的10%。此值最低可设为0.01，即满量程的1%。

② 使能高值报警并设定过程值（PV）报警的高值，此值为过程值的百分数，缺省值为0.90，即报警的高值为过程值的90%。此值最高可设为1.00，即满量程的100%。

③ 使能过程值（PV）模拟量模块错误报警并设定模块与CPU连接时所处的模块位置。“0”就是第一个扩展模块的位置，如图7-41所示。

第五步： 定义子程序和中断程序名及手/自动模式。

指定子程序、中断服务程序名和选择手动控制如图7-42所示。

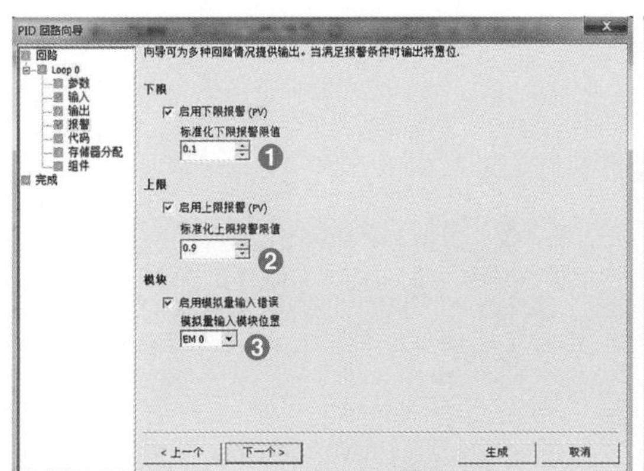

图7-41 设定回路报警限幅值

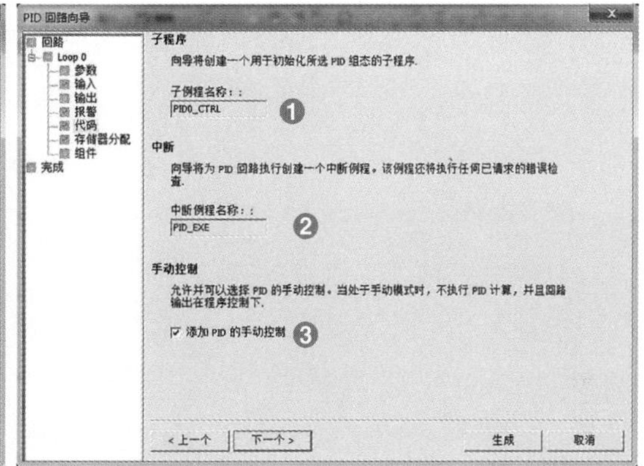

图7-42 指定子程序、中断服务程序名和选择手动控制

向导已经为初始化子程序和中断子程序定义了缺省名，你也可以修改成自己起的名字。

① 指定PID初始化子程序的名字。

② 指定PID中断子程序的名字。

注意：

a. 如果你的项目中已经存在一个PID配置，则中断程序名为只读，不可更改。因为一个项目中所有PID共用一个中断程序，它的名字不会被任何新的PID所更改。

b. PID向导中断用的是SMB34定时中断，在用户使用了PID向导后，注意在其他编程时不要再用此中断，也不要向SMB34中写入新的数值，否则PID将停止工作。

③ 此处可以选择添加PID的手动控制模式。在PID手动控制模式下，回路输出由手动输出设定控制，此时需要在手动控制输出参数中写入一个0.0 ~ 1.0的实数，代表输出的

0%～100%，而不是直接去改变输出值。

此功能提供了PID控制的手动和自动之间的无扰切换能力。

第六步：指定PID运算数据存储区。

PID指令（功能块）使用了一个120个字节的V区参数表来进行控制回路的运算工作。除此之外，PID向导生成的输入/输出量的标准化程序也需要运算数据存储区。需要为它们定义一个起始地址，要保证该地址起始的若干字节在程序的其他地方没有被重复使用。如果单击“建议”按钮，则向导将自动为你设定当前程序中没有用过的V区地址。

自动分配的地址只是在执行PID向导时编译检测到空闲地址。向导将自动为该参数表分配符号名，用户不要再自己为这些参数分配符号名，否则将导致PID控制不执行，如图7-43所示。

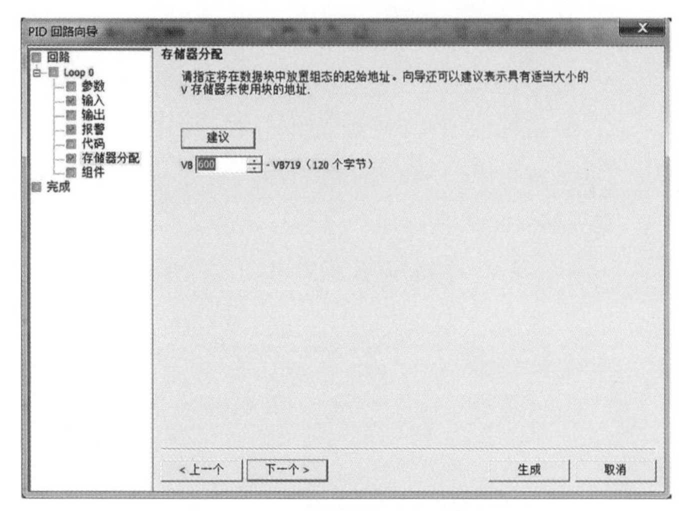

图7-43　分配运算数据存储区

第七步：生成PID子程序、中断程序及符号表等。

一旦单击“生成”按钮，将在你的项目中生成上述PID子程序、中断程序和符号表等，如图7-44所示。

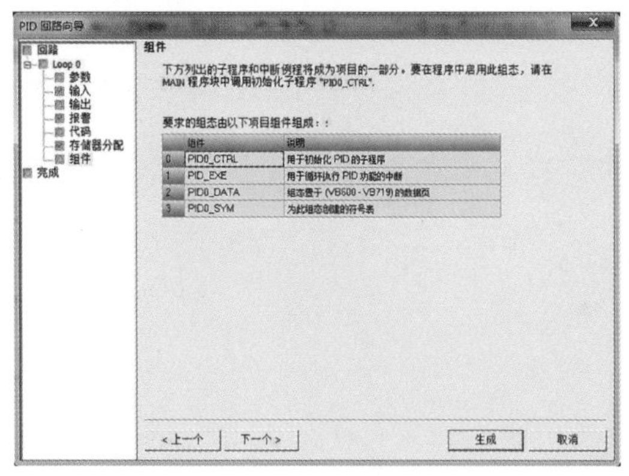

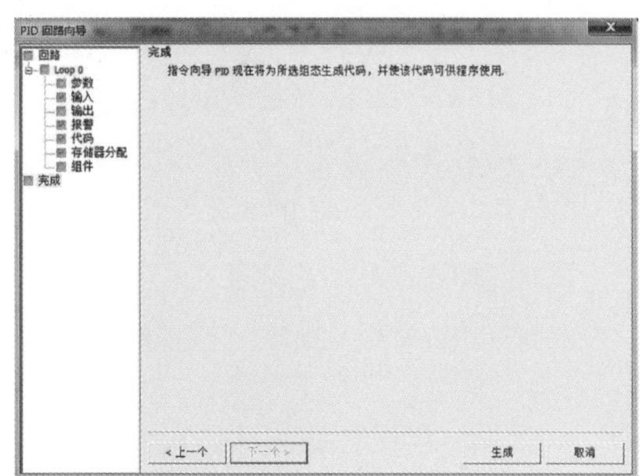

图7-44　生成PID子程序、中断程序和符号表等

第八步：配置完成PID向导。

需要在程序中调用向导生成的PID子程序，如图7-45所示。

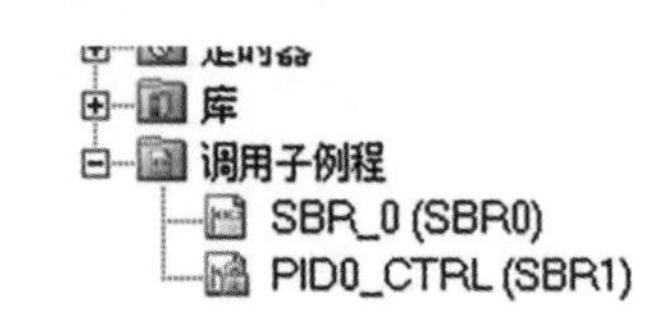

图7-45　PID子程序

在用户程序中调用PID子程序时，可在指令树的Program Block（程序块）中用鼠标双击由向导生成的PID子程序，在局部变量表中，可以看到有关形式参数的解释和取值范围，如图7-46所示。

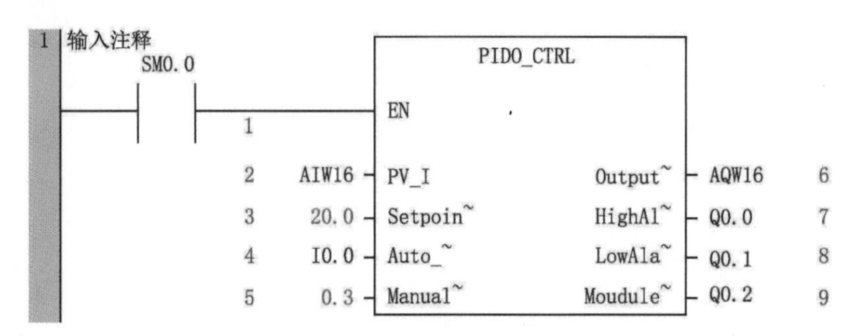

图7-46 调用PID子程序

① 必须用SM0.0来使能PID，以保证它的正常运行。

② 输入过程值（反馈）的模拟量输入地址。

③ 输入设定值变量地址（VD××），或者直接输入设定值常数，根据向导中的设定0.0～160.0，此处应输入一个0.0～160.0的实数。例如：若输入20.0，在向导中设定给定范围为0.0～160.0，则此处的20相当于0.2MPa（因为将给定范围放大了100倍）。

④ 用I0.0控制PID的手/自动方式，当I0.0为1时，为自动，经过PID运算从AQW16输出；当I0.0为0时，PID将停止计算，AQW16输出为Manual Output（VD4）中的设定值，此时不要另外编程或直接给AQW16赋值。若在向导中没有选择PID手动功能，则此项不会出现。

⑤ 定义PID手动状态下的输出，从AQW16输出一个满值范围内对应此值的输出量。此处可输入手动设定值的变量地址（VD××），或直接输入数。数值范围为0.0～1.0的一个实数，代表输出范围的百分比。例如：输入0.3，则设定为输出的30%。若在向导中没有选择PID手动功能，则此项不会出现。

⑥ 输入控制量的输出地址，控制变频器的频率。

⑦ 当高报警条件满足时，相应的输出置位为1，若在向导中没有使用高报警功能，则此项将不会出现。

⑧ 当低报警条件满足时，相应的输出置位为1，若在向导中没有使能低报警功能，则此项将不会出现。

⑨ 当模块出错时，相应的输出置位为1，若在向导中没有使能模块错误报警功能，则此项将不会出现。

第九步：实际运行并调试PID参数。

没有一个PID项目的参数不需要修改而能直接运行，因此需要在实际运行时调试PID

参数。

查看数据块，以及符号表相应的PID符号标签的内容，可以找到包括PID核心指令所用的控制回路表，包括比例系数、积分时间等。将此表的地址复制到状态图表中，可以在监控模式下在线修改PID参数，而不必停机再次做组态。参数调试合适后，用户可以在数据块中写入，也可以再做一次向导，或者编程向相应的数据区传送参数。

第十步：PID调节控制面板。

STEP 7-Micro/WIN SMART中提供了一个PID调节控制面板（面板只能在线调试，必须保证编程软件与CPU通信正常才能打开面板），可以用图形方式监视PID回路的运行，另外从面板中还可以启动、停止自整定功能，如图7-47所示。

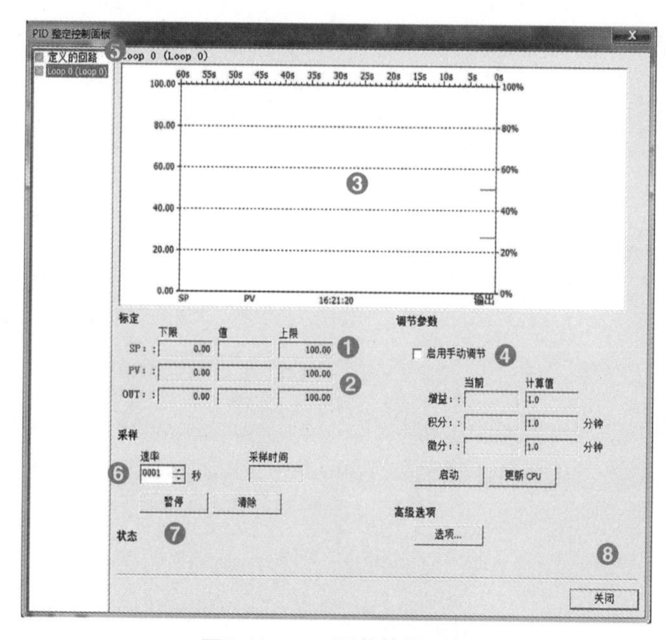

图7-47　PID调节控制面板

① 过程值指示。显示过程变量的值。

② 当前的输出值指示。显示输出值。

③ 可显示过程值、设定值及输出值的PID趋势图。

④ 调节参数。在这里可以进行以下参数的调节。

·选择PID参数的显示：当前参数（Current）、计算值（Suggested）、启动手动调节。

·启动PID自整定功能。

·在Manual模式下，可改变PID参数，并单击“更新CPU”按钮来更新PLC中的参数。

·选择“高级选项”下的“选项”按钮进入高级参数设定。

⑤ 当前的PID回路号。在这里你可以选择需要监视的PID回路。

⑥ 时间选项设定。在这里你可以设定趋势图的时基，时基以秒为单位。

⑦ PID状态显示窗口。

⑧ 关闭PID调节面板。

要使用PID调节控制面板，PID编程必须使用PID向导完成。

第8章 子程序、中断程序及其应用

S7-200 SMART PLC的控制程序由主程序、子程序和中断程序组成。

① 主程序（MAIN） 主程序是程序的主体。每个项目都必须并且只能有一个主程序，在主程序中可以调用子程序和中断程序。

② 子程序（SBR_0） 子程序是指具有特定功能并且多次使用的程序段。子程序仅在被其他程序调用时执行，同一子程序可在不同的地方多次被调用，使用子程序可以简化程序代码和减少扫描时间。

③ 中断程序（INT_0） 中断程序用来及时处理与用户程序无关的操作或者不能事先预测何时发生的中断事件。中断程序是用户编制的，它不由用户程序来调用，而是在中断事件发生时由操作系统来调用。

8.1 子程序及其应用

8.1.1 子程序的编写与调用

（1）子程序的作用与优点

子程序常用于需要多次反复执行相同任务的地方，只需要写一次子程序，当别的程序需要时可以调用它，而无需重新编写该程序。

子程序的调用是有条件的，未调用它时，不会执行子程序中的指令，因此，使用子程序可以减少程序扫描时间；子程序使程序结构简单、清晰，易于调试、检查错误和维修，因此在编写复杂程序时，建议将全部功能划分为几个符合控制工艺的子程序块。

（2）子程序的创建

可以采用下列方法之一创建子程序。

① 从“编辑”菜单中，选择“对象→子程序”选项。

② 从“指令树”中，使用鼠标右键单击“程序块”图标，并从弹出的菜单中选择“插入→子程序”选项。

③ 从“程序编辑器”窗口中，使用鼠标右键单击，并从弹出的菜单中选择“插入→子程序”选项。

附带指出，修改子程序名称时，可以使用鼠标右键单击指令树中的子程序图标，在弹出的菜单中选择“重命名”选项，输入想要的名称。

8.1.2 指令格式和说明

指令格式

子程序指令包括子程序调用指令和子程序返回指令，其指令格式如图8-1所示。需要指出的是，子程序返回指令由编程软件自动生成，无需用户编写。

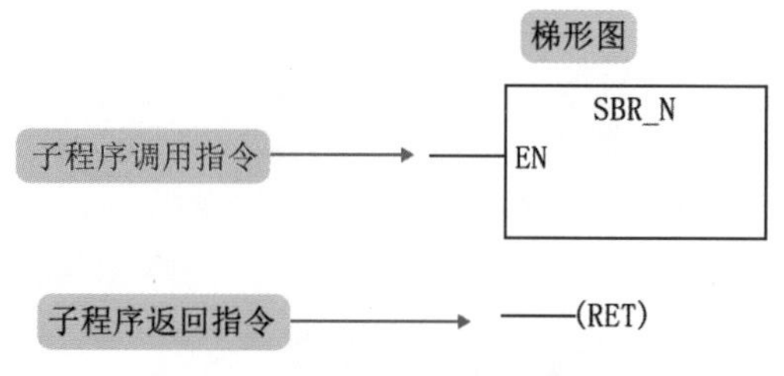

图8-1 子程序指令的指令格式

指令说明

① PLC扫描一般只会在主程序中，只有调用子程序时，才会跳转到子程序中扫描，所以要执行子程序前面的调用条件一定要接通。

② 子程序不调用就不扫描，所以可以节省程序执行时间，提高响应速度。

③ 子程序不调用就不扫描，会保留该子程序最后一个扫描周期中各存储区的工作状态。

④ 允许双线圈，只要不同时调用有相同线圈输出的子程序就行。

⑤ 模块化编程，方便管理，思路清晰。

⑥ 子程序允许嵌套，最多8层。子程序的个数最多有128个。

⑦ SM0.1一般不放在子程序中使用。

⑧ 上升沿、下降沿放在子程序中要注意与调用条件配合，分清先后关系。

⑨ 不能使用跳转指令跳入或跳出子程序。

⑩ 在同一个周期内多次调用子程序时，不应使用上升沿、下降沿、定时器和计数器指令。

8.1.3 子程序调用

子程序调用由在主程序内使用的调用指令完成。当允许子程序调用时，调用指令将程序控制转移给子程序（SBR_N），程序扫描将转移到子程序入口处执行。当执行子程序时，子程序将执行全部指令，直到满足条件才返回，或者执行到子程序末尾而返回。子程序会返回到原主程序出口的下一条指令执行，继续往下扫描程序，如图8-2所示。

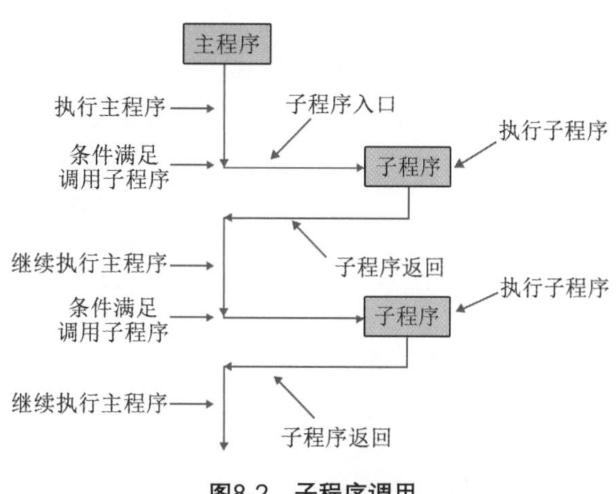

图8-2 子程序调用

8.1.4 子程序指令的应用举例

（1）实参的调用

在编写子程序时，子程序中可以使用全局变量（实际参数），此时在调用子程序时不用给子程序任何的输入，只要一个使能调用即可，如图8-3所示。

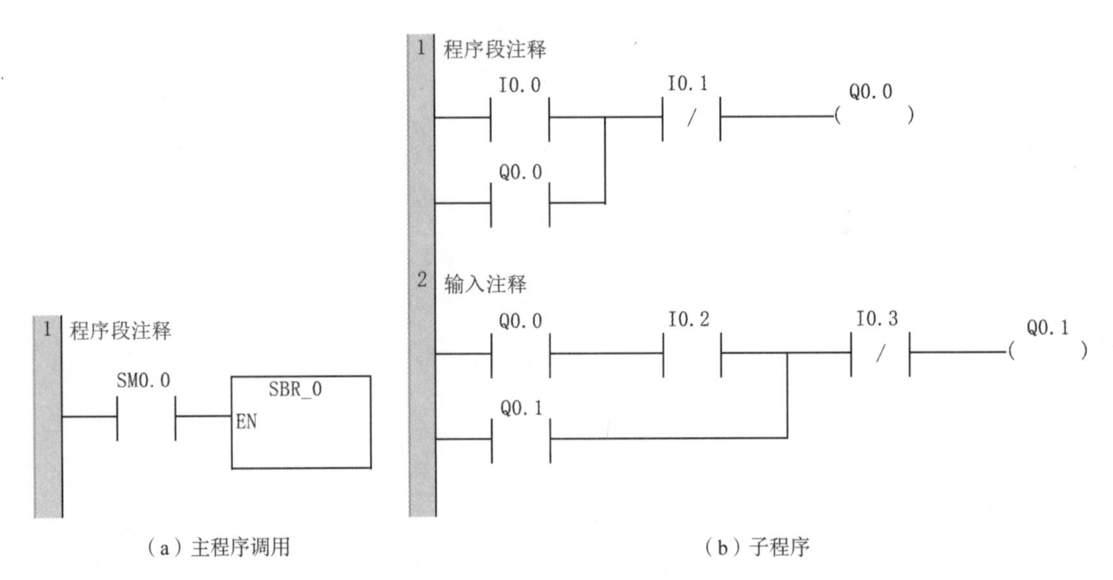

（a）主程序调用　　（b）子程序

图8-3　实参的调用

（2）形参的调用

若子程序中用到的是局部变量L区（形式参数），在调用子程序时，就要给子程序输入实际地址，一般编好的子程序是有接口的（根据需要定义），如图8-4所示。

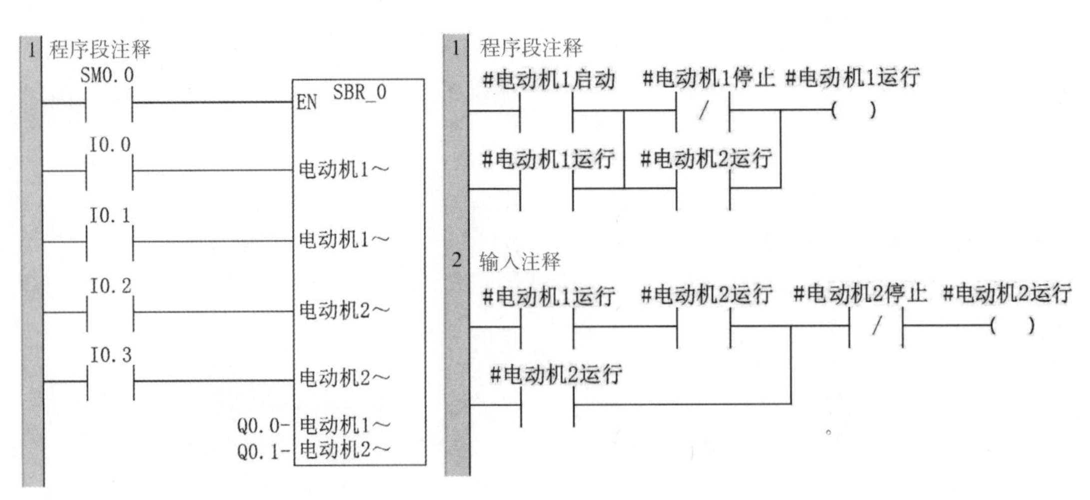

（a）主程序调用

子程序变量名称中的“#”表示局部变量，是编程软件自动添加的。输入局部变量时，不用输入“#”号。不能使用跳转语句跳入或跳出子程序。

此外，还有一个优点就是子程序内的L区是软件根据数据类型自动分配的，在变量表中想添加一变量时，可以直接插入，而不用管它占用了哪些变量地址，软件会按照从上到下的顺序和数据类型来分配L区的地址。

变量表

	地址	符号	变量类型	数据类型	注释
1		EN	IN	BOOL	
2	L0.0	电动机1启动	IN	BOOL	
3	L0.1	电动机1停止	IN	BOOL	
4	L0.2	电动机2启动	IN	BOOL	
5	L0.3	电动机2停止	IN	BOOL	
6	L0.4	电动机1运行	IN_OUT	BOOL	
7	L0.5	电动机2运行	IN_OUT	BOOL	
8			IN_OUT		
9			OUT		
10			TEMP		

（b）子程序

图8-4　形参的调用

（3）局部变量说明

局部变量见图8-5。

变量表

	地址	符号	变量类型	数据类型	注释
1		EN	IN	BOOL	
2			IN		
3			IN_OUT		
4			OUT		
5			TEMP		

图8-5　局部变量

IN：调用POU提供的输入参数。

OUT：返回调用POU的输出参数。

IN_OUT：数值由调用POU提供的参数，由子程序修改，然后返回调用POU。

TEMP：保存在局部数据堆栈中的临时变量。

对于子程序，局部变量表显示按照以下顺序预先定义说明类型的一组行：IN、IN_OUT、OUT和TEMP。用户不能改变该顺序。局部变量在该表中的顺序必须符合当用户为子程序调用指令进行操作数赋值时对应的操作数顺序。如果希望增加附加局部变量，必须用鼠标右键单击现有行，并使用弹出菜单插入与单击行类型相同的另一局部变量。选择插入（Insert）>行（Row），在所选行的上方插入新行，或选择插入（Insert）>行下方（Below Row），在所选行下方插入新行。

（4）局部变量的特点

局部变量L存储区是分配给每个子程序的临时存储区。当子程序被调用时，系统分配局部变量区给子程序；子程序执行完成后，该局部变量区被释放。释放时其中存储的值也同时丢失，不能在下一扫描周期再被子程序使用。

局部存储器和变量存储器很相似，但只有一处区别。变量存储器是全局有效的，而局部存储器只在局部有效。全局是指同一个存储器可以被任何程序存取（包括主程序、子程序和中断程序）。局部是指存储器区和特定的程序相关联。S7-200 SMART PLC给主程序分配64个字节局部存储器；给每一级子程序嵌套分配64个字节局部存储器；同样给中断程序分配64个字节局部存储器。

子程序或者中断程序不能访问分配给主程序的局部存储器。子程序不能访问分配给主程序、中断程序或者其他子程序的局部存储器。同样的，中断程序也不能访问分配给主程序或子程序的局部存储器。S7-200 SMART PLC根据需要分配局部存储器。也就是说，当主程序执行时，分配给子程序或中断程序的局部存储器是不存在的。当发生中断或者调用一个子程序时，需要分配局部存储器。新的局部存储器地址可能会覆盖另一个子程序或中断程序的局部存储器地址。

由于局部变量区在子程序被调用时才被分配，且分配时并不对数据区进行初始化，所以其初始值是不确定的。因此在程序中用到这些存储区的值的指令前，必须有对该存储区地址的赋值操作，否则可能会出现错误的执行结果。尤其是在子程序中存在大量的跳转指令时，很容易出现漏掉对局部变量赋值的情况，要格外注意。

由于局部变量区的数据不能带到上一个扫描周期，因此只能用于存放程序运算中的中间值，可以减少对全局变量区的占用。

每个子程序调用的输入／输出参数的最大限制是16，如果用户尝试下载的程序超过此限制就会出错。例如IN、OUT和IN_OUT加起来共16个，超过16个就会出错，见图8-6。

变量表

	地址	符号	变量类型	数据类型	注释
1		EN	IN	BOOL	
2	L0.0	test	IN	BOOL	
3	L0.1	test1	IN	BOOL	
4	L0.2	test2	IN	BOOL	
5	L0.3	test3	IN	BOOL	
6	L0.4	test4	IN	BOOL	
7	L0.5	test5	IN	BOOL	
8	L0.6	test6	IN	BOOL	
9	L0.7	test7	IN	BOOL	
10	L1.0	test9	IN_OUT	BOOL	
11	L1.1	test10	IN_OUT	BOOL	
12	L1.2	test11	IN_OUT	BOOL	
13	L1.3	test12	IN_OUT	BOOL	
14	L1.4	test13	IN_OUT	BOOL	
15	L1.5	test14	IN_OUT	BOOL	
16	L1.6	test15	IN_OUT	BOOL	
17			IN_OUT		
18	L1.7	test16	OUT	BOOL	
19		test17	OUT	BOOL	
20		test18	OUT	BOOL	
21			OUT		

图8-6　输入/输出参数的最大限制

S7-200 SMART PLC的子程序可以嵌套调用，即在子程序中调用别的子程序，一共可以嵌套8层。在中断程序中调用的子程序不能再调用别的子程序。不禁止递归调用（子程序调用自己），但是应慎重使用递归调用。

子程序中的定时器：停止调用子程序时，线圈在子程序内的位元件的ON/OFF状态保持不变。如果在停止调用时，子程序中的定时器正在定时，100ms定时器将停止定时，当前值保持不变，重新调用时继续定时；但是1ms定时器和10ms定时器将继续定时，定时时间到，它们的定时器位变为1状态，并且可以在子程序之外起作用。

定义局部变量表，请遵循以下步骤。

① 确保你所要编辑的子程序在程序编辑器窗口中显示，如有必要，单击所需的子程序标记（因为每个子程序都有自己的局部变量表，用户需要确保对你所要编辑的子程序赋值）。

② 如果局部变量表处于隐藏状态，下拉水平分裂条，显示局部变量表。

③ 为需要定义的变量选择具有正确变量类型的行，在“符号”域中为该变量输入一个名称（如果用户在主程序或中断程序中定义局部变量表，局部变量表只包含TEMP变

量。如果用户在子程序中赋值，局部变量表包含IN、IN_OUT、OUT和TEMP变量）。

局部变量名最多可包含23个字母数字字符和下划线。第1个字符只能是字母或扩展字符。将关键字用作符号名属于非法，名称的第1个字符是数字，或名称包含非字母数字字符或扩展字符集中的字符也属于非法。

在“数据类型”域中单击鼠标指针，并使用列表框为局部变量选择适当的数据类型。用户将局部变量指定为子程序的接口参数时，必须保证为局部变量指定的数据类型与子程序调用中使用的实参数据类型一致。数据类型不一致的情况如图8-7所示。

	符号	变量类型	数据类型
	EN	IN	BOOL
LB0	测试	IN	BYTE
		IN	
		IN_OUT	
		OUT	
		TEMP	

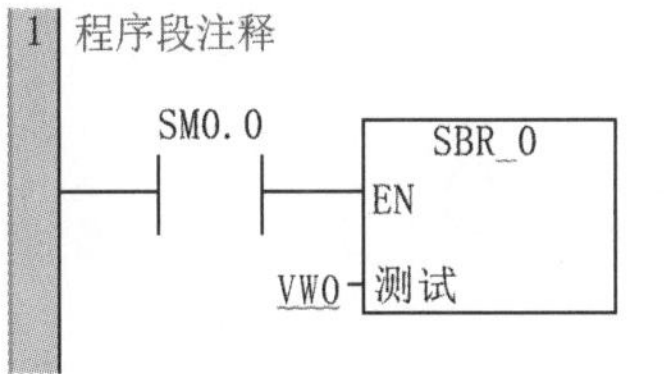

图8-7　数据类型不一致

子程序多次调用的“怪”现象：之前对子程序详细地讲解过了，想必大家都有所了解了。使用子程序可以更好地组织程序结构，便于阅读和调试，也可以缩短程序代码。但是使用子程序也有一些需要注意的地方，除了子程序在同一周期内被多次调用时，不能使用上升沿、下降沿、定时器和计数器之外，还有子程序中局部变量的特点，在编程多次调用带参数子程序时要特别注意。

一个很简单的启保停程序如图8-8所示，开关闭合，线圈导通，然后主程序里调用了两次这个子程序，结果第1个I点闭合了，两个Q点都导通了（大概可以判断和子程序的局部变量有关，估计这个程序逻辑有问题）。

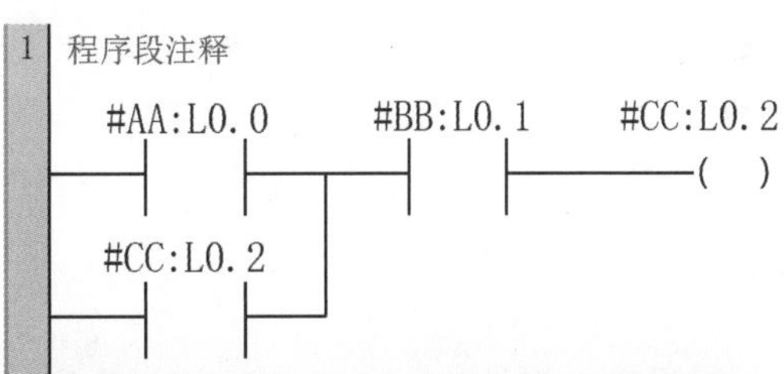

	地址	符号	变量类型	数据类型
1		EN	IN	BOOL
2	L0.0	AA	IN	BOOL
3	L0.1	BB	IN	BOOL
4			IN	
5			IN_OUT	
6	L0.3	CC	OUT	BOOL

图8-8　启保停子程序示例一

那好，我们就看一下程序是如何编写的。

子程序：是一个常见的自保持逻辑，接口参数如框中所示。

主程序：调用了两次上面的子程序，实现I0.0和I0.1控制Q0.0的闭合和断开，I0.2和I0.3控制Q0.1的闭合和断开，如图8-9所示。

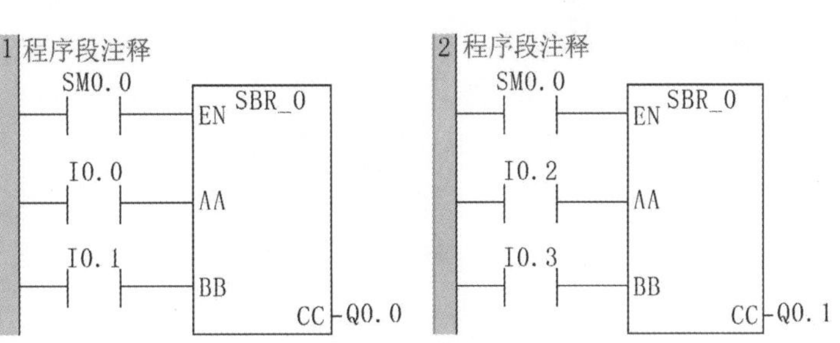

图8-9　主程序调用启保停子程序

那么在线测试下程序执行情况，发现果然和描述的错误一样，I0.0为1后，Q0.0和Q0.1都为1了，如图8-10所示。而如果闭合I0.2，则Q0.0和Q0.1都断开。

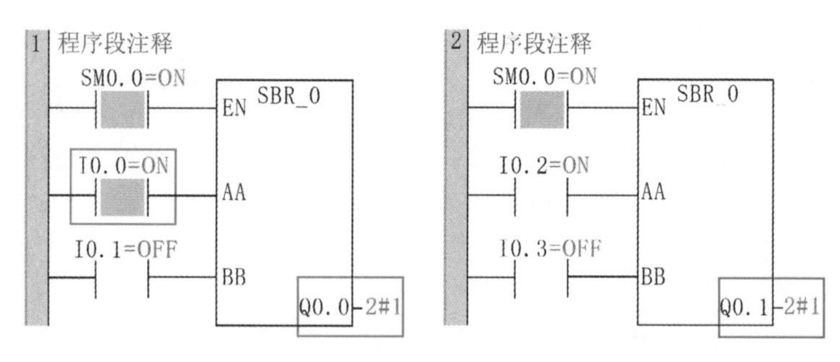

图8-10 启保停子程序互相干扰

为什么会这样呢？首先我们先明确子程序局部变量的特点。局部变量的变量类型分为四种：IN、IN_OUT、OUT和TEMP。局部变量存储区是在子程序调用时开辟的，子程序调用完成，局部变量占用的存储空间释放。

下面我们来分析一下这个错误的子程序。

在主程序第一次调用子程序时，如果I0.0为1，I0.1为0，它们将自身值分别传给输入局部变量#AA和#BB，子程序中程序逻辑执行如图8-11所示。此时局部变量#CC值为1，子程序完成，#CC将值传送到输出参数Q0.0上，使其置1。根据局部变量的特点，子程序第一次调用完成后，局部变量存储区释放。

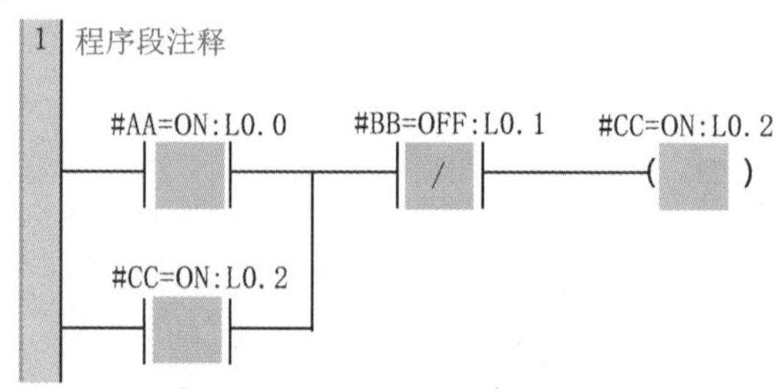

图8-11 启保停子程序逻辑分析

当主程序第2次调用该子程序时，开辟临时存储空间，但是此时的存储空间与第1次调用时开辟的不一定一致。也有可能由于程序简单，仍然使用第1次调用时占用的存储空间。如果这种情况发生了，那么第1次调用时已经将#CC的L0.2置1，而此值依旧存在，那么第2次调用时虽然输入参数I0.2和I0.3为0，但是#CC（L0.2）为1，由于这个程序的子程序逻辑有自保持部分，所以最后L0.2的逻辑结果仍然是1。子程序完成后，#CC将值传送到输出参数Q0.1上，使其置1。所以就会出现反映的那种问题。

那么，该如何避免这种情况呢？

大家是否还记得刚刚介绍局部变量参数类型时，除IN、OUT类型外，还有一种类型叫IN_OUT，这种类型的参数是先读入，然后再写出，这里我们就可以利用它的这个特点解决上面的问题。

下面对子程序的参数进行修改，将原先的#CC变量类型改为IN_OUT如图8-12所示。

主程序结构不变，如图8-13所示，可以看到由于#CC的类型是IN_OUT，它在子程序块的接口位置也

	符号	变量类型	数据类型
	EN	IN	BOOL
L0.0	AA	IN	BOOL
L0.1	BB	IN	BOOL
L0.2	CC	IN_OUT	BOOL
		OUT	BOOL
		OUT	
		TEMP	

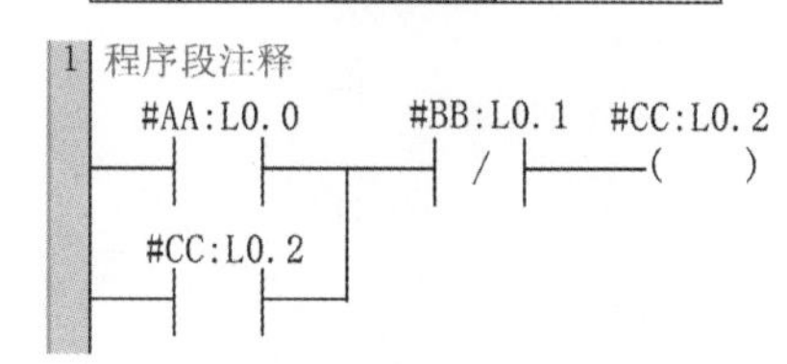

图8-12 启保停子程序示例二

转到左侧输入侧。

下面再次将I0.0置1，其他输入都为0，监控程序状态，可以得到只有Q0.0为1，Q0.1状态为0。而如果将I0.1置1，Q0.0被复位，Q0.1还是0，这样就符合最初的控制要求了，如图8-14所示。

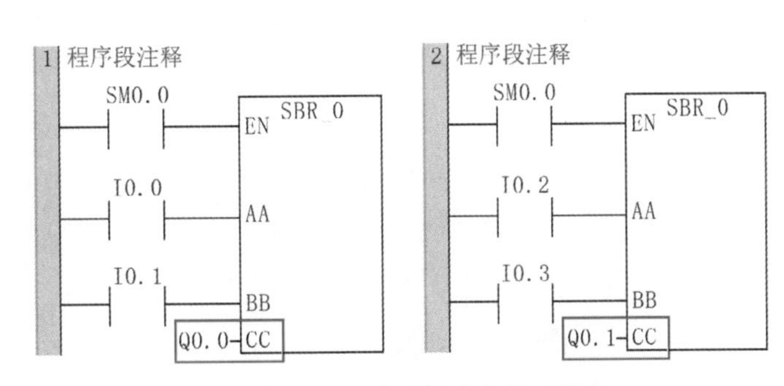

图8-13　主程序调用启保停子程序

同样，如果只给I0.2置1，那么也只有Q0.1会亮，不会再影响Q0.0。

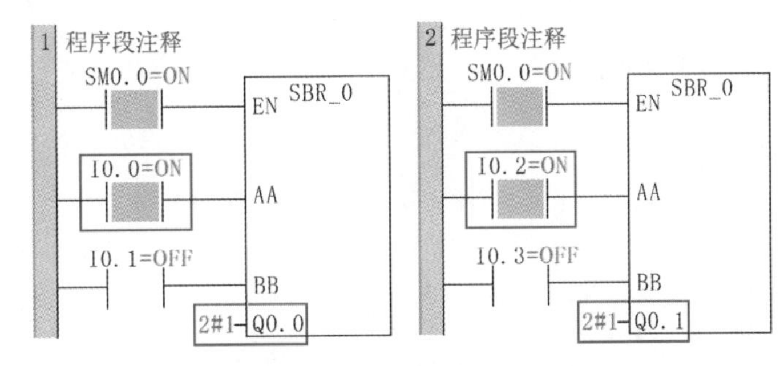

图8-14　启保停子程序无干扰

了解了IN_OUT类型变量的特点，就不难分析以上的结果。因为每次调用子程序时，局部变量#CC都会先去读取输入参数Q0.0或Q0.1的状态，所以，即使两次调用子程序时，#CC变量使用了同一区域，该区域的值也会在开始被Q点的状态所修改，就不存在两次调用相互影响的情况了。

所以，在编写S7-200 SMART PLC子程序时，要特别注意局部变量的特点，一旦出现多次调用不正常的情况，就可以从局部变量的特点出发进行分析，看看是不是存在隐患。利用IN_OUT变量也许可以解决许多问题。

8.2 中断程序及其应用

8.2.1 中断概述

在生活中，人们经常遇到这样的情况：当你正在书房看书时，突然客厅的电话响了，你会停止看书，转而去接电话，接完电话后又继续去看书。这种停止当前工作，转而去做其他工作，做完后又返回来做先前工作的现象称为中断。

PLC也有类似的中断现象，当系统正在执行某程序时，如果突然出现意外事件，它就需要停止当前正在执行的程序，转而去处理意外事件，处理完后又接着执行原来的程序。

PLC采用的循环扫描的工作方式，使突发事件或意外情况不能得到及时的处理和响应，为了解决此问题，PLC提供了中断这种工作方式。PLC处理中断事件需要执行中断程序，中断程序是用户编写的，当中断事件发生时，由操作系统调用。所谓中断事件，是指能够用中断功能处理的特定事件。S7-200 SMART PLC为每个中断事件规定了一个中断事件号。响应中断事件而执行的程序称为中断服务程序，把中断事件号和中断服务程序关联起来才能执行中断处理功能。若要关闭某中断事件，则需要取消中断事件与中断程序之间的联系。这些功能在PLC中可以使用相关的中断指令来完成。

多个中断事件可以调用同一个中断程序，一个中断事件不可以连接多个中断程序。

中断事件可能在PLC程序扫描循环周期中任意时刻发生。执行中断服务程序前后，系统会自动保护和恢复被中断的程序运行环境，以避免中断程序对主程序可能造成的影响。

中断事件

让PLC产生中断的事件称为中断事件。S7-200 SMART PLC最多有38个中断事件，为了识别这些中断事件，给每个中断事件都分配了一个编号，称为中断事件号。S7-200 SMART PLC的CPU支持三类中断事件：时基中断、I/O中断、通信中断。

① **时基中断** 时基中断包括两类，分别为定时中断和定时器T32/T96中断。

a. 定时中断。定时中断支持周期性活动，周期时间为1～255ms，时基为1ms。使用定时中断0或1，必须在SMB34或SMB35中写入周期时间。将中断程序连在定时中断事件上，如定时中断允许，则开始定时，每到达定时时间，都会执行中断程序。此项功能可用于PID控制和模拟量定时采样。

b. 定时器T32/T96中断。这类中断只能用时基为1ms的定时器T32和T96构成。中断启动后，当当前值等于预设值时，在执行1ms定时器更新过程中，执行连接中断程序。

② **I/O中断** 它包括输入上升/下降沿中断、高速计数器中断和高速脉冲输出中断。

a. 输入上升/下降沿中断用于捕捉立即处理的事件。

b. 高速计数器中断是指对高速计数器运行时产生的事件实时响应，这些事件包括计数方向改变产生的中断，当前值等于预设值产生的中断等。

c. 高速脉冲输出中断是指预定数目完成所产生的中断。

③ **通信中断** 在自由口通信模式下，用户可通过编程来设置波特率和通信协议等。

中断优先级

PLC可以接发的中断事件很多，但如果这些中断事件同时发出中断请求，要同时处理这些请求是不可能的，正确的方法是对这些中断事件进行优先级别排队，优先级别高的中断事件请求先响应，然后再响应优先级别低的中断事件请求。

S7-200 SMART PLC的中断事件优先级别从高到低的类别依次是通信中断事件、I/O中断事件、定时中断事件。由于每类中断事件中又有多种中断事件，所以每类中断事件内部也要进行优先级别排队。所有中断事件的优先级别顺序见表8-1。

PLC的中断处理规律主要有以下几项。

① 当多个中断事件发生时，按事件的优先级顺序依次响应，对于同级别的事件，则遵循先发生先响应的原则。

② 在执行一个中断程序时，不会响应更高级别的中断请求，直到当前中断程序执行完成。

③ 在执行某个中断程序时，若有多个中断事件发生请求，这些中断事件则按优先级顺序排成中断队列等候。中断队列能保存的中断事件个数有限，如果超出了队列的容量，则会产生溢出，将某些特殊标志继电器置位。

表8-1　中断事件优先级

序号	优先级分组	优先级	中断事件号	备注
1	定时中断	最低	10	定时中断0，使用SMB34
2			11	定时中断1，使用SMB35
3			21	定时器T32CT = PT中断
4			22	定时器T96CT = PT中断
5	通信中断	最高	8	通信口0：接收字符
6			9	通信口0：发送完成
7			23	通信口0：接收信息完成
8			24	通信口1：接收信息完成
9			25	通信口1：接收字符
10			26	通信口1：发送完成
11	I/O中断（中等优先级）		0	I0.0上升沿中断
12			2	I0.1上升沿中断
13			4	I0.2上升沿中断
14			6	I0.3上升沿中断
15			1	I0.0下降沿中断
16			3	I0.1下降沿中断
17			5	I0.2下降沿中断
18			7	I0.3下降沿中断
19			12	HSC0当前值 = 预设值中断
20			27	HSC0计数方向改变中断

续表

序号	优先级分组	优先级	中断事件号	备注
21	I/O中断（中等优先级）		28	HSC0外部复位中断
22			13	HSC1当前值＝预设值中断
23			16	HSC2当前值＝预设值中断
24			17	HSC2计数方向改变中断
25			18	HSC2外部复位中断
26			32	HSC3当前值＝预设值中断
27			35	I7.0上升沿（信号板）
28			37	I7.1上升沿（信号板）
29			36	I7.0下降沿（信号板）
30			38	I7.1下降沿（信号板）

表8-2给出了3个中断队列以及它们能够存储的中断个数。有时，可能有多于队列所能保存数目的中断出现，因而，由系统维护的队列溢出存储器位表明丢失的中断事件的类型。中断队列溢出位如表8-2所示。应当只在中断程序中使用这些位，因为在队列变空时，这些位会被复位，控制权回到主程序。

表8-2　每个中断队列的最大数目

中断队列	所有SMART CPU	溢出置位继电器（0：无溢出，1：溢出）
通信中断队列	4	SM4.0
I/O中断队列	16	SM4.1
定时中断队列	8	SM4.2

8.2.2 中断指令

指令格式

图8-15中3种中断指令含义如下。

开放中断	禁止中断	从中断程序有条件的返回
—(ENI)	—(DISI)	—(RETI)

图8-15　中断指令（一）

允许中断形文中断指令ENI：全局地允许所有被连接的中断事件。

禁止中断指令DISI：全局地禁止处理所有中断事件。允许中断事件排队等候，但中断事件发生后，不允许执行中断服务程序，直到用全局中断允许指令ENI重新允许中断。当进入RUN模式时，中断被自动禁止。在RUN模式执行全局中断允许指令后，各中断事件发生时是否会执行中断程序，取决于是否执行了该中断事件的中断连接指令。

中断条件返回（从中断程序有条件的返回）指令RETI：用于根据前面的逻辑操作的条件，从中断服务程序中返回，编程软件自动为各中断程序添加无条件返回指令。

图8-16中3种中断指令含义如下。

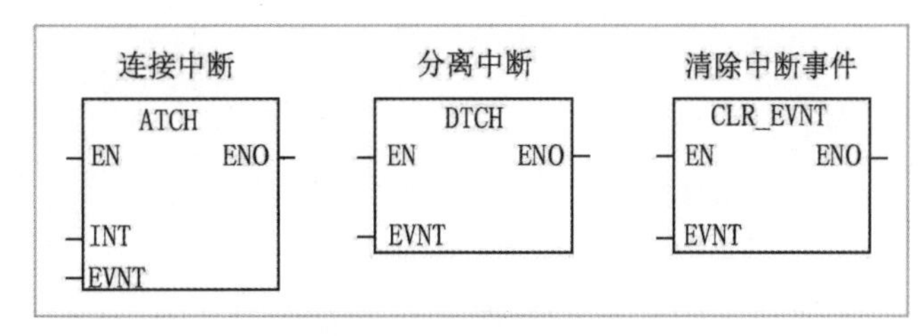

图8-16　中断指令（二）

连接中断指令ATCH：将中断事件EVNT与中断程序号INT相关联，并使能该中断事件。也就是说，执行ATCH后，该中断程序在事件发生时被自动启动。因此，在启动中断程序之前，应在中断事件和该事件发生时希望执行的中断程序之间，用ATCH指令建立联系。

分离中断指令DTCH：用来断开中断事件EVNT与中断程序INT之间的联系，从而禁止单个中断事件。

清除中断事件指令CLR_EVNT：从中断队列中清除所有的中断事件，该指令可以用来消除不需要的中断事件。如果用来清除假的中断事件，首先应分离事件。否则，在执行该指令之后，新的事件将增加到队列中。

在中断程序中，不能使用DISI、ENI、HDEF、LSCR和END指令。

注意

① 执行禁止中断（DISI）指令会禁止处理中断，中断条件满足时，不会产生中断，但是中断事件将继续入队等候，待下次执行中断允许（ENI）时立刻产生中断。

② 中断子程序有别于子程序调用，由PLC自动调度，不需要人为显示调用。我们需要做的仅是将事件号和中断程序建立连接，开放中断，并编写中断子程序的内容。

8.2.3 中断程序的建立

STEP 7-Micro/WIN SMART在打开程序编辑器时，默认提供了一个空的中断程序

INT_0，用户可以直接在其中输入程序。除此之外，用户还可以用以下3种方法创建中断程序。

① 在“编辑”菜单中执行“对象”/“中断”命令，如图8-17所示。

② 在程序编辑器视窗中使用鼠标右键单击，从弹出的快捷菜单中执行“插入”/“中断”命令，如图8-18所示。

③ 用鼠标右键单击指令树上的“程序块”图标，并从弹出的快捷菜单中选择“插入”/“中断”选项，如图8-19所示。

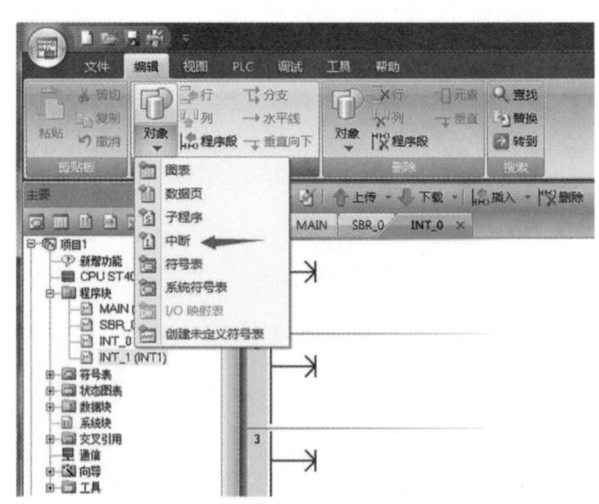

图8-17 在编辑菜单中插入中断程序

采用以上3种方法创建中断程序后，程序编辑器将从原来的POU显示进入新的中断服务程序（可以在其中编程），程序编辑器底部出现新的中断程序标签。

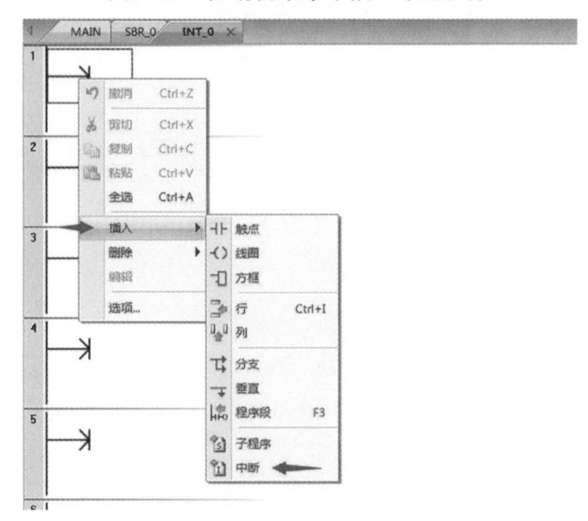

图8-18 右键插入中断程序

中断程序提供对特殊（或紧急）内部事件和外部事件的快速响应。中断程序应尽量短小、简单，以减少中断程序的执行时间，减少对其他处理的延迟。中断程序在执行完某项特定任务后，应立即返回主程序，否则可能引起主程序控制的设备操作异常。

8.2.4 中断指令的应用举例

（1）I/O 硬件输入中断程序

中断程序的基本使用步骤：

① 连接中断事件和中断程序，使用连接中断ATCH指令。

② 允许中断，使用ENI指令。

③ 编写中断子程序。

④ 中断子程序自动返回，需要有条件返回用RETI指令。

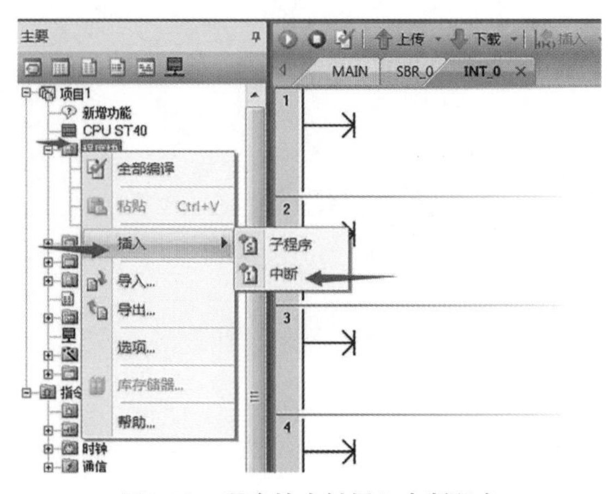

图8-19 程序块右键插入中断程序

中断程序的注意事项：

① 产生中断时立刻执行中断程序，且只执行一个扫描周期。

② 定时器、计数器、上升沿、下降沿、SM0.1不能用在中断程序中，用了也达不到效果。

③ 在中断程序中，不能使用DISI、ENI、SCR、HDEF、END指令，使用了会出现非致命错误。

④ 多个事件号可以调用同一个中断程序，但一个事件号不能同时连接多个中断程序。

如果连接第2个中断程序，会自动断开与第1个中断程序的连接。

案例：

按下I0.1触发2号中断事件（I0.1的上升沿），在中断程序中用VB0的自加一程序，观察VB0中的数据，以判断程序是否执行了中断程序。

I/O中断案例如图8-20所示。

主程序：

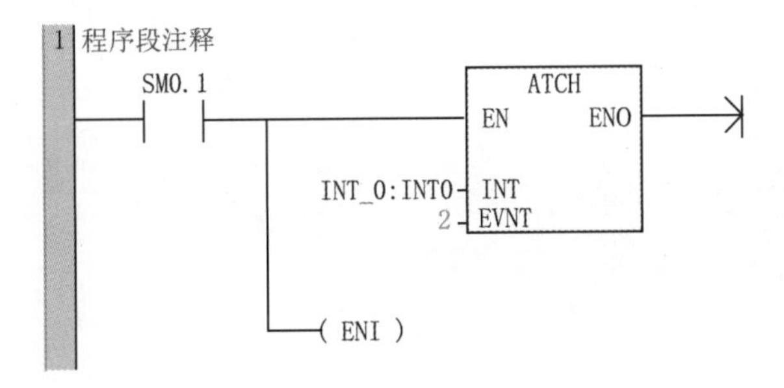

中断程序

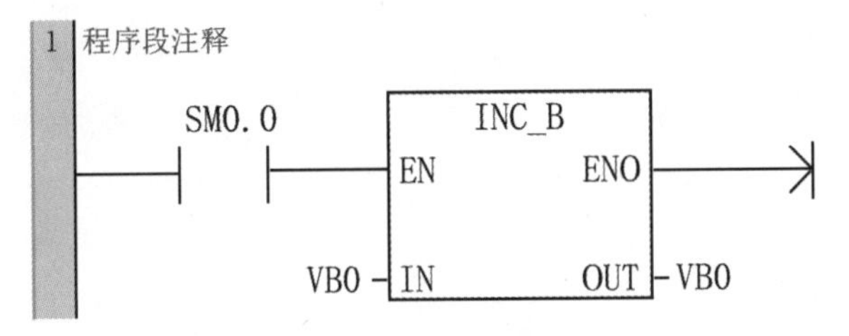

图8-20 I/O中断案例

程序解释 主程序：

① 首次扫描，定义事件2（I0.1的上升沿）中断服务程序为INT_0。

② 全局中断允许。

中断程序：

③ 事件2（I0.1的上升沿）的中断服务程序，中断程序只执行一个扫描周期，所以用SM0.0接通，当I0.1接通的时候，中断程序执行一次VB0自加1。

（2）定时中断读取模拟量值的程序

定时中断读取模拟量程序案例如图8-21所示。

主程序：

1 程序段注释
SM0.0
MOV_B
EN ENO
100 IN OUT SMB34
ATCH
EN ENO
INT_0:INT0 INT
10 EVNT
(ENI)

中断程序

1 程序段注释
SM0.0
MOV_W
EN ENO
AIW16 IN OUT VW0

图8-21 定时中断读取模拟量程序案例

程序解释 主程序：

① 首次扫描，设置定时中断0的时间间隔为100ms。

② 连接INT_0到事件10（定时中断0）。

③ 全局中断允许。

中断程序：

④ 事件10（定时中断0，SMB34）的中断服务程序，中断程序只执行一个扫描周期，所以用SM0.0接通，中断程序每100ms执行一次，每次读AIW16的值并将模拟量值传送给VW0保存。

（3）定时器T32/T96中断实现一灯交替闪烁案例

时基中断实现灯交替闪烁案例如图8-22所示。

主程序：

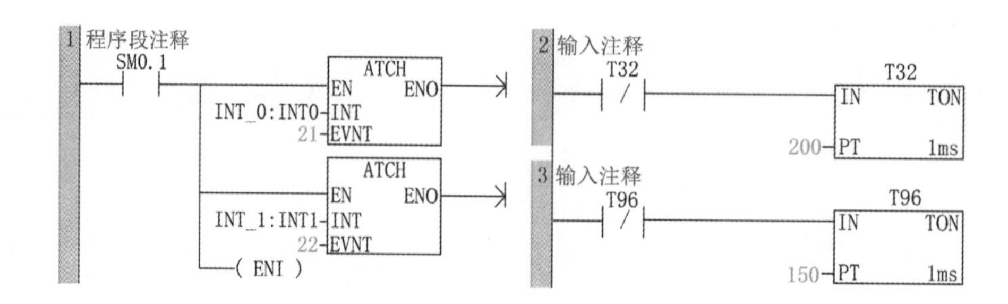

中断 1 程序

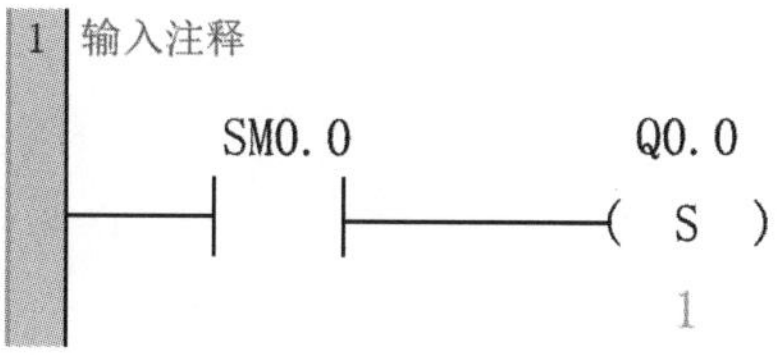

1 输入注释

SM0.0 Q0.0

(S)

1

中断 2 程序

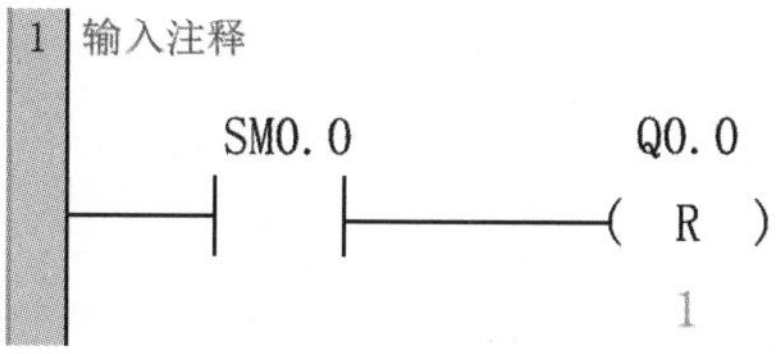

1 输入注释

SM0.0 Q0.0

(R)

1

图8-22 时基中断实现灯交替闪烁案例

程序解释 主程序：

① 首次扫描，连接INT_0到事件21（定时器T32 CT＝PT中断），连接INT_1到事件22（定时器T96 CT＝PT中断）。

② 全局中断允许。

③ 设置定时中断21定时器T32的时间间隔为200ms。

④ 设置定时中断22定时器T96的时间间隔为150ms。

中断1程序：

⑤ 事件21（定时中断21，定时器T32 CT＝PT中断）的中断服务程序，中断INT_0程序只执行一个扫描周期，所以用SM0.0接通，中断程序每200ms执行一次，每次将Q0.0置位，Q0.0点亮。

中断2程序：

⑥ 事件22（定时中断22，定时器T96 CT＝PT中断）的中断服务程序，中断INT_1程序只执行一个扫描周期，所以用SM0.0接通，中断程序每150ms执行一次，每次将Q0.0复位，Q0.0熄灭。

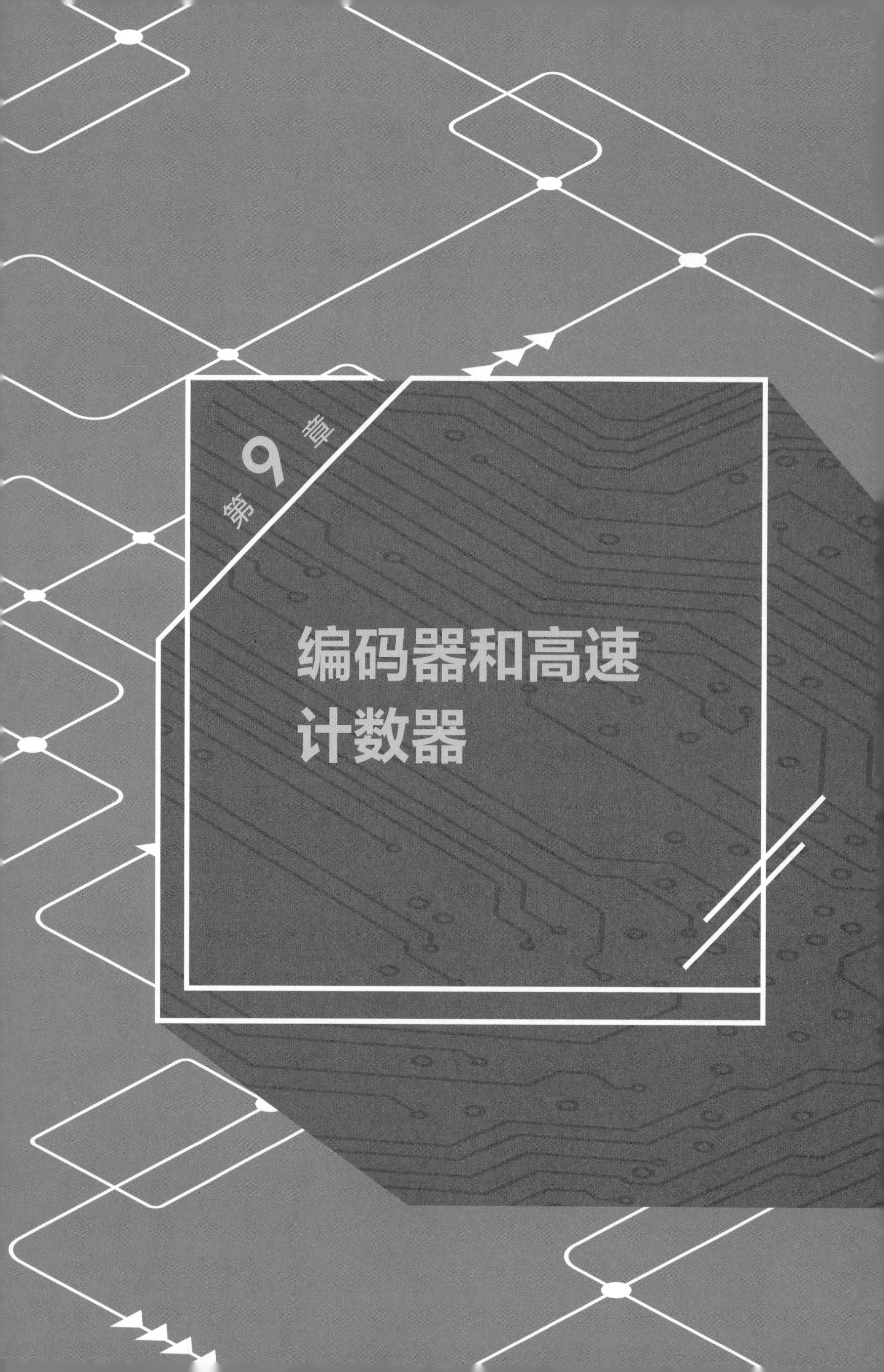
第9章
编码器和高速计数器

9.1 光电编码器

编码器是传感器的一种，主要用来检测机械运动的速度、位置、角度、距离和计数等，许多电动机控制均需配备编码器，应用范围相当广泛。

典型的光电编码器由码盘、检测光栅、光电转换电路（包括光源、光敏器件、信号转换、电路）、机械部件等组成。光电编码器具有结构简单、精度高、寿命长等优点，广泛应用于精密定位以及速度、长度、加速度、振动检测等方面。

9.2 增量式编码器

增量式编码器如图9-1所示，其提供了一种将连续位移量进行离散化、增量化及检测位移变化（速度）的传感方法。增量式编码器的特点是每产生一个输出脉冲信号对应一个增量位移，它能够产生与位移增量等值的脉冲信号。增量式编码器测量的是相对于某个基准点的相对位置增量，而不能直接检测出绝对位置信息。

图9-1　增量式编码器

图9-2所示是增量式编码器的输出脉冲信号波形。

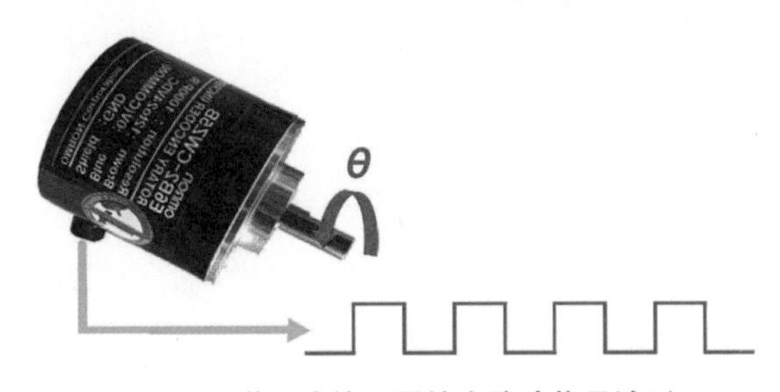

图9-2　增量式编码器输出脉冲信号波形

如图9-3所示，增量式编码器主要由光源、码盘、检测光栅、光电检测器件和转换电路组成。

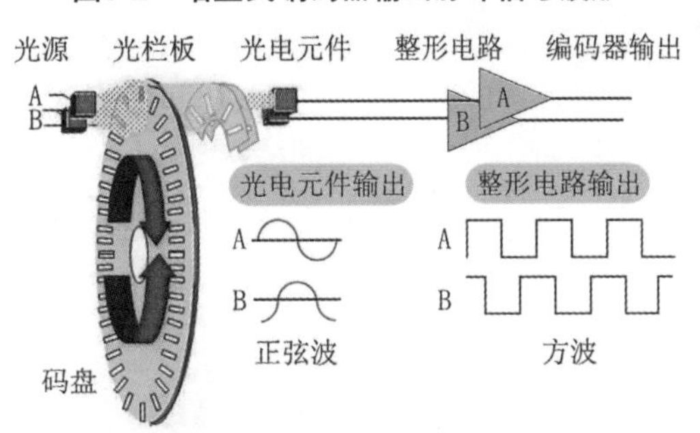

图9-3　增量式编码器构成

图9-4所示为编码器的工作原理，在码盘上刻有节距相等的辐射状透光缝隙，相邻两个透光缝隙之间代表一个增量周期。检测光栅上刻有A、B两组与码盘透光缝隙相对应的透光缝隙，用以通过或阻挡光源和光电检测器件之间的光线，它们的节距和码盘上的节距相等，并且两组透光缝隙错开1/4节距，使光电检测器件输出的信号在相位上相差90°。当码盘随着被测转轴转动时，检

测光栅不动，光线透过码盘和检测光栅上的透光缝隙照射到光电检测器件上，光电检测器件就输出两组相位相差90°的近似正弦波的电信号，电信号经过转换电路的信号处理，就可以得到被测轴的转角或速度信息。

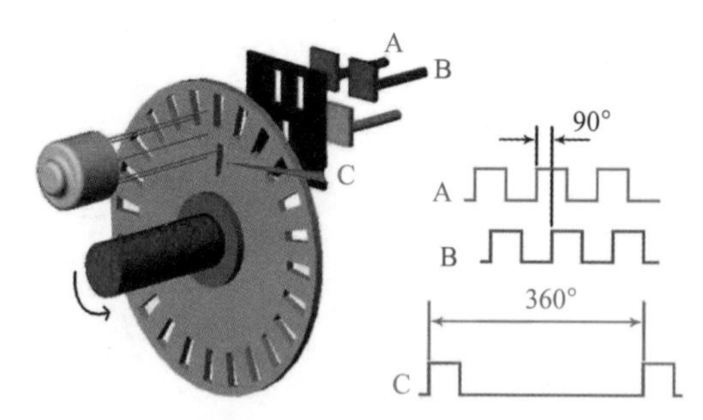

图9-4 编码器工作原理

一般来说，增量式编码器输出A、B两相相位差为90°的脉冲信号（即所谓的两相正交输出信号），根据A、B两相的先后位置关系，可以方便地判断出编码器的旋转方向。另外，码盘一般还提供用作参考零位的Z相脉冲信号，码盘每旋转一周，会发出一个零位标志信号，如图9-5所示。

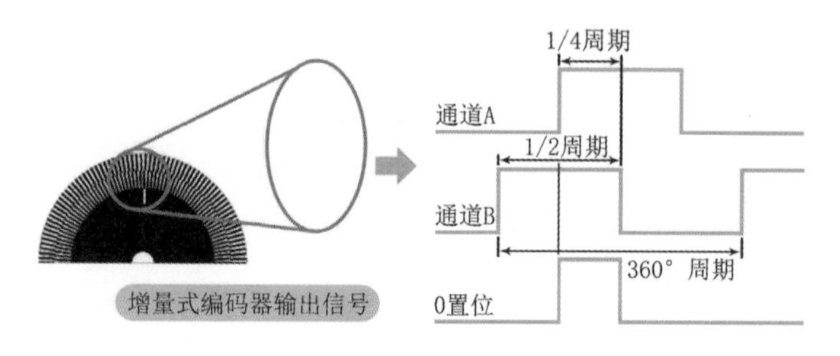

图9-5 增量式编码器A、B相信号

9.3 编码器的安装方式

编码器常见的安装方式有两种：编码器装在丝杠末端与前端，如图9-6所示。

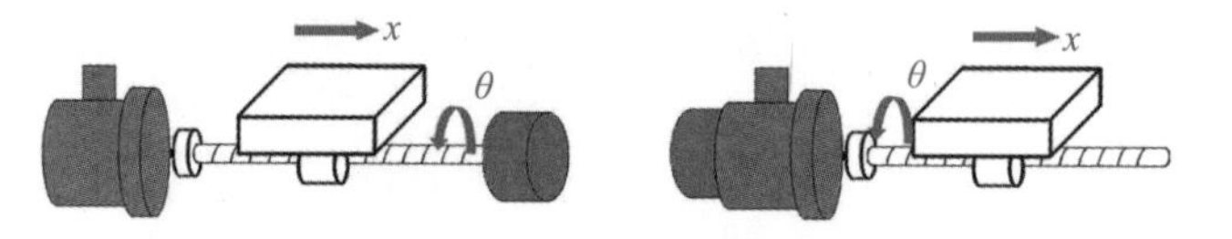

图9-6 编码器安装方式

9.4 编码器的作用

编码器主要用来测量距离和速度。

① 编码器测直线距离。编码器装在丝杠末端，如图9-7所示。

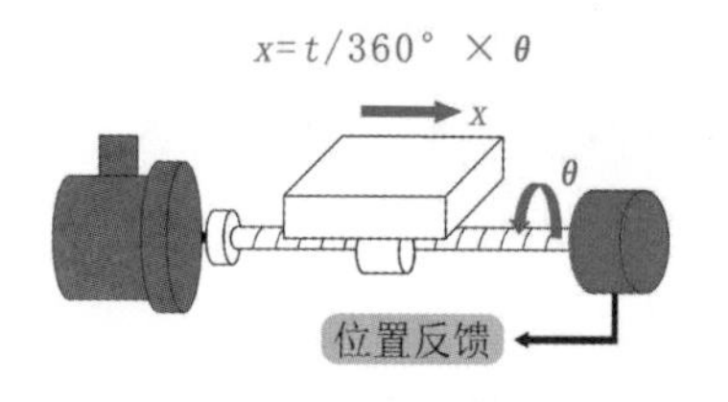

图9-7 编码器测直线距离

通过测量滚珠丝杠的角位移$\theta = 360x/t$，可间接获得工作台的直线位移x，其中t为丝杠螺距，如图9-8所示。

② 编码器测速。利用M法测速，如图9-9所示。

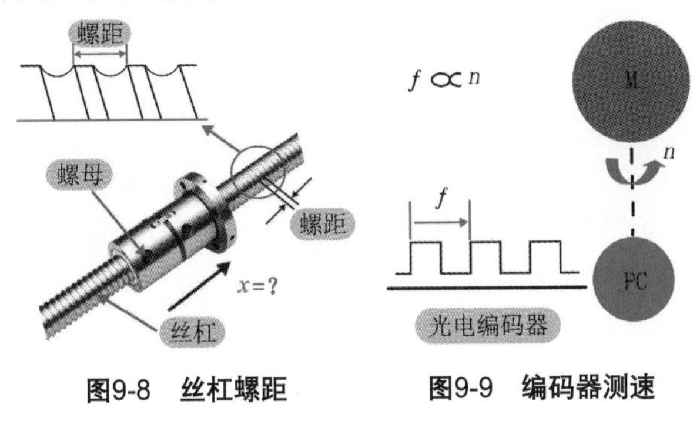

图9-8　丝杠螺距　　　　图9-9　编码器测速

9.5 高速计数器

普通计数器受CPU扫描速度的影响，是按照顺序扫描的方式工作的。在每个扫描周期中，对计数脉冲只能进行一次累加；当脉冲信号的频率比PLC的扫描频率高时，如果仍采用普通计数器进行累加，必然会丢失很多输入脉冲信号。在PLC中，对比扫描频率高的输入信号的计数可使用高速计数器指令来实现。

西门子S7-200 SMART PLC提供了从HSC0 ~ HSC5共6个高速计数器8种计数模式，每个计数器所占用的输入点都是系统定义好的，如表9-1所示，我们只需要根据各点的意义来使用即可。

表9-1　高速计数器模式

HSC模式	说明（中断描述）	输入点及对应功能		
高速计数器	HSC0	I0.0	I0.1	I0.4
	HSC1	I0.1		
	HSC2	I0.2	I0.3	I0.5
	HSC3	I0.3	—	—
	HSC4	I0.6	I0.7	I1.2
	HSC5	I1.0	I1.1	I1.3
0	带内部方向控制的单相计数器	时钟	—	—
1		时钟	—	复位
3	带外部方向控制的单相计数器	时钟	方向	—
4		时钟	方向	复位

续表

HSC模式	说明（中断描述）	输入点及对应功能		
6	具有两个时钟输入的双向计数器	加时钟	减时钟	—
7		加时钟	减时钟	复位
9	A/B相正交计数器	时钟A	时钟B	—
10		时钟A	时钟B	复位

时钟：计数输入端子，加时钟有输入时计数值加1，减时钟有输入时计数值减1。

时钟A和时钟B：AB相正交计数A相和B相信号输入端子。

方向：控制计数增减端子，有输入为增计数，无输入为减计数。

复位：复位信号输入端子，当复位信号接通时，计数器复位清0。

9.6 高速计数器类型及工作模式

每一个高速计数器都有多种运行模式，其使用的输入端子各有不同，主要分为脉冲输入端子、方向控制输入端子、复位输入端子、启动输入端子等。

高速计数器运行模式主要分为四类。

① 带内部方向控制的单相增/减计数器（模式0和1） 它有一个计数输入端，没有外部方向控制输入信号。计数方向由内部控制字节中的方向控制位设置，只能进行单向增计数或减计数。如HSC0的模式0，其计数方向控制位为SM37.3。当该位为0时，计数器为减计数；该位为1时，计数器为增计数，如图9-10所示。

② 带外部方向控制的单相增/减计数器（模式3和4） 它有一个计数输入端，由外部输入信号控制计数方向，只能进行单向增计数或减计数。如HC0的模式3，当I0.1为0时，计数器为减计数；当I0.1为1时，计数器为增计数，如图9-11所示。

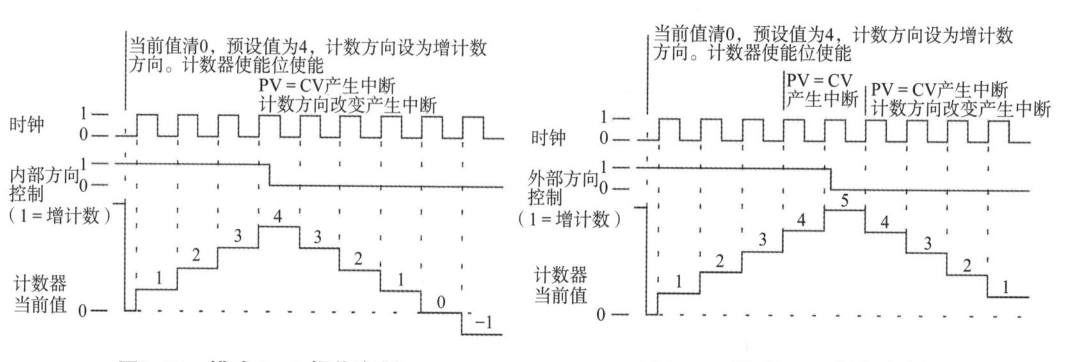

图9-10 模式0、1 操作实例　　图9-11 模式3、4 操作实例

③ 具有两个时钟输入的双向计数器（模式6和7） 它有两个计数输入端，一个为增计数输入，另一个为减计数输入。当有一个脉冲到达增计数输入端时，计数器当前值增加1；当有一个脉冲到达减计数输入端时，计数器当前值减小1。若增计数脉冲与减计数脉冲相隔时间大于0.3ms，高速计数器就能够正确计数；若相隔时间小于0.3ms，高速计数器认为两个脉冲同时发生，计数器当前值不变，如图9-12所示。

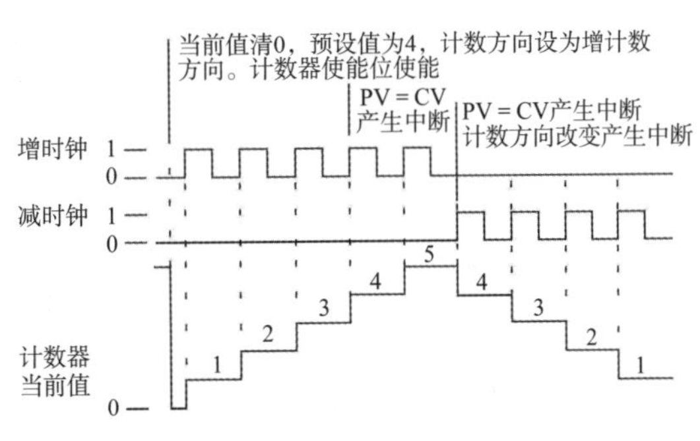

图9-12 模式6、7操作实例

④ A/B相正交计数器（模式9和10） 它有两个计数输入端A相和B相，A/B相正交，计数器利用两个输入脉冲的相位确定计数方向。A相脉冲上升沿超前于B相脉冲上升沿时为增计数，反之则为减计数，如图9-13和图9-14所示。

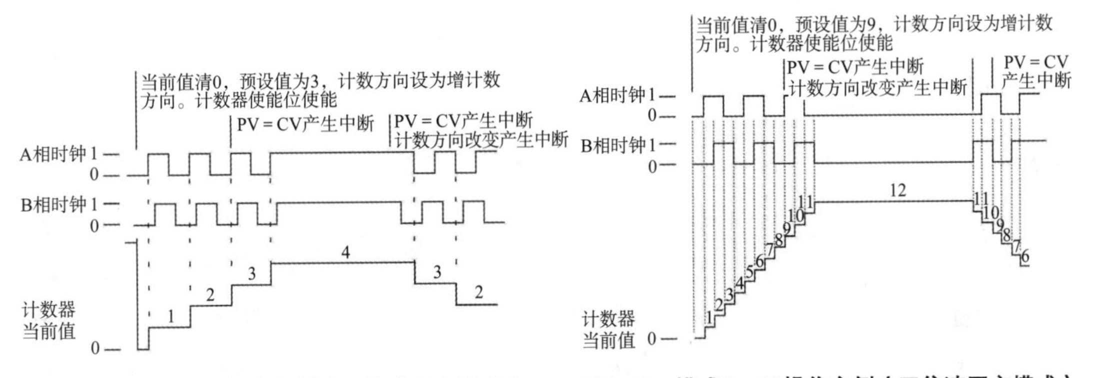

图9-13 模式9、10操作实例（一倍速正交模式）

图9-14 模式9、10操作实例（四倍速正交模式）

9.7 高速计数器的滤波设置

要正确使用高速计数器，还需要根据实际连接脉冲信号的输入频率，调整高速计数器输入通道的滤波时间。在“系统块”的“数字量输入”中，可以选择各输入通道的滤波时间，如图9-15所示。

滤波时间和可检测最大输入频率的关系如表9-2所示。

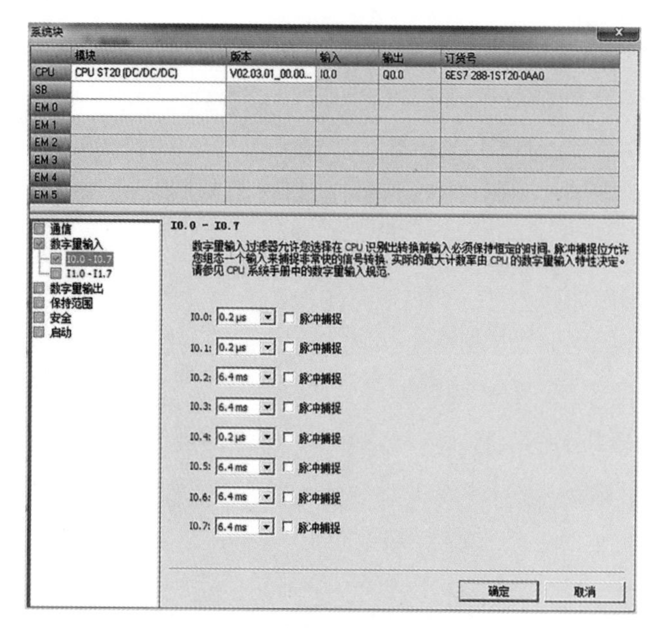

图9-15　数字量滤波时间设置

表9-2　滤波时间和可检测最大输入频率的关系

滤波时间	可检测最大输入频率
0.2μs	200kHz（标准型CPU）或100kHz（经济型CPU）
0.4μs	200kHz（标准型CPU）或100kHz（经济型CPU）
0.8μs	200kHz（标准型CPU）或100kHz（经济型CPU）
1.6μs	200kHz（标准型CPU）或100kHz（经济型CPU）
3.2μs	156kHz（标准型CPU）或100kHz（经济型CPU）
6.4μs	78kHz
12.8μs	39kHz
0.2ms	2.5kHz
0.4ms	1.25kHz
0.8ms	625Hz
1.6ms	312Hz
3.2ms	156Hz
6.4ms	78Hz
12.8ms	39Hz

9.8 高速计数器指令

9.8.1 定义高速计数器指令HDEF

指令功能

为某个要使用的高速计数器选定一种工作模式，如图9-16所示，每个高速计数器在使用前，都要用HDEF指令来定义工作模式，并且只能用一次。它有两个输入端：HSC为要使用的高速计数器编号，数据类型为字节型，数据范围为0～5的常数，分别对应HSC0～HSC5；MODE为高速计数器的工作模式，数据类型为字节型，数据范围为0～10的常数，分别对应8种工作模式。当准许输入使能EN有效时，为指定的高速计数器定义工作模式。

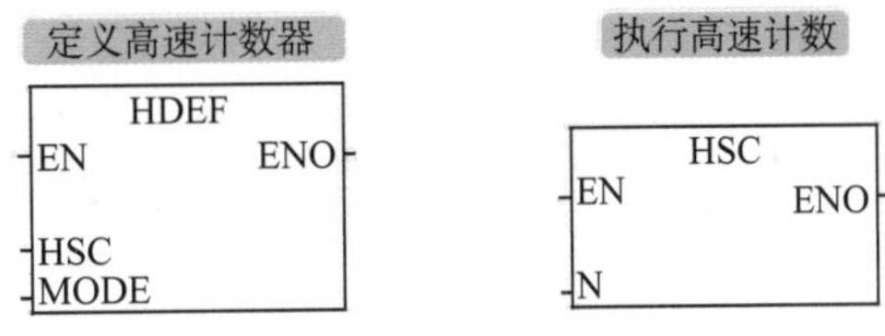

图9-16 高速计数器指令

指令说明

HDEF只能用SM0.1或边沿接通一次，用SM0.0一直接通会报错。一个高速计数器只可写一条HDEF指令。

9.8.2 执行高速计数指令HSC

指令功能

执行HSC指令时，根据与高速计数器相关的特殊继电器确定控制方式和工作状态，使高速计数器的设置生效，按照指定的工作模式执行计数操作。HSC指令有一个数据输入端N，指定高速计数器的编号，编号是范围为0～5的常数，分别对应高速计数器HSC0～HSC5。当准许输入使能EN有效时，N号高速计数器开始工作。

9.8.3 高速计数器的输入端

高速计数器的输入端不像普通输入端那样由用户定义，而是由系统指定的输入点输入信号，每个高速计数器的脉冲输入端、方向控制、复位和启动信号都有专用的输入点。每个高速计数器专用的输入点如表9-3所示。

表9-3 高速计数器专用的输入点

高速计数器	输入点		
HSC0	I0.0	I0.1	I0.4

续表

高速计数器	输入点		
HSC1	I0.1		
HSC2	I0.2	I0.3	I0.5
HSC3	I0.3	—	—
HSC4	I0.6	I0.7	I1.2
HSC5	I1.0	I1.1	I1.3

9.9 高速计数器 SM 区

系统为每个高速计数器都安排了一个特殊寄存器SMB作为控制字，可通过对控制字节指定位的设置，确定高速计数器的工作模式。S7-200 SMART PLC在执行HSC指令前，需要检查与每个高速计数器相关的控制字节。在控制字节中设置了启动输入信号和复位输入信号的有效电平、正交计数器的计数倍率、计数方向控制位、是否允许改变计数方向、是否允许更新预设值、是否允许更新当前值，以及是否允许执行高速计数指令。

9.9.1 设置高速计数器的控制字节

指令在执行期间使用控制字节。分配计数器和计数器模式之后，即可对计数器的动态参数进行编程。每个高速计数器的SM存储器内均有一个控制字节，允许执行以下操作。

控制字节的低三位为复位输入信号的有效电平、正交计数器的计数倍率，其中SM37.1无特殊功能，如表9-4所示。

表9-4 高速计数器的控制字节低三位

HSC0	HSC1	HSC2	HSC3	HSC4	HSC5	功能描述
SM37.0	不支持	SM57.0	不支持	SM147.0	SM157.0	复位有效： 0为高电平有效；1为低电平有效
SM37.2	SM47.2	SM57.2	SM137.2	SM147.2	SM157.2	正交计数器的计数倍率选择：0为4×模式；1为1×模式

控制字节的高五位为计数方向控制位、是否允许改变计数方向、是否允许更新预设值、是否允许更新当前值以及是否允许执行高速计数指令，如表9-5所示。

表9-5 高速计数器的控制字节高五位

HSC0	HSC1	HSC2	HSC3	HSC4	HSC5	功能描述
SM37.3	SM47.3	SM57.3	SM137.3	SM147.3	SM157.3	计数方向控制位： 0为减计数；1为增计数
SM37.4	SM47.4	SM57.4	SM137.4	SM147.4	SM157.4	向HSC中写入计数方向：0为不更新；1为更新
SM37.5	SM47.5	SM57.5	SM137.5	SM147.5	SM157.5	向HSC中写入预设值：0为不更新；1为更新
SM37.6	SM47.6	SM57.6	SM137.6	SM147.6	SM157.6	向HSC中写入当前值：0为不更新；1为更新
SM37.7	SM47.7	SM57.7	SM137.7	SM147.7	SM157.7	启用HSC： 0为禁用；1为启用

9.9.2 设置当前值和预设值

每个高速计数器都有一个32位初始值和一个32位预设值，初始值和预设值均为带符号的整数值。欲向高速计数器中载入新的初始值和预设值，必须设置包含初始值和预设值的控制字节及特殊内存字节。然后执行HSC指令，将新数值传输至高速计数器。表9-6所示为高速计数器的初始值和预设值的特殊内存字节以及当前值。更新高速计数器当前值和预设值程序如图9-17所示。

表9-6 高速计数器的初始值和预设值的特殊内存字节以及当前值

高速计数器	HSC0	HSC1	HSC2	HSC3	HSC4	HSC5
初始值的特殊内存字节	SMD38	SMD48	SMD58	SMD138	SMD148	SMD158
预设值的特殊内存字节	SMD42	SMD52	SMD62	SMD142	SMD152	SMD162
当前值	HC0	HC1	HC2	HC3	HC5	HC6

除控制字节以及新预设值和当前值保持字节外，还可以使用数据类型HC加计数器号码（0、1、2、3、4或5）读取每个高速计数器的当前值。因此，读取操作可直接存取当前值，但只有用HSC指令才能执行写入操作，如图9-18所示。

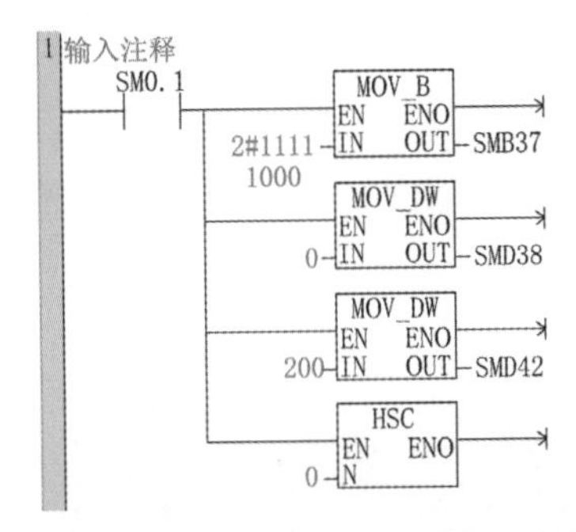

图9-17 更新高速计数器当前值和预设值程序

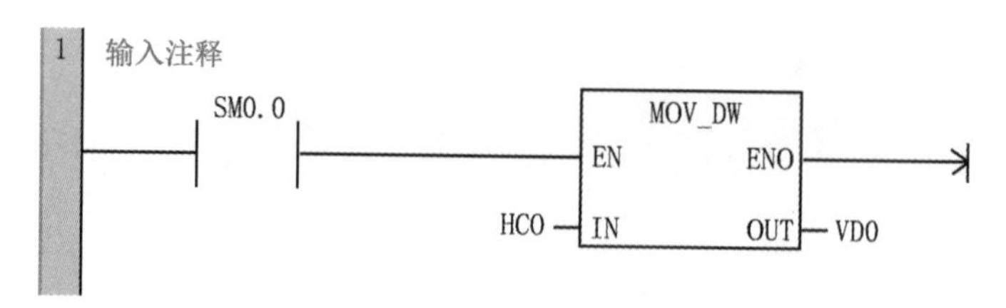

图9-18　读取高速计数器当前值程序

9.9.3 中断事件

当HSC的当前值等于加载的预设值时，所有计数器模式都支持中断事件。使用外部复位输入的计数器模式支持在激活外部复位时中断。除模式0和模式1以外，所有计数器模式均支持计数方向改变时中断。每种中断条件都可以分别使能或者禁止，见表9-7。

注：当使用外部复位中断时，不要写入初始值或者是在该中断服务程序中禁止再允许高速计数器，否则会产生一个致命错误。因为外部复位就是清0，再写入初始值无效。

表9-7　中断条件

S7-200 SMART	
中断号	中断事件
12	HSC0 CV = PV（当前值 = 预设值）
27	HSC0 输入方向改变
28	HSC0 外部复位
13	HSC1 CV = PV（当前值 = 预设值）
16	HSC2 CV = PV（当前值 = 预设值）
17	HSC2 输入方向改变
18	HSC2 外部复位
32	HSC3 CV = PV（当前值 = 预设值）
29	HSC4 CV = PV（当前值 = 预设值）
30	HSC4 输入方向改变
31	HSC4 外部复位
33	HSC4 CV = PV（当前值 = 预设值）
43	HSC5 输入方向改变
44	HSC5 外部复位

9.9.4 状态字节

每个高速计数器都有一个状态字节，其中的状态存储位指出了当前计数方向，当前值大于等于预设值。表9-8给出了每个高速计数器状态位的定义。

提示：只有在执行中断服务程序时，状态位才有效。监视高速计数器状态的目的是使其他事件能够产生中断以完成更重要的操作。

表9-8 高速计数器的状态字节

HSC0	HSC1	HSC2	HSC3	HSC4	HSC5	中断描述
SM36.0	SM46.0	SM56.0	SM136.0	SM146.0	SM156.0	不用
SM36.1	SM46.1	SM56.1	SM136.1	SM146.1	SM156.1	不用
SM36.2	SM46.2	SM56.2	SM136.2	SM146.2	SM156.2	不用
SM36.3	SM46.3	SM56.3	SM136.3	SM146.3	SM156.3	不用
SM36.4	SM46.4	SM56.4	SM136.4	SM146.4	SM156.4	不用
SM36.5	SM46.5	SM56.5	SM136.5	SM146.5	SM156.5	当前计数方向状态位，0为减计数；1为增计数
SM36.6	SM46.6	SM56.6	SM136.6	SM146.6	SM156.6	当前值等于预设值状态位，0为不等；1为相等
SM36.7	SM46.7	SM56.7	SM136.7	SM146.7	SM156.7	当前值大于预设值状态位，0为小于等于；1为大于

9.10 高速计数程序的编写步骤

要实现高速计数必须完成下列步骤。

第1步：选择高速计数器和高速计数器的工作模式。

第2步：写高速计数器的控制字节。

第3步：设定新的预设值（可选）。

第4步：设定高速计数器的当前值（可选）。

第5步：执行高速计数器指令（HSC）。

如果配合中断需编写中断步骤，并且将中断程序写在第5步之前。

第6步：连接中断程序和事件号ATCH（CV-PV时产生中断）。

第7步：允许中断ENI。

第8步：编写中断程序。

注意：更改高速计数器的任何参数都必须执行一次HSC指令，这样参数更改才生效。

案例1 西门子S7-200 SMART PLC通过编码器测速度

为了精确地控制电动机的速度，在电动机后面安装一个编码器，利用编码器计数来间接测量电动机的速度，如图9-19所示。已知编码器的分辨率为1000，电动机转一圈工作台移动8mm。I/O分配如表9-9所示。使用高速计数器HSC0。

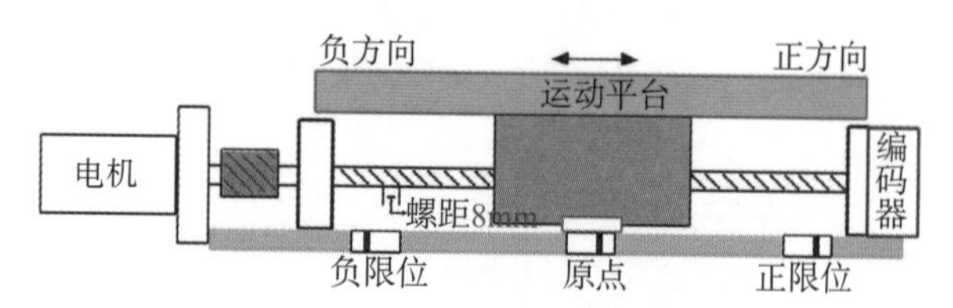

图9-19 通过编码器测速度

表9-9 I/O分配

输入	功能	输出	功能
I0.0	编码器A相	—	—
I0.1	编码器B相	—	—

PNP型编码器与PLC接线方式如图9-20所示。

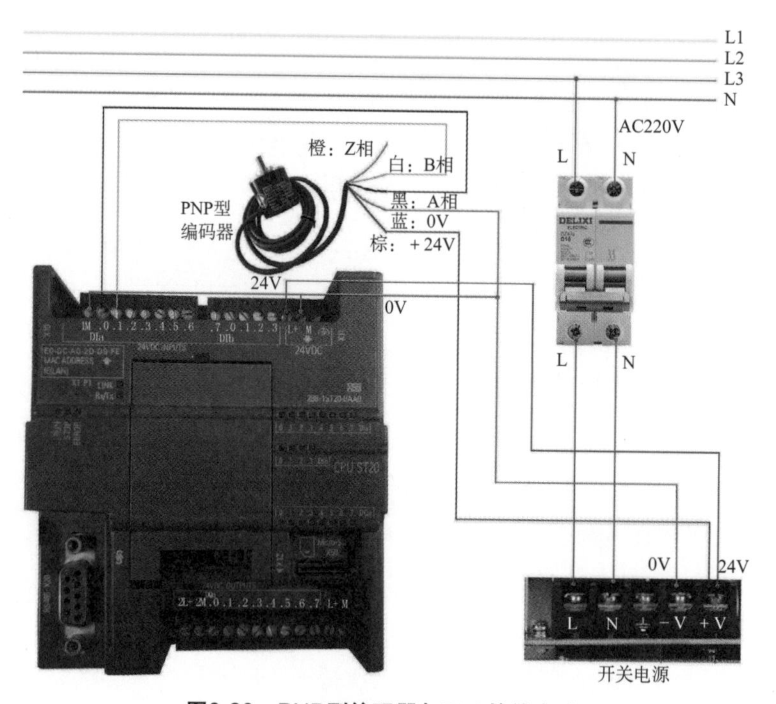

图9-20 PNP型编码器与PLC接线方式

程序编写

主程序、高速计数器子程序、中断子程序如图9-21～图9-23所示。

主程序：

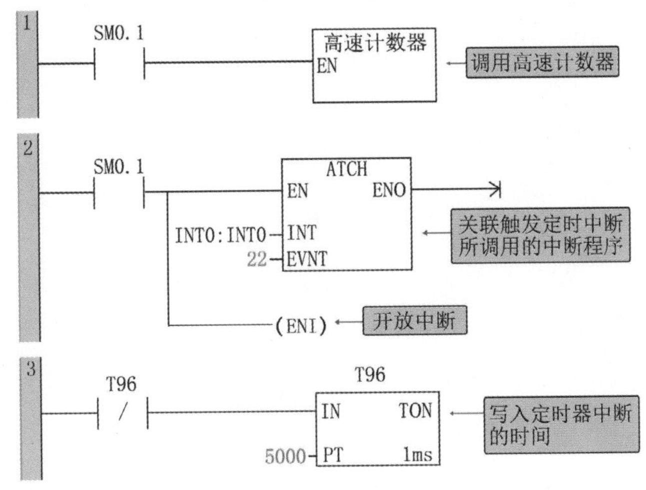

图9-21 主程序

高速计数器子程序：

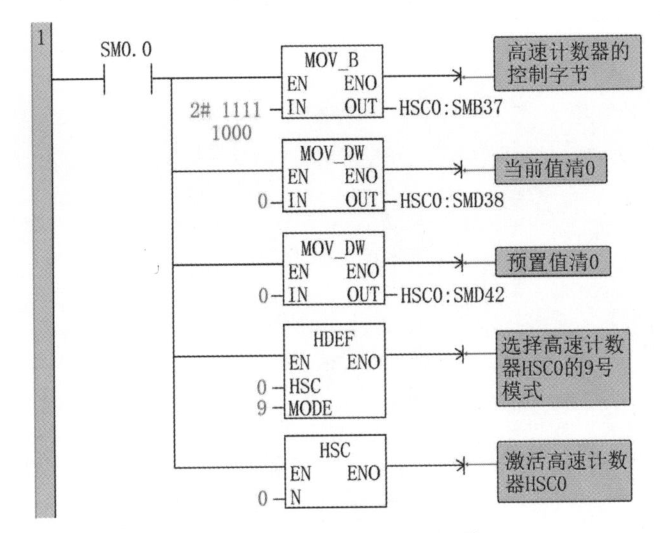

图9-22 高速计数器子程序

中断子程序：

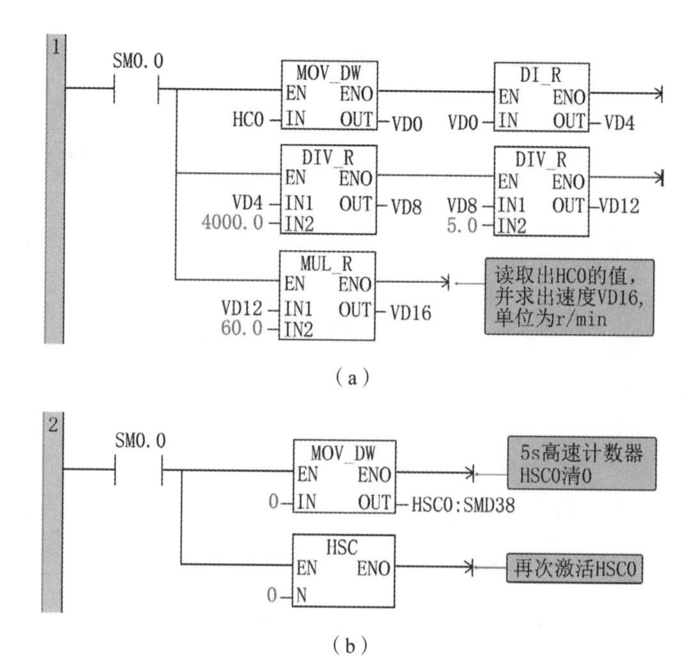

图9-23 中断子程序

程序解释

① 16#F8被传送至SMB37，16#F8＝2# 1111 1000，参考高速计数器的控制字节表格，SMB37相当于SM37.0～SM37.7。功能描述如表9-10所示。

表9-10 SMB功能

电平	1	1	1	1	1	0	0	0
功能	启用HSC	更新初始值	更新预设值	更新计数方向	增计数	4×模式	无特殊功能	高电平复位有效

② SMD38存储HSC0当前值。0传送至SMD38，表示当前值清0。

③ HDEF指令完成高数计数器HSC0的模式9功能。

④ HSC指令表示启动HSC0。

⑤ HC0中记录了编码器的当前数值。HC0不能够直接参与计算，必须传给V区进行计算。

⑥ DI_R指令的作用是把整数转换为实数。

⑦ 程序选用的是4×模式。编码器的分辨率为1000，HC0实际收到的数值是4000。HC0当前数值除以4000，表示圈数。

⑧ 电动机的速度为VD16，单位采用每分钟转多少圈。

案例2 西门子S7-200 SMART PLC通过编码器测位置

为了精确地控制电动机的位置，在电动机后面安装一个编码器，利用编码器计数来间接测量电动机的位置，如图9-24所示。已知编码器的分辨率为1000，电动机转一圈工作台移动8mm。I/O分配如表9-11所示。

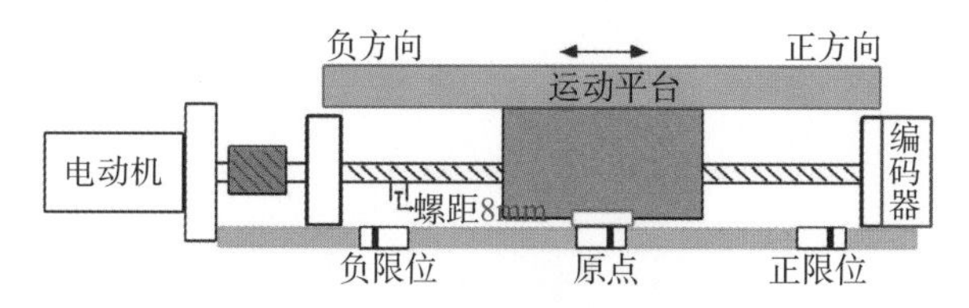

图9-24　通过编码器测位置

表9-11　I/O分配

输入	功能	输出	功能
I0.0	编码器A相	—	—
I0.1	编码器B相	—	—

PNP型编码器与PLC接线方式如图9-25所示。

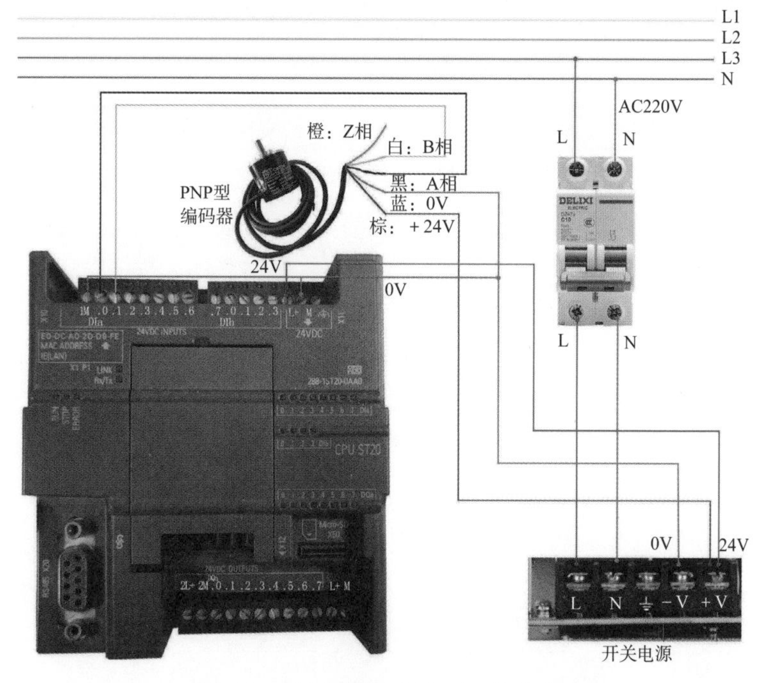

图9-25　PNP型编码器与PLC接线方式

程序编写

主程序如图9-26所示。

主程序：

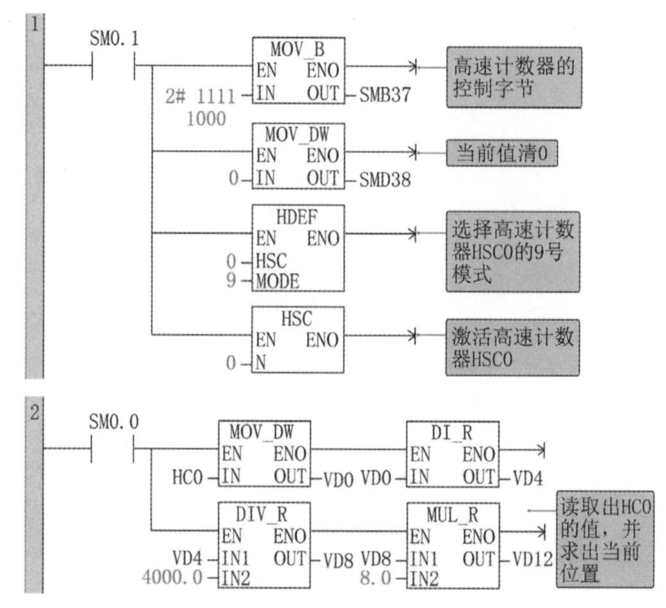

图9-26 主程序

程序解释

① 16#F8被传送至SMB37，16#F8＝2# 1111 1000，参考高速计数器的控制字节表格，SMB37相当于SM37.0～SM37.7。功能描述如表9-12所示。

表9-12 SMB功能

电平	1	1	1	1	1	0	0	0
功能	启用HSC	更新初始值	更新预设值	更新计数方向	增计数	4×模式	无特殊功能	高电平复位有效

② SMD38存储HSC0当前值。0传送至SMD38，表示当前值清0。

③ HDEF指令完成高数计数器HSC0的模式9功能。

④ HSC指令表示启动HSC0。

⑤ HC0中记录了编码器的当前数值。HC0不能够直接参与计算，必须传给V区进行计算。

⑥ DI_R指令的作用是把整数转换为实数。

⑦ 程序选用的是4×模式。编码器的分辨率为1000，HC0实际收到的数值是4000。HC0当前数值除以4000，表示圈数。

⑧ 电动机转一圈，工作台移动8mm，实际的距离等于圈数乘以8mm。

第10章

西门子S7-200 SMART PLC的通信

10.1 通信基础知识

10.1.1 串行通信接口标准

串行接口技术简单成熟，性能可靠，价格低廉，对软硬件条件要求都很低，广泛应用于计算单片机及相关领域，涉及调制解调器、各种监控模块、PLC、摄像头云台、数控机床、单片机及相关智能设备。常用的几种接口都是美国电子工业协会（Electronic Industry Association，EIA）公布的，有EIA-232、EIA-422、EIA-485等，它们的前身是以字头RS（Recommended Standard）（即推荐标准）开始的标准，虽然经过修改，但差别不大。现在的串行通信接口标准在大多数情况下，仍然使用RS-232、RS-422、RS-485等。

（1）RS-232标准

RS-232标准既是一种协议标准，又是一种电气标准。它规定了终端和通信设备之间信息交换的方式和功能。RS-232接口是工控计算机普遍配备的接口，具有使用简单、方便的特点。它采用按位串行的方式，单端发送、单端接收，所以数据传输速率低，抗干扰能力差，传输波特率为300bps、600bps、1200bps、4800bps、9600bps、19200bps等。它的电路如图10-1所示。在通信距离近、传输速率低和环境要求不高的场合应用较广泛。

（2）RS-422标准

RS-422由RS-232发展而来，它是为弥补RS-232之不足提出的。为改进RS-232通信距离短、速率低的缺点，RS-422定义了一种平衡通信接口，将传输速率提高到10Mbps，传输距离延长到4000英尺（1211.2m）（速率低于100Kbps时），允许在一条平衡总线上连接最多10个接收器。RS-422是一种单机发送、多机接收的单向、平衡传输规范。

（3）RS-485标准

RS-485是一种最常用的串行通信协议。它使用双绞线作为传输介质，具有设备简单、成本低等特点。如图10-2所示，RS-485接口采用二线差分平衡传输方式，其一根导线上的电压值与另一根导线上的电压值相反，接收端的输入电压为这两根导线电压值的差值。

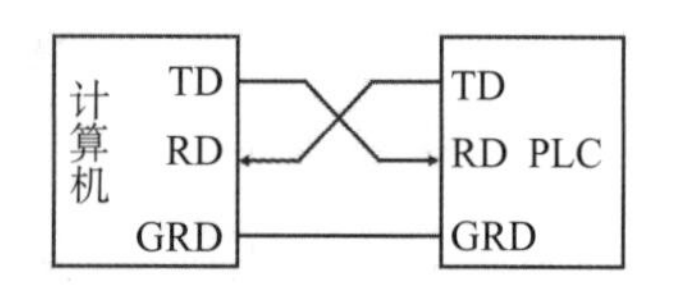

图10-1 RS-232接口电路

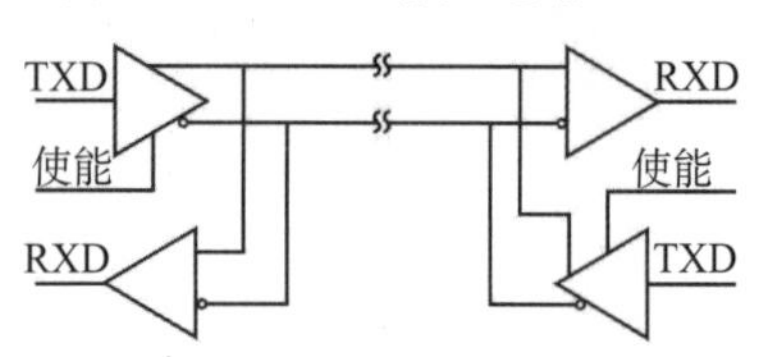

图10-2 RS-485接口电路

因为噪声一般会同时出现在两根导线上，RS-485的一根导线上的噪声电压会被另一根导线上出现的噪声电压抵消，所以可以极大地削弱噪声对信号的影响。另外，在非差分（即单端）电路中，多个信号共用一根接地线，长距离传送时，不同节点接地线的电平差异可能相差数伏，有时甚至会引起信号的误读，但差分电路则完全不会受到接地电平差异的影响。由于采用差动接收和平衡发送的方式传送数据，RS-485接口有较高的通信速率（波特率可达10Mbps以上）和较强的抑制共模干扰能力。

RS-485总线工业应用成熟，而且大量的已有工业设备均提供RS-485接口。目前RS-485总线仍在工业应用中具有十分重要的地位。西门子PLC的PPI通信、MPI通信和PROFIBUS-DP现场总线通信的物理层都采用RS-485协议，而且都采用相同的通信线缆和专用网络接头。西门子提供两种网络接头，即标准网络接头和编程端口接头，可方便地将多台设备与网络连接，编程端口允许用户将编程站或HMI设备与网络连接，而不会干扰任何现有网络连接。S7-200 SMART PLC的串口只能作为连接上位机端口，不能下载程序，标准网络接头和编程端口接头均有两套终端螺钉，用于连接输入和输出网络电缆。这两种接头还配有开关，可选择网络偏流和终端。

西门子的专用PROFIBUS电缆中有两根线，一根为红色，上标有“B”；另一根为绿色，上面标有“A”。这两根线只要与网络接头相对应的“A”和“B”接线端子相连即可（如插在PLC的端口上即可，不需要其他设备。“A”线与“A”接线端子相连）。注意：三菱的FX系列PLC要加RS-485专用通信模块和终端电阻。

RS-232、RS-422与RS-485标准只对接口的电气特性做出规定，而不涉及接插件、电缆或协议，在此基础上用户可以建立自己的高层通信协议。RS-232、RS-422、RS-485电气参数比较如表10-1所示。

表10-1　RS-232、RS-422、RS-485电气参数比较

标准	RS-232	RS-422	RS-485
工作方式	单端	差分	差分
节点数	1收1发	1发10收	1发32收
最大传输电缆长度/m	15	121	121
最大传输速率	20Kbps	10Mbps	10Mbps
最大驱动输出电压/V	±25	−0.25～+6	−7～+12
驱动器输出信号电平（负载最小值）/V	±5～±15	±2.0	±1.5
驱动器输出信号电平（空载最大值）/V	±25	±6	±6
驱动器负载阻抗/Ω	3000～7000	100	54
接收器输入电压范围/V	±15	−10～+10	−7～+12
接收器输入门限/mV	±3000	±200	±200
接收器输入电阻/Ω	3000～7000	4000（最小）	≥12000
驱动器共模电压/V	—	−3～+3	−1～+3
接收器共模电压/V	—	−7～+7	−7～+12

10.1.2 并行通信与串行通信

终端与其他设备（例如其他终端、计算机和外部设备）通过数据传输进行通信。数据传输可以通过并行通信和串行通信两种方式进行。并行通信以字节或字为单位传输数据，已很少使用。串行通信每次只传送二进制数的一位。最少需要两根线就可以组成通信网络。

（1）并行通信

同时传输多位数据的通信方式称为并行通信。并行通信如图10-3所示，计算机中的8位数据1100 1101通过8条数据线同时送到外部设备中。并行通信的特点是数据传输速度快，由于需要的传输线多，故成本高，只适合近距离的数据通信。PLC主机与扩展模块之间通常采用并行通信。

（2）串行通信

逐位依次传输数据的通信方式称为串行通信。串行通信如图10-4所示，计算机中的8位数据1100 1101通过一条数据线逐位传送到外部设备中。串行通信的特点是数据传输速度慢，但由于只需要一条传输线，故成本低，适合远距离的数据通信。PLC与计算机、PLC与PLC、PLC与人机界面之间通常采用串行通信。

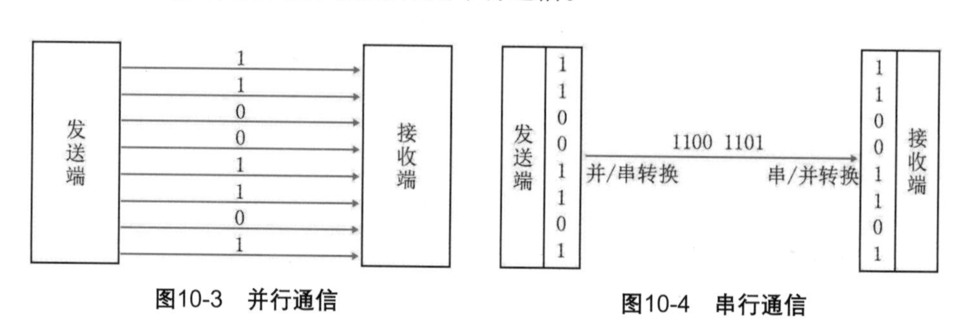

图10-3　并行通信　　图10-4　串行通信

10.1.3 异步通信和同步通信

串行传输中，数据是一位一位按照到达的顺序依次传输的，每位数据的发送和接收都需要时钟来控制。发送端通过发送时钟确定数据位的开始和结束，接收端需要适当的时间间隔对数据流进行采样来正确识别数据。接收端和发送端必须保持步调一致，否则数据传输就会出现差错，为解决这些问题，串行传输可采用异步传输和同步传输两种方法。在串行通信中，数据是以帧为单位传输的，帧有大帧和小帧之分，小帧包含一个字符，大帧含有多个字符。从用户的角度来说，异步传输和同步传输最主要的区别在于通信方式的帧不同。

异步通信方式具有硬件简单、成本低的特点，主要用于传输速率低于192Kbps的数据通信。在PLC与其他设备之间进行串行通信时，大多采用异步通信方式。同步通信方式在传输数据的同时，也传输时钟同步信号，并始终按照给定的时刻采集数据。其数据传输效率高，硬件复杂，成本高，一般用于传输速率高于20Kbps的数据通信。

（1）异步通信

异步通信方式也称起止方式，数据传输单位是字符。发送字符时，要先发送起始位，然后是字符本身，最后是停止位，字符后面还可以加入奇偶校验位。

在通信的数据流中，字符间异步，字符内部各位间同步。异步通信方式的“异步”主要体现在字符与字符之间传输没有严格的定时要求。异步传送中，字符可以是连续地、一个个地发送，也可以是不连续地、随机地进行单独发送。在停止位之后，立即发送下一个字符的起始位，开始一个新的字符的传输，这叫作连续的串行数据发送，即帧与帧之间是连续的。断续的串行数据传送是指在一帧结束之后维持数据线的“空闲”状态，新的起始位可在任何时刻开始传送。一旦传送开始，组成这个字符的各个数据位将被连续发送，并且每个数据位持续的时间是相等的。接收端根据这个特点与数据发送端保持同步，从而正确地恢复数据。收、发双方则以预先约定的传输速率，在时钟的作用下，传送这个字符中的每一位。

异步通信采用小帧传输。一帧中有10～12个二进制数据位，每一帧由一个起始位7～8个数据位、1个奇偶校验位（可以没有）和停止位（1位或2位）组成，被传送的一组数据相邻两个字符停顿时间不一致。串行异步数据传输示意图如图10-5所示。

（2）同步通信

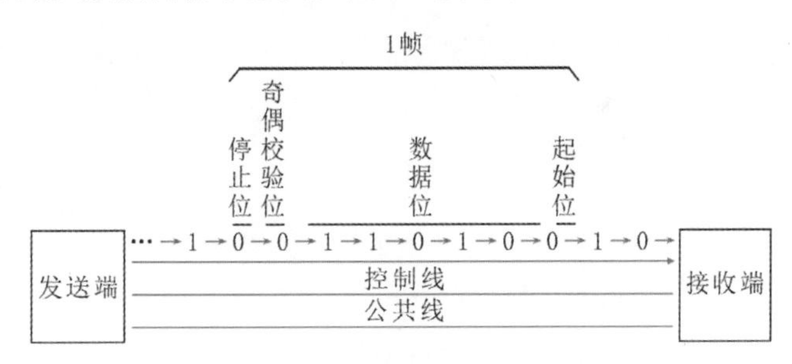

图10-5 串行异步数据传输示意图

在同步通信方式中，数据被封装成更大的传输单位，称为帧。每个帧中含有多个字符代码，而且字符代码之间没有间隙以及起始位和停止位。和异步传输相比，数据传输单位的加长容易引起时钟漂移。为了保证接收端能够正确地区分数据流中的每个数据位，收发双方必须通过某种方法建立起同步的时钟。可以在发送端和接收端之间建立一条独立的时钟线路，由线路的一端（发送端或者接收端）定期地在每个比特时间中向线路发送短脉冲信号，另一端则将这些有规律的脉冲作为时钟。这种技术在短距离传输时表现良好，但在长距离传输中，定时脉冲可能会和信息信号一样受到破坏，从而出现定时误差。另一种方法是采用嵌有时钟信息的数据编码位向接收端提供同步信息。

同步通信采用大帧传输数据。同步通信的多种格式中，常用的为高级数据链路控制（HDLC）帧格式，其每一帧中有1个字节的起始标志位、2个字节的收发方地址位、2个字节的通信状态位、多个字符的数据位和2个字节的循环冗余校验位。串行同步数据传输示意图如图10-6所示。

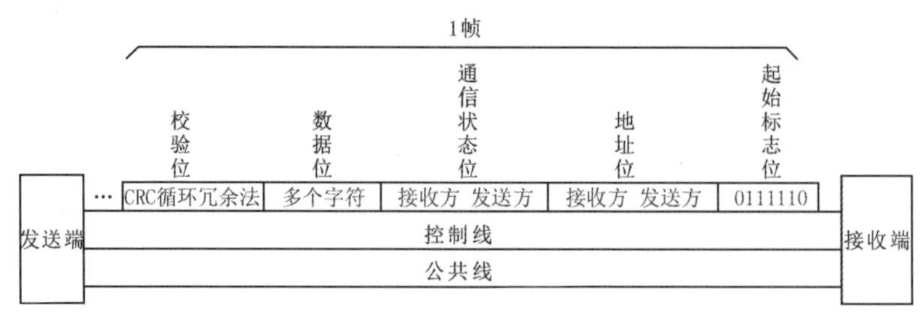

图10-6 串行同步数据传输示意图

10.1.4 串行通信工作方式

通过单线传输信息是串行数据通信的基础。数据通常在两个站（点对点）之间进行传送，按照数据流的方向可分成单工、全双工、半双工三种传送模式。

（1）单工模式

在这种方式下，数据只能往一个方向传送。单工通信如图10-7所示，数据只能由发送端（T）传输给接收端（R）。单工模式一般用在只向一个方向传输数据的场合。例如计算机与打印机之间的通信是单工模式，因为只有计算机向打印机传输数据，而没有相反方向的数据传输。

图10-7 单工模式

（2）全双工模式

在这种方式下，数据可以双向传送，通信的双方都有发送器和接收器，由于有两条数据线，所以双方在发送数据的同时可以接收数据。全双工通信如图10-8所示。

图10-8 全双工模式

（3）半双工模式

在这种方式下，数据可以双向传送，但同一时间内，只能往一个方向传送，只有一个方向的数据传送完成后，才能往另一个方向传送数据。半双工通信如图10-9所示，通信的双方都有发送器和接收器，一方发送时，另一方接收，由于只有一条数据线，所以双方不能在发送时同时进行接收。

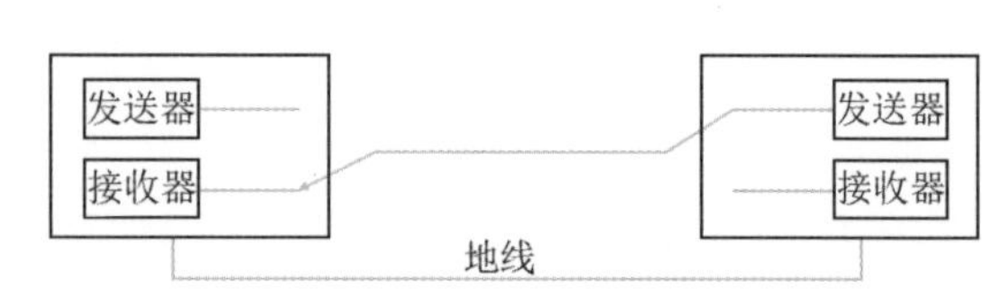

图10-9 半双工模式

10.2 两台西门子 S7-200 SMART PLC 以太网通信

10.2.1 案例要求

S7-200 SMART PLC要实现PLC与PLC之间的通信，可以使用PPI进行数据的交换，但是，对于S7-200 SMART PLC来说，PLC上自带的RS-485通信口不支持PPI通信，如果我们需要通过这个RS-485口实现S7-200 SMART PLC之间的数据交换，那么可以通过这个口来做Modbus通信，一个作为Modbus主站，另一个作为Modbus从站，来进行数据交换。如果两个PLC作为Modbus通信来实现PLC与PLC之间的数据交换，其工作量会比较大，那么S7-200 SMART PLC对于S7-200的PLC来说有一个优势，就是在PLC的基本单元上带有一个以太网口，我们可以使用这个以太网口来实现S7-200 SMART PLC之间的数据交换，使用以太网通信可以实现8台PLC之间的数据交换。

S7-200 SMART PLC自带的DB9口不支持PPI通信，自带网口支持以太网GET/PUT通信并支持向导编程，下面一起来完成一个简单以太网案例。

设备有两台S7-200 SMART PLC，一台做主机（分配IP地址为192.168.2.1），另一台做从机（分配IP地址为192.168.2.2）

要求：主机的8个按钮控制从机的8个灯，从机的8个按钮控制主机的8个灯。

主机利用向导组态网络，并调用生成的子程序。而从机只要设置好IP地址即可，一般无需编程。

10.2.2 程序编写

① 在向导工具栏中单击“Get/Put”按钮，打开“Get/Put向导”对话框，如图10-10所示。

② 单击“添加”按钮，在“操作”项目树下添加一个“写入”和一个“读取”操作项目，如图10-11所示。

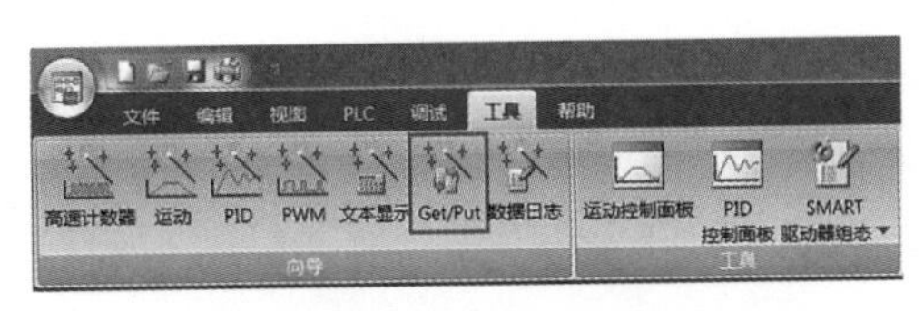

图10-10 向导工具栏

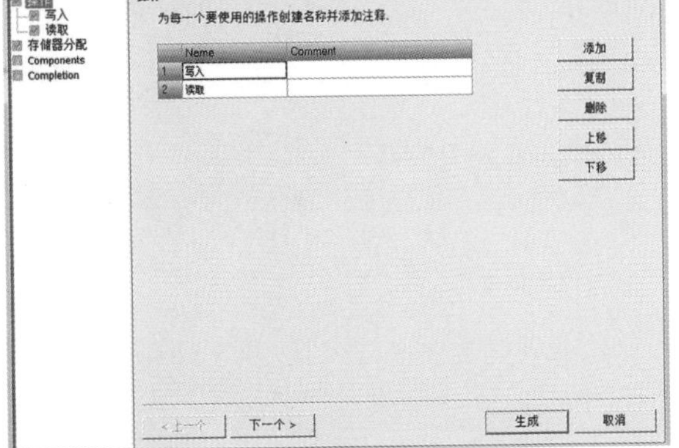

图10-11 “Get/Put向导”对话框

③ 在“写入”界面中设置“传送大小”，设置从机IP地址，并设置主机和从机的映射数据，如图10-12所示。

④ 在“读取”界面中设置“传送大小”，设置从机IP地址，并设置主机和从机的映射数据，如图10-13所示。

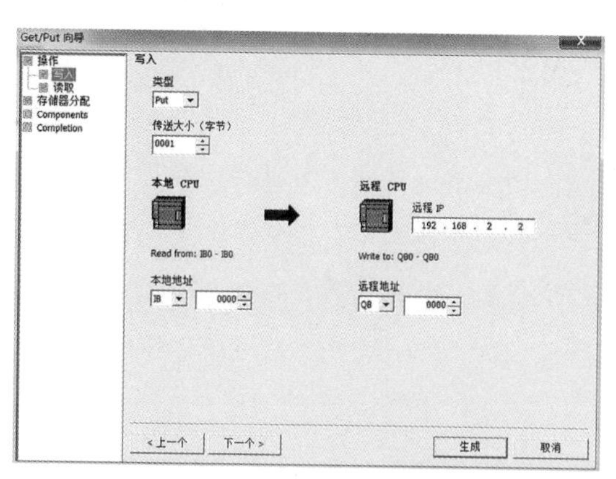

图10-12 “写入”数据

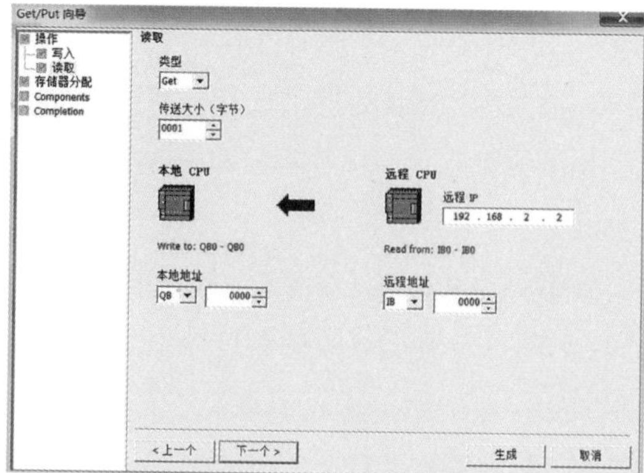

图10-13 “读取”数据

⑤ 进入“存储器分配”界面，单击“建议”按钮给内部分配一定的存储区，如图10-14所示。

⑥ 完成上述操作后，将生成相应的组件，如图10-15所示。

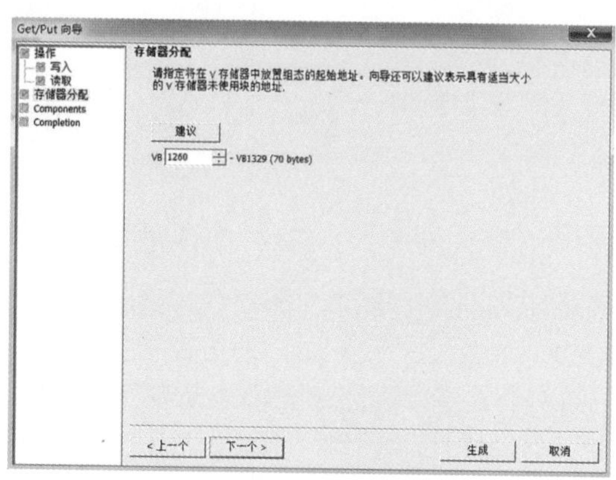
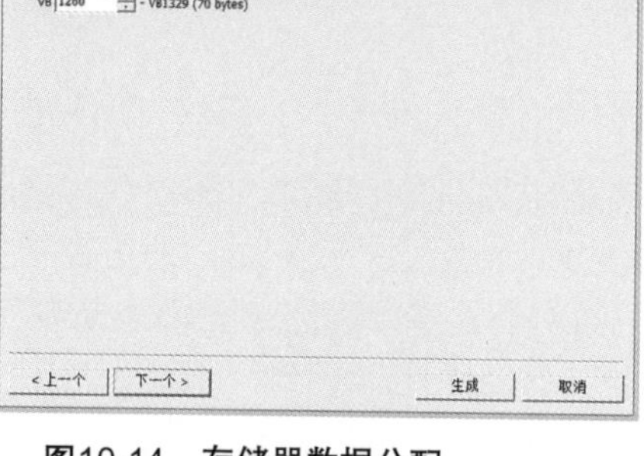

图10-14 存储器数据分配

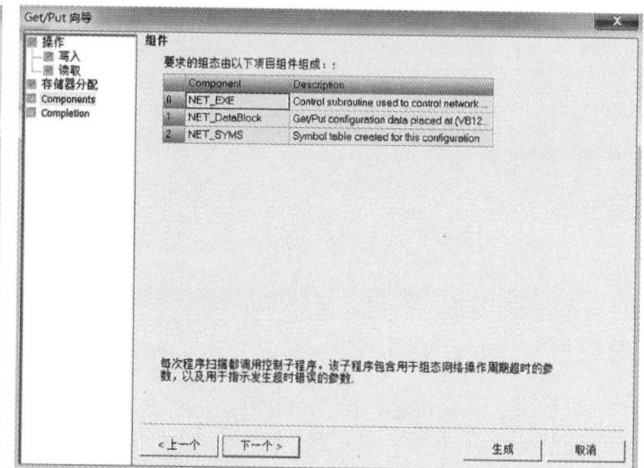

图10-15 配置生成的组件

⑦ 继续单击“下一个”按钮，出现“生成”界面，完成整个组态过程，如图10-16所示。

⑧ 程序编写。

a. 在向导里面进行设置，如图10-17所示。

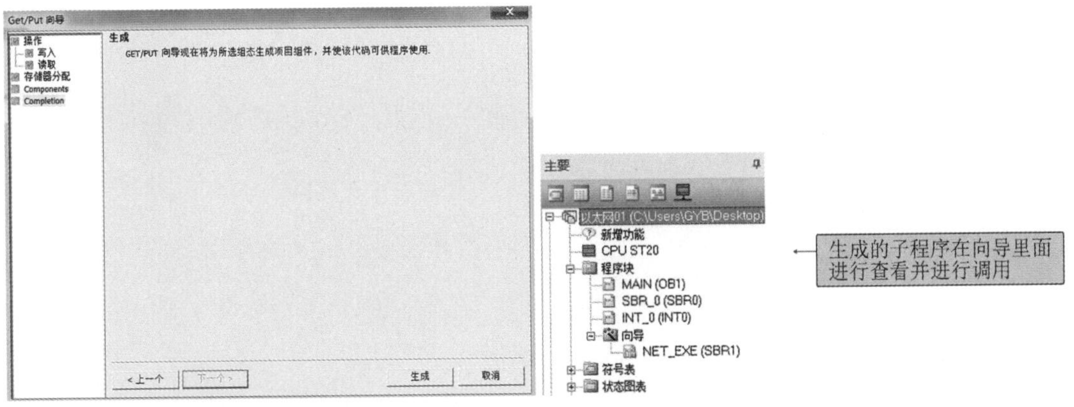

图10-16　配置完成　　　　**图10-17　在向导里面进行设置**

b. 通信程序编写。通信程序如图10-18所示。

1 程序段注释
SM0.0
NET_EXE
EN
0 - 超时　周期 - M0.0
错误 - M0.1
SM0.0调用NET_EXE子程序，超时为0，M0.0为周期完成标志，M0.1为错误标志位

图10-18　通信程序

10.3　西门子 S7-200 SMART PLC 与西门子 MM440 变频器之间的 USS 通信

USS（通用串行接口）协议是西门子公司推出的用于控制器（PLC/PG/PC）与驱动装置之间数据交换的通信协议。早期的USS协议主要用于驱动装置的参数设置，后因其协议内容简单、对硬件的要求比较低，越来越多地被用于驱动器或变频器的通信控制。

USS协议提供了一种低成本、相对简单的控制方式，可用于一般水平的驱动装置控制。

10.3.1　USS 协议简介

USS协议是主-从结构的协议，规定了在USS总线上可以有一个主站和最多31个从站；总线上的每个从站都有一个站地址（在从站参数中设定），主站依靠它识别每个从站；每个从站也只对主站发来的报文做出响应并回送报文，从站之间不能直接进行数据通信。另外，还有一种广播通信方式，主站可以同时给所有从站发送报文，从站在接收到报文并做出相应的响应后，可不回送报文。

（1）使用USS协议的优点

① 支持多点通信，物理层可使用RS-485网络。

② 采用主-从通信方式，网络中最多可以有1个主站和31个从站。

③ 单双工通信方式，可发送和接收，但不能同时进行。

④ 报文简单可靠，数据长度可变。

USS通信网络的拓扑如图10-19所示。

（2）USS通信硬件连接注意要点

① 条件许可的情况下，USS主站尽量选用直流型的CPU。

② 一般情况下，USS通信电缆采用双绞线。如果干扰比较大，可采用屏蔽双绞线。

主站

从站 从站 从站 从站

图10-19 USS通信网络的拓扑

③ 在采用屏蔽双绞线作为通信电缆时，把具有不同电位参考点的设备互连，造成在互连电缆中产生不应有的电流，从而造成通信口的损坏，所以要确保通信电缆连接的所有设备，共用一个公共电路参考点，或是相互隔离的，以防止产生不应有的电流。屏蔽线必须连接到机箱接地点或9针连接插斗的插针1。建议将传动装置上的OV端子连接到机箱接地点。

④ 尽量采用较高的波特率，通信速率只与通信距离有关，与干扰没有直接关系。

⑤ 终端电阻是用来防止信号反射的，并不用来抗干扰。如果在通信距离很近、波特率较低或点对点通信的情况下，可不用终端电阻。多点通信的情况下，一般只需在USS主站上加终端电阻，就可以取得较好的通信效果。

⑥ 当使用交流型的CPU和单相变频器进行USS通信时，CPU和变频器的电源必须接成同相位。

⑦ 不要带电插拔USS通信电缆，尤其是正在通信过程中，这样极易损坏传动装置和PLC的通信端口。如果使用大功率传动装置，即使传动装置掉电，也要等几分钟，让电容放电后，再去插拔通信电缆。

10.3.2 USS通信库指令

USS通信库指令如图10-20所示。

（1）初始化通信设置USS_INIT

在“项目树”的“库”文件夹中可以找到“USS Protocol”指

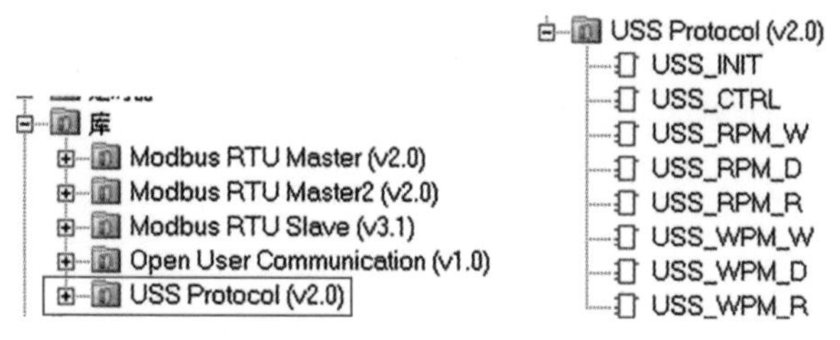

图10-20 USS通信库指令

令库，如图10-20所示。USS_INIT是USS通信的初始化指令。

①初始化通信设置USS_INIT参数见表10-2。

表10-2　USS_INIT参数

LAD	参数名称	说明	数据类型
USS_INIT EN Mode　Done Baud　Error Port Active	EN	使能	BOOL
	Mode	模式选择，1 = USS协议；0 = PPI协议	BYTE
	Baud	波特率，取值范围为1200bps、2400bps、9600bps、19200bps、38400bps、57600bps、115200bps	DWORD
	Port	通信端口，0 = CPU本体RS-485口；1 = 信号板接口	BYTE
	Active	被激活的从站地址范围	DWORD
	Done	1 = 完成初始化	BOOL
	Error	错误代码	BYTE

②初始化通信设置USS_INIT详细介绍

◆ EN：初始化程序。USS_INIT只需在程序中执行一个周期就能改变通信口的功能，以及进行其他一些必要的初始设置，因此可以使用SM0.1或者沿触发的接点调用USS_INIT指令。

◆ Mode：输入值为1时，将端口分配给USS协议并启用该协议。输入值为0时，将端口分配给PPI协议并禁用USS协议。

◆ Baud：将波特率设置为1200、2400、4800、9600、19200、38400、57600或115200（bps）。

◆ Port：设置物理通信端口（0 = CPU中集成的RS-485，1 = 可选CM01信号板上的RS-485或RS-232）。

◆ Active：激活。此参数决定网络中的哪些USS从站在通信中有效。在该接口处填写通信的站地址，被激活的位为1，即表示与几号从站通信。例如：与3号从站通信，则3号位被激活为1，得到2# 1000，转为16# 08。通信站地址激活如图10-21所示。

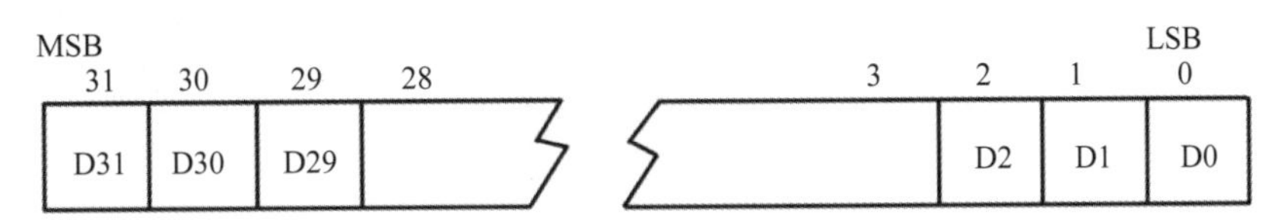

图10-21　通信站地址激活

◆ Done：当USS_INIT指令完成后接通。

◆ Error：该输出字节包含指令执行的结果。USS协议执行错误代码定义了执行该指令产生的错误状况。

（2）驱动装置控制功能块USS_CTRL

USS_CTRL指令用于控制激活的西门子变频器。每台变频器只能分配一条USS_CTRL指令。“EN”位必须接通才能启用USS_CTRL指令。该指令应始终启用。

① 驱动装置控制功能块USS_CTRL

USS_CTRL指令格式如表10-3所示。

表10-3　USS_CTRL指令格式

子程序	参数名称	说明	数据类型
USS_CTRL EN RUN OFF2 OFF3 F_ACK DIR Drive　Resp_R Type　Error Speed_sp　Status Speed Run_EN D_Dir Inhibit Fault	EN	使能	BOOL
	RUN	变频器的启停控制，1＝启动；0＝停止	BOOL
	OFF2	变频器停机信号；1＝自由停止；设备运行时必须为0	BOOL
	OFF3	变频器迅速停机信号；1＝迅速停止；设备运行时必须为0	BOOL
	F_ACK	故障确认（上升沿）	BOOL
	DIR	电动机转向控制	BOOL
	Drive	变频器的USS地址范围：0～31	BYTE
	Type	变频器的类型：0＝MM3；1＝MM4	BYTE
	Speed_sp	速度设定值，以额定速度的百分数表示	REAL
	Resp_R	从站应答确认信号	BOOL
	Error	错误代码，0＝没有错误	BYTE
	Status	变频器的状态字	WORD
	Speed	变频器的实际运行速度	REAL
	Run_EN	变频器的实际运行状态：0＝停止；1＝运行	
	D_Dir	变频器的运行方向	BOOL
	Inhibit	变频器的禁止位；1＝驱动器被禁止；0＝没有禁止	BOOL
	Fault	变频器的故障位；1＝有故障	BOOL

② 变频器参数读取功能块详细介绍。

◆ EN：使用SM0.0使能USS_CTRL指令。“EN”位必须接通才能启用USS_CTRL。

◆ RUN：该位接通时，变频器收到一条命令，以指定的速度和方向开始运行。该位关闭时，会向变频器发送一条命令，将速度降低，直至电动机停止。

◆ OFF2：停机信号2。此信号为1时，驱动装置将滑行停车。

◆ OFF3：停机信号3。此信号为1时，驱动装置将封锁主回路输出，电动机迅速停车。

◆ F_ACK：故障复位。在驱动装置发生故障后，将通过状态字向USS主站报告；如果造成故障的原因排除，可以使用此输入端清除驱动装置的报警状态，即复位。注意：这是针对驱动装置的操作。

◆ DIR：指示变频器移动方向的位。

◆ Drive：驱动装置在USS网络中的站号。从站必须先在初始化时激活才能进行控制。

◆ Type：选择变频器类型的输入，MM3系列设为0，MM4系列设为1。

◆ Speed sp：变频器的速度，是全速的一个百分数。设50.0为最高频率的一半。Speed_sp为负值将导致变频器调转其旋转方向。范围为－200.0%～200.0%。

◆ Resp_R：从站应答确认信号。主站从USS从站收到有效的数据后，此位将为1。

◆ Error：错误代码。0为无差错。

◆ Status：状态位，变频器返回状态字的原始值。

◆ Speed：变频器速度位。该速度是全速的一个百分数。范围为－200.0%～200.0%。

◆ Run_EN：运行模式反馈，表示驱动装置是运行（为1）还是停止（为0）。

◆ D_Dir：指示驱动装置的运转方向，反馈信号。

◆ Inhibit：驱动装置禁止状态指示（0为未禁止，1为禁止状态）。禁止状态下驱动装置无法运行。要清除禁止状态，故障位必须复位，并且RUN、OFF2和OFF3都为0。

◆ Fault：故障指示位（0为无故障，1为有故障）。驱动装置处于故障状态，驱动装置上会显示故障代码（如果有显示装置）。要复位故障报警状态，必须先消除引起故障的原因，然后用F_ACK或者驱动装置的端子或操作面板复位故障状态。

（3）变频器参数读取功能块

USS驱动参数读取指令用来读取变频器的参数值，有三种读取指令：USS_RPM_W、USS_RPM_D和USS_RPM_R。其中：USS_RPM_W用来读取16位无符号参数；USS_RPM_D用来读取32位无符号参数；USS_RPM_R用来读取32位实数参数。

① USS_RPM_W：读取无符号字参数格式。

USS_RPM_W指令说明见表10-4。

表10-4　USS_RPM_W指令说明

LAD	参数名称	说明	数据类型
USS_RPM_W EN XMT_REQ Drive　Done Param　Error Index　Value DB_Ptr	EN	使能	BOOL
	XMT_REQ	发送请求：必须使用沿触发，且使用EN端相同的条件	BOOL
	Drive	变频器的USS网络地址，取值范围：0～31	BYTE
	Param	要读的参数	WORD
	Index	要读的参数索引	WORD
	DB_Ptr	指令运行所需缓存区的指针	DWORD
	Done	指令执行是否完成；1＝完成	BOOL
	Error	错误代码；0没有错误	BYTR
	Value	读出的数据值	WORD

② USS_RPM_D：读取无符号双字参数格式。

USS_RPM_D指令说明见表10-5。

表10-5　USS_RPM_D指令说明

LAD	参数名称	说明	数据类型
USS_RPM_D EN XMT_REQ Drive　Done Param　Error Index　Value DB_Ptr	EN	使能	BOOL
	XMT_REQ	发送请求：必须使用沿触发，且使用EN端相同的条件	BOOL
	Drive	变频器的USS网络地址，取值范围：0～31	BYTE
	Param	要读的参数	WORD
	Index	要读的参数索引	WORD
	DB_Ptr	指令运行所需缓存区的指针	DWORD
	Done	指令执行是否完成；1＝完成	BOOL
	Error	错误代码；0没有错误	BYTE
	Value	读出的数据值	DWORD

③ USS_RPM_R：读取实数（浮点数）参数格式。

USS_RPM_R指令说明见表10-6。

表10-6　USS_RPM_R指令说明

LAD	参数名称	说明	数据类型
USS_RPM_R EN XMT_REQ Drive　Done Param　Error Index　Value DB_Ptr	EN	使能	BOOL
	XMT_REQ	发送请求：必须使用沿触发，且使用EN端相同的条件	BOOL
	Drive	变频器的USS网络地址，取值范围：0～31	BYTE
	Param	要读的参数	WORD
	Index	要读的参数索引	WORD
	DB_Ptr	指令运行所需缓存区的指针	DWORD
	Done	指令执行是否完成；1＝完成	BOOL
	Error	错误代码；0没有错误	BYTE
	Value	读出的数据值	REAL

④ 变频器参数读取功能块详细介绍如下。

◆ EN：要使能读写指令，此输入端必须为1。

◆ XMT_REQ：发送请求。必须使用一个沿检测触点以触发读操作，它前面的触发条件必须与EN端输入一致。

◆ Drive：读写参数的驱动装置在USS网络中的地址。

◆ Param：参数号（仅数字）。

◆ Index：参数下标。有些参数由多个带下标的参数组成一个参数组，下标用来指出具体的某个参数。对于没有下标的参数，可设置为0。

◆ DB_Ptr：读写指令需要一个16字节的数据缓冲区，可用间接寻址形式给出一个起始地址。此数据缓冲区与库存储区不同，是每个指令（功能块）各自独立需要的。

注意：此数据缓冲区也不能与其他数据区重叠，各指令之间的数据缓冲区也不能冲突。

◆ Done：读写功能完成标志位，读写完成后置1。

◆ Error：出错代码。0为无错误。

◆ Value：读出的数据值。要指定一个单独的数据存储单元。

注意：EN和XMT_REQ的触发条件必须同时有效。EN必须持续到读写功能完成（Done为1）；否则，会出错。

（4）变频器参数写入功能块

USS驱动参数写入指令用来将数值写入变频器的参数中，有三种写入指令：USS_WPM_W、USS_WPM_D和USS_WPM_R。其中：USS_WPM_W用来将16位无符号值写入参数中；USS_WPM_D用来将32位无符号值写入参数中；USS_WPM_R用来将32位实数值写入参数中。

①USS_WPM_W：写入无符号字参数格式，如表10-7所示。

表10-7　USS_WPM_W指令介绍

LAD	参数名称	说明	数据类型
USS_WPM_W EN XMT_REQ EEPROM Drive　Done Param　Error Index Value DB_Ptr	EN	使能	BOOL
	XMT_REQ	发送请求：必须使用沿触发，且使用EN端相同的条件	BOOL
	EEPROM	1：将数据写入RAM和EEPROM；0：将数据写入RAM	BOOL
	Drive	变频器的USS网络地址，取值范围：0～31	BYTE
	Param	要写入的参数号	WORD
	Index	要写入的参数索引	WORD
	Value	要写入的参数值	WORD
	DB_Ptr	指令运行所需缓存区的指针	DWORD
	Done	指令执行是否完成；1＝完成	BOOL
	Error	错误代码；0＝没有错误	BYTE

②USS_WPM_D：写入无符号双字参数格式，如表10-8所示。

表10-8　USS_WPM_D指令介绍

LAD	参数名称	说明	数据类型
USS_WPM_D EN XMT_REQ EEPROM Drive　Done Param　Error Index Value DB_Ptr	EN	使能	BOOL
	XMT_REQ	发送请求：必须使用沿触发，且使用EN端相同的条件	BOOL
	EEPROM	1：将数据写入RAM和EEPROM；0：将数据写入RAM	BOOL
	Drive	变频器的USS网络地址，取值范围：0～31	BYTE
	Param	要写入的参数号	WORD
	Index	要写入的参数索引	WORD
	Value	要写入的参数值	DWORD
	DB_Ptr	指令运行所需缓存区的指针	DWORD
	Done	指令执行是否完成；1＝完成	BOOL
	Error	错误代码；0＝没有错误	BYTE

③USS_WPM_R：写入实数（浮点数）参数格式，如表10-9所示。

表10-9 USS_WPM_R指令介绍

LAD	参数名称	说明	数据类型
USS_WPM_R EN XMT_REQ EEPROM Drive Done Param Error Index Value DB_Ptr	EN	使能	BOOL
	XMT_REQ	发送请求：必须使用沿触发，且使用EN端相同的条件	BOOL
	EEPROM	1：将数据写入RAM和EEPROM；0：将数据写入RAM	BOOL
	Drive	变频器的USS网络地址，取值范围：0～31	BYTE
	Param	要写入的参数号	WORD
	Index	要写入的参数索引	WORD
	Value	要写入的参数值	REAL
	DB_Ptr	指令运行所需缓存区的指针	DWORD
	Done	指令执行是否完成；1＝完成	BOOL
	Error	错误代码；0＝没有错误	BYTE

④ 变频器参数写入功能块详细介绍如下。

◆ EN：要使能读写指令，此输入端必须为1。

◆ XMT_REQ：发送请求。必须使用一个沿检测触点以触发写操作，它前面的触发条件必须与EN端输入一致。

◆ EEPROM：将参数写入EEPROM中，由于EEPROM的写入次数有限，若始终接通EEPROM，很快就会损坏，通常该位用SM0.0的常闭触点接通。

◆ Drive：读写参数的驱动装置在USS网络中的地址。

◆ Param：参数号（仅数字）。

◆ Index：参数下标。有些参数由多个带下标的参数组成一个参数组，下标用来指出具体的某个参数。对于没有下标的参数，可设置为0。

◆ Value：读写的数据值。要指定一个单独的数据存储单元。

◆ DB_Ptr：读写指令需要一个16字节的数据缓冲区，可用间接寻址形式给出一个起始地址。此数据缓冲区与库存储区不同，是每个指令（功能块）各自独立需要的。

注意：此数据缓冲区也不能与其他数据区重叠，各指令之间的数据缓冲区也不能冲突。

◆ Done：读写功能完成标志位，读写完成后置1。

◆ Error：出错代码。0表示无错误。

注意：EN和XMT_REQ的触发条件必须同时有效。EN必须持续到读写功能完成（Done为1）；否则，会出错。

10.3.3 实操案例

（1）西门子MM440做USS通信基本参数设置

① 恢复变频器工厂默认值：设定P0010为30和P0970为1，按下P键，开始复位。

② 设置电动机参数：电动机参数设置如表10-10所示。电动机参数设置完成后，设置P0010为0，变频器当前处于准备状态，可正常运行。

表10-10 电动机参数设置

参数号	出厂值	设置值	说明
P0003	1	1	设用户访问级为标准级
P0010	0	1	快速调试
P0100	0	0	工作地区：功率以kW表示，频率为50Hz
P0304	230	220	电动机额定电压（V）
P0305	3.25	1.93	电动机额定电流（A）
P0307	0.75	0.37	电动机额定功率（kW）
P0310	50	50	电动机额定频率（Hz）
P0311	0	1400	电动机额定转速（r/min）

③ 设置变频器的通信参数、控制方式，如表10-11所示。

表10-11 变频器的通信参数和控制方式

参数号	出厂值	设置值	说明
P0003	1	2	设用户访问级为标准级
P0010	1	0	退出快速调试
P0700	2	5	COM链路的USS设定
P1000	2	5	COM链路的USS设定
P1120	10	2	斜坡上升时间2s
P1121	10	2	斜坡下降时间2s
P2010	6	6	通信波特率为9600
P2011	0	1	USS地址
P0971	0	1	将设定参数写入EEPROM

④ 变频器参数设置步骤如图10-22所示。

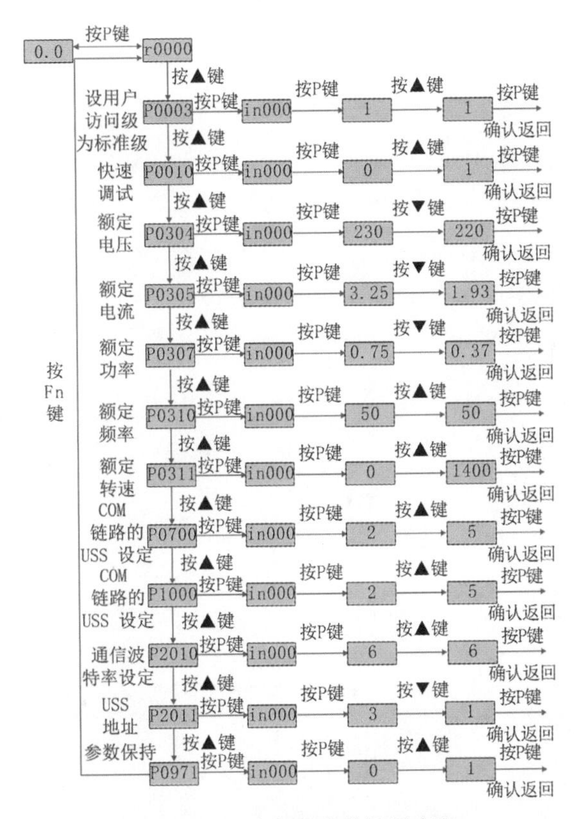

图10-22　变频器参数设置步骤

（2）西门子S7-200 SMART PLC与西门子MM440变频器USS通信实物接线

① 西门子MM440变频器USS通信端口。西门子MM440变频器USS通信端口如图10-23所示。

图10-23　西门子MM440变频器USS通信端口

与西门子MM440变频器USS通信端口有关的前面板端子如表10-12所示。PROFIBUS电缆的红色芯线应当压入端子29；绿色芯线应当连接到端子30。

表10-12　与西门子MM440变频器USS通信端口有关的前面板端子

端子号	名称	功能
29	P＋	RS-485信号＋
30	N－	RS-485信号－

② 西门子S7-200 SMART PLC通信端口如表10-13所示。

表10-13 西门子S7-200 SMART PLC通信端口

端子号	名称	功能
3	+	RS-485信号+
8	−	RS-485信号−

③ 西门子S7-200 SMART PLC与西门子MM440变频器USS通信端口接线如图10-24所示。

④ 西门子S7-200 SMART PLC与西门子MM440变频器USS通信接线如图10-25所示。

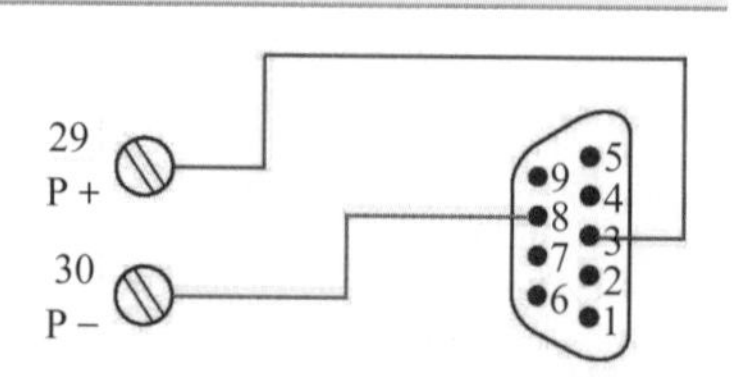

图10-24 西门子S7-200 SMART PLC与西门子MM440变频器USS通信端口接线

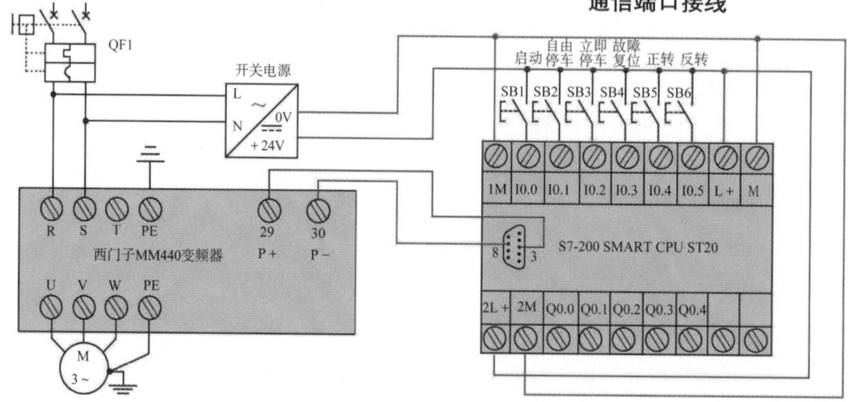

图10-25 西门子S7-200 SMART PLC与西门子MM440变频器USS通信接线

⑤ 西门子S7-200 SMART PLC与西门子MM440变频器USS通信电路实物接线如图10-26所示。

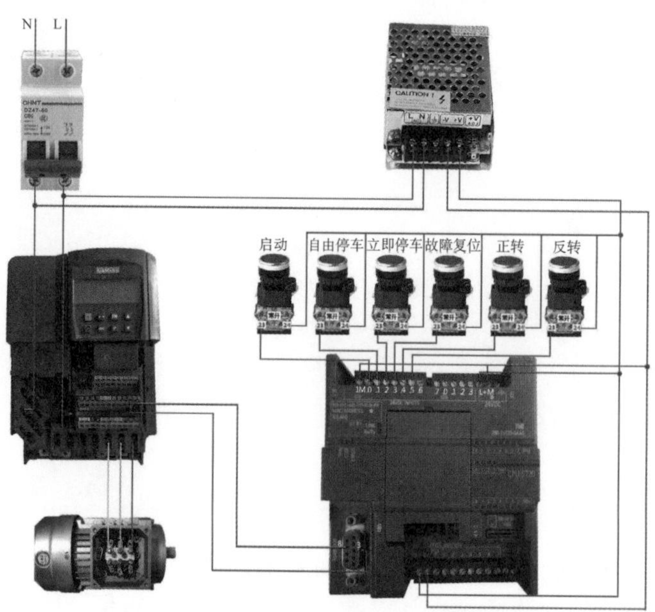

图10-26 西门子S7-200 SMART PLC与西门子MM440变频器USS通信电路实物接线

（3）西门子S7-200 SMART PLC与西门子MM440变频器USS通信的案例（1）

① 案例要求：PLC通过USS通信控制变频器。I0.0启动变频器，I0.1自由停车变频器，I0.2立即停车变频器，I0.3复位变频器故障，I0.4控制正转变频器，I0.5控制反转变频器。

② PLC程序I/O分配如表10-14所示。

表10-14　I/O分配

输入	功能
I0.0	启动
I0.1	自由停车
I0.2	立即停车
I0.3	故障复位
I0.4	正转
I0.5	反转

③ PLC程序如图10-27所示。

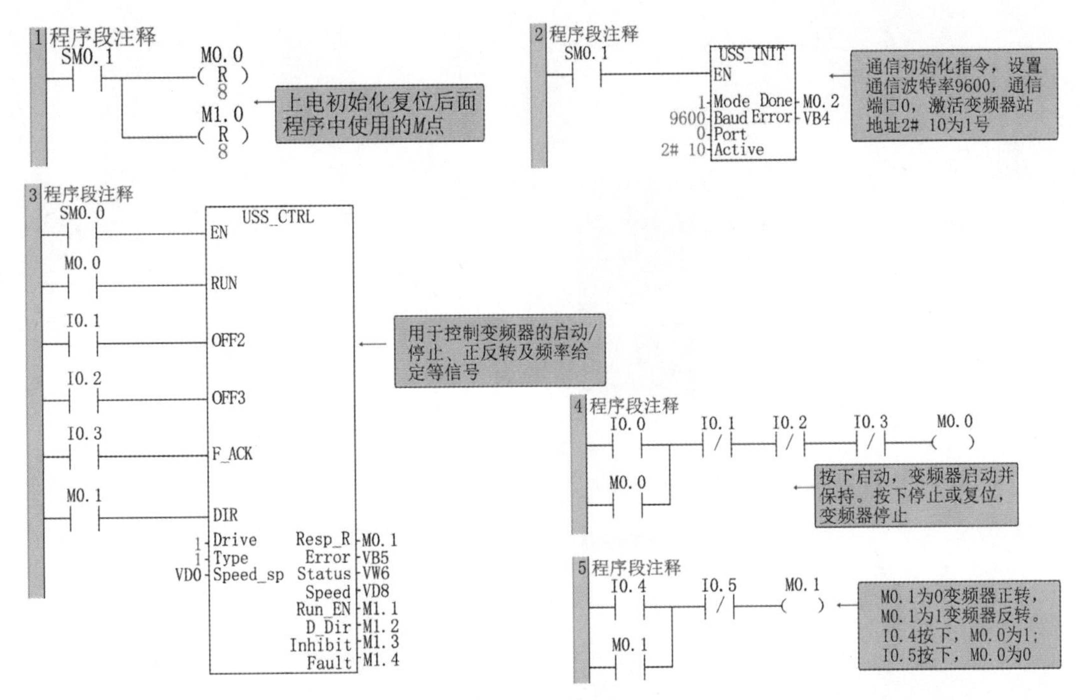

图10-27　PLC程序

（4）西门子S7-200 SMART PLC与西门子MM440变频器USS通信的案例（2）

① 案例要求：PLC通过USS通信控制变频器。PLC中I0.0用于启动变频器，I0.1用于自由停车变频器，I0.2用于立即停车变频器，I0.3用于复位变频器故障，I0.4用于控制正转变频器，I0.5用于控制反转变频器。PLC通过USS通信读取变频器当前电流和当前电压。

② PLC程序I/O分配如表10-15所示。

表10-15 I/O分配

输入	功能
I0.0	启动
I0.1	自由停车
I0.2	立即停车
I0.3	故障复位
I0.4	正转
I0.5	反转

③ PLC程序如图10-28所示。

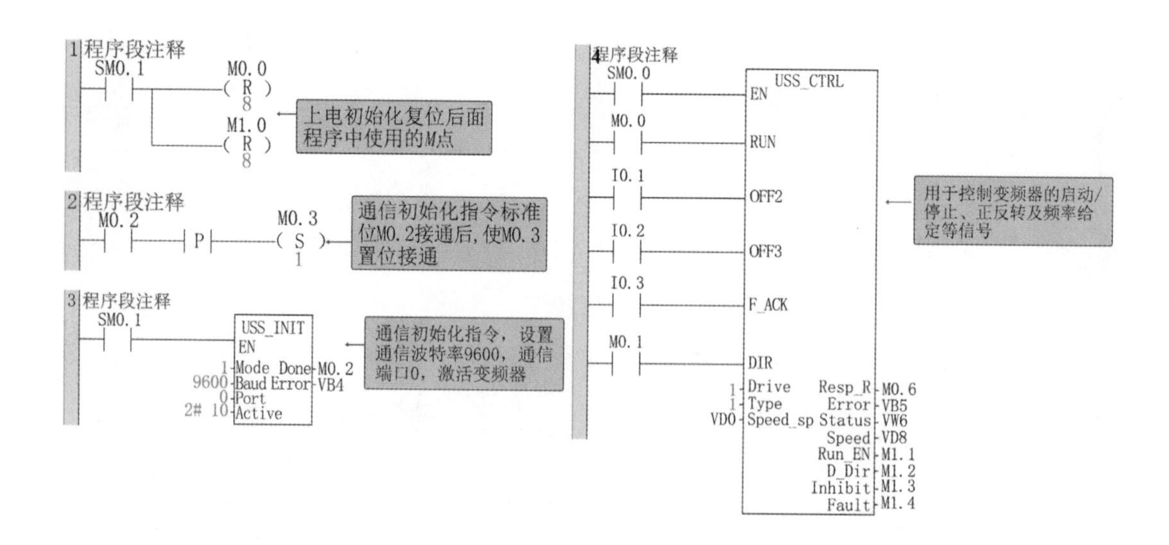

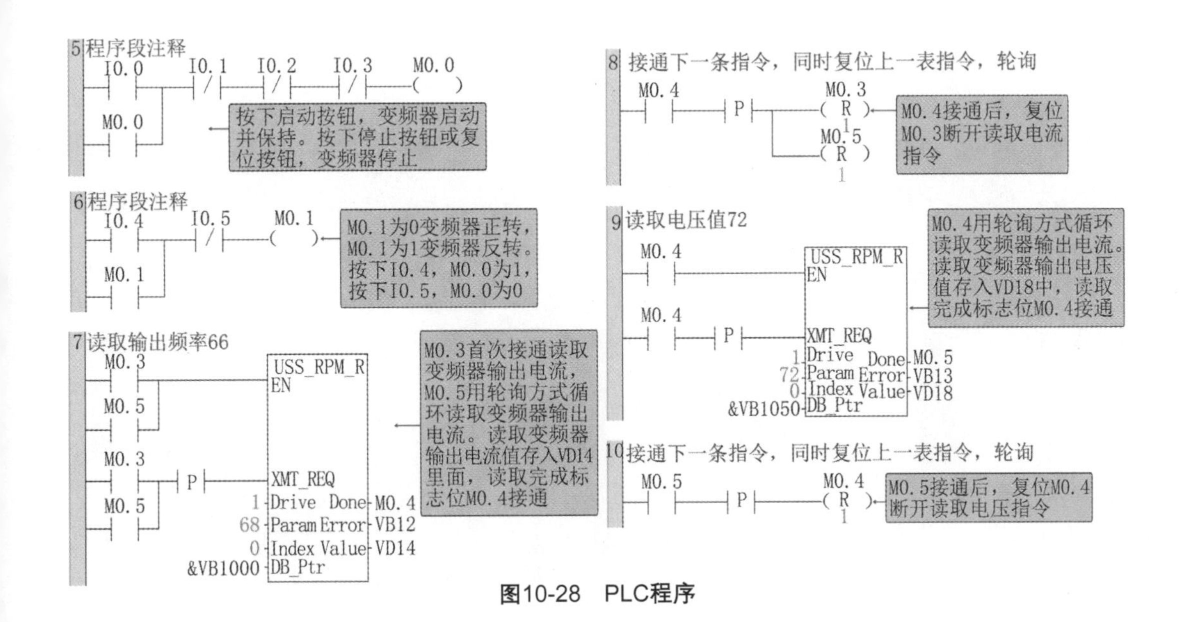

图10-28　PLC程序

10.4 西门子S7-200 SMART PLC与欧姆龙变频器的Modbus通信

10.4.1 Modbus协议简介

Modbus协议是一种软件协议，是应用于电子控制器上的一种通用语言。通过此协议，控制器（设备）可经由网络（即信号传输的线路或称物理层，如RS-485）和其他设备进行通信。它是一种通用工业标准，通过此协议，不同厂商生产的控制设备可以连成工业网络，进行集中监控。

Modbus协议有两种传输模式：ASCII模式和RTU（Remote Terminal Units，远程终端单元）模式。在同一个Modbus网络上的所有设备都必须选择相同的传输模式。在同一个Modbus网络中，所有设备除传输模式相同外，波特率、数据位、校验位、停止位等基本参数也必须一致。

Modbus网络是一种单主多从的控制网络，也即同一个Modbus网络中只有一台设备是主机，其他设备为从机。所谓主机，即为拥有主动话语权的设备。主机能够通过主动地往Modbus网络发送信息来控制查询其他设备（从机）。所谓从机，就是被动的设备。从机只能在收到主机发来的控制或查询消息（命令）后才能往Modbus网络中发送数据消息，这称为回应。

主机在发送完命令信息后，一般会留一段时间给被控制或被查询的从机回应，这保证了同一时间只有一台设备往Modbus网络中发送信息，以免信号冲突。

一般情况下，用户可以将计算机、PLC、IPC、HMI设为主机来实现集中控制。将某台设备设为主机，并不是说通过某个按钮或开关来设定的，也不是说它的信息格式有什么特别之处，而是一种约定。例如，上位机在运行时，操作人员单击发送指令按钮，上位机就算收不到其他设备的命令也能主动发送命令，这时上位机就被约定为主机。再如，设计人员在设计变频器时规定，变频器必须在收到命令后才能发送数据，这就是约定变频器为从机。主机可以单独地与某台从机通信，也可以对所有从机发布广播信息。对于单独访问的命令，从机都应返回回应信息；对应主机发出的广播信息，从机无需反馈回应信息给主机。

SMART使用的Modbus协议为RTU模式，物理层（网络线路）为两线制RS-485。两线制RS-485接口工作于半双工，数据信号采用差分传输方式，也称平衡传输。它使用一对双绞线，将其中一根线定义为A（+），另一根线定义为B（-）。通常情况下，发送驱动器A、B之间的电压在+2～+6V的表示逻辑“1”，在-6～-2V的表示逻辑“0”。

通信波特率是指1秒内传输的二进制数，其单位为位/秒（bit/s/或bps）。设置的波特率越大，传输速度越快，抗干扰能力越差。当使用0.56mm双绞线作为通信电缆时，根据波特率的不同，最远传输距离也不同。

RS-485远距离通信时建议采用屏蔽电缆，并且将屏蔽层作为地线。在设备少、距离远的情况下，不加终端负载电阻时，整个网络能很好地工作，但随着距离的增加，性能将降低，所以在远距离传输时使用120Ω的终端电阻。

10.4.2 Modbus 寻址

Modbus地址通常是包含数据类型和偏移量的5个或6个字符值。第1个或前两个字符决定数据类型，最后的4个字符是符合数据类型的一个适当的值。Modbus主设备指令能将地址映射至正确的功能，以便将指令发送到从站。

（1）Modbus主站寻址

Modbus主设备指令支持下列Modbus地址：

00001～09999对应离散输出（线圈）。

10001～19999对应离散输入（触点）。

30001～39999对应输入寄存器（通常是模拟量输入）。

40001～49999对应保持寄存器（V存储区）。

其中，离散输出（线圈）和保持寄存器支持读取和写入请求，而离散输入（触点）和输入寄存器仅支持读取请求。地址参数的具体值应与Modbus从站支持的地址一致。

（2）S7-200 SMART PLC的Modbus通信地址定义

Modbus地址与S7-200 SMART PLC地址的对应关系如表10-16所示。

表10-16 Modbus地址与S7-200 SMART PLC地址的对应关系

Modbus地址	S7-200 SMART PLC地址
000001	Q0.0
000002	Q0.1
000003	Q0.2
…	…
000127	Q15.6
000128	Q15.7
010001	I0.0
010002	I0.1
010003	I0.2
…	…
010127	I15.6
010128	I15.7
030001	AIW0
030002	AIW2
030003	AIW4
…	…
030032	AIW62
040001	HoldStart
040002	HoldStart+2
040003	HoldStart+4
…	…
04××××	HoldStart+2$^{(××××-1)}$

所有Modbus地址均以1为基位，表示第一个数据值从地址1开始。有效地址范围取决于从站。不同的从站将支持不同的数据类型和地址范围。

指令库包括主站指令库和从站指令库，指令库如图10-29所示。

图10-29 Modbus指令库

使用Modbus指令库必须注意：S7-200 SMART PLC自带RS-485串口，默认端口的地址为0，故可利用指令库来实现端口0的Modbus RTU主/从站通信。

10.4.3 Modbus 常用功能代码描述

通用功能代码是已经公布的功能代码，有确定的功能，用户不能修改。

例如：01H（H表示十六进制数）表示读取线圈，02H表示读取离散量的输入等。表10-17是常用的功能代码的描述。

表10-17 Modbus常用功能代码的描述

功能代码（十六进制）	功能描述	访问方式
01 H	读取线圈	位
02 H	读取离散量输入	位
03 H	读取保存寄存器值	字
04 H	读取输入寄存器值	位
05 H	写单个线圈	位
06 H	写单个寄存器	字
07 H	读取异常状态	诊断
08 H	诊断	诊断
F H	写多个线圈	位
10 H	写多个寄存器	字

10.4.4 Modbus 指令介绍

在编程前先认识一下要用到的指令，西门子Modbus主站协议库主要包括两条指令：MBUS_CTRL指令和MBUS_MSG指令。

（1）MBUS_CTRL指令

指令功能

MBUS_CTRL指令用于初始化、监视或禁用Modbus通信。在使用MBUS_MSG指令之前，必须执行MBUS_CTRL指令且无错误。该指令完成后会置位“完成”（Done）位，然后继续执行下一条指令。

指令格式

① MBUS_CTRL指令参数如表10-18所示。

表10-18 MBUS_CTRL指令参数

子程序	参数名称	说明	数据类型
MBUS_CTRL EN Mode Baud Done Parity Error Port Timeout	EN	使能	BOOL
	Mode	通信协议选择：1 = Modbus；0 = PPI	BOOL
	Baud	通信波特率（bps）：1200、2400、4800、9600、19200、38400、57600、115200	DWORD
	Parity	校验设置：0—无校验；1—奇校验；2—偶校验	BYTE
	Port	通信端口：0 = CPU集成的RS-485口；1 = SB CM01	BYTE
	Timeout	等待来自从站应答的毫秒时间数	WORD
	Done	指令执行是否完成，1 = 完成	BOOL
	Error	指令执行错误代码，0 = 没有错误	BYTE

② MBUS_CTRL指令参数详细介绍

◆ EN：指令使能位。EN接通时，每次扫描均执行该指令。必须在每次扫描时（包括首次扫描）调用MBUS_CTRL指令，以便其监视MBUS_MSG指令启动的任何待处理消息的进程。除非每次扫描时都调用MBUS_CTRL，否则Modbus主站协议将不能正确工作。

◆ Mode：模式参数。根据模式输入数值选择通信协议。输入值1表示将CPU端口分配给Modbus协议并启用该协议。输入值0表示将CPU端口分配给PPI系统协议，并禁用Modbus协议。

◆ Baud：波特率参数。MBUS_CTRL指令支持的波特率为1200bps、2400bps、4800bps、9600bps、19200bps、38400bps、57600bps或115200bps。

◆ Parity：奇偶校验参数。奇偶校验参数被设为与Modbus从站奇偶校验相匹配。所有设置使用一个起始位和一个停止位。可接受的数值为0（无奇偶校验）、1（奇校验）、2（偶校验）。

◆ Port：参数“端口”（Port）设置物理通信端口（0 = CPU中集成的RS-485，1 = 可选CM01信号板上的RS-485或RS-232）。

◆ Timeout：超时参数。超时参数设为等待来自从站应答的毫秒时间数。超时参数可以设置的范围为1 ~ 32767ms。典型值是1000ms（1s）。超时参数应该设置得足够大，以便从站在所选的波特率对应的时间内做出应答。

◆ Done：MBUS_CTRL指令成功完成时，Done输出为1，否则为0。

◆ Error：错误输出代码。错误输出代码由反映执行该指令的结果的特定数字构成。错误输出代码的含义如表10-19所示。

表10-19 错误输出代码的含义

代码	含义	代码	含义
0	无错误	3	超时选择无效
1	奇偶校验选择无效	4	模式选择无效
2	波特率选择无效		

（2）MBUS_MSG指令

指令功能

MBUS_MSG指令，用于启动对Modbus从站的请求并处理应答，单条MSG指令只能完成对指定从站的读取或写入请求。

必须注意的是，一次只能激活一条MBUS_MSG指令。如果启用了多条MBUS_MSG指令，则将处理所启用的第一条MBUS_MSG指令，之后的所有MBUS_MSG指令将中止并产生错误代码6。

指令格式

① MBUS_MSG指令参数如表10-20所示。

表10-20 MBUS_MSG指令参数

子程序	参数说明	说明	数据类型
MBUS_MSG EN First Slave Done RW Error Addr Count DataPtr	EN	使能	BOOL
	First	读写请求位，使用脉冲触发（例如上升沿）	BOOL
	Slave	从站地址，可选范围：1～247	BYTE
	RW	读写操作：0—读数据，1—写数据	BYTE
	Addr	读写从站的起始数据地址	DWORD
	Count	读写数据的个数。位操作时代表位数；字操作时代表字数	INT
	DataPtr	读写数据指针：读指令将数据写到该地址；写指令从该地址发送数据	DWORD
	Done	指令执行是否完成，1＝完成	BOOL
	Error	指令执行错误代码，0＝没有错误	BYTE

② MBUS_MSG指令参数详细介绍

◆ EN：指令使能位。当EN和First同时接通时，MBUS_MSG指令会向Moubus从站发起主站请求。发送请求、等待应答和处理应答通常需要多次扫描。EN输入必须打开以启用发送请求，并应该保持打开直到完成位（Done）被置位。

◆ First：首次参数。首次参数应该在有新请求要发送时才打开以进行一次扫描。首次输入应当通过一个边沿检测元素（例如上升沿）打开，这将导致请求被传送一次。

◆ Slave：从站参数。从站参数是Modbus从站的地址，允许的范围是0～247。地址0是广播地址，只能用于写请求，不存在对地址0的广播请求的应答。并非所有的从站都支持广播地址，S7-200 SMART PLC的Modbus从站协议库不支持广播地址。

◆ RW：读写参数。读写参数指定是否要读取或写入该消息。读写参数允许使用下列两个值：0（读），1（写）。

◆ Addr：Addr是起始Modbus地址。允许的取值范围如下。

➢ 00001～00128输出，对应Q0.0～Q15.7。

➢ 10001～10128输入，对应I0.0～I15.7。

➢ 30001～30032为模拟量寄存器，对应AIW0～AIW62。

➢ 40001～4××××为保持寄存器，对应V存储区。当地址转换超过49999时，则用400001～4×××××表示。

Count：计数参数。计数参数指定在请求中读取或写入的数据元素的数目。计数数值是位数（对于位数据类型）和字数（对于字数据类型）。

根据Modbus协议，计数参数与Modbus地址存在，如表10-21所示对应关系。

表10-21　计数参数与Modbus地址对应关系

Modbus地址	计数参数
0××××	计数参数是要读取或写入的位数
1××××	计数参数是要读取的位数
3××××	计数参数是要读取的输入寄存器的字数
4××××	计数参数是要读取或写入的保持寄存器的字数

MBUS_MSG指令最大读取或写入120个字或1920个位（240字节的数据）。计数的实际限值还取决于Modbus从站中的限制。

DataPtr：间接地址指针，是指向S7-200 SMART PLC的CPU的V存储器中与读取或写入请求相关的数据的间接地址指针（例：&VB100）。对于读取请求，DataPtr应指向用于存储从Modbus从站读取的数据的第一个CPU存储器位置。对于写入请求，DataPtr应指向要发送到Modbus从站的数据的第一个CPU存储器位置。

DataPtr值以间接地址指针形式传递到MBUS_MS。例如，如果要写入到Modbus从站设备的数据始于CPU的地址VW200，则DataPtr的值将为&VB200（地址VB200）。指针必须始终是VB类型，即使它们指向字数据。

如DataPtr的值设为&VB200，Addr为字（40001），Count为8，则映射地址见表10-22。

表10-22 映射地址（1）

VW214	VW212	VW210	VW208	VW206	VW204	VW202	VW200
40008	40007	40006	40005	40004	40003	40002	40001

如DataPtr的值设为&VB200，Addr为位（10001），Count为8，则映射地址见表10-23。

表10-23 映射地址（2）

V200.7	V200.6	V200.5	V200.4	V200.3	V200.2	V200.1	V200.0
10008	10007	10006	10005	10004	10003	10002	10001

Done：完成输出。完成输出在发送请求和接收应答时关闭。完成输出在应答完成或MBUS_MSG指令因错误而中止时打开。

Error：错误输出仅当完成输出打开时有效。低位编号的错误代码（1～8）是MBUS_MSG指令检测到的错误。这些错误代码通常指示与MBUS_MSG指令的输入参数有关的问题，或接收来自从站的应答时出现的问题。奇偶校验和CRC错误指示存在应答但是数据未正确接收，这通常是由电气故障（例如连接有问题或者电噪声）引起的。高位编号的错误代码（从101开始）是由Modbus从站返回的错误。这些错误指示从站不支持所请求的功能，或者所请求的地址（或数据类型或地址范围）不被Modbus从站支持。

10.4.5 分配库存储区

利用指令库编程前，首先应为其分配存储区，否则软件编译时会报错。具体方法如下：执行STEP7-Micro/WIN SMART命令，单击“程序块”→使用鼠标右键单击→单击“存储器”按钮，打开“库存储器分配”对话框。

在“库存储器分配”对话框中输入库存储器（V存储器）的起始地址，注意避免该地址和程序中已经采用或准备采用的其他地址重合。

单击“建议地址”按钮，系统将自动计算存储器的截止地址，然后单击“确定”按钮即可，步骤如图10-30所示。

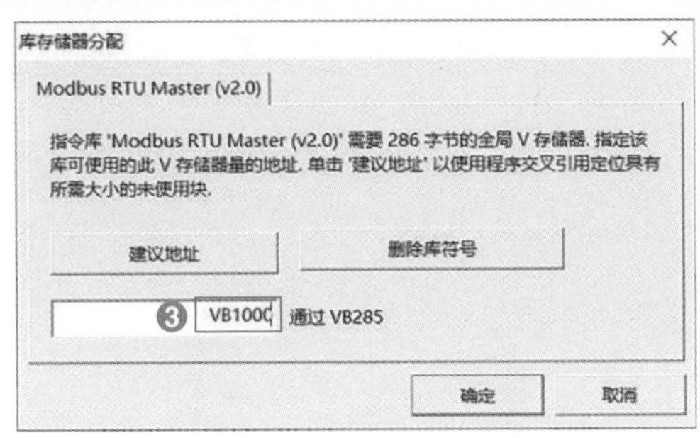

图10-30 库存储区分配

10.4.6 实操案例

Modbus已经成为工业领域通信协议的业界标准，并且是工业电子设备之间常用的连接方式。Modbus协议比其他通信协议使用得更广泛的主要原因如下。

① 公开发表并且无版权要求。

② 易于部署和维护。

使用Modbus协议通信，外部接线方式更简单，更容易实现一对多控制。下面就以西门子S7-200 SMART PLC与欧姆龙3G3JZ变频器为例讲解Modbus通信。

（1）西门子S7-200 SMART PLC与欧姆龙3G3JZ变频器Modbus通信基本参数设置

① 恢复变频器工厂默认值：设定n0.02为9，开始复位（最高50Hz频率的初始化）。

② 设置电动机参数：电动机基本参数设置如表10-24所示（根据电动机铭牌设置）。

表10-24 设置电动机基本参数

参数号	出厂值	设置值	说明
n1.09	5	0.5	加速时间（s）
n1.10	5	0.5	减速时间（s）

③ 设置变频器Modbus的通信参数，如表10-25所示。

表10-25　设置变频器Modbus通信参数

参数编号	名称	出厂值	设定值	说明
n2.00	频率指令选择	1	4	RS-485通信发出的频率指令有效
n2.01	运行指令选择	0	3	RS-485通信发出的运转指令有效
n9.00	RS-485通信从站地址	0	1	将从站设为1
n9.01	RS-485通信波特率选择	1	1	9600bps
n9.02	RS-485通信错误的动作选择	2	2	显示警告，自由停止
n9.04	RS-485通信送信等待时间	0	0	0
n9.05	RS-485通信超时检测时间	1.0	0.0	通信超时检测为无效

④ 变频器参数设置步骤如图10-31所示。

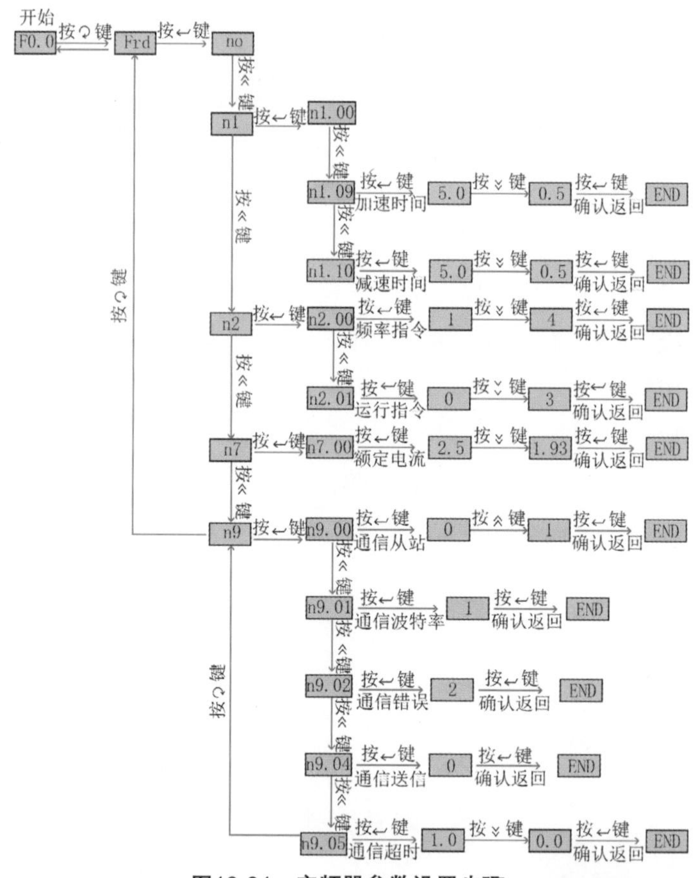

图10-31　变频器参数设置步骤

（2）西门子S7-200 SMART PLC与欧姆龙3G3JZ变频器Modbus通信实物接线

欧姆龙3G3JZ变频器通信端口如图10-32所示。

插针排列如表10-26所示。通信线的红色芯线应当压入端子5（+）；绿色芯线应当连接到端子4（-）。

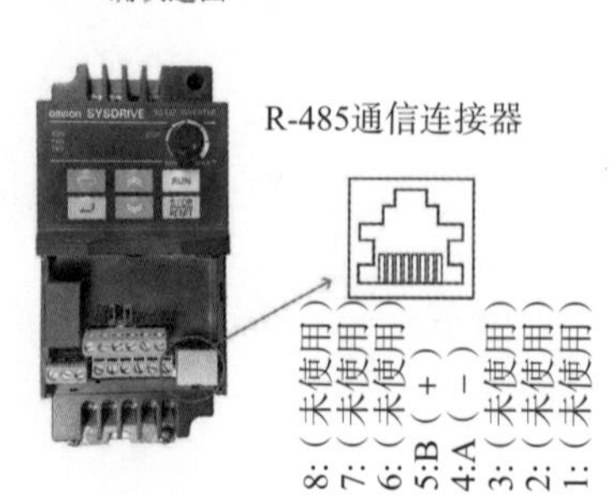

图10-32　欧姆龙3G3JZ变频器通信端口

表10-26 插针排列

插针编号	名称
1	未使用
2	未使用
3	未使用
4	A（－）
5	B（＋）
6	未使用
7	未使用
8	未使用

西门子S7-200 SMART PLC通信端口见表10-27。

表10-27 S7-200 SMART PLC通信端口

端子号	名称	功能
3	+	RS-485 信号＋
8	−	RS-485 信号－

西门子S7-200 SMART PLC与欧姆龙3G3JZ变频器Modbus通信端口接线如图10-33所示。

西门子S7-200 SMART PLC与欧姆龙3G3JZ变频器的Modbus通信电路工作原理如图10-34所示。

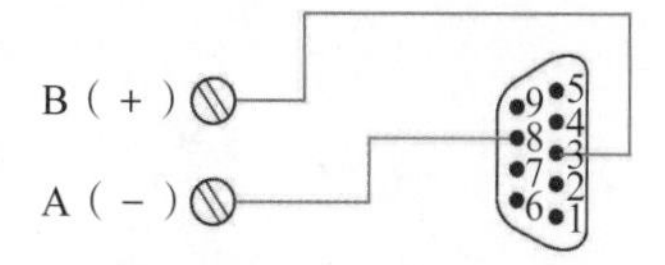

图10-33 西门子S7-200 SMART PLC与欧姆龙3G3JZ变频器Modbus通信端口接线

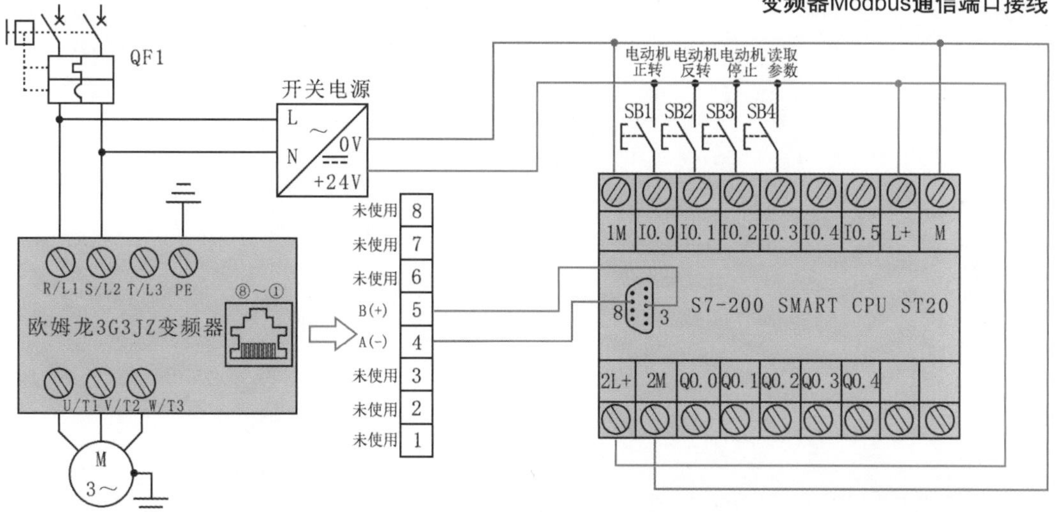

图10-34 西门子S7-200 SMART PLC与欧姆龙3G3JZ变频器的Modbus通信电路工作原理

西门子S7-200 SMART PLC与欧姆龙3G3JZ变频器Modbus通信电路实物接线方式如图10-35所示。

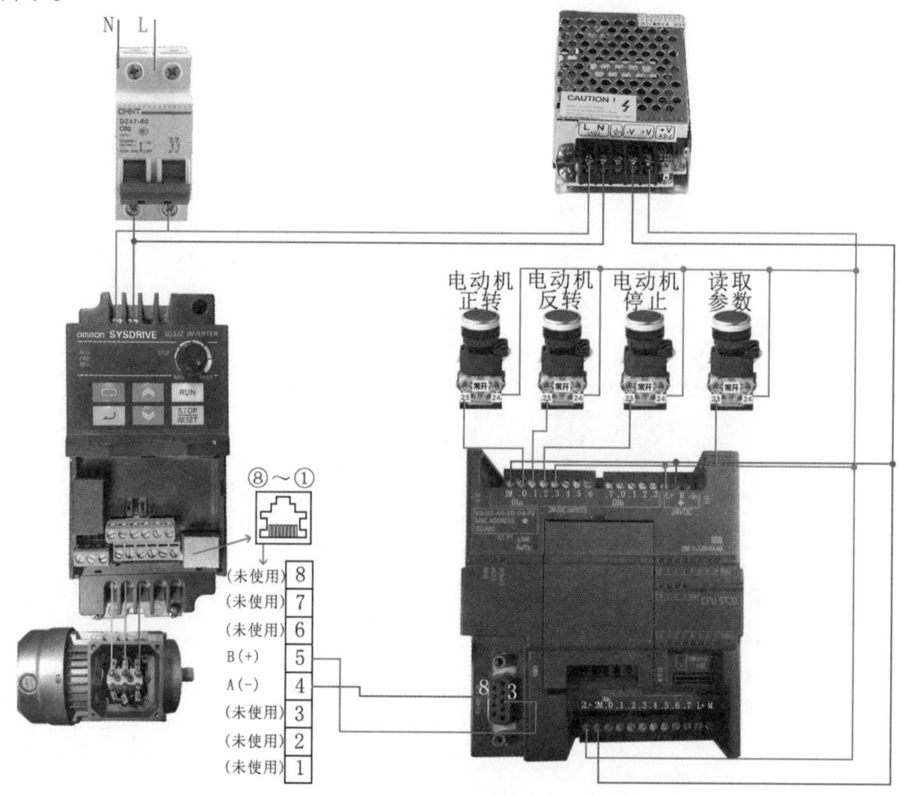

图10-35 西门子S7-200 SMART PLC与欧姆龙3G3JZ变频器通信电路实物接线方式

（3）西门子S7-200 SMART PLC与欧姆龙3G3JZ Modbus通信案例

① 案例要求。0.00用于控制电动机正转，0.01用于控制电动机反转，0.02用于停止电动机，0.03用于读取输出频率，输出电压，输出电流。

② 分析。通过查3G3JZ变频器手册可知，Modbus部分寄存器系统环境变量如表10-28所示。

表10-28 系统环境变量

数据类型	地址	功能	
输入	2100H	未使用	
	2101H	控制位	
		位0 位1	00：停止 01：正转 10：反转 11：停止
		位2 位3	00：无功能 01：外部故障输入 10：故障复位 11：无动作

续表

数据类型	地址	功能	
输入		位4	ComRef
		位5	Comctrl
		位6	多功能输入指令3
		位7	多功能输入指令4
		位8	多功能输入指令5
		位9	多功能输入指令6
		位10～位15	未使用
	2102H	频率指令	
	2103H～211FH	未使用	
输出	2120H	变频器状态位	
		位0	运行中（1：运行中）
		位1	反转中（0：正转或其他　1：反转运行）
		位2	频率一致（1：一致）
		位3	错误显示（1：错误）
		位4	报警显示（1：报警）
		位5	多功能接点输出（继电器输出（MA，MB，MC）），1：ON
		位6～位15	未使用
	2121H	错误代码	
	2122H	未使用	
	2123H	频率指令监视	
	2124H	输出频率监视	
	2125H	输出电压监视	
	2126H	输出电流监视	
	2127H	输出功率监视	
	2128H	未使用	
	2129H	AVI端子电压值监视	
	212AH	ACI端子电流值监视	

例如，变频器的通信参数地址为2101H。我们知道Modbus的通信功能码是0（离散量输出）、1（离散量输入）、3（输入寄存器）、4（保持寄存器）。而这里的2101H指的就是4（保持寄存器），同时这个2101H是十六进制数2101，在软件中输入的是十进制数，故需要将十六进制数2101转换为十进制数，得到8449。另外Modbus的通信地址都是

从1开始的，故还需要将8449加上1为8450，最终得到的变频器地址为“48450”。

程序编写

PLC程序如图10-36所示。

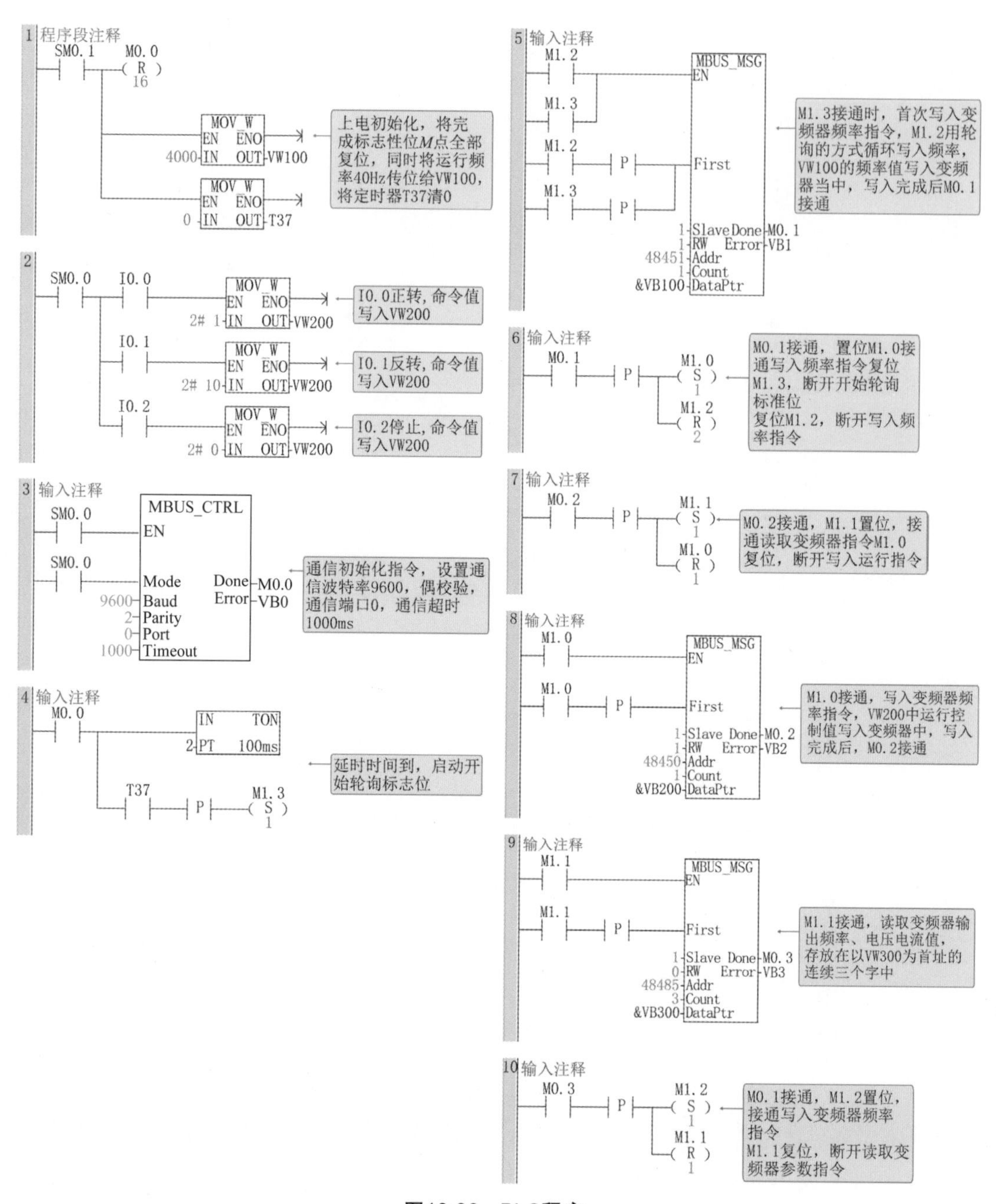

图10-36 PLC程序

10.5 西门子S7-200 SMART PLC与智能仪表的Modbus通信

10.5.1 所需设备

S7-200 SMART PLC与仪表通信需要的设备包括以下几种。

（1）S7-200 SMART PLC

西门子S7-200 SMART PLC型号为CPU ST20，如图10-37所示。

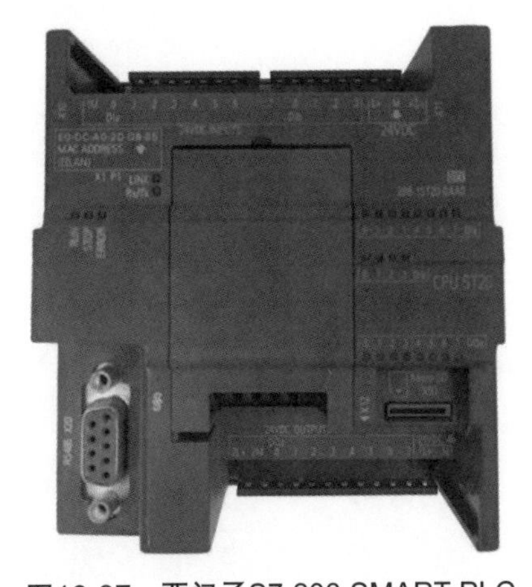

图10-37 西门子S7-200 SMART PLC

（2）温度传感器

温度传感器测量范围为0～100℃，如图10-38所示。

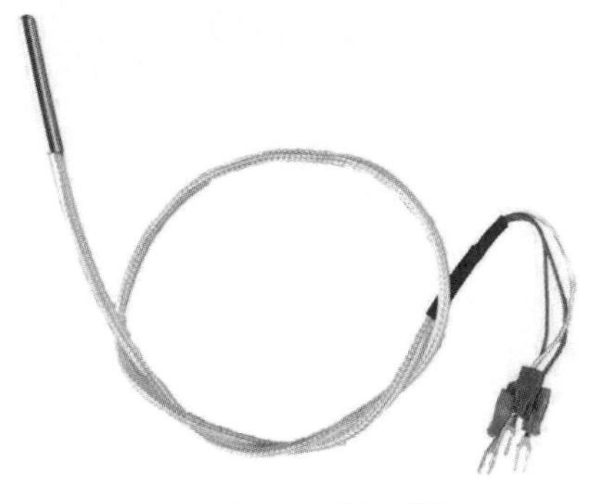

图10-38 温度传感器

（3）智能温度控制仪

① 可编程模块化输入，可支持热电偶、热电阻、电压、电流及二线制变送器输入；适合温度、压力、流量、液位、湿度等多种物理量的测量与显示；测量精度高达0.3级，如图10-39所示。

② 采样周期0.4s。

③ 电源电压100～240V AC/50～60Hz或24V DC/AC +10%，-15%。

④ 工作环境。环境温度-10～60℃，环境湿度<90%RH，电磁兼容IEC61000-4-4（电快速瞬变脉冲群），±4kV/5kHz；IEC61000-4-5（浪涌），4kV，隔离耐压≥2300V DC，如图10-39所示。

（4）RS-485通信线

9针通信端口，3为+，8为-，如图10-40所示。

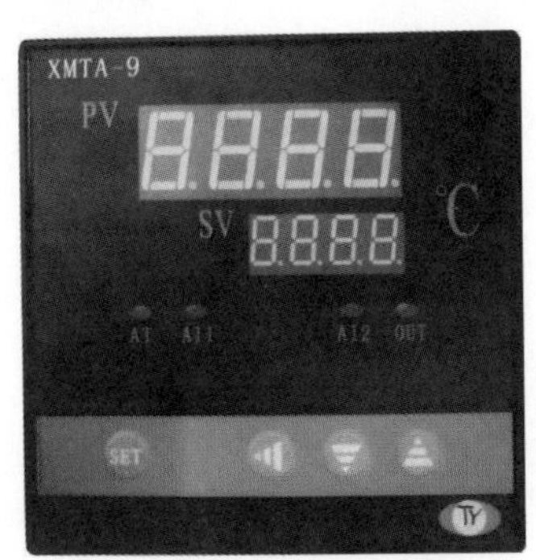

图10-39 智能温度控制仪

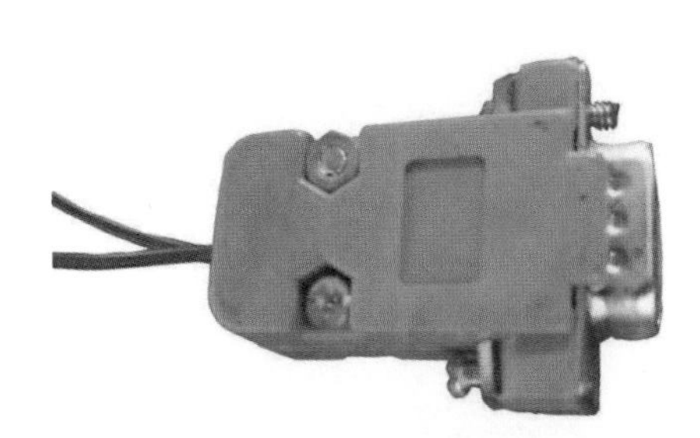

图10-40 RS-485通信线

10.5.2 实物接线

西门子S7-200 SMART PLC与智能温度控制仪Modbus通信实物接线如图10-41所示。

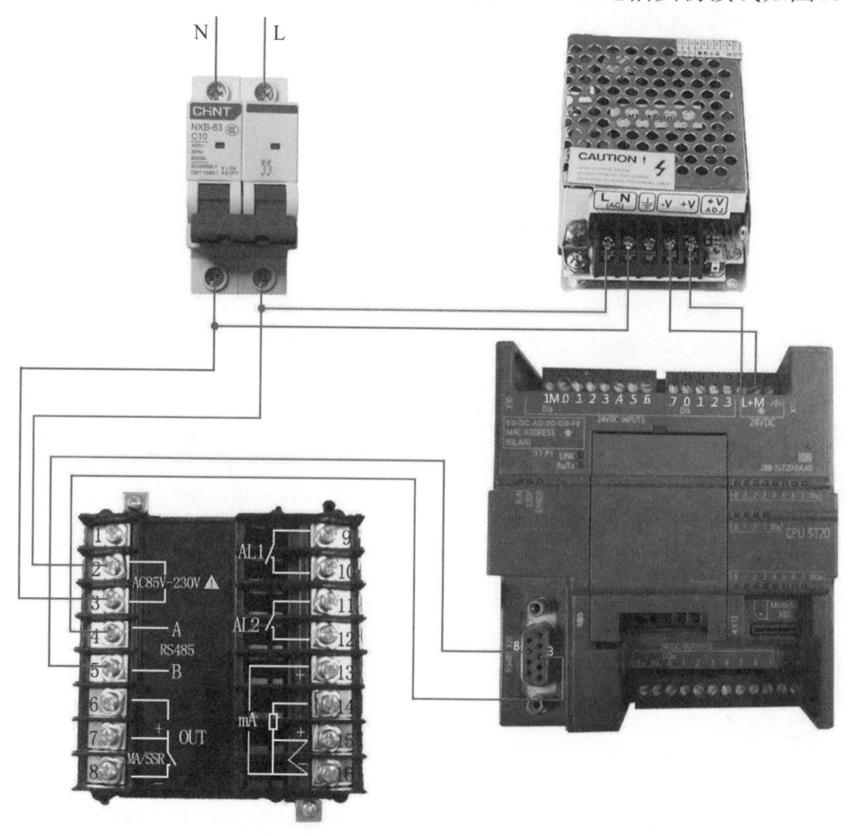

图10-41 西门子S7-200 SMART PLC与智能温度控制仪Modbus通信实物接线

10.5.3 认识面板

面板如图10-42所示。

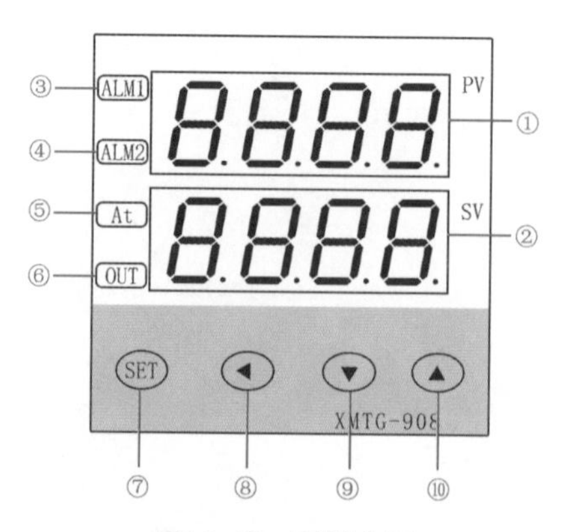

图10-42 面板介绍

① PV显示窗。正常显示情况下显示温度测量值，在参数修改状态下显示参数符号。

② SV显示窗。正常显示情况下显示温度给定值，在参数修改状态下显示参数值。

③ ALM1指示灯。当此指示灯亮时，仪表对应ALM1继电器有输出。

④ ALM2指示灯。当此指示灯亮时，仪表对应ALM2继电器有输出。

⑤ At指示灯。当仪表自整定时，此指示灯亮。

⑥ OUT指示灯。当此指示灯亮时，仪表OUT控制端有输出。

⑦ 功能键（SET）。按键3s可进入参数修改状态。短按SET键进入设定值修改状态。

⑧ 移位键。在修改参数状态下按此键，可实现修改数字的位置移动；按3s可进入或退出手动调节。

⑨ 数字减小键。在参数修改、给定值修改或手动调节状态下，可实现数字的减小。

⑩ 数字增加键。在参数修改、给定值修改或手动调节状态下，可实现数字的增加。

10.5.4 参数代号及符号介绍

参数代号及符号见表10-29。

表10-29 参数代号及符号

参数代号	符号	名称	取值范围	说明	出厂值
00H	SP	SV值	全量程	温度设定值	
01H	HIAL	上限报警	全量程	当PV值大于HIAL时，仪表将产生上限报警，当仪表PV值低于HIAL－AHYS时，仪表解除上限报警	100.0
02H	LOAL	下限报警	全量程	当PV值小于LOAL时，仪表将产生下限报警，当仪表PV值高于HIAL＋ALYS时，仪表解除下限报警	50.0
03H	AHYS	上限报警回差	0.1～50.0	又名报警死区，用于避免报警临界位置频繁工作	1.0
04H	ALYS	下限报警回差	0.1～50.0	又名报警死区，用于避免报警临界位置频繁工作	1.0
05H	KP	比例带	0～2000	其决定了系统比例增益的大小，P越大，比例的作用越小，过冲越小，但太小会增加升温时间，P＝0时，转为二位式控制	150
06H	KI	积分时间	0～2000	设定积分时间，以解除比例控制所发生的残余偏差，太大会延缓系统达到平衡的时间，太小会产生波动	240
07H	KD	微分时间	0～200	设定微分时间，以防止输出的波动，提高控制的稳定性	30
08H	AT	自整定	0～1	0：关闭自整定；1：开启自整定	OFF
09H	CT1	控制周期	0～120s	采用SSR晶闸管时设置成2，继电器建议设置成10	10
0AH	CHYS	主控回差	0.1～50.0	又名主控输出死区，用于避免主控临界位置频繁工作	1.0
0BH	SCb	误差修正	±20.0	当测量传感器引起误差时，可以用此值修正	0.0
0CH	FILT	滤波系数	0～50	滤波系数越大，抗干扰越好，但是反应速度越慢	

续表

参数代号	符号	名称	取值范围	说明	出厂值
0EH	P_SH	上限量程	－1999～9999	测量值的上限量程	1300.0
0FH	P_SL	下限量程	－1999～999	测量值的下限量程	0
10H	OUTL	输出下限	0～200	模拟量控制输出可调此参数输出下限	0
11H	OUTH	输出上限	0～200	模拟量控制输出可调此参数输出上限	200
12H	ALP1	报警1方式	0～4	0：无报警；1：上限报警；2：下限报警；3：上偏出报警；4：下偏差报警	1
13H	ALP2	报警2方式	0～4	0：无报警；1：上限报警；2：下限报警；3：上偏出报警；4：下偏差报警	2
14H	ACT	正反转选择	—	Re：反作用，如加热；ReBa：反作用，并且避免上电报警；Dr：正作用，如制冷；DrBa：正作用，并且避免上电报警	Re
15H	OPPO	热启动	0～100	防止快速加热	100
16H	LOCK	密码锁	0～255	密码锁参数为215时，可以显示所有参数	0
17H	INP	输入方式	—	Cu50（Cu50）–50.0～150.0℃； Pt100（Pt1）–199.9～200.0℃； Pt100（Pt2）–199.9～600.0℃； K（K）－30.0～1300℃； E（E）－30.0～700.0℃； J（J）－30.0～900.0℃； T（t）－199.9～400.0℃； S（S）－30～1600℃； 0～5V/0～10mA（0_5u）； 1～5V/4～20mA（1_5u）	K
19H	Addr	通信地址	0～127	用于定义通信地址，在同一条线上分别设置不同的地址来区分	1
1AH	BAud	波特率	—	1200、2400、4800、9600四种可选	9600

10.5.5 参数及状态设置方法

① 上电后，按住SET键约1s后放掉按键，进入温度值设定值界面，可以修改SP温度设定值，修改完成后，按SET按键保存，并且退出设定值界面，按住SET键3s后，仪表进入参数设置区，上排显示参数符号（字母对照见表10-30），下面的显示窗显示其参数值，此时分别按◄、▼、▲三键可调整参数值（LOCK需在0的时候），长按▼或▲键可快速加或减，调好后按SET键确认保存数据，转到下一参数继续调完为止。如设置中途间隔10s未操作，仪表将自动保存数据，退出设置状态。

仪表第14项参数LOCK为密码锁，为0时允许修改所有参数，大于0时禁止修改所有参数。用户禁止将此参数设置为大于50，否则将有可能进入厂家测试状态。

② 手动调节。上电后，按◀键约3s进入手动调整状态，下排第1字显示“H”，此时可设置输出功率的百分比；再按◀键约3s退出手动调整状态。

表10-30　仪表参数提示符字母与英文字母对照表

1	1	6	6	A/a	A	F/f	F	K/k	K	P/p	P	U/u	U
2	2	7	7	B/b	b	G/g	9	L/l	L	Q/q	q	V/v	u
3	3	8	8	C/c	C	H/h	H	M/m	n̄	R/r	r	Y/y	y
4	4	9	9	D/d	d	I/i	I	N/n	n	S/s	S	Z/z	2
5	5	0	0	E/e	E	J/j	J	O/o	o	T/t	t	-	-

10.5.6 通信说明

（1）串口说明

与仪表通信及上位机通信的串口格式都默认为波特率9600、无效验、数据位8位、停止位1位。

（2）Modbus-rtu（地址寄存器）说明

Modbus-rtu（地址寄存器）说明见表10-31。

表10-31　Modbus-rtu（地址寄存器）说明

Modbus-rtu（地址寄存器）	符号	名称
0001	SP	设定值
0002	HIAL	上限报警
0003	LOAL	下限报警
0004	AHYS	上限报警回差
0005	ALYS	下限报警回差
0006	KP	比例带
0007	KI	积分时间
0008	KD	微分时间
0009	AT	自整定
0010	CT1	控制周期

续表

Modbus-rtu（地址寄存器）	符号	名称
0011	CHYS	主控回差
0012	SCb	误差修正
0014	DPt	小数点选择位
0015	P_SH	上限量程
0016	P_SL	下限量程
0021	ACT	正反转选择
0023	LOCK	密码锁
0024	INP	输入方式
4098	PV	实际测量值

10.5.7 编写 PLC 读取温度程序

PLC通过Modbus通信读取仪表的温度数值，仪表的实际测量值放到Modbus地址4098。PLC中40001～49999对应保持寄存器（V存储区），4代表V区，后面代表Modbus地址，即PLC中的Modbus地址为44098。

程序如图10-43所示。

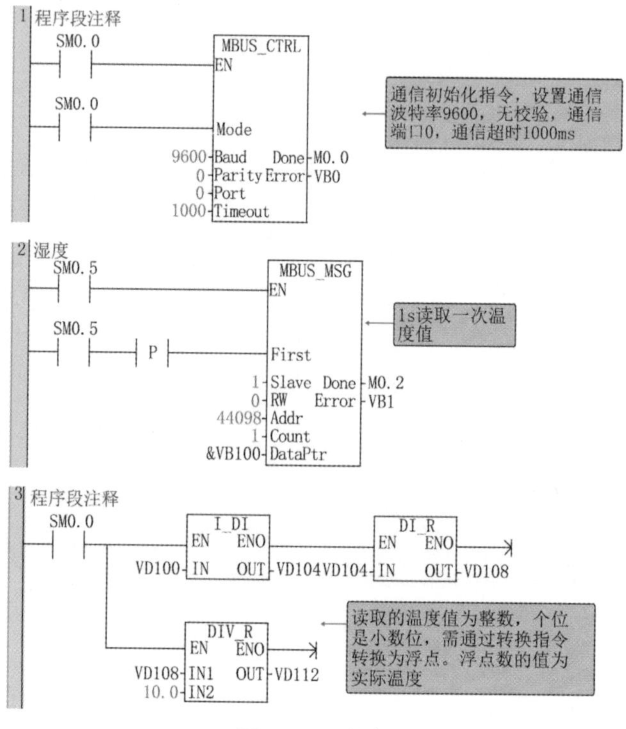

图10-43 程序

附录　二维码视频

微信扫码

CPU电源接线

微信扫码

CPU输入接线

微信扫码

CPU输出接线

微信扫码

常开常闭输出指令

微信扫码

取反指令

微信扫码

置位复位指令

微信扫码

置位优先复位优先

微信扫码

上升沿下降沿

微信扫码

案例1

微信扫码

案例2

微信扫码

案例3

微信扫码

案例4

定时器概念

接通延时定时器

有记接通延时定时器指令（TONR）

断开延时时器指令（TOF）

定时器案例1

定时器案例2

定时器案例3